2022 개정
교육과정
2025년 중1부터 적용

개념 동영상 수록

수
매씽

MATHING

개념

중학 수학

1·2

개념북

동아출판

기본이 탄탄해지는 **개념 기본서**
수매씽 개념

▶ 개념북과 워크북으로 개념 완성

수매씽 개념 중학 수학 1·2

발행일	2023년 10월 20일
인쇄일	2023년 10월 10일
펴낸곳	동아출판㈜
펴낸이	이욱상
등록번호	제300-1951-4호(1951. 9. 19.)
개발총괄	김영지
개발책임	이상민
개발	김인영, 권혜진, 윤찬미, 이현아, 김다은, 양지은
디자인책임	목진성
디자인	송현아
대표번호	1644-0600
주소	서울시 영등포구 은행로 30 (우 07242)

수
매씨
MATHING
개념

중학 수학
1·2

개념북

개념북

한눈에 볼 수 있는 상세한 개념 설명과 세분화된 개념 설명(기초, 개념, 집중)을 통해 개념을 쉽게 이해할 수 있습니다. 또, 개념 확인 문제부터 단계적으로 제시한 문제들을 통해 실력을 한 단계 높일 수 있습니다.

확실한 개념 이해

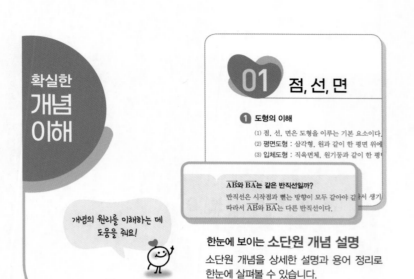

한눈에 보이는 소단원 개념 설명
소단원 개념을 상세한 설명과 용어 정리로 한눈에 살펴볼 수 있습니다.

개념의 원리를 이해하는 데 도움을 줘요!

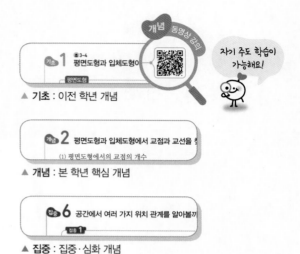

▲ 기초 : 이전 학년 개념

▲ 개념 : 본 학년 핵심 개념

▲ 집중 : 집중·심화 개념

자기 주도 학습이 가능해요!

기본을 다지는 문제 적용

교과서 대표 문제로 개념 완성하기
교과서에서 다루는 대표 문제를 모아 대표 유형으로 구성하였습니다.

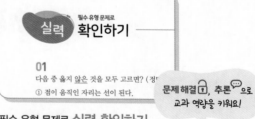

필수 유형 문제로 실력 확인하기
학교 시험에 잘 나오는 문제를 선별하였습니다. 또, 〈한걸음 더〉를 통해 사고력을 향상시킬 수 있습니다.

문제 해결, 추론으로 교과 역량을 키워요!

실력을 다지는 마무리 점검

실전에 대비하는 서술형 문제
학교 시험에 잘 나오는 서술형 문제로 구성하여 서술형 내신 대비를 할 수 있습니다.

배운 내용을 확인하는 실전! 중단원 마무리
학교 시험에 대비할 수 있도록 중단원 대표 문제로 구성하여 실전 연습을 할 수 있습니다.

시험 출제 빈도가 높은 교과서에서 쏙 빼온 문제
교과서 속 특이 문제들을 재구성한 문제로 학교 시험에 대비할 수 있습니다.

구성과 특징

워크북

개념북의 각 코너와 1 : 1로 매칭시킨 문제들을 통해 앞에서 공부한 내용을 다시 한번 확인하고, 스스로 실력을 다질 수 있습니다.

한번 더 개념 확인문제

개념북에서 학습한 개념에 대한 기초 문제를 다시 한번 복습하여 기초 개념을 다질 수 있습니다.

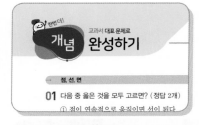

한번 더 개념 완성하기

〈개념 완성하기〉에서 풀어 본 문제를 다시 한번 연습하여 유형 학습의 집중도를 높일 수 있습니다.

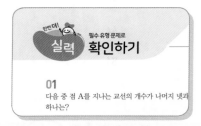

한번 더 실력 확인하기

〈실력 확인하기〉에서 풀어 본 문제를 다시 한번 연습하여 기본 실력을 완성할 수 있습니다.

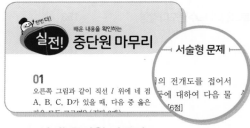

한번 더 실전! 중단원 마무리

〈실전! 중단원 마무리〉에서 풀어 본 문제를 다시 한번 연습하여 자신의 실력을 확인할 수 있습니다.

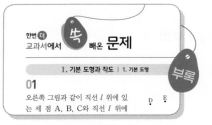

한번 더 교과서에서 쏙 빼온 문제

〈교과서에서 쏙 빼온 문제〉 외의 다양한 교과서 특이 문제를 한번 더 경험하며 실력을 한 단계 높일 수 있습니다.

차례

I

기본 도형과 작도

1. 기본 도형
2. 작도와 합동

이 단원을 배우면 점, 직선, 평면의 위치 관계를 알고,
평행선에서 동위각과 엇각의 성질을 알 수 있어요.
또, 삼각형을 작도할 수 있고, 삼각형의 합동 조건을
이용하여 두 삼각형이 합동인지 판별할 수 있어요.

 점, 선, 면

1 도형의 이해

(1) 점, 선, 면은 도형을 이루는 기본 요소이다.
(2) **평면도형** : 삼각형, 원과 같이 한 평면 위에 있는 도형
(3) **입체도형** : 직육면체, 원기둥과 같이 한 평면 위에 있지 않은 도형

점이 연속하여 움직인 자리는 선이 되고, 선이 연속하여 움직인 자리는 면이 된다.

2 교점과 교선

(1) **교점** : 선과 선 또는 선과 면이 만나서 생기는 점 → 입체도형에서 (교점의 개수)＝(꼭짓점의 개수)
(2) **교선** : 면과 면이 만나서 생기는 선 → 입체도형에서 (교선의 개수)＝(모서리의 개수)

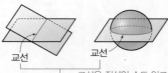

└→ 교선은 직선일 수도 있고 곡선일 수도 있다.

용어
• **교점**(만날 交, 점 點)
선과 선 또는 선과 면이 만날 때 생기는 점
• **교선**(만날 交, 선 線)
면과 면이 만날 때 생기는 선

3 직선, 반직선, 선분

(1) **직선의 결정** : 한 점 A를 지나는 직선은 무수히 많지만 서로 다른 두 점 A, B를 지나는 직선은 오직 하나뿐이다.

(2) **직선, 반직선, 선분**
① **직선 AB** : 서로 다른 두 점 A, B를 지나는 직선 **기호** $\overleftrightarrow{AB}$
② **반직선 AB** : 직선 AB 위의 한 점 A에서 시작하여 점 B의 방향으로 한없이 연장한 선 **기호** $\overrightarrow{AB}$
③ **선분 AB** : 직선 AB 위의 점 A에서 점 B까지의 부분 **기호** $\overline{AB}$
참고 $\overleftrightarrow{AB}=\overleftrightarrow{BA}$, $\overrightarrow{AB}\neq\overrightarrow{BA}$, $\overline{AB}=\overline{BA}$

초 3~4
• **직선** : 양쪽으로 끝없이 늘인 곧은 선
• **반직선** : 한 점에서 한쪽으로 끝없이 늘인 곧은 선
• **선분** : 두 점을 곧게 이은 선

4 두 점 사이의 거리

(1) **두 점 A, B 사이의 거리** : 서로 다른 두 점 A, B를 잇는 무수히 많은 선 중에서 길이가 가장 짧은 선인 선분 AB의 길이

(2) **선분 AB의 중점** : 선분 AB 위의 점 M에 대하여 $\overline{AM}=\overline{MB}$ 일 때, 점 M을 선분 AB의 중점이라 한다.

→ $\overline{AM}=\overline{MB}=\dfrac{1}{2}\overline{AB}$

$\overline{AB}$는 선분 AB 또는 선분 AB의 길이를 나타내기도 한다.

용어
중점(가운데 中, 점 點)
선분의 한가운데에 있는 점

$\overrightarrow{AB}$와 $\overrightarrow{BA}$는 같은 반직선일까?

반직선은 시작점과 뻗는 방향이 모두 같아야 같은 반직선이 된다.
따라서 $\overrightarrow{AB}$와 $\overrightarrow{BA}$는 다른 반직선이다.

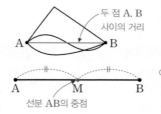

기초 1 초 3~4
평면도형과 입체도형이 무엇인지 복습해 볼까?

평면도형

한 평면 위에 있는 도형

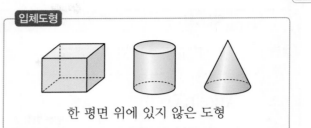

입체도형

한 평면 위에 있지 않은 도형

1 다음에 알맞은 도형을 **보기**에서 모두 찾으시오.

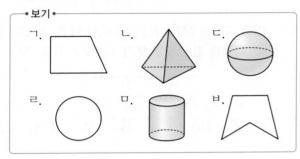

• 보기 •
ㄱ. ㄴ. ㄷ.
ㄹ. ㅁ. ㅂ.

(1) 평면도형

(2) 입체도형

1-1 다음 설명 중 옳은 것에는 ○표, 옳지 않은 것에는 ×표를 하시오.

(1) 면은 무수히 많은 선으로 이루어져 있다.
( )

(2) 입체도형은 점, 선, 면으로 이루어져 있다.
( )

(3) 사각기둥, 원뿔은 평면도형이다. ( )

(4) 오각형, 반원은 입체도형이다. ( )

개념 2 평면도형과 입체도형에서 교점과 교선을 찾아볼까?

(1) 평면도형에서의 교점의 개수

교점(꼭짓점)

교점의 개수 : 6

교점이 없다.

(2) 입체도형에서의 교점과 교선의 개수

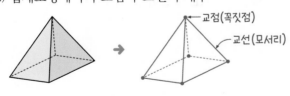

교점(꼭짓점)
교선(모서리)

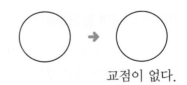

(교점의 개수) = (꼭짓점의 개수) → 5

(교선의 개수) = (모서리의 개수) → 8

2 오른쪽 그림과 같은 칠각형에서 교점의 개수를 구하시오.

2-1 오른쪽 그림과 같은 직육면체에서 다음을 구하시오.

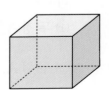

(1) 교점의 개수

(2) 교선의 개수

개념 3 직선, 반직선, 선분을 각각 어떻게 구분할까?

	직선 AB	반직선 AB	반직선 BA	선분 AB
그림	•——• A　　B	┈•——• A　　B	•——•┈ A　　B	┈•——•┈ A　　B
기호	$\overleftrightarrow{AB}(=\overleftrightarrow{BA})$	$\overrightarrow{AB}$ 시작점 ↗ ↖ 뻗는 방향	$\overleftarrow{BA}$ 시작점 ↗ ↖ 뻗는 방향	$\overline{AB}(=\overline{BA})$

시작점과 뻗는 방향이 다르므로
$\overrightarrow{AB} \neq \overrightarrow{BA}$

> 같은 반직선은
> ① 시작점이 같다.
> ② 뻗는 방향이 같다.

3 다음 도형을 기호로 나타내시오.

(1)
　　P　　　　Q

(2) •——————
　　P　　　　Q

(3) ——————•
　　P　　　　Q

(4) •——————•
　　P　　　　Q

3-1 아래 그림과 같이 직선 l 위에 세 점 A, B, C가 있을 때, 다음과 같은 것을 **보기**에서 모두 고르시오.

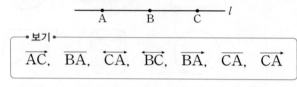
　　A　　B　　C　　l

> **보기**
> $\overrightarrow{AC}$, $\overrightarrow{BA}$, $\overleftarrow{CA}$, $\overrightarrow{BC}$, $\overleftarrow{BA}$, $\overrightarrow{CA}$, $\overrightarrow{CA}$

(1) $\overrightarrow{AB}$　　　　　　(2) $\overrightarrow{AB}$

(3) $\overline{AC}$　　　　　　(4) $\overrightarrow{CB}$

개념 4 두 점 사이의 거리에 대하여 알아볼까?

서로 다른 두 점 A, B를 잇는 선은 무수히 많지만 그중에서 길이가 가장 짧은 것은 선분 AB이다.

두 점 A, B
사이의 거리

두 점 A, B 사이의 거리	→	$\overline{AB}$의 길이

참고 $\overline{AB}$는 선분 AB를 나타내기도 하고, 선분 AB의 길이를 나타내기도 한다.

4 오른쪽 그림에서 다음을 구하시오.

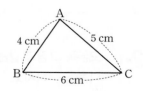

(1) 두 점 A, B 사이의 거리

(2) 두 점 A, C 사이의 거리

(3) 두 점 B, C 사이의 거리

4-1 오른쪽 그림에서 다음을 구하시오.

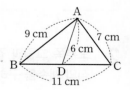

(1) 두 점 A, D 사이의 거리

(2) 두 점 B, C 사이의 거리

개념 5 중점의 성질을 이용하여 선분의 길이를 어떻게 구할까?

점 M이 선분 AB의 중점이면

① $\overline{AM}=\overline{MB}=\dfrac{1}{2}\overline{AB}$

② $\overline{AB}=2\overline{AM}=2\overline{MB}$

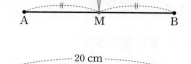

선분 AB의 중점

예 (1) 점 M은 $\overline{AB}$의 중점이고 점 N은 $\overline{AM}$의 중점이다. $\overline{AB}=20$ cm일 때,

$\overline{AM}=\overline{MB}=\dfrac{1}{2}\overline{AB}=\dfrac{1}{2}\times20=10$ (cm)

$\overline{AN}=\overline{NM}=\dfrac{1}{2}\overline{AM}=\dfrac{1}{2}\times10=5$ (cm)

(2) 두 점 M, N은 각각 $\overline{AC}$, $\overline{CB}$의 중점이다. $\overline{AB}=20$ cm일 때,

$\overline{MN}=\overline{MC}+\overline{CN}=\dfrac{1}{2}\overline{AC}+\dfrac{1}{2}\overline{CB}$

$\qquad=\dfrac{1}{2}(\overline{AC}+\overline{CB})=\dfrac{1}{2}\overline{AB}=\dfrac{1}{2}\times20=10$ (cm)

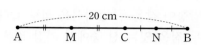

---

5 다음 그림에서 점 M은 $\overline{AB}$의 중점이고 $\overline{AB}=10$ cm일 때, $\overline{MB}$의 길이를 구하시오.

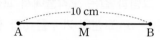

5-1 다음 그림에서 점 M은 $\overline{AB}$의 중점이고 $\overline{MB}=4$ cm 일 때, $\overline{AB}$의 길이를 구하시오.

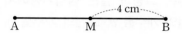

6 다음 그림에서 점 M은 $\overline{AB}$의 중점이고 점 N은 $\overline{MB}$의 중점이다. $\overline{AB}=12$ cm일 때, $\overline{AM}$, $\overline{NB}$의 길이를 각각 구하시오.

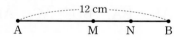

6-1 다음 그림에서 점 M은 $\overline{AB}$의 중점이고 점 N은 $\overline{MB}$의 중점이다. $\overline{MN}=7$ cm일 때, $\overline{AB}$의 길이를 구하시오.

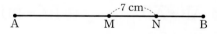

7 다음 그림에서 점 M은 $\overline{AC}$의 중점이고 점 N은 $\overline{CB}$의 중점이다. $\overline{AB}=18$ cm일 때, $\overline{MN}$의 길이를 구하시오.

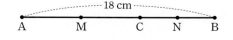

7-1 다음 그림에서 점 M은 $\overline{AC}$의 중점이고 점 N은 $\overline{CB}$의 중점이다. $\overline{AC}=14$ cm, $\overline{CB}=6$ cm일 때, $\overline{MN}$의 길이를 구하시오.

점, 선, 면

01 다음 중 옳지 <u>않은</u> 것은?

① 도형을 이루는 기본 요소는 점, 선, 면이다.
② 선이 연속적으로 움직이면 면이 된다.
③ 한 점을 지나는 직선은 무수히 많다.
④ 방향이 같은 두 반직선은 서로 같다.
⑤ 두 점을 잇는 선 중에서 가장 짧은 것은 두 점을 잇는 선분이다.

02 다음 중 옳은 것은?

① 점이 연속적으로 움직이면 면이 된다.
② 교점은 선과 선이 만날 때만 생긴다.
③ 서로 다른 두 점을 지나는 직선은 2개이다.
④ 시작점이 같은 두 반직선은 서로 같다.
⑤ 서로 다른 두 점 사이의 거리는 두 점을 잇는 선분의 길이와 같다.

교점과 교선

03 오른쪽 그림과 같은 삼각기둥에서 교점의 개수를 a, 교선의 개수를 b, 면의 개수를 c라 할 때, $a+b+c$의 값을 구하시오.

04 오른쪽 그림과 같은 오각뿔에서 교점의 개수를 a, 교선의 개수를 b라 할 때, $b-a$의 값을 구하시오.

직선, 반직선, 선분 중요✔

05 아래 그림과 같이 직선 l 위에 네 점 A, B, C, D가 있다. 다음 중 옳지 <u>않은</u> 것을 모두 고르면? (정답 2개)

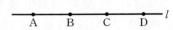

① $\overrightarrow{AB}=\overrightarrow{BC}$　　② $\overrightarrow{BC}=\overrightarrow{CB}$
③ $\overrightarrow{AB}=\overrightarrow{AD}$　　④ $\overrightarrow{BA}=\overrightarrow{BD}$
⑤ $\overline{BC}=\overline{CB}$

06 오른쪽 그림과 같이 한 직선 위에 네 점 A, B, C, D가 있을 때, 다음 중 $\overrightarrow{AD}$와 같은 것은 몇 개인지 구하시오.

$$\overrightarrow{AB}, \quad \overrightarrow{BA}, \quad \overrightarrow{BD}, \quad \overrightarrow{AC}, \quad \overrightarrow{AD}, \quad \overrightarrow{DA}$$

직선, 반직선, 선분의 개수

07 오른쪽 그림과 같이 어느 세 점도 한 직선 위에 있지 않은 네 점 A, B, C, D가 있다. 이 중 두 점을 이어 만들 수 있는 서로 다른 직선의 개수를 a, 반직선의 개수를 b라 할 때, $a+b$의 값을 구하시오.

A•
　　•D

B•　　•C

08 오른쪽 그림과 같이 원 위에 5개의 점 A, B, C, D, E가 있을 때, 이 중 두 점을 이어 만들 수 있는 서로 다른 선분의 개수를 구하시오.

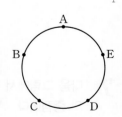

선분의 중점

09 아래 그림에서 두 점 M, N은 각각 $\overline{AB}$, $\overline{AM}$의 중점이다. 다음 중 옳지 **않은** 것은?

① $\overline{AB}=2\overline{MB}$ ② $\overline{AN}=\dfrac{1}{2}\overline{AM}$

③ $\overline{NM}=\dfrac{1}{4}\overline{AB}$ ④ $\overline{AB}=\dfrac{4}{3}\overline{NB}$

⑤ $\overline{AN}=\dfrac{1}{3}\overline{AB}$

10 아래 그림에서 점 M은 $\overline{AB}$의 중점이고 점 N은 $\overline{MB}$의 중점일 때, 다음 **보기**에서 옳은 것을 모두 고르시오.

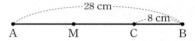

> **• 보기 •**
>
> ㄱ. $\overline{AM}=\overline{BM}$ ㄴ. $\overline{AM}=2\overline{AB}$
>
> ㄷ. $\overline{MB}=\dfrac{1}{2}\overline{AB}$ ㄹ. $\overline{MN}=4\overline{AB}$

두 점 사이의 거리 (1) – 중점 중요✿

11 다음 그림에서 두 점 M, N은 각각 $\overline{AC}$, $\overline{BC}$의 중점이고 $\overline{MN}=7\,cm$일 때, $\overline{AB}$의 길이는?

① $13\,cm$ ② $14\,cm$ ③ $15\,cm$

④ $16\,cm$ ⑤ $17\,cm$

12 다음 그림에서 점 M은 $\overline{AC}$의 중점이고 $\overline{AB}=28\,cm$, $\overline{BC}=8\,cm$일 때, $\overline{MB}$의 길이를 구하시오.

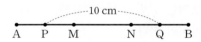

두 점 사이의 거리 (2) – 삼등분점

13 다음 그림에서 $\overline{AM}=\overline{MC}=\overline{CB}$이고, 점 N은 $\overline{BC}$의 중점이다. $\overline{MN}=6\,cm$일 때, $\overline{AB}$의 길이는?

① $8\,cm$ ② $9\,cm$ ③ $10\,cm$

④ $11\,cm$ ⑤ $12\,cm$

> ◀코칭 Plus ▶
>
> 두 점 P, Q가 선분 AB의 삼등분점이면
>
>
> 선분 AB의 삼등분점
>
> (1) $\overline{AP}=\overline{PQ}=\overline{QB}=\dfrac{1}{3}\overline{AB}$
>
> (2) $\overline{AB}=3\overline{AP}=3\overline{PQ}=3\overline{QB}$

14 다음 그림에서 두 점 M, N은 $\overline{AB}$를 삼등분하는 점이고, 두 점 P, Q는 각각 $\overline{AM}$, $\overline{NB}$의 중점이다. $\overline{PQ}=10\,cm$일 때, $\overline{MN}$의 길이를 구하시오.

02 각의 뜻과 성질

1 각

(1) **각 AOB** : 한 점 O에서 시작하는 두 반직선 OA, OB로 이루어진
도형 **기호** ∠AOB, ∠BOA, ∠O, ∠a
└─ 각의 꼭짓점은 항상 가운데에 쓴다.

(2) **각 AOB의 크기** : ∠AOB에서 반직선 OA가 점 O를 중심으로
반직선 OB까지 회전한 양

(3) **각의 분류**

① **평각**(180°) : 각의 두 변이 한 직선을 이루는 각

② **직각**(90°) : 평각의 크기의 $\frac{1}{2}$인 각

③ **예각** : 크기가 0°보다 크고 90°보다 작은 각

④ **둔각** : 크기가 90°보다 크고 180°보다 작은 각

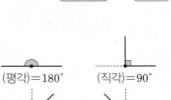

(평각)=180°　(직각)=90°

0°<(예각)<90°　90°<(둔각)<180°

> ∠AOB는 보통 크기
> 가 작은 쪽의 각을 말
> 한다.
>
> ∠AOB는 각 AOB를
> 나타내기도 하고, 각
> AOB의 크기를 나타
> 내기도 한다.
>
> ○─**용어**
> **직각**(곧을 直, 각 角)
> 곧은 각

2 맞꼭지각

(1) **교각** : 서로 다른 두 직선이 한 점에서 만날 때 생기는 네 개의 각
➔ ∠a, ∠b, ∠c, ∠d

(2) **맞꼭지각** : 교각 중 서로 마주 보는 두 각
➔ ∠a와 ∠c, ∠b와 ∠d

(3) **맞꼭지각의 성질** : 맞꼭지각의 크기는 서로 같다. ➔ ∠a=∠c, ∠b=∠d

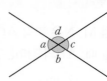

> ○─**용어**
> **교각**(만날 交, 각 角)
> 두 직선이 만날 때 생
> 기는 각

3 직교와 수선

(1) **직교** : 두 직선 AB와 CD의 교각이 직각일 때, 이 두 직선은 직교한다 또는
서로 수직이다라고 한다. **기호** $\overleftrightarrow{AB} \perp \overleftrightarrow{CD}$

(2) **수직과 수선** : 두 직선이 서로 수직일 때, 한 직선은 다른 직선의 수선이다.
참고 $\overleftrightarrow{AB} \perp \overleftrightarrow{CD}$일 때, $\overleftrightarrow{AB}$의 수선은 $\overleftrightarrow{CD}$이고, $\overleftrightarrow{CD}$의 수선은 $\overleftrightarrow{AB}$이다.

(3) **수직이등분선** : 직선 l이 선분 AB의 중점 M을 지나고 선분 AB에
수직일 때, 직선 l을 선분 AB의 수직이등분선이라 한다.
➔ $l \perp \overline{AB}$, $\overline{AM}=\overline{BM}$

(4) **수선의 발** : 직선 l 위에 있지 않은 점 P에서 직선 l에 수선을 그어서
생기는 교점을 H라 할 때, 점 H를 점 P에서 직선 l에 내린 수선의
발이라 한다.

(5) **점과 직선 사이의 거리** : 직선 l 위에 있지 않은 점 P와 직선 l 사이
의 거리는 점 P에서 직선 l에 내린 수선의 발 H까지의 거리이다. ➔ $\overline{PH}$의 길이

> ○─**용어**
> **직교**(곧을 直, 만날 交)
> 두 직선이 직각을 이루
> 며 만나는 것
>
> 점 P와 직선 l 위에 있
> 는 점을 잇는 선분 중
> 길이가 가장 짧은 선분
> PH의 길이를 점 P와
> 직선 l 사이의 거리라
> 한다.

서로 마주 보는 두 각은 항상 맞꼭지각일까?

맞꼭지각은 두 직선이 한 점에서 만날 때 생기는 각 중 서로 마주 보는 두 각이다.
오른쪽 그림에서 ∠a와 ∠b는 서로 마주 보고 있지만 두 직선이 한 점에서 만나 생긴 각이
아니므로 맞꼭지각이 아니다.

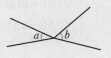

12 I. 기본 도형과 작도

개념 1 각을 예각, 직각, 둔각, 평각으로 분류해 볼까?

예각	직각	둔각	평각
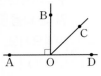		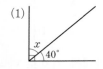	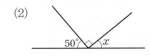
$0° < \angle AOB < 90°$	$\angle AOB = 90°$	$90° < \angle AOB < 180°$	$\angle AOB = 180°$

주의 0°를 예각, 180°보다 큰 각을 둔각으로 착각하지 않도록 주의한다.

참고 $\angle AOB$는 보통 크기가 작은 쪽의 각을 말한다.

1 오른쪽 그림에서 다음 각을 예 각, 직각, 둔각, 평각으로 분류하 시오.

(1) $\angle AOB$ (2) $\angle AOC$

(3) $\angle AOD$ (4) $\angle COD$

1-1 다음 그림에서 $\angle x$의 크기를 구하시오.

(1)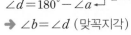

(2)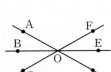

개념 2 맞꼭지각의 뜻과 성질을 알아볼까?

• $\angle a$의 맞꼭지각 ➔ $\angle c$

• $\angle b$의 맞꼭지각 ➔ $\angle d$

• 맞꼭지각의 크기는 서로 같으므로 $\angle a = \angle c$, $\angle b = \angle d$

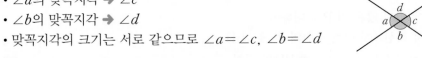

참고 평각의 크기가 180°이므로

$\angle b = 180° - \angle a$ ⎤
$\angle d = 180° - \angle a$ ⎦ 같다.

➔ $\angle b = \angle d$ (맞꼭지각)

2 오른쪽 그림과 같이 세 직선이 한 점 O에서 만날 때, 다음 각 의 맞꼭지각을 구하시오.

(1) $\angle AOB$ (2) $\angle AOC$

(3) $\angle COD$ (4) $\angle FOB$

2-1 다음 그림에서 $\angle x$, $\angle y$의 크기를 각각 구하시오.

(1)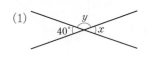

(2)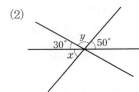

개념 3 직교와 수직이등분선의 뜻을 알아볼까?

(1) 직교와 수선

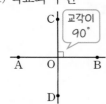

교각이 90°

· $\overleftrightarrow{AB}$와 $\overleftrightarrow{CD}$는 직교한다.
→ $\boxed{AB \perp CD}$ (서로 수직이다.)

· $\overleftrightarrow{AB}$의 수선은 $\overleftrightarrow{CD}$이다.
($\overleftrightarrow{CD}$의 수선은 $\overleftrightarrow{AB}$이다.)

(2) 수직이등분선

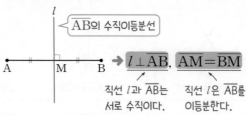

$\overline{AB}$의 수직이등분선

→ $\boxed{l \perp AB}$, $\boxed{AM=BM}$

직선 l과 $\overline{AB}$는 서로 수직이다.

직선 l은 $\overline{AB}$를 이등분한다.

---

3 오른쪽 그림에 대하여 다음 물음에 답하시오.

(1) 직선 AB의 수선을 구하시오.

(2) 직선 AB와 직선 CD의 관계를 기호로 나타내시오.

3-1 오른쪽 그림에서 $\overleftrightarrow{PO}$는 $\overline{AB}$의 수직이등분선이다. $\overline{AB}=8$ cm일 때, 다음 □ 안에 알맞은 것을 써넣으시오.

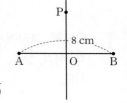

(1) $\overleftrightarrow{PO}$ □ $\overline{AB}$, $\overline{AO}$ □ $\overline{BO}$

(2) $\angle POA=\boxed{}°$

(3) $\overline{AO}=\overline{BO}=\boxed{}$ cm

개념 4 수선의 발을 이해하고 점과 직선 사이의 거리를 구해 볼까?

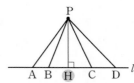

직선 l 위에 있지 않은 점 P에 대하여

· 점 P에서 직선 l에 내린 수선의 발 → 점 H

· 점 P와 직선 l 사이의 거리 → $\overline{PH}$의 길이
└→ 점 P와 직선 l 위의 점들을 이은 선분 중 가장 짧은 선분

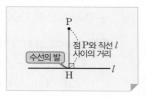

점 P와 직선 l 사이의 거리

수선의 발

참고 직선 밖의 한 점에서 직선에 내린 수선의 발은 한 개뿐이다.

---

4 오른쪽 그림과 같은 사각형 ABCD에서 다음을 구하시오.

(1) 점 A에서 $\overline{BC}$에 내린 수선의 발

(2) 점 D와 $\overline{AB}$ 사이의 거리

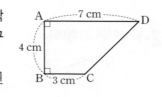

7 cm
4 cm
3 cm

4-1 오른쪽 그림과 같은 직사각형 ABCD에서 다음을 구하시오.

(1) 점 A에서 $\overline{CD}$에 내린 수선의 발

(2) 점 B와 $\overline{AD}$ 사이의 거리

3 cm
5 cm

개념 완성하기
교과서 대표 문제로

각의 크기 구하기 (1)

01 오른쪽 그림에서 $\angle x$의 크기를 구하시오.

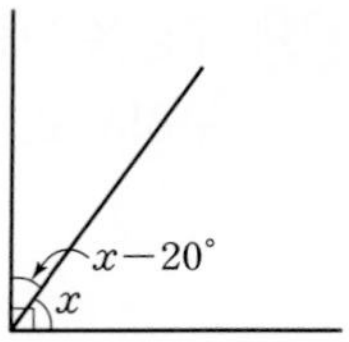

02 오른쪽 그림에서 $\angle x$의 크기는?

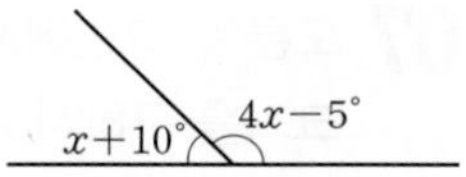

① 20° ② 25°
③ 30° ④ 35°
⑤ 40°

각의 크기 구하기 (2) 중요☆

03 오른쪽 그림에서
$\angle AOC = \angle BOD = 90°$,
$\angle AOB = 60°$일 때,
$\angle x$, $\angle y$의 크기를 각각 구하시오.

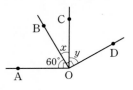

04 오른쪽 그림에서 $\angle x - \angle y$의 크기는?

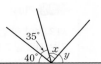

① 3° ② 5°
③ 8° ④ 10°
⑤ 12°

각의 등분을 이용하는 경우

05 오른쪽 그림에서
$\angle AOC = \angle COD$,
$\angle DOE = \angle EOB$일 때,
$\angle COE$의 크기는?

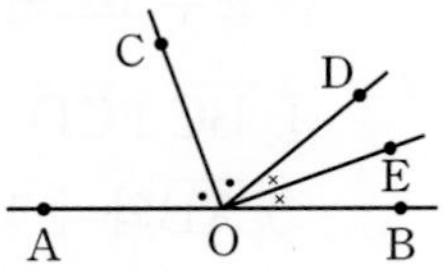

① 70° ② 75° ③ 80°
④ 85° ⑤ 90°

06 오른쪽 그림에서
$\angle AOB = 40°$이고
$\angle BOC = \angle COD$,
$\angle DOE = \angle EOF$일 때,
$\angle COE$의 크기를 구하시오.

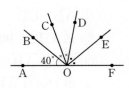

맞꼭지각 (1)

07 오른쪽 그림에서 $\angle x - \angle y$의 크기를 구하시오.

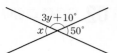

08 오른쪽 그림에서 $\angle x$의 크기를 구하시오.

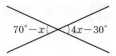

맞꼭지각 (2)   중요

09 오른쪽 그림에서 $\angle x$의 크기를 구하시오.

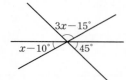

코칭 Plus

세 직선이 한 점에서 만날 때, 맞꼭지각의 크기는 서로 같고 평각의 크기는 180°이므로
☆ + □ + ○ = 180°

10 오른쪽 그림에서 $\angle x$의 크기는?

① 15°   ② 18°

③ 20°   ④ 22°

⑤ 25°

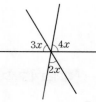

수직과 수선

11 오른쪽 그림과 같이 직선 AB와 직선 CD가 서로 수직으로 만날 때, 다음 중 옳지 <u>않은</u> 것은?

① $\overleftrightarrow{AB} \perp \overleftrightarrow{CD}$

② $\angle AHC = 90°$

③ $\overleftrightarrow{CD}$는 $\overleftrightarrow{AB}$의 수선이다.

④ 점 C에서 $\overleftrightarrow{AB}$에 내린 수선의 발은 점 H이다.

⑤ 점 A와 $\overleftrightarrow{CD}$ 사이의 거리는 $\overline{AC}$의 길이와 같다.

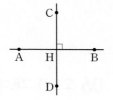

12 다음 중 오른쪽 그림과 같은 사다리꼴 ABCD에 대한 설명으로 옳지 <u>않은</u> 것을 모두 고르면? (정답 2개)

① $\overline{BC} \perp \overline{CD}$

② $\overline{AB}$와 수직으로 만나는 선분은 $\overline{AD}$, $\overline{BC}$이다.

③ 점 C에서 $\overline{AB}$에 내린 수선의 발은 점 B이다.

④ 점 C와 $\overline{AB}$ 사이의 거리는 8 cm이다.

⑤ 점 D와 $\overline{BC}$ 사이의 거리는 5 cm이다.

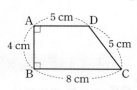

01

다음 중 옳지 <u>않은</u> 것을 모두 고르면? (정답 2개)

① 점이 움직인 자리는 선이 된다.
② 서로 다른 두 선이 만나면 교선이 생긴다.
③ 방향이 같은 두 반직선은 같은 반직선이다.
④ 서로 다른 두 점을 지나는 직선은 오직 하나뿐이다.
⑤ 두 점을 잇는 선 중 가장 짧은 것은 선분이다.

02

오른쪽 그림과 같이 한 직선 위에 세 점 A, B, C가 있을 때, 다음 **보기**에서 옳은 것을 모두 고르시오.

보기

ㄱ. $\overrightarrow{AB}=\overrightarrow{BC}$ ㄴ. $\overrightarrow{AB}=\overrightarrow{BC}$
ㄷ. $\overline{AB}=\overline{AC}$ ㄹ. $\overline{AC}=\overline{BC}$
ㅁ. $\overrightarrow{CA}=\overrightarrow{CB}$

03

오른쪽 그림과 같이 직선 l 위에 있는 세 점 A, B, C와 직선 l 위에 있지 않은 한 점 D가 있다. 이 중 두 점을 이어 만들 수 있는 서로 다른 직선의 개수를 구하시오.

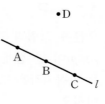

04

다음 그림에서 점 M은 $\overline{AB}$의 중점이고 점 N은 $\overline{AM}$의 중점이다. $\overline{AB}=24$ cm일 때, $\overline{NB}$의 길이를 구하시오.

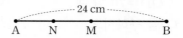

05

다음 그림에서 $\overline{AB}=3\overline{BC}$이고 두 점 M, N은 각각 $\overline{AB}$, $\overline{BC}$의 중점이다. $\overline{AM}=9$ cm일 때, $\overline{MN}$의 길이는?

① 10 cm   ② 12 cm   ③ 15 cm
④ 16 cm   ⑤ 18 cm

06

다음 중 예각의 개수를 a, 둔각의 개수를 b라 할 때, $a-b$의 값을 구하시오.

5°,	30°,	0°,	90°,	110°,
180°,	85°,	210°,	150°,	45°

07

오른쪽 그림에서 $\angle x$의 크기는?

① 20°   ② 22°
③ 25°   ④ 28°
⑤ 30°

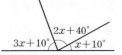

08

오른쪽 그림에서
$\overline{OA}\perp\overline{OC}$, $\overline{OB}\perp\overline{OD}$이고
∠AOB+∠COD=70°일 때,
∠BOC의 크기를 구하시오.

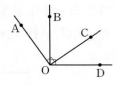

09

오른쪽 그림에서 ∠AOB=90°
이고 ∠BOC : ∠COD=1 : 2일
때, ∠COD의 크기를 구하시오.

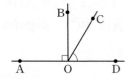

10

오른쪽 그림에서 ∠x−∠y의 크
기를 구하시오.

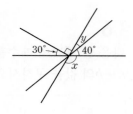

11

오른쪽 그림에서 점 A와
$\overline{BC}$ 사이의 거리를 a cm,
점 C와 $\overline{AB}$ 사이의 거리를
b cm라 할 때, $a+b$의 값
을 구하시오.

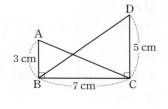

12 추론💬

오른쪽 그림과 같이 반원 위에 5개
의 점 A, B, C, D, E가 있다. 이
중 두 점을 이어 만들 수 있는 서
로 다른 직선의 개수를 구하시오.

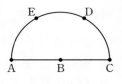

13 문제해결🔒

한 직선 위에 네 점 A, B, C, D가 차례로 있고, 다음
조건을 만족시킬 때, $\overline{AC}$의 길이를 구하시오.

> (가) $\overline{AD}=5\overline{AB}$
> (나) 점 C는 $\overline{BD}$의 중점이다.
> (다) $\overline{AD}=30$ cm

14 추론💬

오른쪽 그림과 같이 세 직선 l,
m, n이 한 점에서 만날 때 생기
는 맞꼭지각은 모두 몇 쌍인지 구
하시오.

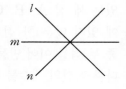

03 위치 관계

1 점과 직선의 위치 관계

① 점 A는 직선 l 위에 있다. → 직선 l이 점 A를 지난다.

② 점 B는 직선 l 위에 있지 않다. → 직선 l이 점 B를 지나지 않는다.
（점 B가 직선 l 밖에 있다.）

2 두 직선의 위치 관계

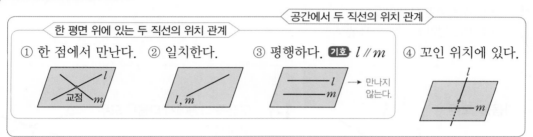

• ③과 같이 한 평면 위에 있는 두 직선 l, m이 만나지 않을 때, 두 직선 l, m은 서로 평행하다고 하고, 기호로 $l \parallel m$과 같이 나타낸다. 이때 평행한 두 직선을 **평행선**이라 한다.

• ④와 같이 공간에서 두 직선이 만나지도 않고 평행하지도 않을 때, 두 직선은 **꼬인 위치**에 있다고 한다. → 두 직선은 한 평면 위에 있지 않다.

3 공간에서 직선과 평면의 위치 관계

① 한 점에서 만난다.　　② 직선이 평면에 포함된다.　　③ 평행하다. 기호 $l \parallel P$

 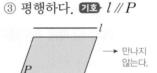

참고 직선과 평면의 수직 : 직선 l이 평면 P와 한 점 H에서 만나고 점 H를 지나는 평면 P 위의 모든 직선과 수직일 때, 직선 l과 평면 P는 직교한다 또는 서로 수직이다라고 한다. 기호 $l \perp P$

공간에서 직선과 평면이 만나지 않을 때, 직선과 평면은 서로 평행하다고 한다.

4 공간에서 두 평면의 위치 관계

① 한 직선에서 만난다.　　② 일치한다.　　③ 평행하다. 기호 $P \parallel Q$

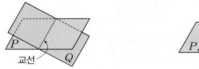

참고 두 평면의 수직 : 평면 P가 평면 Q에 수직인 직선 l을 포함할 때, 평면 P와 평면 Q는 직교한다 또는 서로 수직이다라고 한다. 기호 $P \perp Q$

공간에서 두 평면이 만나지 않을 때, 두 평면은 서로 평행하다고 한다.

꼬인 위치에 있는 직선은 어떻게 찾을까?

꼬인 위치에 있는 두 직선은 한 평면 위에 있지 않다.

따라서 그 직선과 만나는 직선, 평행한 직선을 먼저 찾아 제외시키면 쉽게 찾을 수 있다.

개념 1 점과 직선의 위치 관계를 알아볼까?

다음 그림과 같은 삼각기둥에서

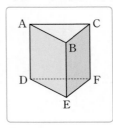

(1) 모서리 BE 위에 있는 꼭짓점

➡ 점 B, 점 E

모서리 BE가 두 점 B, E를 지난다.

(2) 모서리 BC 위에 있지 않은 꼭짓점

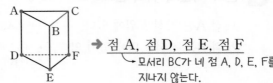

➡ 점 A, 점 D, 점 E, 점 F

모서리 BC가 네 점 A, D, E, F를 지나지 않는다.

참고

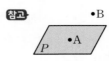

· 점 A는 평면 P 위에 있다.
· 점 B는 평면 P 위에 있지 않다.

---

1 오른쪽 그림에서 다음을 모두 구하시오.

(1) 직선 l 위에 있는 점

(2) 직선 l 위에 있지 않은 점

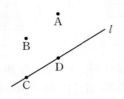

1-1 오른쪽 그림에서 다음을 모두 구하시오.

(1) 직선 l 위에 있는 점

(2) 직선 m 위에 있지 않은 점

(3) 두 직선 l, m 위에 동시에 있는 점

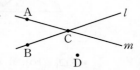

개념 2 평면에서 두 직선의 위치 관계를 알아볼까?

다음 그림과 같은 평행사변형에서

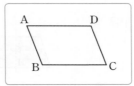

(1) 변 AB와 한 점에서 만나는 변 ➡ $\overline{AD}$, $\overline{BC}$

점 A에서 만난다. ↗   ↖ 점 B에서 만난다.

(2) 변 AD와 평행한 변 ➡ $\overline{BC}$ → 평행사변형의 마주 보는 변은 각각 평행하다.

한 평면에서 서로 다른 두 직선이 만나지 않으면 평행해! 평행하지 않으면 반드시 만나!

참고 다음과 같은 경우 하나의 평면이 결정된다.
① 한 직선 위에 있지 않은 서로 다른 세 점이 주어질 때
② 한 직선과 그 직선 밖의 한 점이 주어질 때
③ 한 점에서 만나는 두 직선이 주어질 때
④ 서로 평행한 두 직선이 주어질 때

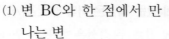

---

2 오른쪽 그림과 같은 직사각형에서 다음을 모두 구하시오.

(1) 변 AD와 한 점에서 만나는 변

(2) 변 AB와 평행한 변

2-1 오른쪽 그림과 같은 사다리꼴에서 다음을 모두 구하시오.

(1) 변 BC와 한 점에서 만나는 변

(2) 변 BC와 평행한 변

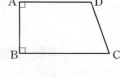

개념 3 공간에서 두 직선의 위치 관계를 알아볼까?

다음 그림과 같은 정육면체에서

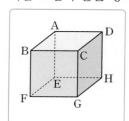

(1) 모서리 AB와 한 점에서 만나는 모서리

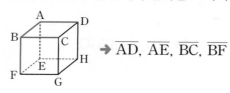

→ $\overline{AD}$, $\overline{AE}$, $\overline{BC}$, $\overline{BF}$

(2) 모서리 AB와 평행한 모서리

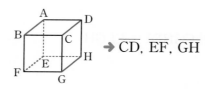

→ $\overline{CD}$, $\overline{EF}$, $\overline{GH}$

꼬인 위치에 있는 모서리 찾기
❶ 한 점에서 만나는 모서리 모두 제외하기
❷ 평행한 모서리 모두 제외하기

(3) 모서리 AB와 꼬인 위치에 있는 모서리

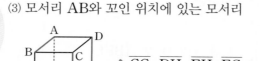

→ $\overline{CG}$, $\overline{DH}$, $\overline{EH}$, $\overline{FG}$

└ 모서리 AB와 만나지도 않고 평행하지도 않은 모서리

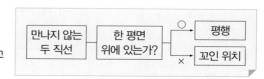

만나지 않는 두 직선 → 한 평면 위에 있는가? → ○ 평행 / × 꼬인 위치

---

3 오른쪽 그림과 같은 직육면체에서 다음을 모두 구하시오.

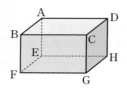

(1) 모서리 AD와 한 점에서 만나는 모서리

(2) 모서리 AD와 평행한 모서리

(3) 모서리 AD와 꼬인 위치에 있는 모서리

3-1 오른쪽 그림과 같은 삼각기둥에서 다음을 모두 구하시오.

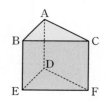

(1) 모서리 AB와 한 점에서 만나는 모서리

(2) 모서리 AB와 평행한 모서리

(3) 모서리 AB와 꼬인 위치에 있는 모서리

4 오른쪽 그림과 같은 삼각뿔에서 다음을 모두 구하시오.

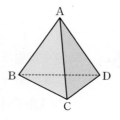

(1) 모서리 AB와 한 점에서 만나는 모서리

(2) 모서리 AB와 꼬인 위치에 있는 모서리

4-1 오른쪽 그림과 같이 밑면이 정사각형인 사각뿔에서 다음을 모두 구하시오.

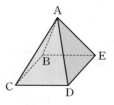

(1) 모서리 DE와 한 점에서 만나는 모서리

(2) 모서리 DE와 평행한 모서리

(3) 모서리 DE와 꼬인 위치에 있는 모서리

개념 4 공간에서 직선과 평면의 위치 관계를 알아볼까?

다음 그림과 같은 정육면체에서

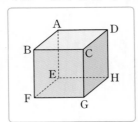

(1) 모서리 AB와 한 점에서 만나는 면

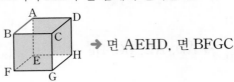

→ 면 AEHD, 면 BFGC

(2) 모서리 AB와 평행한 면

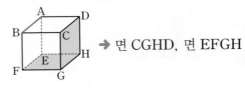

→ 면 CGHD, 면 EFGH

(3) 모서리 AB를 포함하는 면

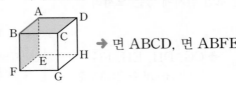

→ 면 ABCD, 면 ABFE

참고 면 EFGH와 수직인 모서리

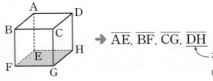

→ $\overline{AE}$, $\overline{BF}$, $\overline{CG}$, $\overline{DH}$

└ 점 D에서 면 EFGH에 내린 수선의 발은 점 H이고
이때 점 D와 면 EFGH 사이의 거리는 $\overline{DH}$의 길이이다.

5 오른쪽 그림과 같은 직육면체에서 다음을 모두 구하시오.

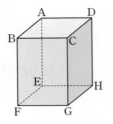

(1) 모서리 AD를 포함하는 면

(2) 모서리 AD와 수직인 면

(3) 모서리 AD와 평행한 면

5-1 오른쪽 그림과 같은 직육면체에서 다음을 모두 구하시오.

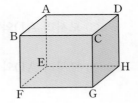

(1) 면 ABCD에 포함되는 모서리

(2) 면 ABCD와 한 점에서 만나는 모서리

(3) 면 ABCD와 평행한 모서리

6 오른쪽 그림과 같은 오각기둥에서 다음을 모두 구하시오.

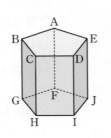

(1) 모서리 DI와 평행한 면

(2) 모서리 CH를 포함하는 면

(3) 면 ABCDE와 수직인 모서리

6-1 오른쪽 그림과 같은 삼각기둥에서 다음을 모두 구하시오.

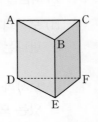

(1) 면 DEF와 평행한 모서리

(2) 면 ADEB에 포함되는 모서리

(3) 점 C에서 면 DEF에 내린 수선의 발

개념 5 공간에서 두 평면의 위치 관계를 알아볼까?

다음 그림과 같은 정육면체에서

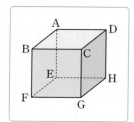

(1) 면 BFGC와 한 모서리에서 만나는 면

→ 면 ABCD, 면 ABFE, 면 EFGH, 면 CGHD

(2) 면 ABCD와 평행한 면

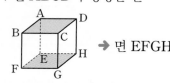

→ 면 EFGH

참고 면 ABCD와 수직인 면

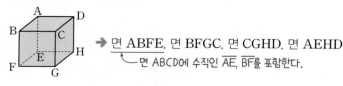

→ 면 ABFE, 면 BFGC, 면 CGHD, 면 AEHD
└ 면 ABCD에 수직인 $\overline{AE}$, $\overline{BF}$를 포함한다.

---

7 오른쪽 그림과 같은 직육면체에서 다음을 모두 구하시오.

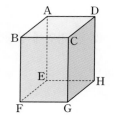

(1) 면 ABFE와 만나는 면

(2) 면 ABFE와 평행한 면

(3) 면 ABFE와 수직인 면

7-1 오른쪽 그림과 같은 직육면체에서 다음을 모두 구하시오.

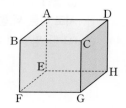

(1) 면 ABCD와 면 CGHD의 교선

(2) 모서리 EF를 교선으로 갖는 두 면

(3) 면 ABCD와 한 모서리에서 만나는 면

---

8 오른쪽 그림과 같은 사각기둥에서 다음을 모두 구하시오.

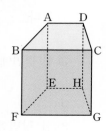

(1) 면 AEHD와 만나는 면

(2) 면 EFGH와 평행한 면

(3) 면 BFGC와 수직인 면

8-1 오른쪽 그림과 같이 밑면이 직각삼각형인 삼각기둥에서 다음을 모두 구하시오.

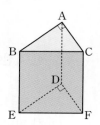

(1) 면 ABED와 만나는 면

(2) 면 ABC와 평행한 면

(3) 면 ADFC와 수직인 면

집중 6 공간에서 여러 가지 위치 관계를 알아볼까?

집중 1

서로 다른 세 직선의 위치 관계

(1) 한 직선에 평행한 서로 다른 두 직선은 평행하다.

(2) 한 직선에 평행한 직선과 수직인 직선은 수직이거나 꼬인 위치에 있다.

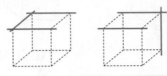

집중 2

한 평면과 두 직선의 위치 관계

(1) 한 평면에 수직인 서로 다른 두 직선은 평행하다.

(2) 한 평면에 평행한 직선과 수직인 직선은 수직이거나 꼬인 위치에 있다.

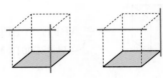

집중 3

서로 다른 세 평면의 위치 관계

(1) 한 평면에 평행한 서로 다른 두 평면은 평행하다.

(2) 한 평면에 평행한 평면과 수직인 평면은 수직이다.

참고 항상 평행한 위치 관계

(1) 한 직선에 평행한 모든 직선

(2) 한 직선에 수직인 모든 평면

(3) 한 평면에 평행한 모든 평면

(4) 한 평면에 수직인 모든 직선

---

9 다음 중 공간에서 위치 관계에 대한 설명으로 옳은 것에는 ○표, 옳지 않은 것에는 ×표를 하시오.

(1) 한 직선에 평행한 서로 다른 두 직선은 평행하다.
( )

(2) 한 직선에 수직인 서로 다른 두 평면은 수직이다.
( )

(3) 한 평면에 평행한 서로 다른 두 평면은 평행하다.
( )

9-1 다음 중 공간에서 위치 관계에 대한 설명으로 옳은 것에는 ○표, 옳지 않은 것에는 ×표를 하시오.

(1) 한 직선에 평행한 직선과 수직인 직선은 평행하다.
( )

(2) 한 평면에 수직인 서로 다른 두 직선은 평행하다.
( )

(3) 한 평면에 평행한 평면과 수직인 평면은 평행하다.
( )

한 평면 위에 있는 두 직선의 위치 관계

01 다음 중 오른쪽 그림과 같은 사다리꼴 ABCD에 대한 설명으로 옳지 <u>않은</u> 것은?

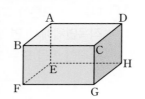

① $\overleftrightarrow{AD}$와 $\overleftrightarrow{BC}$는 평행하다.
② $\overleftrightarrow{AD}$와 $\overleftrightarrow{CD}$는 수직으로 만난다.
③ 점 D에서 $\overleftrightarrow{BC}$에 내린 수선의 발은 점 C이다.
④ $\overleftrightarrow{AB}$와 $\overleftrightarrow{CD}$는 만나지 않는다.
⑤ 점 B와 $\overleftrightarrow{AD}$ 사이의 거리는 4 cm이다.

02 한 평면 위에 있는 서로 다른 세 직선 l, m, n에 대하여 $l /\!/ m$, $l \perp n$일 때, 두 직선 m, n의 위치 관계는?

① 일치한다.　　　　　② 평행하다.
③ 수직이다.　　　　　④ 두 점에서 만난다.
⑤ 꼬인 위치에 있다.

공간에서 두 직선의 위치 관계

03 다음 중 오른쪽 그림과 같은 직육면체에 대한 설명으로 옳지 <u>않은</u> 것은?

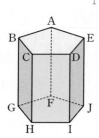

① $\overline{AB}$와 $\overline{BC}$는 한 점에서 만난다.
② $\overline{AD}$와 $\overline{FG}$는 평행하다.
③ $\overline{AB}$와 $\overline{FG}$는 꼬인 위치에 있다.
④ $\overline{BC}$와 $\overline{DH}$는 수직으로 만난다.
⑤ $\overline{EH}$와 $\overline{EF}$의 교점은 점 E이다.

04 오른쪽 그림과 같이 밑면이 정오각형인 오각기둥에서 $\overline{AB}$와 평행한 모서리의 개수를 a, $\overline{AB}$와 수직으로 만나는 모서리의 개수를 b라 할 때, $a+b$의 값을 구하시오.

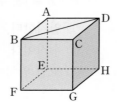

꼬인 위치 　　　　중요✩

05 오른쪽 그림과 같은 정육면체에서 $\overline{BD}$와 만나지도 않고 평행하지도 않은 모서리의 개수를 구하시오.

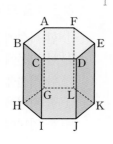

06 오른쪽 그림과 같은 육각기둥에서 $\overline{BH}$와 꼬인 위치에 있는 모서리의 개수를 구하시오.

교과서 대표 문제로

완성하기

개념

직선과 평면의 위치 관계

07 다음 중 오른쪽 그림과 같은 직육면체에 대한 설명으로 옳지 <u>않은</u> 것은?

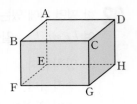

① 모서리 AD와 면 BFGC 는 평행하다.

② 모서리 AB는 면 ABCD에 포함된다.

③ 모서리 AE는 면 EFGH와 수직이다.

④ 모서리 BC와 수직인 면은 3개이다.

⑤ 면 ABCD와 수직인 모서리는 4개이다.

08 오른쪽 그림과 같이 밑면이 사다리꼴인 사각기둥에서 모서리 AD와 평행한 면의 개수를 a, 면 ABCD와 평행한 모서리의 개수를 b라 할 때, $a+b$의 값을 구하시오.

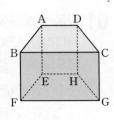

두 평면의 위치 관계

09 다음 중 오른쪽 그림과 같이 밑면이 직각삼각형인 삼각기둥에 대한 설명으로 옳지 <u>않은</u> 것은?

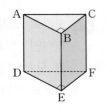

① 면 ABC와 평행한 면은 1개이다.

② 면 ABC와 면 ADEB는 수직이다.

③ 면 DEF와 수직인 면은 2개이다.

④ 면 ADEB와 수직인 면은 3개이다.

⑤ 면 DEF와 면 BEFC의 교선은 $\overline{EF}$이다.

10 다음 중 오른쪽 그림과 같은 직육면체에서 면 AEGC와 수직인 면을 모두 고르면?

(정답 2개)

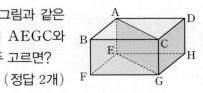

① 면 ABCD ② 면 AEHD

③ 면 BFGC ④ 면 CGHD

⑤ 면 EFGH

공간에서 여러 가지 위치 관계 중요

11 다음 중 공간에서 위치 관계에 대한 설명으로 옳지 <u>않은</u> 것을 모두 고르면? (정답 2개)

① 한 직선에 평행한 서로 다른 두 직선은 평행하다.

② 한 직선에 수직인 서로 다른 두 직선은 수직이다.

③ 한 직선에 수직인 서로 다른 두 평면은 평행하다.

④ 한 평면에 평행한 서로 다른 두 직선은 수직이다.

⑤ 한 평면에 수직인 서로 다른 두 직선은 평행하다.

12 서로 다른 세 평면 P, Q, R에 대하여 $P /\!/ Q$이고 $P \perp R$일 때, 두 평면 Q, R의 위치 관계는?

① 일치한다. ② 평행하다.

③ 수직이다. ④ 포함된다.

⑤ 꼬인 위치에 있다.

04 평행선의 성질

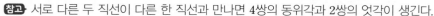

1 동위각과 엇각

두 직선 l, m이 다른 한 직선 n과 만날 때 생기는 8개의 각 중에서

(1) **동위각** : 서로 같은 위치에 있는 두 각

➡ $\angle a$와 $\angle e$, $\angle b$와 $\angle f$, $\angle c$와 $\angle g$, $\angle d$와 $\angle h$

(2) **엇각** : 서로 엇갈린 위치에 있는 두 각

➡ $\angle b$와 $\angle h$, $\angle c$와 $\angle e$

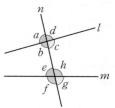

참고 서로 다른 두 직선이 다른 한 직선과 만나면 4쌍의 동위각과 2쌍의 엇각이 생긴다.

주의 엇각은 두 직선 l, m 사이에 있는 각이므로 위의 그림에서 $\angle a$와 $\angle g$, $\angle d$와 $\angle f$는 엇각이 아니다.

참고 동위각과 엇각을 찾을 때, 한 직선과 만나는 두 직선이 반드시 평행할 필요는 없다.

용어

동위각(같을 同, 위치 位, 각 角)
같은 위치에 있는 각

동위각은 알파벳 'F'로, 엇각은 알파벳 'Z'로 찾을 수 있다.

2 평행선의 성질

서로 다른 두 직선이 한 직선과 만날 때

(1) 두 직선이 서로 평행하면 동위각의 크기가 같다.

➡ $l /\!/ m$이면 $\angle a = \angle b$

(2) 두 직선이 서로 평행하면 엇각의 크기가 같다.

➡ $l /\!/ m$이면 $\angle c = \angle d$

주의 맞꼭지각의 크기는 항상 같지만 동위각, 엇각의 크기는 두 직선이 평행할 때만 같다.

3 두 직선이 평행할 조건

서로 다른 두 직선이 한 직선과 만날 때

(1) 동위각의 크기가 같으면 두 직선은 서로 평행하다.

➡ $\angle a = \angle b$이면 $l /\!/ m$

(2) 엇각의 크기가 같으면 두 직선은 서로 평행하다.

➡ $\angle c = \angle d$이면 $l /\!/ m$

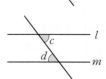

동위각, 엇각의 크기는 항상 같을까?

동위각과 엇각은 한 직선과 만나는 서로 다른 두 직선이 서로 평행하지 않아도 존재하지만 그 크기는 한 직선과 만나는 서로 다른 두 직선이 서로 평행할 때만 같다.

개념 **1** 동위각과 엇각은 어떻게 찾을 수 있을까?

(1) **동위각** : 서로 같은 위치에 있는 두 각 → 알파벳 'F'로 찾기

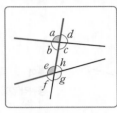
∠a와 ∠e

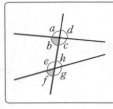
∠b와 ∠f

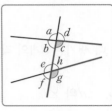
∠c와 ∠g

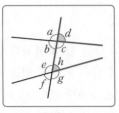
∠d와 ∠h

(2) **엇각** : 서로 엇갈린 위치에 있는 두 각 → 알파벳 'Z'로 찾기

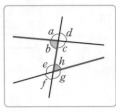
∠b와 ∠h

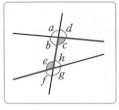
∠c와 ∠e

 ∠a와 ∠g, ∠d와 ∠f는 두 직선 사이의 각이 아니므로 엇각이 아니야!

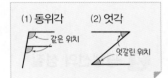

1 오른쪽 그림과 같이 세 직선이 만날 때, 다음을 구하시오.
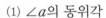
(1) ∠a의 동위각

(2) ∠g의 동위각

(3) ∠d의 엇각

(4) ∠e의 엇각

1-1 오른쪽 그림과 같이 세 직선이 만날 때, 다음을 구하시오.
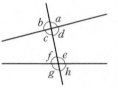
(1) ∠b의 동위각

(2) ∠h의 동위각

(3) ∠c의 엇각

(4) ∠f의 엇각

2 오른쪽 그림과 같이 세 직선이 만날 때, 다음 각의 크기를 구하시오.
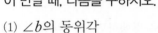
(1) ∠a의 동위각

(2) ∠d의 동위각

(3) ∠b의 엇각

(4) ∠f의 엇각

2-1 오른쪽 그림과 같이 세 직선이 만날 때, 다음 각의 크기를 구하시오.
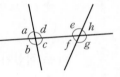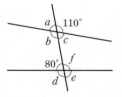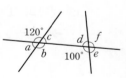
(1) ∠a의 동위각

(2) ∠b의 동위각

(3) ∠c의 엇각

(4) ∠d의 엇각

개념 2 평행선과 동위각, 엇각 사이에는 어떤 성질이 있는지 알아볼까?

다음 그림에서 $l /\!/ m$일 때, $\angle a$, $\angle b$, $\angle c$의 크기를 각각 구해 보자.

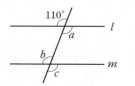 →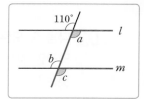

$l /\!/ m$이므로
$\angle c = \angle a$ (동위각)
　　 $= 110°$ (맞꼭지각)

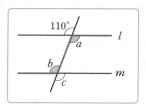

$l /\!/ m$이므로
$\angle b = \angle a$ (엇각)
　　 $= 110°$ (맞꼭지각)

3 오른쪽 그림에서 $l /\!/ m$일 때, $\angle x$, $\angle y$의 크기를 각각 구하시오.

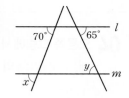

3-1 오른쪽 그림에서 $l /\!/ m$일 때, 다음 각의 크기를 구하시오.

(1) $\angle a$　　　(2) $\angle b$

(3) $\angle c$　　　(4) $\angle d$

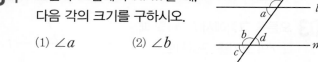

개념 3 두 직선이 평행하기 위한 조건은 무엇일까?

다음 그림에서 평행한 직선을 찾아보자.

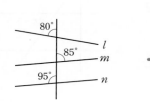 →

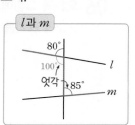
엇각의 크기가 다르므로 l과 m은 평행하지 않다.

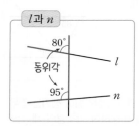
동위각의 크기가 다르므로 l과 n은 평행하지 않다.

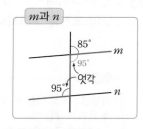
엇각의 크기가 같으므로 m과 n은 평행하다.
➡ $m /\!/ n$

4 다음 그림에서 두 직선 l, m이 평행한지 평행하지 않은지 말하시오.

(1) 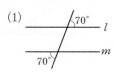　　(2)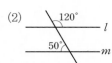

(3) 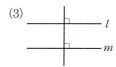　　(4)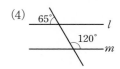

4-1 다음 **보기**에서 $l /\!/ m$인 것을 모두 찾으시오.

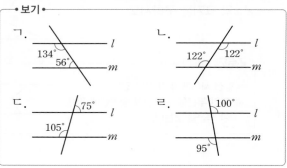

개념 완성하기

동위각과 엇각 찾기

01 오른쪽 그림과 같이 세 직선이 만날 때, 다음을 모두 구하시오.

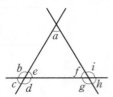

(1) ∠a의 동위각

(2) ∠a의 엇각

02 다음 중 오른쪽 그림에서 엇각인 것끼리 짝 지어진 것은?

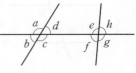

① ∠a와 ∠g   ② ∠b와 ∠e
③ ∠b와 ∠h   ④ ∠c와 ∠f
⑤ ∠d와 ∠f

평행선에서 동위각과 엇각의 크기 구하기 (1)

03 오른쪽 그림에서 $l /\!/ m$일 때, ∠x의 크기를 구하시오.

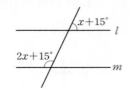

04 오른쪽 그림에서 $l /\!/ m /\!/ n$일 때, ∠x − ∠y의 크기는?

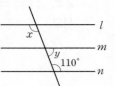

① 25°   ② 30°
③ 35°   ④ 40°
⑤ 45°

평행선에서 동위각과 엇각의 크기 구하기 (2)   중요

05 오른쪽 그림에서 $l /\!/ m$일 때, ∠x의 크기를 구하시오.

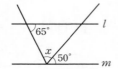

> **코칭 Plus**
>
> 평행선과 서로 다른 두 직선이 만나서 삼각형이 생기는 경우
> ➡ 동위각 또는 엇각의 크기를 이용하여 삼각형의 세 각의 크기를 구한 후 그 합이 180°임을 이용한다.

06 오른쪽 그림에서 $l /\!/ m$일 때, ∠x의 크기를 구하시오.

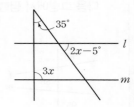

평행선 사이에 꺾인 선이 있는 경우 (1)   중요

07 오른쪽 그림에서 $l /\!/ m$일 때, ∠x의 크기를 구하시오.

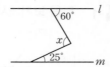

> **코칭 Plus**
>
> 평행선 사이에 꺾인 선이 있는 경우
> ➡ 꺾인 부분을 지나면서 평행선에 평행한 직선을 긋는다.
>
>

08 오른쪽 그림에서 $l /\!/ m$일 때, ∠x의 크기를 구하시오.

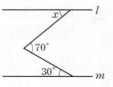

평행선 사이에 꺾인 선이 있는 경우 (2)

09 오른쪽 그림에서 $l /\!/ m$일 때, $\angle x$의 크기를 구하시오.

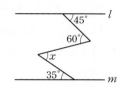

10 오른쪽 그림에서 $l /\!/ m$일 때, $\angle x$의 크기를 구하시오.

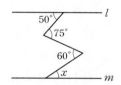

직사각형 모양의 종이를 접는 경우

11 오른쪽 그림과 같이 직사각형 모양의 종이를 접었을 때, $\angle BAC$의 크기를 구하시오.

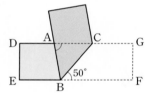

12 오른쪽 그림과 같이 직사각형 모양의 종이테이프를 접었을 때, $\angle x$의 크기를 구하시오.

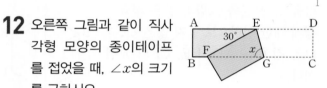

> **코칭 Plus**
>
> 직사각형 모양의 종이를 접는 경우
> ➜ ① 접은 각의 크기가 같다.
>   ② 엇각의 크기가 같다.
>
>
>
> 접은 각   엇각

두 직선이 평행할 조건

13 다음 중 오른쪽 그림에서 $l /\!/ m$이 되기 위한 조건으로 옳지 <u>않은</u> 것은?

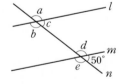

① $\angle a = 130°$
② $\angle b = 130°$
③ $\angle c = 50°$
④ $\angle e = \angle d$
⑤ $\angle c + \angle d = 180°$

14 다음 중 두 직선 l, m이 평행하지 <u>않은</u> 것은?

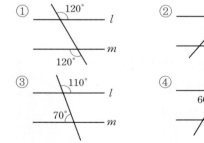

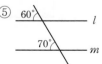

01

다음 중 오른쪽 그림에 대한 설명으로 옳지 <u>않은</u> 것은?

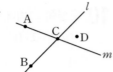

① 점 A는 직선 m 위에 있다.
② 점 B는 직선 m 위에 있지 않다.
③ 두 직선 l, m은 점 C를 지난다.
④ 두 점 B, C를 지나는 직선은 하나뿐이다.
⑤ 점 D는 직선 l 위에 있지 않고, 직선 m 위에 있다.

02

다음 중 오른쪽 그림과 같은 정육각형에 대한 설명으로 옳지 <u>않은</u> 것은? (단, 점 O는 $\overline{AD}$, $\overline{BE}$, $\overline{CF}$의 교점이다.)

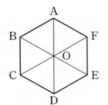

① $\overleftrightarrow{AD}$는 점 O를 지난다.
② 점 F는 $\overleftrightarrow{CO}$ 위에 있다.
③ $\overleftrightarrow{AB}$∥$\overleftrightarrow{DE}$
④ $\overleftrightarrow{AD}$와 $\overleftrightarrow{CD}$는 한 점에서 만난다.
⑤ $\overrightarrow{BO}$와 $\overrightarrow{DE}$는 만나지 않는다.

03

오른쪽 그림과 같은 사각뿔에서 $\overline{BD}$와 꼬인 위치에 있는 모서리의 개수를 구하시오.

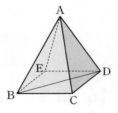

04

오른쪽 그림과 같은 삼각기둥에서 다음 중 개수가 가장 많은 것은?

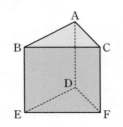

① $\overline{AB}$와 평행한 모서리
② $\overline{AB}$와 수직인 모서리
③ $\overline{AB}$와 만나는 모서리
④ 면 ABC와 평행한 면
⑤ 면 ABC와 만나는 면

05

오른쪽 그림은 직육면체를 $\overline{AD}=\overline{BC}$가 되도록 잘라 만든 입체도형이다. 다음 중 옳지 <u>않은</u> 것은?

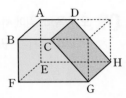

① 모서리 CG와 평행한 모서리는 1개이다.
② 모서리 AB와 면 AEHD는 수직이다.
③ 모서리 BC를 포함하는 면은 2개이다.
④ 면 BFGC와 평행한 모서리는 4개이다.
⑤ 면 ABFE와 면 CGHD는 평행하다.

06

다음 **보기** 중 공간에서 서로 다른 두 직선 l, m과 평면 P의 위치 관계에 대한 설명으로 항상 옳은 것을 모두 고르시오.

┌─ 보기 ─
ㄱ. l∥P, m∥P이면 l∥m이다.
ㄴ. l∥P, m∥P이면 l⊥m이다.
ㄷ. l∥m, l⊥P이면 m⊥P이다.
ㄹ. l⊥m, m∥P이면 l∥P이다.
ㅁ. l⊥P, m⊥P이면 l∥m이다.
└─

07

오른쪽 그림과 같이 세 직선이 만날 때, 다음 중 옳지 <u>않은</u> 것은?

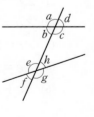

① $\angle a$의 동위각은 $\angle e$이다.
② $\angle b$의 엇각은 $\angle h$이다.
③ $\angle e=125°$이면 $\angle h=55°$이다.
④ $\angle e=125°$이면 $\angle c=125°$이다.
⑤ $\angle g$의 맞꼭지각은 $\angle e$이다.

08

오른쪽 그림에서 $l \parallel m$일 때,
$\angle a - \angle b + \angle c$의 크기를 구하시오.

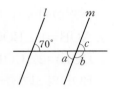

09

오른쪽 그림에서 $l \parallel m$일 때,
$\angle x$, $\angle y$의 크기를 각각 구하시오.

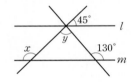

10

오른쪽 그림에서 $l \parallel m$일 때, $\angle x$의
크기는?

① $60°$ ② $65°$

③ $70°$ ④ $75°$

⑤ $80°$

11

오른쪽 그림과 같이 직사각
형 모양의 종이를 접었을 때,
$\angle x$의 크기를 구하시오.

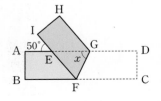

한걸음 더

12 추론💬

오른쪽 그림의 정육각형의 각 변
을 연장한 직선 중에서 $\overleftrightarrow{AB}$와 평
행한 직선의 개수를 a, $\overleftrightarrow{AB}$와 한
점에서 만나는 직선의 개수를 b라
할 때, $b - a$의 값을 구하시오.

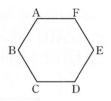

13 추론💬

오른쪽 그림의 전개도를 접어서
만든 삼각뿔에서 모서리 BC와
꼬인 위치에 있는 모서리를 찾으
시오.

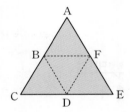

14 문제해결🔒

오른쪽 그림에서 $l \parallel m$일 때,
$\angle x$의 크기를 구하시오.

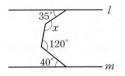

1

다음 그림에서 두 점 M, N은 각각 $\overline{AB}$, $\overline{BC}$의 중점이고, $\overline{AB} : \overline{BC}=4 : 3$이다. $\overline{AC}=28$ cm일 때, $\overline{AM}$, $\overline{BN}$의 길이를 각각 구하시오. [6점]

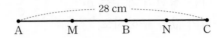

풀이

채점기준1 $\overline{AB}$의 길이 구하기 … 2점

채점기준2 $\overline{AM}$의 길이 구하기 … 1점

채점기준3 $\overline{BC}$의 길이 구하기 … 2점

채점기준4 $\overline{BN}$의 길이 구하기 … 1점

답

한번더!

1-1

다음 그림에서 두 점 M, N은 각각 $\overline{AB}$, $\overline{BC}$의 중점이고, $2\overline{AB}=3\overline{BC}$이다. $\overline{AM}=3$ cm일 때, $\overline{MN}$의 길이를 구하시오. [6점]

풀이

채점기준1 $\overline{AB}$의 길이 구하기 … 1점

채점기준2 $\overline{BC}$의 길이 구하기 … 2점

채점기준3 $\overline{BN}$의 길이 구하기 … 1점

채점기준4 $\overline{MN}$의 길이 구하기 … 2점

답

2

오른쪽 그림에서 $\overline{AE}\perp\overline{BO}$,
$\angle AOB=6\angle BOC$,
$\angle DOE=2\angle COD$일 때,
$\angle BOD$의 크기를 구하시오. [7점]

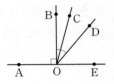

풀이

답

3

오른쪽 그림은 직육면체를 세 꼭짓점 B, C, F를 지나는 평면으로 잘라 만든 입체도형이다. 모서리 BF와 꼬인 위치에 있는 모서리의 개수를 x, 모서리 AC와 평행한 모서리의 개수를 y라 할 때, $x+y$의 값을 구하시오. [7점]

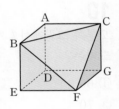

풀이

답

4

오른쪽 그림에서 $l /\!/ m$일 때, $\angle x$ 의 크기를 구하시오. [7점]

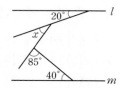

풀이

채점 기준 **1**　두 직선 l, m에 평행한 직선을 긋고 평행선의 성질을 이용하여 크기가 같은 각 표시하기 … 4점

채점 기준 **2**　$\angle x$의 크기 구하기 … 3점

답

4-1

오른쪽 그림에서 $l /\!/ m$일 때, $\angle x$ 의 크기를 구하시오. [7점]

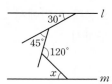

풀이

채점 기준 **1**　두 직선 l, m에 평행한 직선을 긋고 평행선의 성질을 이용하여 크기가 같은 각 표시하기 … 4점

채점 기준 **2**　$\angle x$의 크기 구하기 … 3점

답

5

오른쪽 그림을 보고 다음 물음 에 답하시오. [6점]

(1) 평행한 직선을 모두 찾아 기 호로 나타내시오. [4점]

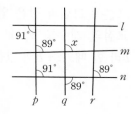

(2) $\angle x$의 크기를 구하시오. [2점]

풀이

답

6

오른쪽 그림과 같이 직사각 형 모양의 종이테이프를 접 었더니 $\angle AEF = 70°$이었다. 이때 $\angle EGF$의 크기를 구하 시오. [6점]

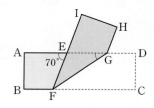

풀이

답

01

오른쪽 그림과 같은 입체도형에서 교점의 개수를 a, 교선의 개수를 b라 할 때, $a+b$의 값을 구하시오.

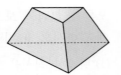

02

아래 그림과 같이 한 직선 위에 네 점 A, B, C, D가 있다. 다음 중 $\overrightarrow{AB}$와 같은 것을 모두 고르면? (정답 2개)

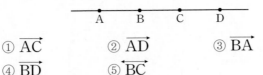

① $\overrightarrow{AC}$
② $\overrightarrow{AD}$
③ $\overrightarrow{BA}$
④ $\overrightarrow{BD}$
⑤ $\overleftarrow{BC}$

03 중요☆

다음 그림에서 점 M은 $\overline{AB}$의 중점이고 점 N은 $\overline{MB}$의 중점이다. $\overline{AN}=12\ cm$일 때, $\overline{MB}$의 길이를 구하시오.

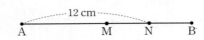

04

아래 그림에서 $\overline{AB}=\overline{BC}=\overline{CD}$일 때, 다음 중 옳지 <u>않은</u> 것은?

① $\overline{AD}=3\overline{AB}$
② $\overline{AD}=2\overline{AC}$
③ $\overline{AC}=\overline{BD}$
④ $\overline{BD}=\dfrac{2}{3}\overline{AD}$
⑤ $\overline{AD}=15\ cm$이면 $\overline{AC}=10\ cm$이다.

05

다음 중 항상 예각인 것을 모두 고르면? (정답 2개)

① (예각)＋(예각)
② (직각)＋(예각)
③ (직각)－(예각)
④ (평각)－(예각)
⑤ (평각)－(둔각)

06

오른쪽 그림에서 $\angle x$의 크기는?

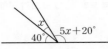

① $15°$
② $20°$
③ $25°$
④ $30°$
⑤ $35°$

07 중요☆

오른쪽 그림에서 $\angle x$의 크기를 구하시오.

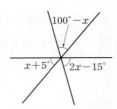

08

오른쪽 그림에서 $\angle x-\angle y$의 크기를 구하시오.

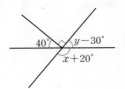

09

다음 중 오른쪽 그림에 대한 설명으로 옳지 <u>않은</u> 것은?

① $\overrightarrow{AB} \perp \overrightarrow{CD}$

② $\angle AOC = 90°$

③ $\overleftrightarrow{CD}$는 $\overline{AB}$의 수직이등분선이다.

④ 점 A와 $\overleftrightarrow{CD}$ 사이의 거리는 $\overline{BO}$의 길이와 같다.

⑤ 점 D에서 $\overline{AB}$에 내린 수선의 발은 점 A이다.

10

다음 중 오른쪽 그림과 같은 정육면체에 대한 설명으로 옳지 <u>않은</u> 것은?

① $\overline{AB}$와 $\overline{GH}$는 평행하다.

② $\overline{BC}$와 $\overline{DH}$는 꼬인 위치에 있다.

③ $\overline{AD}$와 평행한 모서리는 3개이다.

④ $\overline{BF}$와 꼬인 위치에 있는 모서리는 2개이다.

⑤ $\overline{CD}$와 수직으로 만나는 모서리는 4개이다.

11

다음 중 오른쪽 그림에 대한 설명으로 옳지 <u>않은</u> 것은?

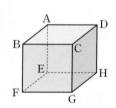

① 직선 m은 평면 P에 포함된다.

② 직선 l과 직선 m은 수직이다.

③ 직선 l과 직선 n은 수직이다.

④ 직선 m과 직선 n은 수직이다.

⑤ 직선 l과 평면 P는 수직이다.

12

오른쪽 그림은 정육면체를 네 꼭짓점 A, B, C, D를 지나는 평면으로 잘라 만든 입체도형이다. 면 ABFE와 수직인 면의 개수를 a, 면 BFC와 평행한 면의 개수를 b라 할 때, $a+b$의 값을 구하시오.

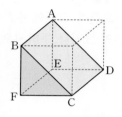

13 중요✿

다음 **보기** 중 공간에서 서로 다른 세 직선 l, m, n의 위치 관계에 대한 설명으로 항상 옳은 것을 모두 고른 것은?

┌ 보기 ┐

ㄱ. $l /\!/ m$, $l /\!/ n$이면 $m /\!/ n$이다.

ㄴ. $l /\!/ m$, $l \perp n$이면 $m \perp n$이다.

ㄷ. $l \perp m$, $l \perp n$이면 $m /\!/ n$이다.

① ㄱ ② ㄷ ③ ㄱ, ㄴ

④ ㄱ, ㄷ ⑤ ㄴ, ㄷ

14

오른쪽 그림과 같이 세 직선이 만날 때, 다음 중 옳은 것을 모두 고르면? (정답 2개)

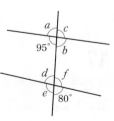

① $\angle a$의 동위각은 $\angle f$이다.

② $\angle b$의 엇각은 $\angle d$이다.

③ $\angle c$의 동위각의 크기는 80°이다.

④ $\angle e$의 동위각의 크기는 85°이다.

⑤ $\angle d$의 엇각의 크기는 85°이다.

15

오른쪽 그림에서 $l /\!/ m$일 때, $\angle x$ 의 크기를 구하시오.

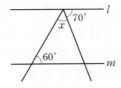

16 중요♡

오른쪽 그림에서 $l /\!/ m$일 때, $\angle x$ 의 크기를 구하시오.

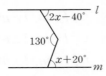

17

오른쪽 그림에서 $l /\!/ m$일 때, $\angle x + \angle y$의 크기는?

① 205°　　　② 215°

③ 225°　　　④ 235°

⑤ 245°

18

다음 중 두 직선 l, m이 평행하지 <u>않은</u> 것은?

①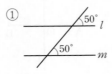

②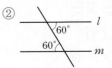

③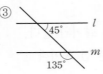

④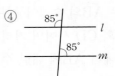

⑤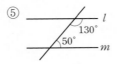

19

오른쪽 그림과 같이 밑면이 정오각형 인 오각기둥 모양의 상자가 있다. 점 A에 있던 개미가 아래 세 학생이 말 하는 모서리를 따라 차례로 이동할 때, 개미가 마지막에 도착하는 점을 구하시오.

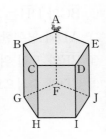

(단, 한 번 지나간 길은 되돌아가지 않는다.)

 점 A를 지나면서 모서리 CH와 평행한 모서리

↓

점 F를 지나면서 모서리 BG와 수직으로 만나는 모서리

↓

 점 G를 지나면서 모서리 DI와 꼬인 위 치에 있는 모서리

교과서에서 쏙 빼온 문제

1

아래 조건을 이용하여 다음 그림에서 성제네 집을 나타내는 기호를 찾으시오.

> ㈎ 성제네 집은 직선 CD 위에 있다.
> ㈏ 선분 AC의 중점과 선분 AD의 중점에 각각 건물 B, C가 있다.
> ㈐ 성제네 집에서 건물 C까지의 거리의 2배는 건물 C에서 건물 D까지의 거리와 같다.

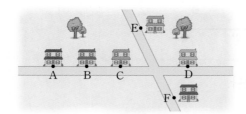

2

아래 그림은 어느 지하철 환승역의 구조를 나타낸 것이다. 그림에 그려진 세 직선 l, m, n을 보고, 다음 물음에 답하시오.

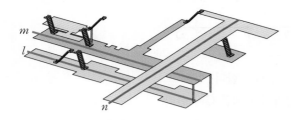

(1) 직선 l과 평행한 직선을 찾으시오.

(2) 직선 l과 꼬인 위치에 있는 직선을 찾으시오.

(3) 지하철 환승역에서 두 노선을 꼬인 위치로 설계한 이유를 설명하시오.

3

포켓볼은 당구의 한 종류로, 6개의 구멍이 있는 직사각형 모양의 당구대에서 공을 큐로 쳐서 구멍에 집어넣는 경기이다. 오른쪽 그림과 같이 공이 벽에 부딪혀 튕겨 나올 때, $\angle a = \angle b$이다. 다음 물음에 답하시오.

(단, 공은 회전하지 않는다.)

(1) 아래 그림과 같이 공을 큐로 쳤을 때, 공은 어느 구멍으로 들어가는지 구하시오.

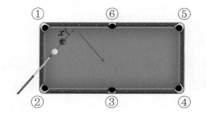

(2) 아래 그림에서 $\angle a$, $\angle b$, $\angle c$의 크기를 각각 구하시오.

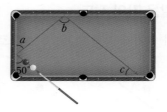

워크북 86쪽~87쪽에서 한번 더 연습해 보세요.

 작도

1 작도

눈금 없는 자와 컴퍼스만을 사용하여 도형을 그리는 것을 **작도**라 한다.

(1) **눈금 없는 자** : 두 점을 이어 선분을 그리거나 선분을 연장하는 데 사용한다.

(2) **컴퍼스** : 원을 그리거나 주어진 선분의 길이를 재어 옮기는 데 사용한다.

용어

작도(그릴 作, 도형 圖)
도형을 그리는 것

2 길이가 같은 선분의 작도

선분 AB와 길이가 같은 선분 PQ를 작도하는 방법은 다음과 같다.

❶ 눈금 없는 자를 사용하여 직선 l을 긋고, 그 위에 한 점 P를 잡는다.

❷ 컴퍼스를 사용하여 $\overline{AB}$의 길이를 잰다.

❸ 점 P를 중심으로 하고 반지름의 길이가 $\overline{AB}$인 원을 그려 직선 l과의 교점을 Q라 하면 $\overline{PQ}=\overline{AB}$이다.

3 크기가 같은 각의 작도

∠XOY와 크기가 같고 $\overrightarrow{PQ}$를 한 변으로 하는 ∠DPC를 작도하는 방법은 다음과 같다.

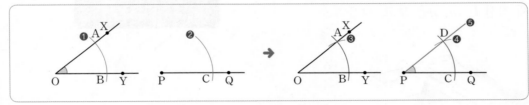

❶ 점 O를 중심으로 하는 원을 그려 $\overrightarrow{OX}$, $\overrightarrow{OY}$와의 교점을 각각 A, B라 한다.

❷ 점 P를 중심으로 하고 반지름의 길이가 $\overline{OA}$인 원을 그려 $\overrightarrow{PQ}$와의 교점을 C라 한다.

❸ 컴퍼스를 사용하여 $\overline{AB}$의 길이를 잰다.

❹ 점 C를 중심으로 하고 반지름의 길이가 $\overline{AB}$인 원을 그려 ❷에서 그린 원과의 교점을 D라 한다.

❺ 두 점 P와 D를 지나는 $\overrightarrow{PD}$를 그으면 ∠DPC=∠XOY이다.

정삼각형도 작도할 수 있을까?

길이가 같은 선분의 작도를 이용하여 정삼각형을 작도할 수 있다.

❶ 두 점 A, B를 중심으로 하고 반지름의 길이가 $\overline{AB}$인 원을 각각 그려 두 원이 만나는 점을 C라 한다.

❷ 두 선분 AC와 BC를 그으면 $\overline{AB}=\overline{BC}=\overline{AC}$이므로 삼각형 ABC는 정삼각형이다.

개념 1 길이가 같은 선분은 어떻게 작도할까?

선분 AB와 길이가 같은 선분 PQ를 작도해 보자.

  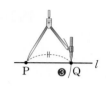

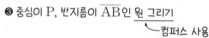

❶ 직선 l을 긋고 한 점 P 잡기
└ 눈금 없는 자 사용

❷ $\overline{AB}$의 길이 재기
└ 컴퍼스 사용

❸ 중심이 P, 반지름이 $\overline{AB}$인 원 그리기
└ 컴퍼스 사용

1 다음 그림은 선분 AB와 길이가 같은 선분 CD를 작도하는 과정이다. 작도 순서를 바르게 나열하시오.

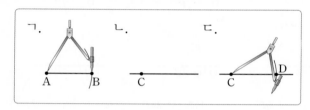

1-1 다음 그림은 선분 AB를 점 B의 방향으로 연장하여 $\overline{AC}=2\overline{AB}$인 선분 AC를 작도하는 과정이다. 작도 순서를 바르게 나열하시오.

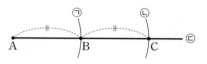

개념 2 크기가 같은 각은 어떻게 작도할까?

∠XOY와 크기가 같고 $\overrightarrow{PQ}$를 한 변으로 하는 ∠DPC를 작도해 보자.

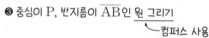

❶ 중심이 O인 원 그리기
❷ 중심이 P, 반지름이 $\overline{OA}$인 원 그리기

❸ $\overline{AB}$의 길이 재기
❹ 중심이 C, 반지름이 $\overline{AB}$인 원 그리기

❺ $\overrightarrow{PD}$ 긋기

$\overline{OA}=\overline{OB}=\overline{PC}=\overline{PD}$
$\overline{AB}=\overline{CD}$

2 다음 그림은 ∠XOY와 크기가 같고 $\overrightarrow{PQ}$를 한 변으로 하는 각을 작도하는 과정이다. 작도 순서를 바르게 나열하시오.

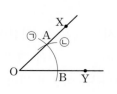 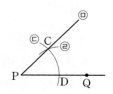

2-1 2와 같이 크기가 같은 각을 작도하는 과정을 보고, 다음 □ 안에 알맞은 것을 써넣으시오.

(1) $\overline{OA}=$ ☐ $=\overline{PC}=$ ☐

(2) $\overline{AB}=$ ☐

(3) ∠XOY= ☐

집중 3 평행선은 어떻게 작도할까?

직선 l 밖의 한 점 P를 지나고 직선 l에 평행한 직선을 작도해 보자.

방법1 '동위각의 크기가 같으면 두 직선은 평행하다.'를 이용

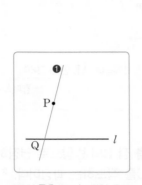

❶ 점 P를 지나는 직선 긋기

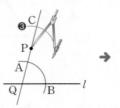 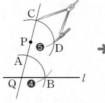

❷ 중심이 Q인 원 그리기 → ❸ 중심이 P, 반지름이 $\overline{QA}$인 원 그리기 → ❹ $\overline{AB}$의 길이 재기 ❺ 중심이 C, 반지름이 $\overline{AB}$인 원 그리기 → ❻ $\overrightarrow{PD}$ 긋기 $l /\!/ \overrightarrow{PD}$

방법2 '엇각의 크기가 같으면 두 직선은 평행하다.'를 이용

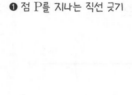 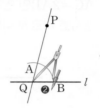 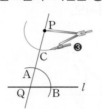 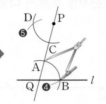 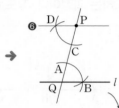

❷ 중심이 Q인 원 그리기 → ❸ 중심이 P, 반지름이 $\overline{QA}$인 원 그리기 → ❹ $\overline{AB}$의 길이 재기 ❺ 중심이 C, 반지름이 $\overline{AB}$인 원 그리기 → ❻ $\overrightarrow{DP}$ 긋기 $l /\!/ \overrightarrow{DP}$

---

3 오른쪽 그림은 직선 l 밖의 한 점 P를 지나고 직선 l에 평행한 직선을 작도하는 과정이다. 작도 순서를 바르게 나열하시오.

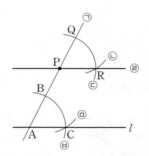

3-1 3과 같이 평행선을 작도하는 과정을 보고, 다음 □ 안에 알맞은 것을 써넣으시오.

(1) $\overline{AB}=$ □ $=\overline{PQ}=$ □ , $\overline{BC}=$ □

(2) □ $=\angle QPR$, $l /\!/$ □

(3) 이 작도 과정은 '서로 다른 두 직선이 다른 한 직선과 만날 때, □ 의 크기가 같으면 두 직선은 평행하다.'를 이용한 것이다.

---

4 오른쪽 그림은 직선 l 밖의 한 점 P를 지나고 직선 l에 평행한 직선을 작도하는 과정이다. 작도 순서를 바르게 나열하시오.

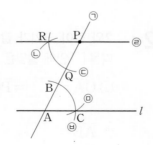

4-1 4와 같이 평행선을 작도하는 과정을 보고, 다음 □ 안에 알맞은 것을 써넣으시오.

(1) $\overline{AB}=$ □ $=\overline{PQ}=$ □ , □ $=\overline{QR}$

(2) $\angle BAC=$ □ , $l /\!/$ □

(3) 이 작도 과정은 '서로 다른 두 직선이 다른 한 직선과 만날 때, □ 의 크기가 같으면 두 직선은 평행하다.'를 이용한 것이다.

작도

01 다음 중 작도에 대한 설명으로 옳지 <u>않은</u> 것을 모두 고르면? (정답 2개)

① 각도기를 사용하지 않는다.
② 눈금 없는 자와 컴퍼스만을 사용한다.
③ 선분의 길이를 비교할 때는 자를 사용한다.
④ 선분을 연장할 때는 눈금 없는 자를 사용한다.
⑤ 두 점을 지나는 직선을 그릴 때는 컴퍼스를 사용한다.

02 오른쪽 그림과 같은 직선 l 위에 $\overline{AB}=\overline{CD}$인 점 D를 작도하려고 한다. 다음 중 필요한 도구는?

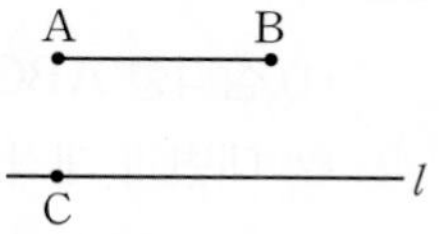

① 눈금 없는 자
② 눈금 있는 자
③ 삼각자
④ 컴퍼스
⑤ 각도기

크기가 같은 각의 작도 중요♡

03 아래 그림은 ∠XOY와 크기가 같고 $\overrightarrow{PQ}$를 한 변으로 하는 각을 작도하는 과정이다. 작도 순서를 바르게 나열하시오.

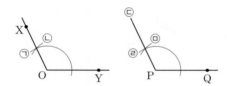

04 아래 그림은 ∠XOY와 크기가 같고 $\overrightarrow{PQ}$를 한 변으로 하는 각을 작도한 것이다. 다음 중 옳지 <u>않은</u> 것은?

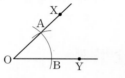 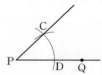

① $\overline{OA}=\overline{OB}$
② $\overline{OY}=\overline{PQ}$
③ $\overline{AB}=\overline{CD}$
④ $\overline{OB}=\overline{PD}$
⑤ ∠AOB=∠CPD

평행선의 작도

05 오른쪽 그림은 직선 l 밖의 한 점 P를 지나고 직선 l에 평행한 직선을 작도한 것이다. 다음 중 옳지 <u>않은</u> 것은?

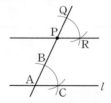

① $\overline{AC}=\overline{PR}$
② $\overline{BC}=\overline{QR}$
③ $\overline{PR}=\overline{QR}$
④ $\overleftrightarrow{AC}/\!/\overleftrightarrow{PR}$
⑤ ∠BAC=∠QPR

06 오른쪽 그림은 직선 l 밖의 한 점 P를 지나고 직선 l에 평행한 직선을 작도한 것이다. 다음 중 옳은 것을 모두 고르면?

(정답 2개)

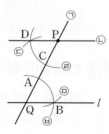

① $\overline{QA}=\overline{AB}$
② $\overline{AB}=\overline{CD}$
③ ∠ABQ=∠CPD
④ 작도 순서는 ㉠ → ㉡ → ㉢ → ㉣ → ㉤ → ㉥ 이다.
⑤ '동위각의 크기가 같으면 두 직선은 평행하다.'를 이용한 것이다.

02 삼각형의 작도

1 삼각형

(1) **삼각형 ABC** : 세 꼭짓점이 A, B, C인 삼각형 **기호** △ABC

(2) **대변과 대각**

① **대변** : 한 각과 마주 보는 변

→ ∠A의 대변 : $\overline{BC}$, ∠B의 대변 : $\overline{AC}$, ∠C의 대변 : $\overline{AB}$

② **대각** : 한 변과 마주 보는 각

→ $\overline{BC}$의 대각 : ∠A, $\overline{AC}$의 대각 : ∠B, $\overline{AB}$의 대각 : ∠C

참고 일반적으로 △ABC에서 ∠A, ∠B, ∠C의 대변의 길이를 각각 a, b, c로 나타낸다.

(3) **삼각형의 세 변의 길이 사이의 관계**

삼각형에서 한 변의 길이는 나머지 두 변의 길이의 합보다 작다.

참고 세 변의 길이가 주어질 때, 삼각형을 만들 수 있는 조건

→ (가장 긴 변의 길이) < (나머지 두 변의 길이의 합)

용어
• **대변**(대할 對, 변 邊)
마주 대하고 있는 변
• **대각**(대할 對, 각 角)
마주 대하고 있는 각

2 삼각형의 작도

다음과 같은 세 가지 경우에 삼각형을 하나로 작도할 수 있다.

삼각형의 작도는 길이가 같은 선분의 작도와 크기가 같은 각의 작도를 이용한다.

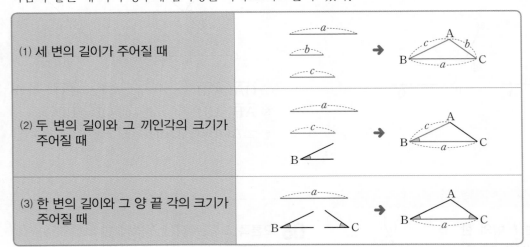

(1) 세 변의 길이가 주어질 때	
(2) 두 변의 길이와 그 끼인각의 크기가 주어질 때	
(3) 한 변의 길이와 그 양 끝 각의 크기가 주어질 때	

3 삼각형이 하나로 정해지는 경우

다음과 같은 세 가지 경우에 삼각형의 모양과 크기는 하나로 정해진다.

(1) 세 변의 길이가 주어질 때

(2) 두 변의 길이와 그 끼인각의 크기가 주어질 때

(3) 한 변의 길이와 그 양 끝 각의 크기가 주어질 때

삼각형이 하나로 정해지지 않는 경우

(1) 가장 긴 변의 길이가 나머지 두 변의 길이의 합보다 크거나 같을 때 → 삼각형이 그려지지 않는다.

(2) 두 변의 길이와 그 끼인각이 아닌 다른 한 각의 크기가 주어질 때 → 삼각형이 그려지지 않거나 1개 또는 2개가 그려진다.

(3) 세 각의 크기가 주어질 때 → 삼각형이 무수히 많이 그려진다.

개념 1 삼각형에서 대변과 대각은 무엇일까?

다음 그림에서 대변과 대각을 각각 찾아보자.

(1) 대변 ─→ 주어진 각과 마주 보는 변을 찾는다.

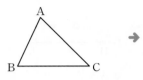 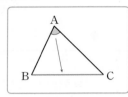 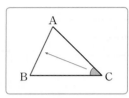

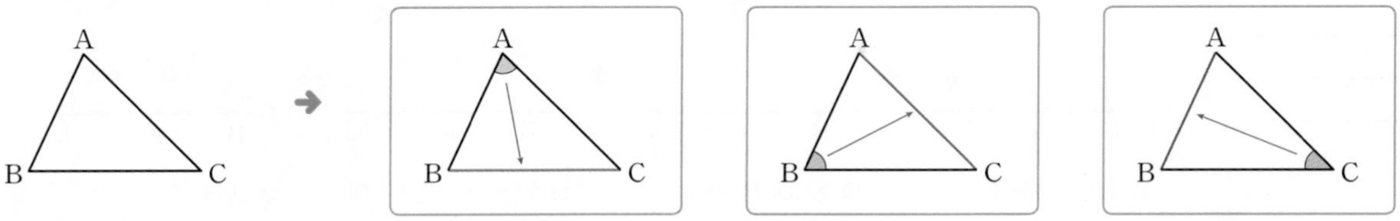

∠A의 대변 : $\overline{BC}$ ∠B의 대변 : $\overline{AC}$ ∠C의 대변 : $\overline{AB}$

(2) 대각 ─→ 주어진 변과 마주 보는 각을 찾는다.

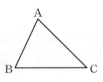 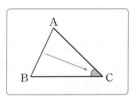

$\overline{BC}$의 대각 : ∠A $\overline{AC}$의 대각 : ∠B $\overline{AB}$의 대각 : ∠C

1 오른쪽 그림의 △ABC에서 다음을 구하시오.

(1) ∠B의 대변

(2) 변 BC의 대각

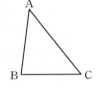

1-1 오른쪽 그림의 △ABC에서 다음을 구하시오.

(1) ∠C의 대변의 길이

(2) 변 AC의 대각의 크기

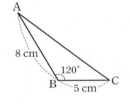

개념 2 세 변의 길이가 주어질 때, 삼각형을 만들 수 있는 조건은 무엇일까?

세 변의 길이가 다음과 같이 주어질 때, 삼각형을 만들 수 있는지 확인해 보자.

세 변의 길이	(가장 긴 변의 길이) ● (나머지 두 변의 길이의 합)	삼각형 만들기
1, 2, ③ ─→	3 **=** 1+2=3	만들 수 없다.
2, 3, ④ ─→	4 **<** 2+3=5	만들 수 있다.
3, 6, ⑩ ─→	10 **>** 3+6=9	만들 수 없다.

> (가장 긴 변의 길이)
> <(나머지 두 변의 길이의 합)
> 이면 삼각형을 만들 수 있다.

2 오른쪽 그림의 △ABC에 대하여 다음 □ 안에 알맞은 부등호를 써넣으시오.

(1) a □ $b+c$

(2) b □ $a+c$

(3) c □ $a+b$

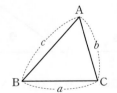

2-1 세 변의 길이가 다음과 같을 때, 삼각형을 만들 수 있으면 ○표, 만들 수 없으면 ×표를 하시오.

(1) 2 cm, 4 cm, 5 cm ( )

(2) 6 cm, 6 cm, 6 cm ( )

(3) 3 cm, 4 cm, 8 cm ( )

개념 3 세 변의 길이가 주어질 때, 삼각형의 작도는 어떻게 할까?

세 변의 길이 a, b, c가 주어질 때, △ABC를 작도해 보자.

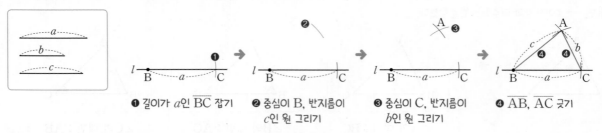

❶ 길이가 a인 $\overline{BC}$ 잡기
❷ 중심이 B, 반지름이 c인 원 그리기
❸ 중심이 C, 반지름이 b인 원 그리기
❹ $\overline{AB}$, $\overline{AC}$ 긋기

참고 삼각형의 세 변의 길이가 주어질 때, 어느 변을 먼저 작도해도 상관없다.

---

3 다음 그림은 세 변의 길이가 주어질 때, △ABC를 작도한 것이다. □ 안에 알맞은 것을 써넣어 작도 순서를 완성하시오.

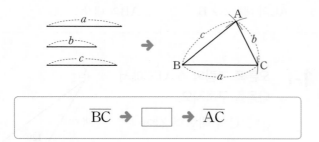

$$\overline{BC} \;\rightarrow\; \boxed{} \;\rightarrow\; \overline{AC}$$

3-1 다음은 세 변의 길이가 a, b, c인 △ABC를 작도하는 과정이다. □ 안에 알맞은 것을 써넣으시오.

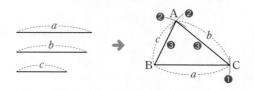

❶ 길이가 □인 $\overline{BC}$를 작도한다.
❷ 두 점 B, C를 중심으로 하고 반지름의 길이가 c, □인 원을 각각 그려 그 교점을 □라 한다.
❸ $\overline{AB}$, $\overline{AC}$를 그으면 △ABC가 작도된다.

개념 4 두 변의 길이와 그 끼인각의 크기가 주어질 때, 삼각형의 작도는 어떻게 할까?

두 변의 길이 a, c와 그 끼인각 ∠B의 크기가 주어질 때, △ABC를 작도해 보자.

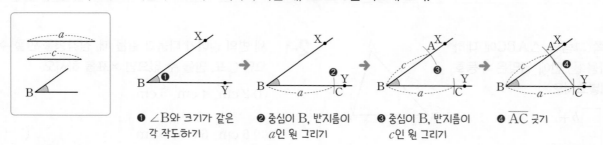

❶ ∠B와 크기가 같은 각 작도하기
❷ 중심이 B, 반지름이 a인 원 그리기
❸ 중심이 B, 반지름이 c인 원 그리기
❹ $\overline{AC}$ 긋기

참고 $\overline{AB}$와 $\overline{BC}$의 순서를 바꾸어 작도해도 상관없다.

4 다음 그림은 두 변의 길이와 그 끼인각의 크기가 주어질 때, △ABC를 작도한 것이다. □ 안에 알맞은 것을 써넣어 작도 순서를 완성하시오.

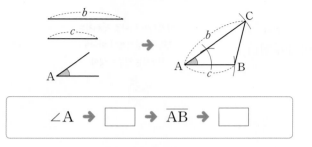

$$\angle A \rightarrow \boxed{} \rightarrow \overline{AB} \rightarrow \boxed{}$$

4-1 다음은 두 변의 길이가 a, c이고 그 끼인각의 크기가 ∠B인 △ABC를 작도하는 과정이다. □ 안에 알맞은 것을 써넣으시오.

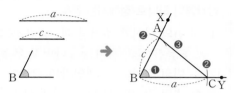

❶ ∠B와 크기가 같은 [   ]를 작도한다.

❷ 점 B를 중심으로 하고 반지름의 길이가 c, [   ]인 원을 각각 그려 $\overrightarrow{BX}$, $\overrightarrow{BY}$와의 교점을 각각 [ ], C라 한다.

❸ $\overline{AC}$를 그으면 △ABC가 작도된다.

개념 5 한 변의 길이와 그 양 끝 각의 크기가 주어질 때, 삼각형의 작도는 어떻게 할까?

한 변의 길이 a와 그 양 끝 각 ∠B, ∠C의 크기가 주어질 때, △ABC를 작도해 보자.

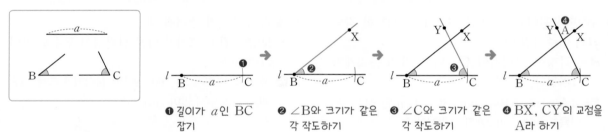

❶ 길이가 a인 $\overline{BC}$ 잡기   ❷ ∠B와 크기가 같은 각 작도하기   ❸ ∠C와 크기가 같은 각 작도하기   ❹ $\overrightarrow{BX}$, $\overrightarrow{CY}$의 교점을 A라 하기

참고 ∠B와 ∠C의 순서를 바꾸어 작도해도 상관없다.

---

5 다음 그림은 한 변의 길이와 그 양 끝 각의 크기가 주어질 때, △ABC를 작도한 것이다. □ 안에 알맞은 것을 써넣어 작도 순서를 완성하시오.

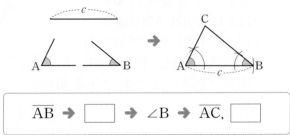

$$\overline{AB} \rightarrow \boxed{} \rightarrow \angle B \rightarrow \overline{AC},\ \boxed{}$$

5-1 다음은 한 변의 길이가 a이고 그 양 끝 각의 크기가 ∠B, ∠C인 △ABC를 작도하는 과정이다. □ 안에 알맞은 것을 써넣으시오.

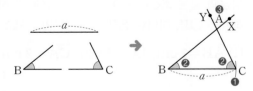

❶ 길이가 [ ]인 $\overline{BC}$를 작도한다.

❷ ∠B와 크기가 같은 [   ], [   ]와 크기가 같은 ∠YCB를 작도한다.

❸ $\overrightarrow{BX}$, $\overrightarrow{CY}$의 교점을 A라 하면 △ABC가 작도된다.

집중 **6** 삼각형이 하나로 정해지는 경우와 하나로 정해지지 않는 경우는 언제일까?

> **집중 1**
>
> **삼각형이 하나로 정해지는 경우**
>
> (1) 세 변의 길이가 주어질 때 ← 변의 길이에 대한 조건을 확인해야 한다.
> (가장 긴 변의 길이)<(나머지 두 변의 길이의 합)이어야 한다.
> (2) 두 변의 길이와 그 끼인각의 크기가 주어질 때
> (3) 한 변의 길이와 그 양 끝 각의 크기가 주어질 때
> (두 각의 크기의 합)<180°이어야 한다.

삼각형이 하나로 정해지는 경우와 삼각형이 하나로 작도되는 경우는 같아.

> **집중 2**
>
> **삼각형이 하나로 정해지지 않는 경우**
>
> (1) 가장 긴 변의 길이가 나머지 두 변의 길이의 합 보다 크거나 같을 때
> ➔ 삼각형이 그려지지 않는다.
> 예 세 변의 길이가 각각 2 cm, 3 cm, 5 cm인 삼각형 은 다음 그림과 같이 그려지지 않는다.
>
>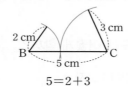
>
> 5=2+3
>
> (3) 두 변의 길이와 그 끼인각이 아닌 다른 한 각의 크기가 주어질 때
> ➔ 삼각형이 그려지지 않거나, 1개 또는 2개가 그려진다.
> 예 ∠A=30°, $\overline{AB}$=6 cm, $\overline{BC}$=4 cm인 삼각형은 다음 그림과 같이 2개가 그려진다.
>
>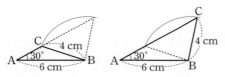
>
> (2) 양 끝 각의 크기의 합이 180° 이상일 때
> ➔ 삼각형이 그려지지 않는다.
> 예 $\overline{BC}$=5 cm, ∠B=100°, ∠C=80°인 삼각형은 다 음 그림과 같이 그려지지 않는다.
>
>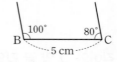
>
> (4) 세 각의 크기가 주어질 때
> ➔ 모양은 같고 크기가 다른 삼각형이 무수히 많이 그려진다.
> 예 세 각의 크기가 30°, 60°, 90°인 삼각형은 다음 그림 과 같이 무수히 많이 그려진다.
>
>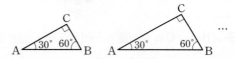

6 다음과 같은 조건이 주어질 때, △ABC가 하나로 정 해지면 ○표, 하나로 정해지지 않으면 ×표를 하시오.

(1) $\overline{AB}$=7 cm, $\overline{BC}$=5 cm, $\overline{CA}$=2 cm

( )

(2) $\overline{AB}$=6 cm, $\overline{BC}$=8 cm, ∠B=60° ( )

(3) ∠A=70°, ∠B=60°, ∠C=50° ( )

6-1 오른쪽 그림과 같이 △ABC에 서 $\overline{BC}$의 길이가 주어졌을 때, △ABC가 하나로 정해지기 위 해 필요한 조건인 것에는 ○표, 필요한 조건이 아닌 것에는 ×표를 하시오.

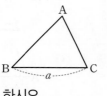

(1) $\overline{AB}$와 $\overline{AC}$ ( )

(2) $\overline{AB}$와 ∠A ( )

(3) ∠A와 ∠B ( )

삼각형의 대변, 대각

01 오른쪽 그림과 같은 △ABC에서 다음을 구하시오.

(1) ∠A의 대변의 길이

(2) $\overline{\text{AB}}$의 대각의 크기

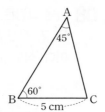

02 다음 중 오른쪽 그림과 같은 삼각형 ABC에 대한 설명으로 옳지 않은 것은?

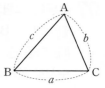

① $\overline{\text{AC}}$의 대각은 ∠B이다.

② ∠A의 대변은 $\overline{\text{BC}}$이다.

③ ∠B의 대변의 길이는 a이다.

④ ∠A+∠B+∠C=180°이다.

⑤ 삼각형 ABC는 기호 △ABC로 나타낸다.

삼각형의 세 변의 길이 사이의 관계 (1)

03 다음 중 삼각형의 세 변의 길이가 될 수 없는 것은?

① 2 cm, 2 cm, 3 cm

② 3 cm, 4 cm, 7 cm

③ 4 cm, 5 cm, 6 cm

④ 5 cm, 5 cm, 5 cm

⑤ 5 cm, 5 cm, 8 cm

04 다음 **보기**에서 삼각형의 세 변의 길이가 될 수 있는 것을 모두 고르시오.

┌ 보기 ┐

ㄱ. 1 cm, 3 cm, 3 cm

ㄴ. 2 cm, 4 cm, 6 cm

ㄷ. 5 cm, 6 cm, 8 cm

ㄹ. 7 cm, 7 cm, 15 cm

삼각형의 세 변의 길이 사이의 관계 (2) 중요✩

05 세 변의 길이가 2 cm, 5 cm, x cm인 삼각형을 그리려고 한다. 가장 긴 변의 길이가 x cm일 때, 자연수 x가 될 수 있는 값을 구하시오. (단, $x \neq 5$)

06 삼각형의 세 변의 길이가 3 cm, 6 cm, x cm일 때, 자연수 x가 될 수 있는 값을 모두 구하시오.

(단, $x < 6$)

삼각형의 작도

07 오른쪽 그림과 같이 $\overline{AB}$, $\overline{BC}$의 길이와 ∠B의 크기가 주어졌을 때, 다음 중 △ABC를 작도하는 순서로 옳지 <u>않은</u> 것은?

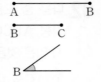

① $\overline{AB} \rightarrow ∠B \rightarrow \overline{BC}$　② $\overline{AB} \rightarrow \overline{BC} \rightarrow ∠B$

③ $∠B \rightarrow \overline{AB} \rightarrow \overline{BC}$　④ $∠B \rightarrow \overline{BC} \rightarrow \overline{AB}$

⑤ $\overline{BC} \rightarrow ∠B \rightarrow \overline{AB}$

08 다음 그림은 세 변의 길이가 주어졌을 때, 길이가 a인 $\overline{BC}$가 직선 l 위에 있도록 △ABC를 작도하는 과정이다. 작도 순서를 바르게 나열하시오.

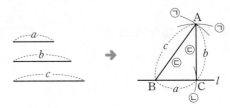

삼각형이 하나로 정해지는 경우 (1)

09 다음 **보기**에서 △ABC가 하나로 정해지는 것을 모두 고른 것은?

┌─ 보기 ─────────────────────────┐
ㄱ. $\overline{AB}=3$ cm, $\overline{BC}=5$ cm, $\overline{CA}=7$ cm
ㄴ. $\overline{AB}=4$ cm, $\overline{BC}=6$ cm, ∠B=60°
ㄷ. $\overline{AB}=3$ cm, $\overline{BC}=4$ cm, ∠C=40°
ㄹ. $\overline{AC}=8$ cm, ∠A=60°, ∠B=55°
└────────────────────────────────┘

① ㄱ, ㄴ　　② ㄱ, ㄷ　　③ ㄴ, ㄹ

④ ㄱ, ㄴ, ㄷ　⑤ ㄱ, ㄴ, ㄹ

10 다음 중 △ABC가 하나로 정해지는 것을 모두 고르면? (정답 2개)

① ∠A=40°, ∠B=60°, ∠C=80°

② $\overline{BC}=6$ cm, ∠B=110°, ∠C=30°

③ $\overline{AB}=7$ cm, $\overline{BC}=4$ cm, ∠A=30°

④ $\overline{AB}=5$ cm, $\overline{BC}=6$ cm, $\overline{CA}=11$ cm

⑤ $\overline{BC}=4$ cm, $\overline{CA}=7$ cm, ∠C=60°

삼각형이 하나로 정해지는 경우 (2)　　중요✨

11 △ABC에서 $\overline{AB}$의 길이와 다음과 같은 조건이 더 주어질 때, △ABC가 하나로 정해지지 <u>않는</u> 것을 모두 고르면? (정답 2개)

① $\overline{BC}$와 $\overline{CA}$　　② $\overline{AC}$와 ∠A

③ $\overline{AC}$와 ∠B　　④ $\overline{BC}$와 ∠A

⑤ ∠A와 ∠B

12 $\overline{AB}=10$ cm, ∠A=60°일 때, 다음 중 △ABC가 하나로 정해지기 위해 더 필요한 조건이 될 수 <u>없는</u> 것을 모두 고르면? (정답 2개)

① ∠B=80°　　② ∠C=100°

③ ∠B=120°　　④ $\overline{AC}=2$ cm

⑤ $\overline{BC}=9$ cm

03 삼각형의 합동

1 도형의 합동

(1) **합동** : 모양과 크기가 같은 두 도형을 포개었을 때, 완전히 겹쳐지면 이 두 도형은 서로 합동이라 한다.
△ABC와 △DEF가 서로 합동일 때, 이것을 기호 ≡를 사용하여 △ABC≡△DEF와 같이 나타낸다.

> **참고** =와 ≡의 차이점
> △ABC=△DEF ➡ △ABC와 △DEF의 넓이는 같다.
> △ABC≡△DEF ➡ △ABC와 △DEF는 서로 합동이다.

(2) **대응** : 서로 합동인 두 도형을 포개었을 때, 겹쳐지는 꼭짓점과 꼭짓점, 변과 변, 각과 각은 각각 서로 대응한다고 한다.

> **예** △ABC와 △DEF가 서로 합동일 때
> ① 대응점 : 점 A와 점 D, 점 B와 점 E, 점 C와 점 F
> ② 대응변 : $\overline{AB}$와 $\overline{DE}$, $\overline{BC}$와 $\overline{EF}$, $\overline{CA}$와 $\overline{FD}$
> ③ 대응각 : ∠A와 ∠D, ∠B와 ∠E, ∠C와 ∠F

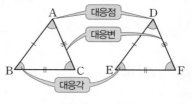

$$\triangle ABC \equiv \triangle DEF$$
대응점의 순서를 맞추어 쓴다.

용어
• **합동**(합할 合, 같을 同) 위치만 변화시켜 포개었을 때 같아지는 것
• **대응**(대할 對, 응할 應) 합동인 두 도형에서 꼭짓점, 변, 각끼리 짝을 이루는 것

한 변의 길이가 같은 두 정n각형, 반지름의 길이가 같은 두 원은 각각 항상 합동이다.

2 합동인 도형의 성질

두 도형이 서로 합동이면
(1) 대응변의 길이는 각각 같다.
(2) 대응각의 크기는 각각 같다.

3 삼각형의 합동 조건

삼각형의 합동 조건 : 두 삼각형 ABC와 DEF는 다음의 각 경우에 서로 합동이다.

(1) 대응하는 세 변의 길이가 각각 같을 때 (SSS 합동)
➡ $\overline{AB}=\overline{DE}$, $\overline{BC}=\overline{EF}$, $\overline{CA}=\overline{FD}$

(2) 대응하는 두 변의 길이가 각각 같고, 그 끼인각의 크기가 같을 때 (SAS 합동)
➡ $\overline{AB}=\overline{DE}$, $\overline{BC}=\overline{EF}$, ∠B=∠E

(3) 대응하는 한 변의 길이가 같고, 그 양 끝 각의 크기가 각각 같을 때 (ASA 합동)
➡ $\overline{BC}=\overline{EF}$, ∠B=∠E, ∠C=∠F

용어
삼각형의 합동 조건에서 S는 Side(변), A는 Angle(각)의 첫 글자이다.

넓이가 같은 두 도형은 항상 합동일까?

서로 합동인 두 도형은 완전히 포개어지므로 두 도형의 넓이는 항상 같다.
하지만 두 도형의 넓이가 같다고 해서 항상 합동인 것은 아니다.

개념 1 합동인 도형에서 대응점, 대응변, 대응각을 어떻게 구할까?

삼각형 ABC와 삼각형 DEF가 서로 합동일 때, 대응점, 대응변, 대응각을 각각 구해 보자.

(1) 점 A의 대응점 → 점 D

(2) $\overline{AC}$의 대응변 → $\overline{DF}$

(3) ∠B의 대응각 → ∠E

> △ABC와 △DEF가 서로 합동일 때,
> △ABC≡△DEF와 같이 나타낸다.
> 대응점의 순서를 맞추어 쓴다.

△ABC≡△DEF

---

1 아래 그림에서 삼각형 ABC와 삼각형 DEF가 서로 합동일 때, 다음을 구하시오.

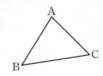 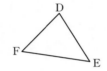

(1) 점 B의 대응점 (2) $\overline{BC}$의 대응변

(3) ∠C의 대응각

1-1 아래 그림에서 사각형 ABCD와 사각형 EFGH가 서로 합동일 때, 다음을 구하시오.

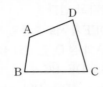 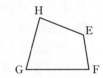

(1) 점 D의 대응점 (2) $\overline{AB}$의 대응변

(3) ∠C의 대응각

개념 2 합동인 두 도형에서 변의 길이, 각의 크기를 어떻게 구할까?

사각형 ABCD와 사각형 EFGH가 서로 합동일 때, $\overline{AB}$의 길이와 ∠E의 크기를 구해 보자.

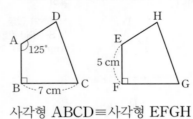

(1) $\overline{AB}$의 대응변 : $\overline{EF}$ 대응변의 길이는 서로 같으므로 → $\overline{AB}=\overline{EF}=5\,cm$

(2) ∠E의 대응각 : ∠A   대응각의 크기는 서로 같으므로 → $∠E=∠A=125°$

사각형 ABCD≡사각형 EFGH

---

2 아래 그림에서 삼각형 ABC와 삼각형 DEF가 서로 합동일 때, 다음을 구하시오.

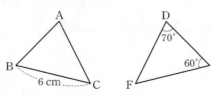

(1) $\overline{EF}$의 길이 (2) ∠A의 크기

(3) ∠C의 크기

2-1 아래 그림에서 사각형 ABCD와 사각형 EFGH가 서로 합동일 때, 다음을 구하시오.

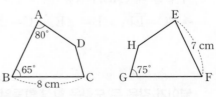

(1) $\overline{AB}$의 길이 (2) ∠C의 크기

(3) ∠H의 크기

개념 3 두 삼각형이 합동이 될 조건은 무엇일까?

삼각형 ABC와 삼각형 DEF가 서로 합동이 될 조건을 알아보자.

(1)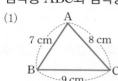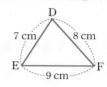

→ 대응하는 세 변의 길이가 각각 같다.
　△ABC≡△DEF (SSS 합동)
　　　　　　　　　세 변

(2)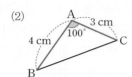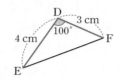

→ 대응하는 두 변의 길이가 각각 같고,
　그 끼인각의 크기가 같다.　끼인각
　△ABC≡△DEF (SAS 합동)
　　　　　　　　　두 변

(3)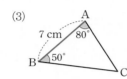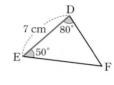

→ 대응하는 한 변의 길이가 같고,
　그 양 끝 각의 크기가 각각 같다.　한 변
　△ABC≡△DEF (ASA 합동)
　　　　　　　　양 끝 각

S는 변,
A는 각을 뜻해!

---

3 다음 그림의 두 삼각형이 서로 합동일 때, □ 안에 알맞은 것을 써넣으시오.

(1)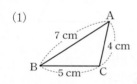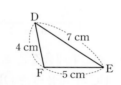

→ $\overline{AB}=\boxed{}$, $\overline{BC}=\boxed{}$, $\boxed{}=\overline{DF}$

∴ △ABC≡△DEF($\boxed{}$ 합동)

(2)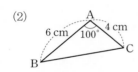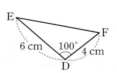

→ $\overline{AB}=\boxed{}$, $\angle A=\boxed{}$, $\boxed{}=\overline{DF}$

∴ △ABC≡△DEF($\boxed{}$ 합동)

(3)

→ $\angle A=\boxed{}$, $\overline{AC}=\boxed{}$, $\boxed{}=\angle F$

∴ △ABC≡△DEF($\boxed{}$ 합동)

3-1 다음 **보기**의 삼각형 중 합동인 삼각형을 찾아 기호로 나타내려고 할 때, □ 안에 알맞은 것을 써넣으시오.

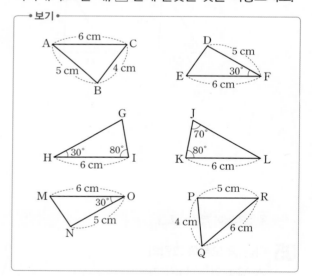

보기

(1) △ABC≡$\boxed{}$($\boxed{}$ 합동)

(2) △DEF≡$\boxed{}$($\boxed{}$ 합동)

(3) △GHI≡$\boxed{}$($\boxed{}$ 합동)

도형의 합동

01 다음 **보기**에서 두 도형이 항상 합동이라고 할 수 없는 것을 모두 고르시오.

> **보기**
>
> ㄱ. 넓이가 같은 두 정사각형
> ㄴ. 둘레의 길이가 같은 두 원
> ㄷ. 둘레의 길이가 같은 두 삼각형
> ㄹ. 한 변의 길이가 같은 두 마름모

02 다음 설명 중 옳은 것을 모두 고르면? (정답 2개)

① 모양이 같은 두 도형은 서로 합동이다.
② 둘레의 길이가 같은 두 사각형은 서로 합동이다.
③ 지름의 길이가 같은 두 원은 서로 합동이다.
④ 두 도형의 넓이가 같으면 서로 합동이다.
⑤ 합동인 두 도형의 넓이는 서로 같다.

합동인 도형의 성질

03 다음 그림에서 $\triangle ABC \equiv \triangle DEF$일 때, $x+y$의 값을 구하시오.

04 아래 그림에서 $\triangle ABC \equiv \triangle DEF$일 때, 다음 중 옳은 것을 모두 고르면? (정답 2개)

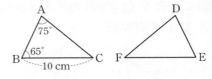

① $\angle C$의 대응각은 $\angle F$이다.
② $\overline{BC}$의 대응변은 $\overline{DE}$이다.
③ $\angle E = 75°$
④ $\angle D = 65°$
⑤ $\overline{EF} = 10$ cm

두 삼각형이 합동일 조건 중요☆

05 다음 중 오른쪽 그림의 $\triangle ABC$와 $\triangle DEF$가 서로 합동이 될 조건이 <u>아닌</u> 것은?

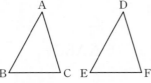

① $\overline{AB} = \overline{DE}$, $\overline{BC} = \overline{EF}$, $\overline{CA} = \overline{FD}$
② $\overline{BC} = \overline{EF}$, $\angle B = \angle E$, $\angle C = \angle F$
③ $\overline{AB} = \overline{DE}$, $\overline{BC} = \overline{EF}$, $\angle B = \angle E$
④ $\overline{AB} = \overline{DE}$, $\angle A = \angle D$, $\angle B = \angle E$
⑤ $\overline{AB} = \overline{DE}$, $\overline{BC} = \overline{EF}$, $\angle A = \angle D$

06 아래 그림에서 $\triangle ABC \equiv \triangle DEF$가 되기 위해 더 필요한 조건이 될 수 없는 것을 다음 **보기**에서 고르시오.

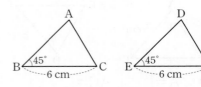

> **보기**
>
> ㄱ. $\overline{AC} = \overline{DF} = 4$ cm   ㄴ. $\overline{AB} = \overline{DE} = 5$ cm
> ㄷ. $\angle A = \angle D = 75°$ ㄹ. $\angle C = \angle F = 60°$

삼각형의 합동 조건 − SSS 합동

07 다음은 오른쪽 그림과 같이 ∠XOY와 크기가 같고 $\overrightarrow{PQ}$를 한 변으로 하는 각을 작도하였을 때, △AOB≡△CPD임을 보이는 과정이다. ㈎~㈑에 알맞은 것을 구하시오.

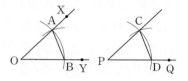

> △AOB와 △CPD에서
> $\overline{OA}=$ ㈎ , $\overline{OB}=$ ㈏ , $\overline{AB}=$ ㈐
> ∴ △AOB≡△CPD (㈑ 합동)

08 오른쪽 그림과 같은 사각형 ABCD에서 $\overline{AB}=\overline{CB}$, $\overline{AD}=\overline{CD}$일 때, 서로 합동인 두 삼각형을 찾아 기호 ≡를 사용하여 나타내고, 그때의 합동 조건을 구하시오.

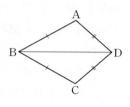

삼각형의 합동 조건 − SAS 합동

09 다음은 오른쪽 그림에서 점 O가 $\overline{AC}$, $\overline{BD}$의 중점일 때, △OAB≡△OCD임을 보이는 과정이다. ㈎~㈑에 알맞은 것을 구하시오.

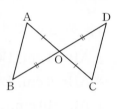

> △OAB와 △OCD에서
> $\overline{OA}=$ ㈎ , $\overline{OB}=$ ㈏ , ∠AOB= ㈐
> ∴ △OAB≡△OCD (㈑ 합동)

10 오른쪽 그림에서 점 P가 $\overline{AB}$의 수직이등분선 l 위의 한 점일 때, 서로 합동인 두 삼각형을 찾아 기호 ≡를 사용하여 나타내고, 그때의 합동 조건을 구하시오.

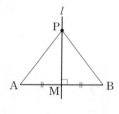

삼각형의 합동 조건 − ASA 합동

11 다음은 오른쪽 그림과 같은 사각형 ABCD에서 $\overline{AB}/\!/\overline{DC}$, $\overline{AD}/\!/\overline{BC}$일 때, △ABD≡△CDB임을 보이는 과정이다. ㈎, ㈏, ㈐에 알맞은 것을 구하시오.

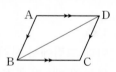

> △ABD와 △CDB에서
> $\overline{AB}/\!/\overline{DC}$이므로 ∠ABD= ㈎ ,
> $\overline{AD}/\!/\overline{BC}$이므로 ∠ADB= ㈏ , $\overline{BD}$는 공통
> ∴ △ABD≡△CDB (㈐ 합동)

12 오른쪽 그림에서 $\overline{AB}=\overline{CD}$, ∠B=∠C일 때, 서로 합동인 두 삼각형을 찾아 기호 ≡를 사용하여 나타내고, 그때의 합동 조건을 구하시오.

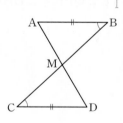

01

도형을 작도할 때, 눈금 없는 자와 컴퍼스를 각각 언제 사용하는지 다음 **보기**에서 모두 찾으시오.

─• 보기 •─

ㄱ. 원을 그린다.

ㄴ. 선분의 길이를 옮긴다.

ㄷ. 주어진 선분을 연장한다.

ㄹ. 두 점을 잇는 선분을 그린다.

ㅁ. 두 선분의 길이를 비교한다.

(1) 눈금 없는 자

(2) 컴퍼스

02

오른쪽 그림은 직선 l 밖의 한 점 P를 지나고 직선 l에 평행한 직선 을 작도한 것이다. 다음 중 옳지 않은 것은?

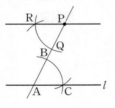

① $\overline{AB}=\overline{AC}$ ② $\overline{PQ}=\overline{PR}$

③ $\overline{BC}=\overline{QR}$ ④ $\overline{RP}=\overline{RQ}$

⑤ $\angle QPR=\angle BAC$

03

삼각형의 세 변의 길이가 $5\,cm$, $8\,cm$, $x\,cm$일 때, 다음 중 자연수 x의 값이 될 수 없는 것은?

① 2 ② 5 ③ 7

④ 9 ⑤ 12

04

오른쪽 그림과 같이 $\overline{AB}$의 길이와 $\angle A$, $\angle B$의 크기가 각각 주어졌 을 때, 다음 중 △ABC를 작도하 는 순서로 옳지 않은 것은?

① $\overline{AB} \rightarrow \angle A \rightarrow \angle B$ ② $\angle A \rightarrow \overline{AB} \rightarrow \angle B$

③ $\angle A \rightarrow \angle B \rightarrow \overline{AB}$ ④ $\overline{AB} \rightarrow \angle B \rightarrow \angle A$

⑤ $\angle B \rightarrow \overline{AB} \rightarrow \angle A$

05

다음 중 △ABC가 하나로 정해지는 것은?

① $\overline{AB}=4\,cm$, $\overline{BC}=6\,cm$, $\overline{CA}=11\,cm$

② $\overline{AB}=6\,cm$, $\overline{BC}=4\,cm$, $\angle A=30°$

③ $\overline{AC}=10\,cm$, $\angle A=55°$, $\angle B=60°$

④ $\overline{BC}=4\,cm$, $\angle B=40°$, $\angle C=140°$

⑤ $\angle A=30°$, $\angle B=60°$, $\angle C=90°$

06

아래 그림에서 사각형 ABCD와 사각형 EFGH가 서로 합동일 때, 다음 중 옳지 않은 것은?

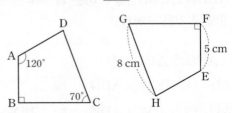

① $\overline{AB}=5\,cm$ ② $\overline{DC}=8\,cm$ ③ $\angle E=120°$

④ $\angle G=70°$ ⑤ $\angle H=70°$

07

다음 중 오른쪽 그림의 삼각형과 합동인 삼각형인 것은?

①   ②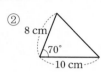

③   ④   ⑤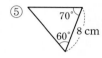

08

오른쪽 그림에서 △ABC는 $\overline{AB}=\overline{AC}$인 이등변삼각형이고 $\overline{AD}=\overline{AE}$이다. △ABE와 합동인 삼각형을 찾고, 그때의 합동 조건을 구하시오.

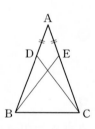

09

아래 그림의 △ABC와 △DEF에서 ∠B=∠E, ∠C=∠F이다. 다음 중 두 삼각형이 ASA 합동이기 위해 더 필요한 나머지 한 조건이 될 수 있는 것을 모두 고르면? (정답 2개)

   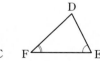

① $\overline{AB}=\overline{DF}$ ② $\overline{AB}=\overline{DE}$
③ $\overline{AC}=\overline{EF}$ ④ $\overline{BC}=\overline{EF}$
⑤ ∠A=∠D

10 문제해결🔒

다음과 같은 길이의 선분이 각각 하나씩 있다. 5개의 선분 중 3개의 선분을 택하여 각 선분을 한 변으로 하는 삼각형을 만들 때, 만들 수 있는 서로 다른 삼각형의 개수를 구하시오.

3 cm, 4 cm, 5 cm, 6 cm, 7 cm

11 추론💬

한 변의 길이가 6 cm이고, 두 각의 크기가 각각 40°, 60°인 삼각형의 개수를 구하시오.

12 추론💬

오른쪽 그림의 정사각형 ABCD에서 $\overline{EC}=\overline{FD}$일 때, 서로 합동인 두 삼각형을 찾아 기호 ≡를 사용하여 나타내고, 그때의 합동 조건을 구하시오.

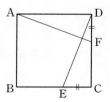

1

오른쪽 그림과 같이 ∠BAC=90°이고 $\overline{AB}=\overline{AC}$ 인 직각이등변삼각형 ABC의 두 꼭짓점 B, C에서 점 A를 지나는 직선 l에 내린 수선의 발을 각각 D, E라 하자. $\overline{BD}=5\,cm$, $\overline{EC}=2\,cm$일 때, $\overline{DE}$의 길이를 구하시오. [6점]

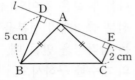

풀이

채점 기준 1 △ABD≡△CAE임을 알기 … 3점

채점 기준 2 $\overline{DE}$의 길이 구하기 … 3점

답

1-1

한번 더!

오른쪽 그림과 같이 ∠BAC=90°이고 $\overline{AB}=\overline{AC}$인 직각이등변삼 각형 ABC의 두 꼭짓점 B, C에서 점 A를 지나는 직선 l에 내린 수선의 발을 각각 D, E라 하자. $\overline{BD}=13\,cm$, $\overline{EC}=6\,cm$일 때, $\overline{DE}$의 길이를 구하시오. [6점]

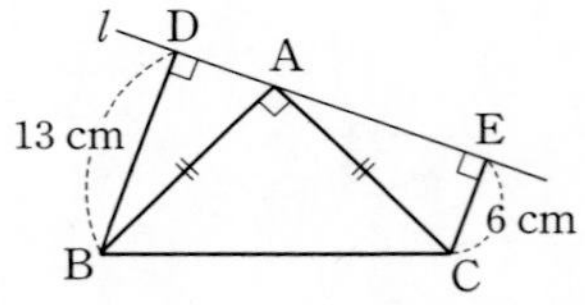

풀이

채점 기준 1 △ABD≡△CAE임을 알기 … 3점

채점 기준 2 $\overline{DE}$의 길이 구하기 … 3점

답

2

삼각형의 세 변의 길이가 3 cm, 5 cm, x cm일 때, x의 값이 될 수 있는 자연수를 모두 구하시오. [6점]

풀이

답

3

오른쪽 그림에서 $\overline{OA}=\overline{OB}$, $\overline{AC}=\overline{BD}$이고 ∠O=40°, ∠C=35°일 때, ∠OAD의 크기를 구하시오. [6점]

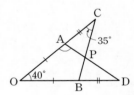

풀이

답

01

다음 중 작도에 대한 설명으로 옳지 <u>않은</u> 것은?

① 눈금 없는 자와 컴퍼스만을 사용하여 도형을 그리는 것을 작도라 한다.

② 작도할 때는 각도기를 사용하지 않는다.

③ 원을 그릴 때는 컴퍼스를 사용한다.

④ 선분을 연장할 때는 눈금 없는 자를 사용한다.

⑤ 주어진 선분의 길이를 다른 직선 위에 옮길 때는 눈금 없는 자를 사용한다.

02 중요♡

아래 그림은 $\angle AOB$와 크기가 같고 $\overrightarrow{XY}$를 한 변으로 하는 각을 작도하는 과정이다. 다음 중 옳지 않은 것을 모두 고르면? (정답 2개)

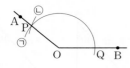
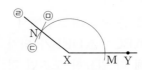

① $\overline{PQ}=\overline{NM}$

② $\overline{OP}=\overline{XM}$

③ $\overline{AO}=\overline{XY}$

④ $\angle POQ=\angle NXM$

⑤ 작도 순서는 ㉠ → ㉡ → ㉢ → ㉤ → ㉣이다.

03

오른쪽 그림은 직선 l 밖의 한 점 P를 지나고 직선 l에 평행한 직선을 작도하는 과정이다. 다음 중 옳은 것은?

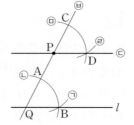

① $\overline{QA}=\overline{AB}$

② $\overline{AB}=\overline{PC}$

③ $\angle AQB=\angle CDP$

④ $\angle CPD=\angle ABQ$

⑤ 작도 순서는 � → ㉡ → ㉤ → ㉠ → ㉣ → ㉢이다.

04

다음 중 삼각형의 세 변의 길이가 될 수 <u>없는</u> 것은?

① 3 cm, 4 cm, 5 cm

② 3 cm, 3 cm, 3 cm

③ 5 cm, 5 cm, 9 cm

④ 7 cm, 8 cm, 9 cm

⑤ 6 cm, 6 cm, 12 cm

05 중요♡

삼각형의 세 변의 길이가 x cm, $(x+2)$ cm, $(x+6)$ cm 일 때, 다음 중 x의 값이 될 수 <u>없는</u> 것은?

① 4   ② 5   ③ 6

④ 7   ⑤ 8

06

다음 **보기**에서 $\triangle ABC$가 하나로 정해지는 것을 모두 고른 것은?

┌─ 보기 ─

ㄱ. $\overline{AB}=6$ cm, $\angle A=85°$, $\angle C=95°$

ㄴ. $\overline{AB}=8$ cm, $\overline{AC}=7$ cm, $\angle B=60°$

ㄷ. $\overline{AB}=6$ cm, $\overline{BC}=4$ cm, $\overline{CA}=8$ cm

ㄹ. $\angle A=50°$, $\angle B=60°$, $\angle C=70°$

ㅁ. $\overline{AC}=8$ cm, $\overline{BC}=2$ cm, $\angle C=60°$

① ㄱ, ㄷ   ② ㄱ, ㄹ   ③ ㄴ, ㄹ

④ ㄴ, ㅁ   ⑤ ㄷ, ㅁ

07 중요✓

△ABC에서 ∠B의 크기가 주어졌을 때, 다음 중 △ABC가 하나로 정해지기 위해 더 필요한 조건을 모두 고르면? (정답 2개)

① $\overline{AB}$, $\overline{AC}$ ② $\overline{AB}$, $\overline{BC}$ ③ $\overline{BC}$, $\overline{CA}$

④ ∠C, $\overline{AB}$ ⑤ ∠A, ∠C

08

다음 중 서로 합동인 두 도형에 대한 설명으로 옳지 않은 것은?

① 한 변의 길이가 같은 두 정사각형은 서로 합동이다.
② 넓이가 같은 두 삼각형은 서로 합동이다.
③ 직각을 낀 두 변의 길이가 각각 같은 두 직각삼각형은 서로 합동이다.
④ 반지름의 길이가 같은 두 원은 서로 합동이다.
⑤ 한 변의 길이가 같은 두 정육각형은 서로 합동이다.

09

오른쪽 그림에서 사각형 ABCD와 사각형 EFGH가 서로 합동일 때, $\overline{BC}$의 길이와 ∠G의 크기를 차례로 구하면?

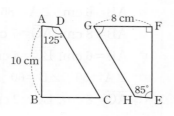

① 8 cm, 60°   ② 8 cm, 70°   ③ 8 cm, 85°
④ 10 cm, 60°   ⑤ 10 cm, 85°

10

다음 **보기**에서 서로 합동인 삼각형끼리 짝 지은 것은?

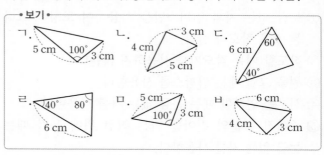

① ㄱ과 ㅁ   ② ㄴ과 ㅁ   ③ ㄴ과 ㅂ
④ ㄷ과 ㄹ   ⑤ ㄷ과 ㅂ

11 중요✓

다음 중 오른쪽 그림에서 △ABC≡△DEF가 되기 위해 더 필요한 조건인 것은?

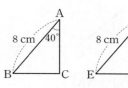

① $\overline{AC}=\overline{EF}$ ② ∠B=∠F   ③ $\overline{BC}=\overline{DF}$
④ ∠C=∠D   ⑤ $\overline{AC}=\overline{DF}$

12

오른쪽 그림과 같은 사각형 ABCD에서 $\overline{AB}=\overline{CD}$, $\overline{AD}=\overline{CB}$일 때, 다음 중 옳지 않은 것을 모두 고르면? (정답 2개)

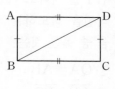

① $\overline{AD}=\overline{BD}$ ② ∠ABD=∠CDB
③ ∠ADB=∠CBD   ④ ∠BAD=∠ABC
⑤ △ABD≡△CDB

13

다음은 오른쪽 그림에서
$\overline{AD}/\!/\overline{BC}$, $\overline{AD}=\overline{BC}$일 때,
△ABC≡△CDA임을 보이는 과
정이다. ㈎, ㈏, ㈐에 알맞은 것을
차례로 구하면?

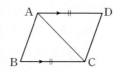

△ABC와 △CDA에서
┌──┐
│ ㈎ │는 공통, $\overline{BC}=\overline{DA}$,
└──┘
$\overline{AD}/\!/\overline{BC}$이므로 ∠ACB= ┌──┐
                        │ ㈏ │
                        └──┘
∴ △ABC≡△CDA (┌──┐ 합동)
                │ ㈐ │
                └──┘

① $\overline{AC}$, ∠ADC, SSS ② $\overline{AC}$, ∠CAD, SAS

③ $\overline{AC}$, ∠ACD, SAS ④ ∠B, ∠CAD, ASA

⑤ ∠D, ∠ACD, ASA

14

오른쪽 그림에서
∠AOP=∠BOP,
∠OAP=∠OBP=90°이다. 다
음 중 △POA≡△POB임을 설
명하기 위해 필요한 조건을 바르
게 나열한 것은?

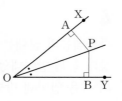

① $\overline{AP}=\overline{BP}$, $\overline{OA}=\overline{OB}$, $\overline{OP}$는 공통

② $\overline{AP}=\overline{BP}$, $\overline{OA}=\overline{OB}$, ∠OAP=∠OBP

③ $\overline{OA}=\overline{OB}$, $\overline{OP}$는 공통, ∠AOP=∠BOP

④ $\overline{OA}=\overline{OB}$, $\overline{OP}$는 공통, ∠APO=∠BPO

⑤ $\overline{OP}$는 공통, ∠AOP=∠BOP, ∠APO=∠BPO

15

오른쪽 그림과 같은 정사각형
ABCD와 정삼각형 EBC에서 삼
각형 EAB와 합동인 삼각형을 찾
고, 그때의 합동 조건을 구하시오.

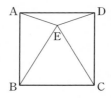

16

오른쪽 그림과 같이 한 변의 길
이가 8 cm인 정삼각형 ABC
의 변 BC의 연장선 위에
$\overline{PB}=5$ cm인 점 P를 잡고
$\overline{AP}$를 한 변으로 하는 정삼각
형 AQP를 그렸다. 이때 $\overline{BQ}$의 길이는?

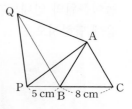

① 11 cm   ② 12 cm   ③ 13 cm

④ 14 cm   ⑤ 15 cm

17

오른쪽 그림의 사각형 ABCD
와 사각형 ECFG가 정사각형
일 때, $\overline{DF}$의 길이를 구하시오.

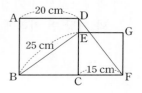

18

다음 두 친구의 대화를 보고, 연못의 폭은 몇 m인지
구하시오.

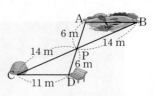

: 여기 연못이 있네!
연못의 폭인 $\overline{AB}$
의 길이는 어떻게
구할까?

: 우선 바위가 있는 지점을 C, 의자가 있는 지
점을 D라 하고 $\overline{AD}$와 $\overline{BC}$가 만나는 지점을
P라 해 보자.

: 그럼 $\overline{AP}=\overline{DP}$, $\overline{BP}=\overline{CP}$가 되네.

: 연못의 폭은 몇 m일까?

1

놀이공원의 안내도가 아래 그림과 같을 때, 다음 물음에 답하시오.

(1) 작도를 이용하여 광장으로부터 각 놀이 기구까지의 거리를 비교하려고 한다. 필요한 도구는 무엇인지 모두 쓰시오.

(2) 광장으로부터 가장 가까운 거리에 있는 놀이 기구와 가장 먼 거리에 있는 놀이 기구를 각각 쓰시오.

2

북쪽 밤하늘에 일곱 개의 별이 국자 모양을 이루고 있는 북두칠성을 이용하면 북극성의 위치를 찾을 수 있다. 다음 그림에서 선분 AB를 점 B의 방향으로 연장하여 점 B로부터 거리가 선분 AB의 길이의 5배가 되는 곳에 북극성이 있다고 할 때, 작도를 이용하여 북극성의 위치를 찾아 표시하시오.

3

테셀레이션(tessellation)은 오른쪽 그림과 같이 같은 모양의 조각들을 서로 겹치거나 틈이 생기지 않게 늘어놓아 평면이나 공간을 빈틈없이 채우는 것을 말한다.

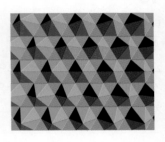

오른쪽 그림과 같은 삼각형과 합동인 도형을 이용하여 미술 작품을 만들려고 할 때, 어떤 조건을 한 가지 더 알아야 하는지 모두 구하시오.

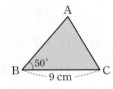

4

나폴레옹의 군대는 전투 중에 다음과 같은 방법으로 강의 폭을 알아내었다고 한다. 나폴레옹의 군대가 강의 폭을 알아낸 방법을 삼각형의 합동을 이용하여 설명하시오.

강가에 똑바로 서서 쓰고 있는 모자의 챙을 강 건너편 지점 C와 일직선이 되도록 기울인다. 그 상태로 몸의 방향을 돌려 모자의 챙이 일직선이 되는 지점 D를 찾는다. 그러면 $\overline{BC}$와 $\overline{BD}$의 길이는 같다.

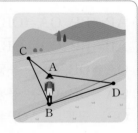

워크북 88쪽~89쪽에서 한번 더 연습해 보세요.

II

평면도형의 성질

1. 다각형
2. 원과 부채꼴

이 단원을 배우면 다각형의 성질을 알 수 있어요.
또, 부채꼴의 중심각과 호의 관계를 이해하고, 이를 이용하여
부채꼴의 넓이와 호의 길이를 구할 수 있어요.

01 다각형의 대각선의 개수

1 다각형

(1) **다각형** : 3개 이상의 선분으로 둘러싸인 평면도형

→ 선분이 3개, 4개, ..., n개인 다각형을 각각 삼각형, 사각형, ..., n각형이라 한다.

① **변** : 다각형을 이루는 각 선분

② **꼭짓점** : 다각형의 변과 변이 만나는 점

(2) **내각** : 다각형에서 이웃한 두 변이 이루는 내부의 각

(3) **외각** : 다각형의 한 내각의 꼭짓점에서 한 변과 다른 한 변의 연장선이 이루는 각

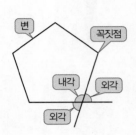

참고 • 한 꼭짓점에서의 외각은 2개이지만 맞꼭지각으로 그 크기가 같으므로 하나만 생각한다.

• 다각형의 한 꼭짓점에서 (내각의 크기)+(외각의 크기)=180°이다.

용어

• **다각형**(많을 多, 각 角, 모양 形)
여러 개의 각이 있는 도형

• **내각**(안 內, 각 角)
다각형에서 안쪽에 있는 각

• **외각**(바깥 外, 각 角)
다각형에서 바깥쪽에 있는 각

2 정다각형

정다각형 : 모든 변의 길이가 같고 모든 내각의 크기가 같은 다각형

→ 변이 3개, 4개, ..., n개인 정다각형을 각각 정삼각형, 정사각형, ..., 정n각형이라 한다.

정삼각형   정사각형   정오각형   ...

주의 • 변의 길이가 모두 같아도 내각의 크기가 다르면 정다각형이 아니다.

예 마름모

• 내각의 크기가 모두 같아도 변의 길이가 다르면 정다각형이 아니다.

예 직사각형

정다각형은 모든 내각의 크기가 같으므로 모든 외각의 크기도 같다.

3 다각형의 대각선

(1) **대각선** : 다각형에서 이웃하지 않는 두 꼭짓점을 이은 선분

(2) n각형의 한 꼭짓점에서 그을 수 있는 대각선의 개수 : $n-3$ (단, $n \geq 4$)

(3) n각형의 대각선의 개수 : $\dfrac{n(n-3)}{2}$ (단, $n \geq 4$)

꼭짓점의 개수 ┘   └ 한 꼭짓점에서 그을 수 있는 대각선의 개수

└ 한 대각선을 두 번씩 세었으므로 2로 나눈다.

예 ① 오각형의 한 꼭짓점에서 그을 수 있는 대각선의 개수 : $5-3=2$

② 오각형의 대각선의 개수 : $\dfrac{5 \times (5-3)}{2}=5$

초 3~4

대각선(마주 볼 對, 각 角, 선 線)
마주 보는 각을 이은 선분

다각형의 한 꼭짓점에서 대각선을 모두 그으면 삼각형은 몇 개 생길까?

오른쪽 그림과 같이 다각형의 한 꼭짓점에서 대각선을 모두 그으면 대각선보다 1개 더 많은 삼각형이 생긴다. 따라서 n각형의 한 꼭짓점에서 대각선을 모두 그을 때 생기는 삼각형의 개수는 $n-2$이다. (단, $n \geq 4$)

$4-2=2$(개) $5-2=3$(개) $6-2=4$(개)

개념 1 다각형에서 내각과 외각은 어떤 각을 말할까?

다음 사각형 ABCD에서 ∠C의 외각을 찾고, 그 크기를 구해 보자.
└ 꼭짓점 C에서의 내각

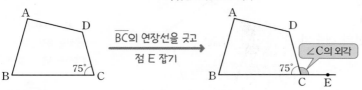

$\overline{BC}$의 연장선을 긋고
점 E 잡기

한 꼭짓점에서
(내각의 크기) + (외각의 크기) = 180°

∠DCB + ∠DCE = 180°이므로
75° + ∠DCE = 180°
∴ ∠DCE = 180° − 75° = 105°
└ ∠C의 외각

참고 $\overline{DC}$의 연장선을 그어 ∠C의 외각을 찾을 수도 있다.
오른쪽 그림에서 ∠BCD + ∠BCE = 180°이므로
75° + ∠BCE = 180°   ∴ ∠BCE = 105°
└ ∠C의 외각

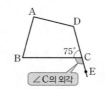

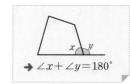

∠x + ∠y = 180°

---

1 오른쪽 그림의 사각형 ABCD에 대하여 다음 □ 안에 알맞은 것을 써넣으시오.

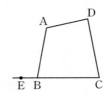

(1) ∠A, ∠ABC, ∠C, ∠D는 사각형 ABCD의 □이다.

(2) ∠ABE는 ∠ABC의 □이다.

1-1 오른쪽 그림과 같은 오각형 ABCDE에서 다음을 구하시오.

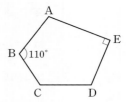

(1) ∠B의 외각의 크기

(2) ∠E의 외각의 크기

개념 2 정다각형은 어떤 다각형일까?

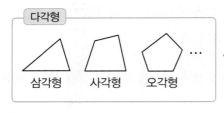

다각형 | 삼각형 사각형 오각형 ...

모든 변의 길이가 같고
모든 내각의 크기가 같다.

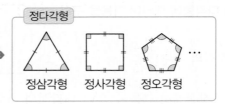

정다각형 | 정삼각형 정사각형 정오각형 ...

---

2 다음 중 정다각형에 대한 설명으로 옳은 것에는 ○표, 옳지 않은 것에는 ×표를 하시오.

(1) 세 내각의 크기가 모두 같은 삼각형은 정삼각형이다. (   )

(2) 네 변의 길이가 모두 같은 사각형은 정사각형이다. (   )

(3) 네 내각의 크기가 모두 같은 사각형은 정사각형이다. (   )

2-1 다음 중 정다각형에 대한 설명으로 옳은 것에는 ○표, 옳지 않은 것에는 ×표를 하시오.

(1) 정다각형은 모든 변의 길이가 같다. (   )

(2) 정다각형은 모든 내각의 크기가 같다. (   )

(3) 모든 내각의 크기가 같은 다각형은 정다각형이다. (   )

개념 **3** 다각형의 대각선의 개수는 어떻게 구할까?

오각형의 대각선의 개수를 구해 보자.

❶ 오각형의 한 꼭짓점에서 그을 수 있는 대각선의 개수
→ 5－3=2 ← 이웃하지 않는 꼭짓점의 개수와 같다.

❷ 오각형의 각 꼭짓점에서 그을 수 있는 대각선의 개수의 합
→ 5×2=10 ← 한 대각선을 두 번씩 세었다.

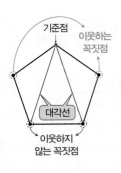

자기 자신과 이웃하는 꼭짓점으로는 대각선을 그을 수 없어!

꼭짓점의 개수 ← → 한 꼭짓점에서 그을 수 있는 대각선의 개수
❸ 오각형의 대각선의 개수 → $\dfrac{5\times2}{2}=5$
중복해서 센 횟수

참고 다각형의 대각선의 개수

다각형	사각형	오각형	육각형	…	n각형
꼭짓점의 개수	4	5	6	…	n
한 꼭짓점에서 그을 수 있는 대각선의 개수	① 4－3=1	② 5－3=2	③ 6－3=3	…	$n-3$
대각선의 개수	$\dfrac{4\times①}{2}=2$	$\dfrac{5\times②}{2}=5$	$\dfrac{6\times③}{2}=9$	…	$\dfrac{n(n-3)}{2}$

n각형의
① 한 꼭짓점에서 그을 수 있는 대각선의 개수 : $n-3$ (단, $n\geq4$)
② 대각선의 개수 : $\dfrac{n(n-3)}{2}$ (단, $n\geq4$)

---

3 오른쪽 다각형에 대하여 다음을 구하시오.

(1) 꼭짓점의 개수

(2) 한 꼭짓점에서 그을 수 있는 대각선의 개수

(3) 대각선의 개수

3-1 칠각형에 대하여 다음을 구하시오.

(1) 꼭짓점의 개수

(2) 한 꼭짓점에서 그을 수 있는 대각선의 개수

(3) 대각선의 개수

4 십이각형의 대각선의 개수를 구하려고 한다. 다음 □ 안에 알맞은 수를 써넣으시오.

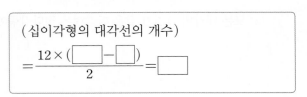

(십이각형의 대각선의 개수)
$=\dfrac{12\times(\boxed{}-\boxed{})}{2}=\boxed{}$

4-1 다음 다각형의 대각선의 개수를 구하시오.

(1) 십각형

(2) 십삼각형

◆ **다각형의 내각과 외각**

01 오른쪽 그림과 같은 사각형 ABCD에서 ∠A의 외각의 크기와 ∠B의 외각의 크기의 합을 구하시오.

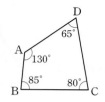

02 오른쪽 그림에서 ∠x+∠y+∠z의 크기를 구하시오.

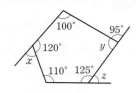

◆ **다각형의 대각선의 개수**

03 한 꼭짓점에서 그을 수 있는 대각선의 개수가 6인 다각형에 대하여 다음 물음에 답하시오.

(1) 몇 각형인지 구하시오.

(2) 대각선의 개수를 구하시오.

> **코칭 Plus**
>
> n각형의
> ① 한 꼭짓점에서 그을 수 있는 대각선의 개수 ➔ $n-3$
> ② 한 꼭짓점에서 대각선을 모두 그었을 때 생기는 삼각형의 개수 ➔ $n-2$
> ③ 대각선의 개수 ➔ $\dfrac{n(n-3)}{2}$

04 한 꼭짓점에서 대각선을 모두 그었을 때 생기는 삼각형의 개수가 9인 다각형에 대하여 다음 물음에 답하시오.

(1) 몇 각형인지 구하시오.

(2) 대각선의 개수를 구하시오.

◆ **대각선의 개수가 주어진 다각형** 중요✩

05 대각선의 개수가 35인 다각형의 꼭짓점의 개수는?

① 6 ② 7 ③ 8
④ 9 ⑤ 10

> **코칭 Plus**
>
> 대각선의 개수가 주어지면 조건을 만족시키는 다각형을 n각형으로 놓고 식을 세워 n의 값을 구한다.

06 다음 조건을 만족시키는 다각형을 구하시오.

> ㈎ 대각선의 개수는 90이다.
> ㈏ 모든 변의 길이가 같고 모든 외각의 크기가 같다.

02 다각형의 내각과 외각

1 삼각형의 내각과 외각

(1) 삼각형의 세 내각의 크기의 합은 $180°$이다.

→ $\triangle ABC$에서 $\angle A + \angle B + \angle C = 180°$

(2) 삼각형의 내각과 외각 사이의 관계 : 삼각형의 한 외각의 크기는 그와 이웃하지 않는 두 내각의 크기의 합과 같다.

→ $\triangle ABC$에서 $\underset{\angle \text{C의 외각의 크기}}{\angle ACD} = \underset{\angle \text{ACD와 이웃하지 않는 두 내각의 크기의 합}}{\angle A + \angle B}$

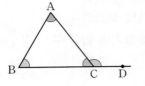

설명 $\triangle ABC$의 꼭짓점 C에서 $\overline{BA} /\!/ \overline{CE}$가 되도록 반직선 CE를 그으면

$\angle A = \angle ACE$ (엇각), $\angle B = \angle ECD$ (동위각)

(1) $\angle A + \angle B + \angle C = \angle ACE + \angle ECD + \angle ACB = 180°$

(2) $\angle ACD = \angle ACE + \angle ECD = \angle A + \angle B$

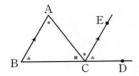

평행한 두 직선이 다른 한 직선과 만나서 생기는 동위각과 엇각의 크기는 각각 같다.

2 다각형의 내각과 외각의 크기의 합

(1) 다각형의 내각의 크기의 합

① n각형의 한 꼭짓점에서 대각선을 모두 그었을 때 생기는 삼각형의 개수 : $n-2$

② n각형의 내각의 크기의 합 : $\underset{\text{삼각형의 내각의 크기의 합}}{180°} \times \underset{\text{한 꼭짓점에서 대각선을 모두 그었을 때 생기는 삼각형의 개수}}{(n-2)}$

예 ① 육각형의 한 꼭짓점에서 대각선을 모두 그었을 때 생기는 삼각형의 개수 :

$6-2=4$

② 육각형의 내각의 크기의 합 : $180° \times 4 = 720°$

(2) 다각형의 외각의 크기의 합

다각형의 외각의 크기의 합은 항상 $360°$이다. → 변의 개수에 관계없이 항상 일정하다.

설명 다각형의 한 꼭짓점에서의 내각과 외각의 크기의 합은 $180°$이고,

n각형의 꼭짓점은 n개이므로

(n각형의 내각의 크기의 합) + (n각형의 외각의 크기의 합) $= 180° \times n$

∴ (n각형의 외각의 크기의 합) $= 180° \times n - ($n$각형의 내각의 크기의 합)$

$= 180° \times n - 180° \times (n-2)$

$= 180° \times 2 = 360°$

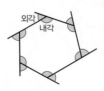

n각형의 내각의 크기의 합은 나누어진 삼각형의 내각의 크기의 총합과 같다.

3 정다각형의 한 내각과 한 외각의 크기

정다각형은 모든 내각의 크기가 같고, 모든 외각의 크기가 같으므로

(1) 정n각형의 한 내각의 크기 : $\dfrac{\overset{\text{내각의 크기의 합}}{180° \times (n-2)}}{\underset{\text{꼭짓점의 개수}}{n}}$

(2) 정n각형의 한 외각의 크기 : $\dfrac{\overset{\text{외각의 크기의 합}}{360°}}{\underset{\text{꼭짓점의 개수}}{n}}$

예 (정오각형의 한 내각의 크기) $= \dfrac{180° \times (5-2)}{5} = 108°$

(정오각형의 한 외각의 크기) $= \dfrac{360°}{5} = 72°$

개념 1 삼각형의 세 내각의 크기의 합이 180°임을 확인해 볼까?

△ABC의 세 내각의 크기의 합이 180°임을 다음과 같은 방법으로 확인해 보자.

방법 1 세 내각을 오려서 붙이기

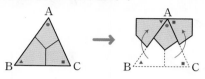

방법 2 합동인 삼각형 3개를 이어 붙이기

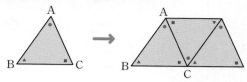

방법 3 세 내각을 접어서 모으기

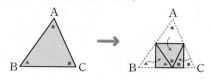

△ABC에서
∠A+∠B+∠C=180°
↳ 세 내각의 크기의 합

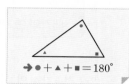
➜ ● + ▲ + ■ = 180°

1 오른쪽 그림에서 ∠x의 크기를 구하시오.

1-1 다음 그림에서 ∠x의 크기를 구하시오.

(1)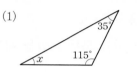

(2)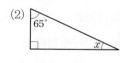

개념 2 삼각형의 내각과 외각 사이에는 어떤 관계가 있을까?

△ABC를 다음 그림과 같이 오려서 붙여 보자.

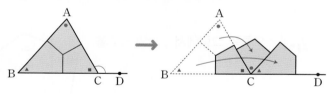

△ABC에서 ∠ACD=∠A+∠B
↳ ∠C의 외각의 크기   ↳ ∠ACD와 이웃하지 않는 두 내각의 크기의 합

참고 삼각형의 내각과 외각 사이의 관계를 이용하면 ∠C의 크기를 구하지 않아도 ∠C의 외각인 ∠ACD의 크기를 구할 수 있어 편리하다.

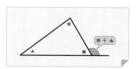

2 다음 그림과 같은 △ABC에서 ∠x의 크기를 구하시오.

(1)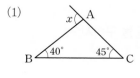

(2)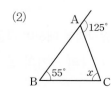

2-1 다음 그림과 같은 △ABC에서 ∠x의 크기를 구하시오.

(1)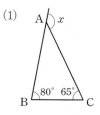

(2)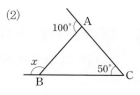

개념 3 다각형의 내각의 크기의 합을 어떻게 구할까?

(1) 다각형의 내각의 크기의 합

다각형	사각형	오각형	육각형	⋯	n각형
한 꼭짓점에서 대각선을 모두 그었을 때 생기는 삼각형의 개수	2 4−2=2	3 5−2=3	4 6−2=4	⋯	$n-2$
내각의 크기의 합	$180° \times 2 = 360°$	$180° \times 3 = 540°$	$180° \times 4 = 720°$	⋯	$180° \times (n-2)$

└→ 삼각형 1개의 세 내각의 크기의 합

└→ 생기는 삼각형의 개수

(2) $($정 n각형의 한 내각의 크기$) = \dfrac{(\text{정}\,n\text{각형의 내각의 크기의 합})}{n} = \dfrac{180° \times (n-2)}{n}$

└→ 모든 내각의 크기가 같으므로 꼭짓점의 개수 n으로 나눈다.

3 칠각형에 대하여 다음을 구하시오.

(1) 한 꼭짓점에서 대각선을 모두 그었을 때 생기는 삼각형의 개수

(2) 내각의 크기의 합

3-1 십이각형에 대하여 다음을 구하시오.

(1) 한 꼭짓점에서 대각선을 모두 그었을 때 생기는 삼각형의 개수

(2) 내각의 크기의 합

4 오른쪽 그림에서 ∠x의 크기를 구하시오.

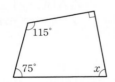

4-1 오른쪽 그림에서 ∠x의 크기를 구하시오.

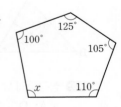

5 정육각형에 대하여 다음을 구하시오.

(1) 내각의 크기의 합

(2) 한 내각의 크기

5-1 정팔각형에 대하여 다음을 구하시오.

(1) 내각의 크기의 합

(2) 한 내각의 크기

개념 4 다각형의 외각의 크기의 합을 어떻게 구할까?

(1) 다각형의 외각의 크기의 합

다각형	삼각형	사각형	오각형	⋯	n각형
(내각의 크기의 합) + (외각의 크기의 합)	 $180° \times 3$	$180° \times 4$	$180° \times 5$	⋯	$180° \times n$
내각의 크기의 합	$180° \times 1$	$180° \times 2$	$180° \times 3$	⋯	$180° \times (n-2)$
외각의 크기의 합	$360°$	$360°$	$360°$	⋯	$360°$

(내각의 크기) +(외각의 크기) =180°

↳ 변의 개수에 관계없이 항상 360°이다.

참고 다각형의 외각을 카메라 조리개처럼 모으면 외각의 크기의 합이 360°가 됨을 알 수 있다.

(2) (정n각형의 한 외각의 크기) $= \dfrac{(\,정n각형의\ 외각의\ 크기의\ 합\,)}{n} = \dfrac{360°}{n}$

↳ 모든 외각의 크기가 같으므로 꼭짓점의 개수 n으로 나눈다.

---

6 오른쪽 그림에서 $\angle x$의 크기를 구하시오.

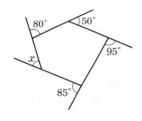

6-1 오른쪽 그림에서 $\angle x$의 크기를 구하시오.

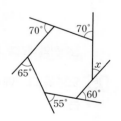

---

7 정팔각형에 대하여 다음을 구하시오.

(1) 외각의 크기의 합

(2) 한 외각의 크기

7-1 정십이각형에 대하여 다음을 구하시오.

(1) 외각의 크기의 합

(2) 한 외각의 크기

---

8 한 외각의 크기가 72°인 정다각형을 구하시오.

8-1 한 외각의 크기가 60°인 정다각형을 구하시오.

삼각형의 세 내각의 크기의 합

01 오른쪽 그림에서 $\angle x$의 크기를 구하시오.

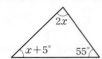

02 오른쪽 그림과 같은 △ABC에서 $\angle A$의 크기가 $\angle B$의 크기보다 50°만큼 작을 때, $\angle A$의 크기를 구하시오.

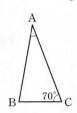

삼각형의 내각과 외각 사이의 관계 (1) 중요 ☆

03 오른쪽 그림에서 $\angle x$의 크기를 구하시오.

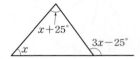

04 오른쪽 그림에서 $\angle x$의 크기를 구하시오.

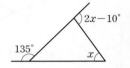

삼각형의 내각과 외각 사이의 관계 (2)

05 오른쪽 그림에서 $\angle x$의 크기는?

① 55°　　② 60°

③ 65°　　④ 70°

⑤ 75°

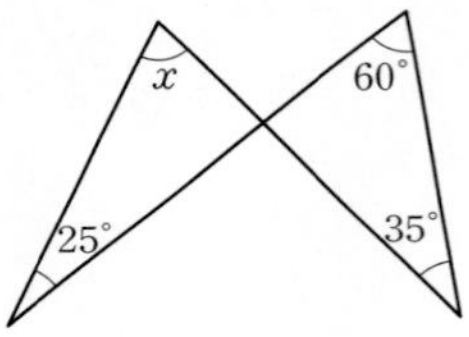

06 오른쪽 그림에서 $\angle x$의 크기를 구하시오.

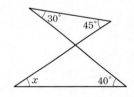

삼각형의 내각과 외각 사이의 관계 (3)

07 오른쪽 그림과 같은 △ABC에서 $\angle ABE=150°$, $\angle C=70°$이고 $\angle BAD=\angle DAC$일 때, $\angle x$의 크기를 구하시오.

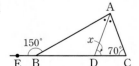

08 오른쪽 그림과 같은 △ABC에서 $\angle A=60°$, $\angle BDC=100°$이고 $\angle ABD=\angle DBC$일 때, $\angle x$의 크기를 구하시오.

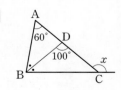

삼각형의 내각의 크기의 합의 활용

09 오른쪽 그림과 같은 △ABC에
서 ∠A=70°, ∠ACD=35°,
∠BDC=130°일 때, ∠x의
크기를 구하시오.

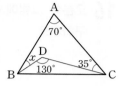

┌─ 코칭 Plus ─
│ △ABC와 △DBC의 세 내각의 크기의
│ 합은 각각 180°임을 이용하여 각의 크기
│ 를 구한다.

10 오른쪽 그림과 같은 △ABC
에서 ∠A=80°이고
∠ABD=∠DBC,
∠ACD=∠DCB일 때,
∠x의 크기를 구하시오.

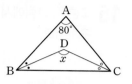

삼각형의 내각과 외각의 관계의 활용

11 오른쪽 그림에서
$\overline{BD}=\overline{CD}=\overline{AC}$이고
∠B=35°일 때, ∠x의
크기를 구하시오.

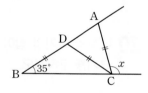

┌─ 코칭 Plus ─
│ 이등변삼각형의 두 밑각의 크기는 같고, 삼각형의 한 외각의
│ 크기는 그와 이웃하지 않는 두 내각의 크기의 합과 같음을
│ 이용하여 각의 크기를 구한다.

12 오른쪽 그림에서
$\overline{BD}=\overline{CD}=\overline{AC}$이고
∠ACE=108°일 때, ∠x
의 크기를 구하시오.

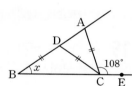

다각형의 내각의 크기의 합 (1)   중요⭐

13 한 꼭짓점에서 그을 수 있는 대각선의 개수가 6인 다
각형의 내각의 크기의 합을 구하시오.

14 내각의 크기의 합이 1800°인 다각형의 꼭짓점의 개
수를 구하시오.

개념 교과서 대표 문제로 **완성하기**

• **다각형의 내각의 크기의 합 (2)**

15 오른쪽 그림에서 ∠x의 크기를 구하시오.

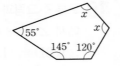

> **코칭 Plus**
>
> 다각형의 내각의 크기의 합을 이용하여 다음의 순서로 각의 크기를 구한다.
> ❶ n각형의 내각의 크기의 합을 구한다. ➡ $180° × (n-2)$
> ❷ ❶을 이용하여 크기가 주어지지 않은 내각의 크기를 구한다.

16 오른쪽 그림에서 ∠x의 크기를 구하시오.

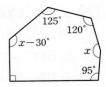

• **다각형의 외각의 크기의 합**

17 오른쪽 그림에서 ∠x의 크기를 구하시오.

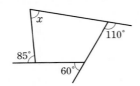

18 오른쪽 그림에서 ∠x+∠y의 크기를 구하시오.

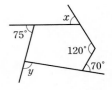

• **정다각형의 한 내각과 한 외각의 크기**   중요 ♡

19 한 외각의 크기가 45°인 정다각형의 내각의 크기의 합을 구하시오.

20 내각의 크기의 합이 1440°인 정다각형의 한 외각의 크기를 구하시오.

• **정다각형의 한 내각과 한 외각의 크기의 비**

21 한 내각의 크기와 한 외각의 크기의 비가 3 : 2인 정다각형에 대하여 다음 물음에 답하시오.

(1) 한 외각의 크기를 구하시오.

(2) 정다각형의 이름을 쓰시오.

> **코칭 Plus**
>
> 한 내각의 크기와 한 외각의 크기의 비가 $a : b$인 정다각형은 다음의 순서로 구한다.
> ❶ (한 외각의 크기)$=180° × \dfrac{b}{a+b}$를 구한다.
> ❷ 구하는 정다각형을 정n각형으로 놓고
>   (한 외각의 크기)$=\dfrac{360°}{n}$임을 이용하여 n의 값을 구한다.

22 한 내각의 크기와 한 외각의 크기의 비가 2 : 1인 정다각형은?

① 정오각형   ② 정육각형   ③ 정칠각형
④ 정팔각형   ⑤ 정구각형

01

다음 중 정팔각형에 대한 설명으로 옳지 <u>않은</u> 것은?

① 꼭짓점의 개수는 8이다.
② 모든 내각의 크기가 같다.
③ 모든 외각의 크기가 같다.
④ 모든 대각선의 길이가 같다.
⑤ 한 꼭짓점에서 내각과 외각의 크기의 합은 180°이다.

02

구각형의 한 꼭짓점에서 그을 수 있는 대각선의 개수를 a, 십일각형의 한 꼭짓점에서 대각선을 모두 그었을 때 생기는 삼각형의 개수를 b, 십사각형의 대각선의 개수를 c라 할 때, $a+b+c$의 값을 구하시오.

03

삼각형의 세 내각의 크기의 비가 $3:4:5$일 때, 가장 작은 내각의 크기를 구하시오.

04

오른쪽 그림에서
$\angle A=75°$, $\angle ABC=15°$,
$\angle BCD=120°$일 때, $\angle x$의 크기를 구하시오.

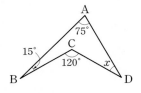

05

내각의 크기의 합이 $1620°$인 다각형의 대각선의 개수는?

① 20 ② 27 ③ 35
④ 44 ⑤ 54

06

오른쪽 그림에서 $\angle x$의 크기를 구하시오.

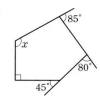

한걸음 더

07 추론 💬

오른쪽 그림과 같이 원탁에 6명이 앉아 있다. 바로 옆에 있는 사람을 제외한 모든 사람과 서로 한 번씩 악수를 할 때, 악수를 모두 몇 번 하게 되는지 구하시오.

08 문제 해결 🔒

오른쪽 그림에서
$\angle a+\angle b+\angle c+\angle d+\angle e$의 크기를 구하시오.

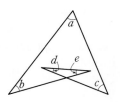

1

오른쪽 그림과 같은 △ABC에서 점 D는 ∠B의 이등분선과 ∠C의 이등분선의 교점이다. ∠A=60°일 때, ∠x의 크기를 구하시오. [6점]

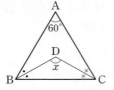

풀이

채점 기준 **1** ∠ABC+∠ACB의 크기 구하기 ··· 2점

채점 기준 **2** ∠DBC+∠DCB의 크기 구하기 ··· 2점

채점 기준 **3** ∠x의 크기 구하기 ··· 2점

답

1-1

오른쪽 그림과 같은 △ABC에서 점 D는 ∠B의 이등분선과 ∠C의 이등분선의 교점이다. ∠BDC=110°일 때, ∠x의 크기를 구하시오. [6점]

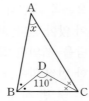

풀이

채점 기준 **1** ∠DBC+∠DCB의 크기 구하기 ··· 2점

채점 기준 **2** ∠ABC+∠ACB의 크기 구하기 ··· 2점

채점 기준 **3** ∠x의 크기 구하기 ··· 2점

답

2

오른쪽 그림과 같은 △ABC에서 $\overline{BD}=\overline{CD}=\overline{AC}$이고 ∠ACE=114°일 때, ∠$x$의 크기를 구하시오. [6점]

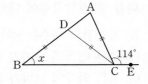

풀이

답

3

어떤 다각형의 내각의 크기의 합과 외각의 크기의 합을 더하면 1440°일 때, 이 다각형의 대각선의 개수를 구하시오. [6점]

풀이

답

01

다음 **보기**에서 다각형인 것을 모두 고르시오.

──•보기•──
ㄱ. 정오각형　　ㄴ. 직각삼각형　　ㄷ. 원
ㄹ. 정육면체　　ㅁ. 팔각형　　　　ㅂ. 부채꼴

02

다음 중 다각형에 대한 설명으로 옳은 것은?

① 2개 이상의 선분으로 둘러싸인 평면도형을 다각형이라 한다.
② 다각형에서 한 내각에 대한 외각은 한 개뿐이다.
③ n각형의 한 꼭짓점에서 그을 수 있는 대각선의 개수는 $n-2$이다.
④ 모든 내각의 크기가 같은 다각형을 정다각형이라 한다.
⑤ 정다각형에서 외각의 크기는 모두 같다.

03

한 꼭짓점에서 그을 수 있는 대각선의 개수가 오각형의 대각선의 개수와 같은 다각형은?

① 칠각형　　② 팔각형　　③ 구각형
④ 십각형　　⑤ 십일각형

04

한 꼭짓점에서 대각선을 모두 그었을 때 생기는 삼각형의 개수가 4인 다각형의 대각선의 개수를 구하시오.

05 중요♡

다음 조건을 만족시키는 다각형을 구하시오.

㈎ 대각선의 개수는 27이다.
㈏ 모든 변의 길이가 같고 모든 내각의 크기가 같다.

06

오른쪽 그림과 같은 △ABC에서 ∠C=90°이고 ∠A=2∠B일 때, ∠B의 크기는?

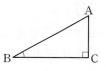

① 25°　　② 30°　　③ 35°
④ 40°　　⑤ 45°

07 중요♡

오른쪽 그림에서 ∠x의 크기를 구하시오.

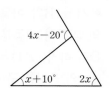

08

오른쪽 그림에서 $\angle x + \angle y$의 크기
는?

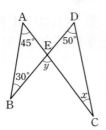

① 85° ② 90°
③ 95° ④ 100°
⑤ 105°

09

오른쪽 그림과 같은 △ABC
에서 $\angle B=30°$, $\angle ADC=85°$
이고 $\angle BAD=\angle CAD$일 때,
$\angle x$의 크기를 구하시오.

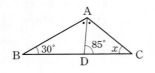

10

오른쪽 그림과 같은 △ABC에서
$\angle x$의 크기를 구하시오.

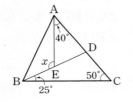

11

오른쪽 그림과 같은 △ABC
에서 $\angle B$의 이등분선과 $\angle C$
의 외각의 이등분선의 교점을
D라 하자. $\angle D=30°$일 때,
$\angle x$의 크기를 구하시오.

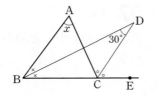

12

오른쪽 그림에서
$\angle a + \angle b + \angle c + \angle d + \angle e$의 크기
를 구하시오.

13 중요♡

한 꼭짓점에서 그을 수 있는 대각선의 개수가 7인 다
각형의 내각의 크기의 합을 구하시오.

14

오른쪽 그림에서 $\angle x$의 크기를 구
하시오.

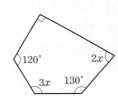

15

오른쪽 그림과 같은 사각형
ABCD에서 $\angle A=125°$,
$\angle D=115°$이고
$\angle ABE=\angle EBC$,
$\angle DCE=\angle ECB$일 때, $\angle x$의 크기를 구하시오.

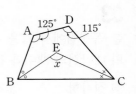

16

오른쪽 그림에서 $\angle x + \angle y$의 크기는?

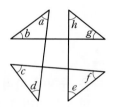

① 110°   ② 115°

③ 120°   ④ 125°

⑤ 130°

17

오른쪽 그림에서
$\angle a + \angle b + \angle c + \angle d + \angle e + \angle f + \angle g + \angle h$의 크기는?

① 180°   ② 270°

③ 360°   ④ 450°

⑤ 540°

18

다음 중 정다각형에 대한 설명으로 옳은 것은?

① 정오각형의 한 꼭짓점에서의 내각의 크기와 외각의 크기는 서로 같다.

② 정육각형의 대각선의 길이는 모두 같다.

③ 정구각형의 한 내각의 크기는 135°이다.

④ 정팔각형의 한 외각의 크기는 45°이다.

⑤ 정십각형의 내각의 크기의 합과 외각의 크기의 합을 더하면 1820°이다.

19 중요♡

한 외각의 크기가 30°인 정다각형의 내각의 크기의 합을 구하시오.

20

한 내각의 크기와 한 외각의 크기의 비가 4 : 1인 정다각형은?

① 정육각형   ② 정칠각형   ③ 정팔각형

④ 정구각형   ⑤ 정십각형

21

오른쪽 그림과 같이 한 변의 길이가 같은 정육각형과 정팔각형을 붙여 놓았을 때, $\angle x$의 크기를 구하시오.

22

오른쪽 그림과 같은 정오각형 ABCDE에서 $\overline{AC}$와 $\overline{BE}$가 만나는 점을 F라 할 때, $\angle x$의 크기를 구하시오.

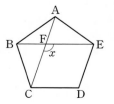

교과서에서 쏙 빼온 문제

1

다음 그림과 같은 교차로에 대각선으로 횡단보도를 설치하려고 한다. 사거리와 오거리에 대각선으로 설치할 수 있는 횡단보도의 수를 각각 구하시오.

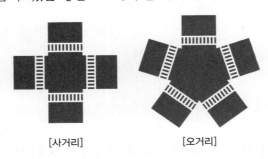

[사거리]　　　　　[오거리]

2

무지개는 햇빛이 공기 중에 있는 물방울 속에서 반사되는 각도에 따라 다른 색으로 보이는 원리에 의해 생기는 현상이다. 공기 중의 물방울 속에서 햇빛이 42°로 반사하면 빨간색으로 보이고, 40°로 반사하면 보라색으로 보인다. 다음 그림에서 햇빛은 평행하게 들어온다고 할 때, $\angle x$의 크기를 구하시오.

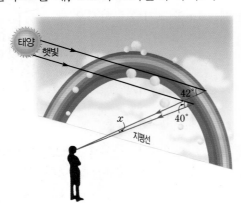

3

축구는 11명의 선수로 구성된 두 팀이 발과 머리로 공을 다루어 상대 팀의 골에 공을 많이 넣는 것으로 승부를 겨루는 경기이다. 축구공은 12개의 정오각형 모양과 20개의 정육각형 모양의 가죽을 연결하여 만든다. 위 그림의 축구공의 전개도의 일부분에서 $\angle x$의 크기를 구하시오.

4

다음 규칙에 따라 실행되는 프로그램을 이용하여 다각형을 그리려고 한다.

┌─ 규칙 ─

- 가자 x : 거북이 x cm만큼 전진
- 돌자 y : 거북이 왼쪽으로 y°만큼 회전
- 반복 z (　) : (　) 안의 규칙을 z회 반복 실행

예 [명령어] 반복 3 (가자 3, 돌자 120)

[실행]

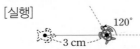

[그려지는 도형] 한 변의 길이가 3 cm인 정삼각형

이 프로그램을 이용하여 한 변의 길이가 10 cm인 정오각형을 그리려고 할 때, 명령어를 쓰시오. (단, 명령어에서 가자, 돌자, 반복은 1번씩만 쓸 수 있다.)

워크북 90쪽~91쪽에서 한번 더 연습해 보세요.

원과 부채꼴

1 원과 부채꼴

(1) 원 O : 평면 위의 한 점 O로부터 일정한 거리에 있는 모든 점으로 이루어진 도형

→ 이때 점 O는 원의 중심이고, 중심에서 원 위의 한 점을 이은 선분이 원 O의 반지름이다.

(2) 호 AB : 원 O 위의 두 점 A, B를 양 끝 점으로 하는 원의 일부분 **기호** $\widehat{AB}$

참고 일반적으로 $\widehat{AB}$는 길이가 짧은 쪽의 호를 나타낸다. 길이가 긴 쪽의 호를 나타낼 때는 호 위에 한 점 C를 잡아 $\widehat{ACB}$로 나타낸다.

(3) 현 AB : 원 O 위의 두 점 A, B를 이은 선분

(4) 할선 CD : 원 O 위의 두 점 C, D를 지나는 직선

(5) 부채꼴 AOB : 원 O에서 두 반지름 OA, OB와 호 AB로 이루어진 도형

(6) 중심각 : 부채꼴에서 두 반지름이 이루는 각, 즉 ∠AOB를 부채꼴 AOB의 중심각 또는 호 AB에 대한 중심각이라 한다.

(7) 활꼴 : 현과 호로 이루어진 도형, 즉 원 O에서 현 CD와 호 CD로 이루어진 도형

참고 • 원의 중심을 지나는 현은 그 원의 지름이고, 지름은 길이가 가장 긴 현이다.

• 반원은 활꼴인 동시에 중심각의 크기가 180°인 부채꼴이다.

용어

• **호**(활 弧)
원에서 활 모양의 부분
• **현**(시위 弦)
원에서 활시위 모양의 부분

중심각의 크기는 0°보다 크고 360°보다 작다.

2 중심각의 크기와 호의 길이, 현의 길이 사이의 관계

(1) 중심각의 크기와 호의 길이, 부채꼴의 넓이 : 한 원 또는 합동인 두 원에서

① 중심각의 크기가 같은 두 부채꼴의 호의 길이와 넓이는 각각 같다.

→ ∠AOB=∠COD이면 $\widehat{AB}=\widehat{CD}$

∠AOB=∠COD이면

(부채꼴 AOB의 넓이)=(부채꼴 COD의 넓이)

② 부채꼴의 호의 길이와 넓이는 각각 중심각의 크기에 정비례한다.

설명 한 원에서 중심각의 크기가 2배, 3배, 4배, ...가 되면 호의 길이와 부채꼴의 넓이도 각각 2배, 3배, 4배, ...가 되므로 호의 길이와 부채꼴의 넓이는 각각 중심각의 크기에 정비례한다.

(2) 중심각의 크기와 현의 길이 : 한 원 또는 합동인 두 원에서

① 크기가 같은 중심각에 대한 현의 길이는 같다.

→ ∠AOB=∠COD이면 $\overline{AB}=\overline{CD}$

② 현의 길이는 중심각의 크기에 정비례하지 않는다.

설명 오른쪽 그림에서 ∠AOC=2∠AOB이지만

△BAC에서 $\overline{AC}<\overline{AB}+\overline{BC}=2\overline{AB}$

즉, 중심각의 크기가 2배가 되어도 현의 길이는 2배가 되지 않는다.

└→ 2배보다 작다.

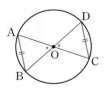

중심각의 크기에 정비례하지 않는 것

① 현의 길이   ② 현과 두 반지름으로 이루어진 삼각형의 넓이   ③ 활꼴의 넓이

개념 1 원과 부채꼴에서 사용되는 여러 가지 용어의 뜻에 대해 알아볼까?

(1) 호 AB
→ $\widehat{AB}$

(2) 현 CD
→ $\overline{CD}$

(3) 할선 CD
→ $\overleftrightarrow{CD}$

(4) 부채꼴 AOB

(5) 호 AB에 대한 중심각
→ $\angle AOB$
부채꼴 AOB의 중심각

(6) 활꼴
호 CD와 현 CD로
이루어진 활꼴

1 오른쪽 그림의 원 O 위에 다음을 나타내시오.

(1) 호 AD

(2) 현 BC

(3) 부채꼴 COD

(4) 호 AD에 대한 중심각

(5) 호 AB와 현 AB로 이루어진 활꼴

1-1 다음 그림의 ㉠~㉣에 해당하는 알맞은 용어 또는 기호를 **보기**에서 고르시오.

> **보기**
>
> $\overline{AB}$, $\widehat{AB}$, 활꼴, 현,
> 할선, 부채꼴 AOB, $\angle AOB$

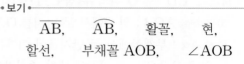

개념 2 중심각의 크기와 호의 길이 사이의 관계를 이용하여 호의 길이나 중심각의 크기를 구해 볼까?

호의 길이는 중심각의 크기에 정비례함을 이용하여 호의 길이, 중심각의 크기를 구해 보자.

• 호의 길이 구하기
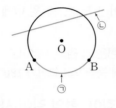

$70° : 140° = 4 : x$
└ 호의 길이는 중심각의 크기에 정비례
∴ $x = 8$

• 중심각의 크기 구하기

$x° : 120° = 3 : 9$
└ 중심각의 크기는 호의 길이에 정비례
∴ $x = 40$

→ $\angle AOB : \angle COD$
$= \widehat{AB} : \widehat{CD}$

2 다음 그림에서 x의 값을 구하시오.

(1)
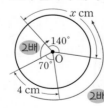

(2)
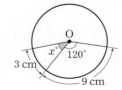

2-1 다음 그림에서 x의 값을 구하시오.

(1)
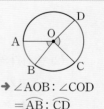

(2)
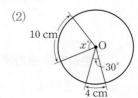

개념 3 중심각의 크기와 부채꼴의 넓이 사이의 관계를 이용하여 부채꼴의 넓이나 중심각의 크기를 구해 볼까?

부채꼴의 넓이는 중심각의 크기에 정비례함을 이용하여 부채꼴의 넓이, 중심각의 크기를 구해 보자.

• 부채꼴의 넓이 구하기

$135° : 45° = 9 : x$

➜ 부채꼴의 넓이는 중심각의 크기에 정비례

$\therefore x = 3$

• 중심각의 크기 구하기

$35° : x° = 2 : 8$

➜ 중심각의 크기는 부채꼴의 넓이에 정비례

$\therefore x = 140$

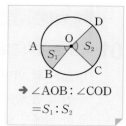

➜ $\angle AOB : \angle COD = S_1 : S_2$

3 다음 그림에서 x의 값을 구하시오.

(1)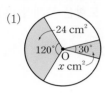

(2)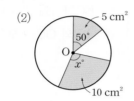

3-1 다음 그림에서 x의 값을 구하시오.

(1)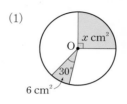

(2)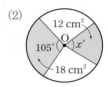

개념 4 중심각의 크기와 현의 길이 사이의 관계를 이용하여 현의 길이나 중심각의 크기를 구해 볼까?

크기가 같은 중심각에 대한 현의 길이는 같음을 이용하여 현의 길이, 중심각의 크기를 구해 보자.

• 현의 길이 구하기

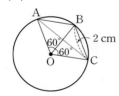

① 크기가 같은 중심각에 대한 현의 길이는 같다. ➜ $\overline{AB} = \overline{BC} = 2$ cm
② 현의 길이는 중심각의 크기에 정비례하지 않는다. ➜ $\overline{AC} \neq 2\overline{AB} \to \overline{AC} < 2\overline{AB}$

• 중심각의 크기 구하기

길이가 같은 현에 대한 중심각의 크기는 같다.
➜ $\angle AOB = \angle BOC = \angle DOE = 30°$
이므로 $\angle x = 30° + 30° = 60°$

중심각의 크기에 정비례하지 않는 것
➜ 현의 길이, 삼각형의 넓이, 활꼴의 넓이

4 다음 그림에서 x의 값을 구하시오.

(1)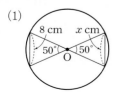

(2)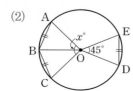

4-1 다음 그림에서 x의 값을 구하시오.

(1)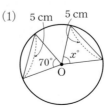

(2)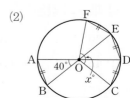

개념 완성하기

교과서 대표 문제로

개념

원과 부채꼴

01 다음 중 옳지 <u>않은</u> 것을 모두 고르면? (정답 2개)

① 호는 원 위의 두 점을 이은 선분이다.
② 원의 현 중에서 길이가 가장 긴 것은 지름이다.
③ 한 원에서 넓이가 가장 넓은 부채꼴은 반원이다.
④ 원과 두 점에서 만나는 직선을 할선이라 한다.
⑤ 한 원에서 호와 그에 대한 현으로 둘러싸인 도형을 활꼴이라 한다.

02 오른쪽 그림과 같은 원 O에 대하여 다음 **보기**의 설명 중 옳은 것을 모두 고르시오.
(단, $\overline{AB}$는 원 O의 지름이다.)

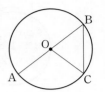

┌ 보기 ┐
ㄱ. $\overline{OA}=\overline{OB}=\overline{OC}$
ㄴ. ∠AOC는 부채꼴 AOC의 중심각이다.
ㄷ. $\overline{BC}$와 $\overparen{BC}$로 둘러싸인 도형은 부채꼴이다.
ㄹ. $\overline{AB}$와 $\overline{OC}$는 모두 현이다.

중심각의 크기와 호의 길이 중요✩

03 다음 그림에서 x의 값을 구하시오.

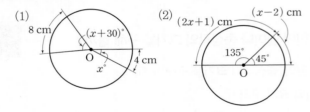

(1) 8 cm, $(x+30)°$, O, $x°$, 4 cm

(2) $(2x+1)$ cm, $(x-2)$ cm, 135°, 45°, O

04 오른쪽 그림의 원 O에서 ∠AOB=45°, $\overparen{AB}$=8 cm일 때, 원 O의 둘레의 길이를 구하시오.

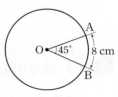

중심각의 크기와 부채꼴의 넓이

05 오른쪽 그림의 원 O에서 부채꼴 AOB의 넓이가 8 cm²이고 부채꼴 COD의 넓이가 14 cm²일 때, x의 값은?

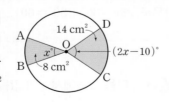

① 30　　② 35　　③ 40
④ 45　　⑤ 50

06 오른쪽 그림의 원 O에서 $\overparen{AB}$=18 cm, $\overparen{CD}$=9 cm이고 부채꼴 AOB의 넓이가 90 cm²일 때, 부채꼴 COD의 넓이를 구하시오.

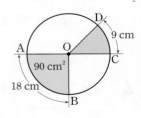

호의 길이의 비가 주어진 경우

07 오른쪽 그림에서 $\overline{AB}$는 원 O
의 지름이고 $\overparen{AC}$: $\overparen{BC}$=2 : 3
일 때, ∠BOC의 크기를 구하
시오.

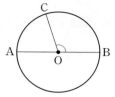

> **코칭 Plus**
> 반원의 중심각의 크기는 180°이고, 원의 중심각의 크기는 360°
> 이다.

08 오른쪽 그림의 원 O에서
∠AOB=90°이고
$\overparen{AC}$: $\overparen{BC}$=5 : 4일 때, ∠BOC
의 크기를 구하시오.

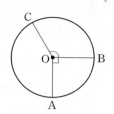

호의 길이의 응용 중요☆

09 오른쪽 그림의 반원 O에서
$\overline{AC} \parallel \overline{OD}$, ∠BOD=20°,
$\overparen{BD}$=6 cm일 때, $\overparen{AC}$의
길이를 구하시오.

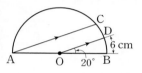

> **코칭 Plus**
> 평행선이 주어진 경우 각의 크기는 다음과 같이 구한다.
> ① 평행선 사이에 보조선을 긋고 동위각 또는 엇각의 크기
> 가 같음을 이용한다.
> ② 원의 반지름을 두 변으로 하는 이등변삼각형에서 두 밑
> 각의 크기가 같음을 이용한다.

10 오른쪽 그림의 원 O에서
$\overline{AB} \parallel \overline{CO}$, ∠AOC=30°,
$\overparen{AC}$=5 cm일 때, $\overparen{AB}$의 길이
를 구하시오.

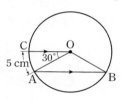

부채꼴의 중심각의 크기와 호, 현의 길이, 넓이 사이의 관계

11 오른쪽 그림의 원 O에서
∠AOB=∠COD=∠DOE
일 때, 다음 중 옳지 <u>않은</u> 것
은?

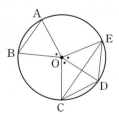

① $\overparen{AB}$=$\overparen{CD}$

② $\overparen{CE}$=2$\overparen{AB}$

③ $\overline{AB}$=$\overline{DE}$

④ $\overline{CE}$=2$\overline{AB}$

⑤ (부채꼴 COE의 넓이)=(부채꼴 AOB의 넓이)×2

12 오른쪽 그림과 같이 $\overline{AB}$가 지
름인 원 O에서 ∠AOE=90°,
∠EOD=∠DOC=∠COB
일 때, 다음 **보기**에서 옳은 것
을 모두 고르시오.

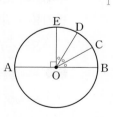

> **보기**
>
> ㄱ. $\overline{BC}$=$\overline{DE}$　　　ㄴ. $\overparen{BD}$=$\dfrac{2}{3}\overparen{BE}$
>
> ㄷ. 3$\overparen{DE}$=$\overparen{AE}$　　　ㄹ. $\overline{AE}$=$\overline{BE}$

02 부채꼴의 호의 길이와 넓이

1 원의 둘레의 길이와 넓이

(1) **원주율** : 원의 지름의 길이에 대한 원의 둘레의 길이의 비율 **기호** π ← '파이'라고 읽는다.

$$(\text{원주율}) = \frac{(\text{원의 둘레의 길이})}{(\text{원의 지름의 길이})} = \pi \longrightarrow \text{원주율은 원의 크기에 관계없이 항상 일정하다.}$$

원주율을 구해 보면 3.141592…로 불규칙하게 한없이 계속되는 소수이다.

(2) **원의 둘레의 길이와 넓이**
반지름의 길이가 r인 원의 둘레의 길이를 l, 넓이를 S라 하면

① $l = 2\pi r$ ② $S = \pi r^2$

설명 반지름의 길이가 r인 원의 둘레의 길이를 l, 넓이를 S라 하면

① $l = (\text{지름의 길이}) \times (\text{원주율}) = (2 \times r) \times \pi = 2\pi r$

② $S = (\text{반지름의 길이}) \times (\text{반지름의 길이}) \times (\text{원주율}) = r \times r \times \pi = \pi r^2$

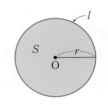

용어
- 반지름 r
  radius의 첫 글자
- 길이 l
  length의 첫 글자
- 넓이 S
  square의 첫 글자

2 부채꼴의 호의 길이와 넓이

(1) **부채꼴의 호의 길이와 넓이**
반지름의 길이가 r, 중심각의 크기가 $x°$인 부채꼴의 호의 길이를 l, 넓이를 S라 하면

① $l = 2\pi r \times \dfrac{x}{360}$ ② $S = \pi r^2 \times \dfrac{x}{360}$

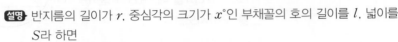

설명 반지름의 길이가 r, 중심각의 크기가 $x°$인 부채꼴의 호의 길이를 l, 넓이를 S라 하면

① 부채꼴의 호의 길이는 중심각의 크기에 정비례하므로
  $(\text{호의 길이}) : (\text{원의 둘레의 길이}) = x° : 360°$에서
  $l : 2\pi r = x : 360, \; l \times 360 = 2\pi r \times x$

  $\therefore l = 2\pi r \times \dfrac{x}{360}$

② 부채꼴의 넓이는 중심각의 크기에 정비례하므로
  $(\text{부채꼴의 넓이}) : (\text{원의 넓이}) = x° : 360°$에서
  $S : \pi r^2 = x : 360, \; S \times 360 = \pi r^2 \times x$

  $\therefore S = \pi r^2 \times \dfrac{x}{360}$

(2) **부채꼴의 호의 길이와 넓이 사이의 관계**
반지름의 길이가 r, 호의 길이가 l인 부채꼴의 넓이를 S라 하면

$$S = \frac{1}{2}rl$$

설명 부채꼴의 중심각의 크기를 $x°$라 하면

$$S = \pi r^2 \times \frac{x}{360} = \frac{1}{2}r \times \left(2\pi r \times \frac{x}{360}\right) = \frac{1}{2}r \times l = \frac{1}{2}rl$$

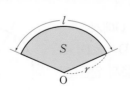

부채꼴의 호의 길이와 넓이

부채꼴의 호의 길이와 넓이를 구하는 공식은 '한 원에서 부채꼴의 호의 길이와 넓이는 각각 중심각의 크기에 정비례한다.'에서 유도된 것이다. 따라서 중심각의 크기에 따라 원에서 차지하는 비율을 생각하여 원주와 원의 넓이에 각각 $\dfrac{(\text{중심각의 크기})}{360°}$를 곱하여 구한다.

1 **원의 둘레의 길이와 넓이는 어떻게 구할까?**

- 원의 둘레의 길이 l 구하기

$(원주율) = \dfrac{(원의\ 둘레의\ 길이)}{(원의\ 지름의\ 길이)}$ ⟶ $(원의\ 둘레의\ 길이) = (원의\ 지름의\ 길이) \times \underline{(원주율)}$ ⟵ π

$$\therefore l = (2 \times 6) \times \pi = 12\pi\,(\text{cm})$$

- 원의 넓이 S 구하기

 오른쪽을 이용하자.

 ⟶ 중심각의 크기가 같은 부채꼴로 잘게 나누어 재배열하면 ⟶  (원의 반지름의 길이)

$\frac{1}{2} \times$ (원의 둘레의 길이)

$(원의\ 넓이) = \dfrac{1}{2} \times \underline{(원의\ 둘레의\ 길이)} \times (원의\ 반지름의\ 길이)$ ⟵ (원의 지름의 길이)×(원주율)

$\qquad\qquad = (원의\ 반지름의\ 길이) \times (원의\ 반지름의\ 길이) \times \underline{(원주율)}$ ⟵ π

$$\therefore S = 6 \times 6 \times \pi = 36\pi\,(\text{cm}^2)$$

> 반지름의 길이가 r인 원에서 둘레의 길이 l, 넓이 S는
> - $l = 2\pi r$
> - $S = \pi r^2$

---

1 다음 그림과 같은 원 O의 둘레의 길이 l과 넓이 S를 구하려고 한다. ☐ 안에 알맞은 수를 써넣으시오.

(1)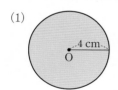

$l = 2\pi \times \boxed{} = \boxed{}\,(\text{cm})$

$S = \pi \times \boxed{}^2 = \boxed{}\,(\text{cm}^2)$

(2)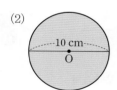

$(반지름의\ 길이) = \boxed{}\,\text{cm}$

$l = 2\pi \times \boxed{} = \boxed{}\,(\text{cm})$

$S = \pi \times \boxed{}^2 = \boxed{}\,(\text{cm}^2)$

1-1 다음 그림과 같은 원 O의 둘레의 길이와 넓이를 각각 구하시오.

(1) 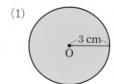　　(2)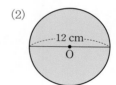

---

2 다음은 오른쪽 그림과 같은 반원 O의 둘레의 길이 l과 넓이 S를 구하는 과정이다. ☐ 안에 알맞은 수를 써넣으시오.

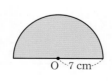

$l = \left(2\pi \times \boxed{}\right) \times \dfrac{1}{2} + 2 \times \boxed{} = \boxed{}\,(\text{cm})$

$S = \left(\pi \times \boxed{}^2\right) \times \dfrac{1}{2} = \boxed{}\,(\text{cm}^2)$

2-1 오른쪽 그림과 같은 반원의 둘레의 길이와 넓이를 각각 구하시오.

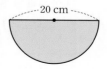

개념 2 부채꼴의 호의 길이와 넓이는 어떻게 구할까?

• 부채꼴의 호의 길이 l 구하기

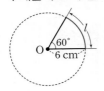

부채꼴의 호의 길이는 중심각의 크기에 정비례

원의 중심각의 크기 / 부채꼴의 중심각의 크기

(원의 둘레의 길이) : $l = 360° : 60°$이므로

$$l = (2\pi \times 6) \times \frac{60}{360} = 2\pi \, (\text{cm})$$

원의 둘레의 길이 / 원에서 부채꼴이 차지하는 비율

• 부채꼴의 넓이 S 구하기

부채꼴의 넓이는 중심각의 크기에 정비례

(원의 넓이) : $S = 360° : 60°$이므로

$$S = (\pi \times 6^2) \times \frac{60}{360} = 6\pi \, (\text{cm}^2)$$

원의 넓이 / 원에서 부채꼴이 차지하는 비율

반지름의 길이가 r, 중심각의 크기가 $x°$인 부채꼴에서 호의 길이 l, 넓이 S는

• $l = 2\pi r \times \dfrac{x}{360}$

• $S = \pi r^2 \times \dfrac{x}{360}$

---

3 오른쪽 그림과 같은 부채꼴에 대하여 다음을 구하시오.

(1) 호의 길이

(2) 넓이

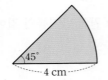

3-1 오른쪽 그림과 같은 부채꼴에 대하여 다음을 구하시오.

(1) 호의 길이

(2) 넓이

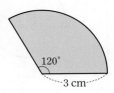

개념 3 부채꼴의 호의 길이와 넓이 사이에는 어떤 관계가 있을까?

반지름의 길이가 r, 호의 길이가 l인 부채꼴의 넓이를 S라 할 때,

중심각의 크기가 같은 부채꼴로 잘게 나누어 재배열하면

반지름의 길이가 r, 호의 길이가 l인 부채꼴

가로의 길이가 $\dfrac{1}{2}l$, 세로의 길이가 r인 직사각형

반지름의 길이와 호의 길이를 알면 부채꼴의 넓이를 구할 수 있어.

(부채꼴의 넓이) = (직사각형의 넓이)이므로

$$S = \frac{1}{2}l \times r = \frac{1}{2}rl$$

반지름의 길이가 r, 호의 길이가 l인 부채꼴의 넓이 S는

$$S = \frac{1}{2}rl$$

---

4 오른쪽 그림과 같은 부채꼴의 넓이를 구하시오.

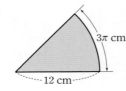

4-1 오른쪽 그림과 같은 부채꼴의 넓이를 구하시오.

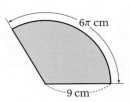

집중 4 도형의 일부를 색칠한 부분의 둘레의 길이와 넓이는 어떻게 구할까?

- 색칠한 부분의 둘레의 길이 구하기
  ➡ 색칠한 부분을 이루고 있는 기본 도형을 찾아 각각의 길이를 구하여 합한다.
- 색칠한 부분의 넓이 구하기
  ➡ 보조선을 긋거나 색칠한 부분의 일부를 이동하여 색칠한 부분을 간단한 모양으로 바꾸어 구한다.

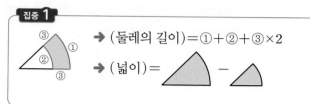

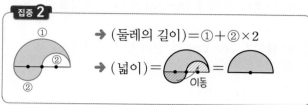

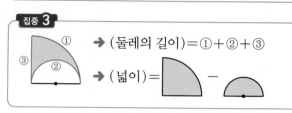

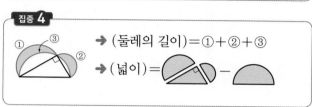

5 오른쪽 그림과 같은 부채꼴에서 다음을 구하시오.

(1) 색칠한 부분의 둘레의 길이

(2) 색칠한 부분의 넓이

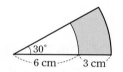

6 오른쪽 그림에서 다음을 구하시오.

(1) 색칠한 부분의 둘레의 길이

(2) 색칠한 부분의 넓이

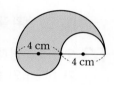

7 오른쪽 그림과 같이 반지름의 길이가 6 cm인 부채꼴에서 다음을 구하시오.

(1) 색칠한 부분의 둘레의 길이

(2) 색칠한 부분의 넓이

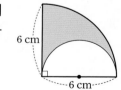

8 오른쪽 그림은 $\angle A = 90°$인 직각삼각형 ABC의 세 변을 각각 지름으로 하는 반원을 그린 것이다. 다음을 구하시오.

(1) 색칠한 부분의 둘레의 길이

(2) 색칠한 부분의 넓이

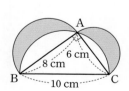

원의 둘레의 길이와 넓이

01 다음을 구하시오.

(1) 둘레의 길이가 10π cm인 원의 반지름의 길이

(2) 넓이가 36π cm²인 원의 반지름의 길이

02 둘레의 길이가 18π cm인 원의 넓이는?

① 18π cm² ② 36π cm² ③ 81π cm²

④ 162π cm² ⑤ 324π cm²

반원의 둘레의 길이와 넓이

03 오른쪽 그림과 같이 지름의 길이가 16 cm인 반원에서 둘레의 길이와 넓이를 각각 구하시오.

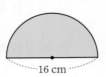
16 cm

> **개념 Plus**
> • (반원의 둘레의 길이)＝(호의 길이)＋(지름의 길이)
> • (반원의 넓이)＝(원의 넓이)$\times \dfrac{1}{2}$

04 오른쪽 그림과 같이 반지름의 길이가 4 cm인 반원에서 색칠한 부분의 둘레의 길이와 넓이를 각각 구하시오.

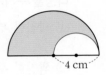
4 cm

원의 둘레의 길이와 넓이의 활용

05 오른쪽 그림과 같이 반지름의 길이가 8 cm인 원에서 색칠한 부분의 둘레의 길이와 넓이를 각각 구하시오.

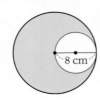
8 cm

06 오른쪽 그림과 같이 반지름의 길이가 12 cm인 원에서 색칠한 부분의 둘레의 길이와 넓이를 각각 구하시오.

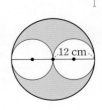
12 cm

부채꼴의 호의 길이와 넓이 중요⭐

07 다음 그림에서 부채꼴의 중심각의 크기를 구하시오.

(1)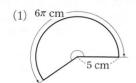

(2)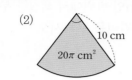

08 다음을 구하시오.

(1) 반지름의 길이가 12 cm이고 호의 길이가 4π cm인 부채꼴의 중심각의 크기와 넓이

(2) 반지름의 길이가 6 cm이고 넓이가 27π cm² 인 부채꼴의 중심각의 크기와 호의 길이

부채꼴의 호의 길이와 넓이 사이의 관계

09 다음을 구하시오.

(1) 호의 길이가 6π cm이고 넓이가 15π cm²인 부채꼴의 반지름의 길이

(2) 반지름의 길이가 4 cm이고 넓이가 12π cm² 인 부채꼴의 호의 길이

10 오른쪽 그림과 같이 호의 길이가 16π cm이고 넓이가 96π cm² 인 부채꼴의 반지름의 길이와 중심각의 크기를 각각 구하시오.

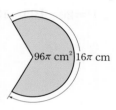

부채꼴의 호의 길이와 넓이의 활용 중요⭐

11 오른쪽 그림과 같이 한 변의 길이가 4 cm인 정사각형에서 색칠한 부분의 둘레의 길이와 넓이를 각각 구하시오.

> ⟨코칭⟩ Plus
>
> 모양에서 색칠한 부분의 넓이는 다음과 같이 구한다.
>
>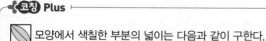

12 오른쪽 그림과 같이 한 변의 길이가 6 cm인 정사각형에서 색칠한 부분의 넓이는?

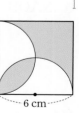

① 12 cm²

② 18 cm²

③ (12π+6) cm²

④ (6π+18) cm²

⑤ (9π+18) cm²

01

오른쪽 그림의 원 O에서
∠AOC＝90°이고
$\widehat{AB}$: $\widehat{BC}$＝3 : 2일 때,
∠BOC의 크기를 구하시오.

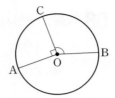

02

오른쪽 그림에서 점 P는
원 O의 지름 AB의 연장
선과 현 CD의 연장선의
교점이다. $\overline{CO}＝\overline{CP}$,
∠P＝20°, $\widehat{BD}$＝12 cm일 때, $\widehat{AC}$의 길이를 구하시오.

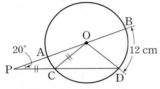

03

오른쪽 그림과 같이 지름이 $\overline{BD}$인
원 O에 대한 설명으로 다음 중 옳
지 않은 것을 모두 고르면?

(정답 2개)

① $\overline{OB}＝\overline{OC}$ ② $\widehat{AB}＝\widehat{AD}$

③ $\widehat{AB}＝3\widehat{CD}$ ④ $\overline{AB}＝3\overline{CD}$

⑤ △AOB＝3△COD

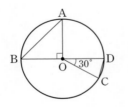

04

호의 길이가 3π cm이고 넓이가 9π cm²인 부채꼴의
중심각의 크기는?

① 60°   ② 70°   ③ 80°

④ 90°   ⑤ 100°

05

오른쪽 그림과 같이 지름의 길이가
12 cm인 반원에서 색칠한 부분의 둘
레의 길이를 구하시오.

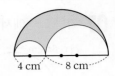

06

오른쪽 그림은 ∠A＝90°인 직각
삼각형 ABC의 세 변을 각각 지
름으로 하는 반원을 그린 것이다.
색칠한 부분의 넓이를 구하시오.

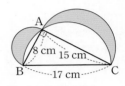

한걸음 더

07 문제해결🔒

오른쪽 그림과 같이 한 변의 길이가
5 cm인 정오각형에서 색칠한 부채꼴
의 넓이를 구하시오.

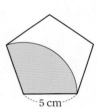

08 추론💬

오른쪽 그림과 같이 밑면의 반지
름의 길이가 6 cm인 원기둥 모
양의 캔 3개를 끈으로 묶으려고
할 때, 필요한 끈의 최소 길이를
구하시오. (단, 매듭의 길이는 생
각하지 않는다.)

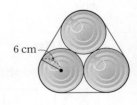

1

오른쪽 그림의 원 O에서
$\widehat{AB} : \widehat{BC} : \widehat{CA} = 2 : 3 : 5$일 때,
∠BOC의 크기를 구하시오. [6점]

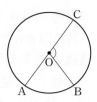

풀이

채점 기준 **1** ∠AOB : ∠BOC : ∠COA 구하기 … 3점

채점 기준 **2** ∠BOC의 크기 구하기 … 3점

답

1-1

오른쪽 그림의 원 O에서
$\widehat{AB} : \widehat{BC} : \widehat{CA} = 3 : 1 : 4$일 때,
$\widehat{AB}$에 대한 중심각의 크기를 구하시
오. [6점]

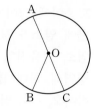

풀이

채점 기준 **1** ∠AOB : ∠BOC : ∠COA 구하기 … 3점

채점 기준 **2** $\widehat{AB}$에 대한 중심각의 크기 구하기 … 3점

답

2

오른쪽 그림에서 $\overline{AB}$, $\overline{CD}$는 각
각 원 O의 지름이고 $\overline{AE} \parallel \overline{CD}$,
∠DOB=20°, $\widehat{AC}$=5 cm일 때,
$\widehat{AE}$의 길이를 구하시오. [7점]

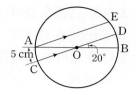

풀이

답

3

어떤 부채꼴의 반지름의 길이를 4배, 중심각의 크기를
3배로 늘릴 때, 다음 물음에 답하시오. [6점]

⑴ 부채꼴의 호의 길이는 처음 부채꼴의 호의 길이의
   몇 배가 되는지 구하시오. [3점]

⑵ 부채꼴의 넓이는 처음 부채꼴의 넓이의 몇 배가 되
   는지 구하시오. [3점]

풀이

답

4

오른쪽 그림과 같이 지름의 길이가 18 cm인 원 O에서 색칠한 부분의 둘레의 길이와 넓이를 차례로 구하시오. [6점]

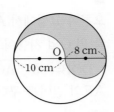

풀이

채점 기준 1 색칠한 부분의 둘레의 길이 구하기 ⋯ 3점

채점 기준 2 색칠한 부분의 넓이 구하기 ⋯ 3점

답

4-1

한번 더!

오른쪽 그림과 같이 지름의 길이가 16 cm인 원 O에서 색칠한 부분의 둘레의 길이와 넓이를 차례로 구하시오. [6점]

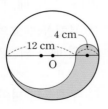

풀이

채점 기준 1 색칠한 부분의 둘레의 길이 구하기 ⋯ 3점

채점 기준 2 색칠한 부분의 넓이 구하기 ⋯ 3점

답

5

오른쪽 그림과 같이 $\overline{AB}=12$ cm인 직사각형 ABCD와 부채꼴 ABE가 있다. 색칠한 두 부분의 넓이가 같을 때, x의 값을 구하시오. [6점]

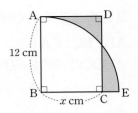

풀이

답

6

오른쪽 그림과 같은 직사각형 모양의 우리의 한 모퉁이에 길이가 5 m인 끈에 염소가 묶여 있다. 염소가 움직일 수 있는 영역의 최대 넓이를 구하시오. (단, 염소의 크기와 매듭의 길이는 생각하지 않는다.) [7점]

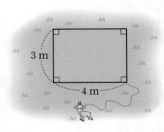

풀이

답

01

다음 중 옳지 <u>않은</u> 것은?

① 원은 평면 위의 한 점에서 일정한 거리에 있는 모든 점으로 이루어진 도형이다.
② 한 원에서 길이가 가장 긴 현은 원의 지름이다.
③ 부채꼴은 두 반지름과 호로 이루어진 도형이다.
④ 활꼴은 현과 호로 이루어진 도형이다.
⑤ 부채꼴과 활꼴은 같아질 수 없다.

02

반지름의 길이가 7 cm인 원에서 가장 긴 현의 길이를 구하시오.

03

오른쪽 그림의 원 O에서
$\angle AOB = \angle COD$일 때,
x의 값을 구하시오.

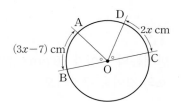

04 중요 ⭐

오른쪽 그림의 원 O에서 x, y의 값을 각각 구하시오.

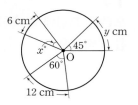

05

오른쪽 그림의 원 O에서 부채꼴 AOB의 넓이가 60 cm²이고 부채꼴 COD의 넓이가 144 cm²이다. $\angle COD = 120°$일 때, $\angle AOB$의 크기를 구하시오.

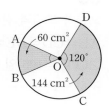

06

오른쪽 그림의 원 O에서
$\angle AOB = 45°$이고 부채꼴 AOB의 넓이가 6 cm²일 때, 원 O의 넓이는?

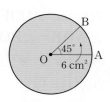

① 30 cm²
② 36 cm²
③ 48 cm²
④ 36π cm²
⑤ 48π cm²

07 중요 ⭐

오른쪽 그림의 반원 O에서
$\overline{CO} /\!/ \overline{DB}$이고 $\widehat{AC} = 3$ cm,
$\widehat{BD} = 12$ cm일 때, $\angle AOC$의 크기는?

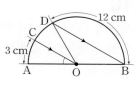

① 20°
② 25°
③ 30°
④ 35°
⑤ 40°

08

오른쪽 그림과 같은 원 O에서
$\overline{AB}=\overline{CD}=\overline{DE}=\overline{EF}$이고
$\angle COF=105°$일 때, $\angle x$의 크기를
구하시오.

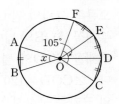

09

오른쪽 그림에서 $\overline{AE}$는 원 O의
지름이고 $\angle DOE=90°$,
$\angle AOB=\angle BOC=\angle COD$일
때, 다음 중 옳지 <u>않은</u> 것은?

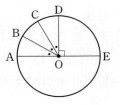

① $\overline{AB}=\overline{BC}$

② $\overline{AC}=2\overline{CD}$

③ $\widehat{DE}=3\widehat{CD}$

④ $\triangle OAC=\triangle OBD$

⑤ (부채꼴 BOD의 넓이)=(부채꼴 AOB의 넓이)×2

10

오른쪽 그림과 같이 반지름의 길이가
6 cm인 원에서 색칠한 부분의 둘레의
길이는?

① 18π cm　　② 20π cm

③ 22π cm　　④ 24π cm

⑤ 26π cm

11

어느 피자 가게에서는 다음 그림과 같이 모양과 크기
가 다른 부채꼴 모양의 조각 피자 A, B를 판매한다.
이때 두 조각 피자 중에서 양이 더 많은 것을 구하시
오. (단, 피자의 두께는 일정하다.)

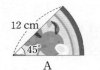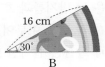

12 중요♡

중심각의 크기가 90°이고 호의 길이가 3π cm인 부채
꼴의 넓이를 구하시오.

13

반지름의 길이가 10 cm, 넓이가 85π cm²인 부채꼴의
호의 길이를 구하시오.

14

오른쪽 그림에서 색칠한 부분의 넓이
를 구하시오.

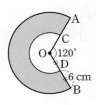

15

오른쪽 그림과 같이 한 변의 길이가 8 cm인 정사각형에서 색칠한 부분의 둘레의 길이를 구하시오.

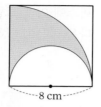

19

오른쪽 그림은 지름의 길이가 12 cm인 반원을 점 A를 중심으로 60°만큼 회전한 것이다. 색칠한 부분의 넓이를 구하시오.

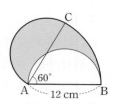

16

오른쪽 그림과 같이 한 변의 길이가 10 cm인 정사각형에서 색칠한 부분의 둘레의 길이를 구하시오.

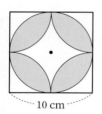

20

오른쪽 그림은 ∠A=90°인 직각삼각형 ABC를 점 C를 중심으로 점 A가 변 BC의 연장선 위의 점 A′에 오도록 회전한 것이다. ∠B=45°, $\overline{AC}$=4 cm일 때, 점 A가 움직인 거리를 구하시오.

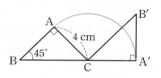

17 중요♥

오른쪽 그림과 같이 반지름의 길이가 12 cm인 원에서 색칠한 부분의 넓이는?

① 36π cm²   ② 72π cm²

③ 90π cm²   ④ 126π cm²

⑤ 144π cm²

21

오른쪽은 어느 한 가정의 일주일 동안의 재활용 쓰레기 배출량을 조사하여 나타낸 원그래프이다. 점 O를 원의 중심으로 하여 원을 중심각의 크기에 따라 나누면 종이의 배출량을 나타내는 부채꼴의 넓이가 56π cm²일 때, 플라스틱의 배출량을 나타내는 부채꼴의 넓이를 구하시오.

18

오른쪽 그림과 같이 한 변의 길이가 8 cm인 정사각형에서 색칠한 부분의 넓이를 구하시오.

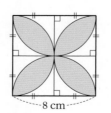

1

유리는 오른쪽 그림과 같이 관람차가 24개인 원 모양의 대관람차를 탔다. 이 대관람차가 일정한 속력으로 회전할 때, 다음 물음에 답하시오. (단, 관람차는 같은 간격으로 매달려 있다.)

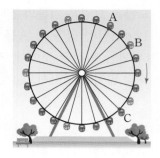

(1) 유리가 탄 관람차가 A 지점에서 B 지점으로 가는 동안 몇 도 회전하는지 구하시오.

(2) 유리가 탄 관람차가 A 지점에서 B 지점으로 가는 동안 이동한 거리가 12 m일 때, B 지점에서 C 지점으로 가는 동안 이동한 거리는 몇 m인지 구하시오.

2

오른쪽 그림과 같이 세 반원의 호로 이루어진 도형을 '아벨로스 도형'이라 하며 이 이름은 '구두 수선공이 사용하는 칼'이라는 그리스어에서 유래하였다. 작은 두 반원의 반지름의 길이를 각각 a, b라 할 때, 다음 물음에 답하시오.

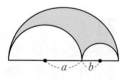

(1) 세 반원의 호의 길이를 각각 a, b를 사용하여 나타내시오.

(2) (1)에서 구한 식을 보고, 세 반원 사이에 어떤 관계가 있는지 설명하시오.

3

버스에 아래 그림과 같이 와이퍼가 장착되어 있을 때, 다음 물음에 답하시오. (단, $\pi = 3.2$로 계산한다.)

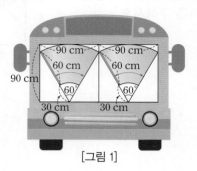

[그림 1]

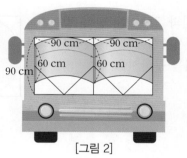

[그림 2]

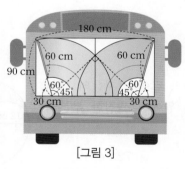

[그림 3]

(1) 와이퍼가 닦는 부분의 넓이를 각각 구하시오.

(2) 와이퍼가 닦는 부분의 넓이가 가장 넓은 것을 구하시오.

워크북 92쪽~93쪽에서 한번 더 연습해 보세요.

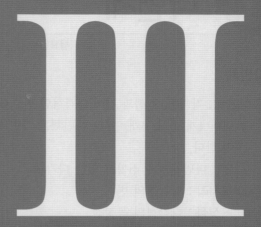

III

입체도형의 성질

1. 다면체와 회전체
2. 입체도형의 겉넓이와 부피

이 단원을 배우면 다면체의 성질과 회전체의 성질을 알 수 있어요.
또, 입체도형의 겉넓이와 부피를 구할 수 있어요.

01 다면체

1 다면체

(1) **다면체** : 각기둥, 각뿔과 같이 다각형인 면으로만 둘러싸인 입체도형

➡ 면이 4개, 5개, 6개, …인 다면체를 사면체, 오면체, 육면체, …라 한다.

① **면** : 다면체를 둘러싸고 있는 다각형

② **모서리** : 다각형의 변

③ **꼭짓점** : 다각형의 꼭짓점

(2) **각뿔대** : 각뿔을 그 밑면에 평행한 평면으로 자를 때 생기는 두 다면체 중에서 각뿔이 아닌 쪽의 다면체

➡ 밑면의 모양에 따라 삼각뿔대, 사각뿔대, 오각뿔대, …라 한다.

① **밑면** : 각뿔대에서 서로 평행한 두 면 → 각뿔대의 밑면은 다각형이다.

② **옆면** : 밑면이 아닌 면 → 각뿔대의 옆면은 모두 사다리꼴이다.

③ **각뿔대의 높이** : 각뿔대의 두 밑면에 수직인 선분의 길이

(3) **다면체의 종류** : 각기둥, 각뿔, 각뿔대 등이 있다.

다면체	n각기둥	n각뿔	n각뿔대
밑면의 모양	n각형	n각형	n각형
밑면의 개수	2	1	2
옆면의 모양	직사각형	삼각형	사다리꼴
면의 개수	$n+2$	$n+1$	$n+2$
모서리의 개수	$3n$	$2n$	$3n$
꼭짓점의 개수	$2n$	$n+1$	$2n$

용어

다면체(많을 多, 면 面, 몸 體)

많은 면으로 둘러싸인 입체도형

면이 4개 이상 있어야 다면체가 되고, 면의 개수가 가장 적은 다면체는 사면체이다.

초 5~6

• **각기둥**
두 밑면이 서로 평행하면서 합동인 다각형이고, 옆면은 모두 직사각형인 입체도형

• **각뿔**
밑면이 다각형이고, 옆면은 모두 삼각형인 입체도형

2 정다면체

(1) **정다면체** : 다면체 중에서 모든 면이 합동인 정다각형이고, 각 꼭짓점에 모인 면의 개수가 모두 같은 다면체

(2) **정다면체의 종류** : 정사면체, 정육면체, 정팔면체, 정십이면체, 정이십면체의 5가지뿐이다.

정다면체	정사면체	정육면체	정팔면체	정십이면체	정이십면체
겨냥도					
면의 모양	정삼각형	정사각형	정삼각형	정오각형	정삼각형
한 꼭짓점에 모인 면의 개수	3	3	4	3	5
면의 개수	4	6	8	12	20
꼭짓점 개수	4	8	6	20	12
모서리의 개수	6	12	12	30	30

기초 1 각기둥과 각뿔에 대하여 복습해 볼까?
초 5~6

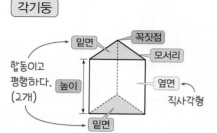

각기둥

합동이고
평행하다.
(2개)

밑면 · 꼭짓점 · 모서리 · 높이 · 옆면 · 직사각형 · 밑면

> 두 밑면이 평행하면서 합동인 다각형이고,
> 옆면은 모두 직사각형인 입체도형

각기둥				⋯	
밑면의 모양	삼각형	사각형	오각형	⋯	n각형
각기둥의 이름	삼각기둥	사각기둥	오각기둥	⋯	n각기둥

각뿔

모서리 · 높이 · 옆면 · 꼭짓점 · 삼각형 · 밑면 (1개)

> 밑면이 다각형이고, 옆면은 모두 삼각형인 입체도형

각뿔				⋯	
밑면의 모양	삼각형	사각형	오각형	⋯	n각형
각뿔의 이름	삼각뿔	사각뿔	오각뿔	⋯	n각뿔

참고 각기둥, 각뿔의 이름은 밑면의 모양에 따라 정해진다.

1 육각기둥에 대하여 다음 물음에 답하시오.

(1) 밑면의 모양을 구하시오.

(2) 옆면의 모양을 구하시오.

1-1 밑면의 모양이 칠각형인 각기둥과 각뿔의 이름을 차례로 쓰시오.

개념 2 각뿔대에 대하여 알아볼까?

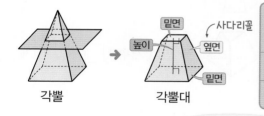

각뿔 → 각뿔대

높이 · 밑면 · 옆면 · 사다리꼴 · 밑면

각뿔대				⋯	
밑면의 모양	삼각형	사각형	오각형	⋯	n각형
각뿔대의 이름	삼각뿔대	사각뿔대	오각뿔대	⋯	n각뿔대

각뿔대의 두 밑면은 평행하고, 모양은 같지만 크기는 달라!

참고 각뿔대의 이름은 밑면의 모양에 따라 정해진다.

2 구각뿔대에 대하여 다음 물음에 답하시오.

(1) 밑면의 모양을 구하시오.

(2) 옆면의 모양을 구하시오.

2-1 다음 중 각뿔대에 대한 설명으로 옳은 것에는 ○표, 옳지 않은 것에는 ×표를 하시오.

(1) 각뿔대의 두 밑면은 서로 평행하다. ( )

(2) 각뿔대의 두 밑면은 서로 합동이다. ( )

개념 3 다면체에 대하여 알아볼까?

다면체	사각기둥	오각뿔	사각뿔대
면의 개수	$4+2=6$ ➡ 육면체 옆면 4개, 밑면 2개	$5+1=6$ ➡ 육면체 옆면 5개, 밑면 1개	$4+2=6$ ➡ 육면체
모서리의 개수	$3 \times 4=12$ 위, 옆, 아래 4개씩	$2 \times 5=10$ 옆, 아래 5개씩	$3 \times 4=12$
꼭짓점의 개수	$2 \times 4=8$ 위, 아래 4개씩	$5+1=6$ 아래 5개, 위 1개	$2 \times 4=8$

사각뿔대 → 사각기둥과 같은 원리로 센다.

다면체는 면의 개수에 따라 사면체, 오면체, 육면체, …라고 해.

주의 → 곡면이 포함되어 있으므로 다면체가 아니다.

다면체	n각기둥	n각뿔	n각뿔대
면의 개수	$n+2$	$n+1$	$n+2$
모서리의 개수	$3n$	$2n$	$3n$
꼭짓점의 개수	$2n$	$n+1$	$2n$

---

3 다음 **보기**에서 다면체인 것을 모두 고르시오.

• 보기 •
ㄱ. ㄴ. ㄷ. ㄹ. ㅁ. ㅂ.

3-1 다음 다면체의 면의 개수를 구하고, 몇 면체인지 알아보려고 한다. □ 안에 알맞은 것을 써넣으시오.

(1) ➡ 면의 개수 : □ ➡ □면체

(2) ➡ 면의 개수 : □ ➡ □면체

(3) ➡ 면의 개수 : □ ➡ □면체

---

4 다음 표의 빈칸에 알맞은 것을 써넣으시오.

다면체	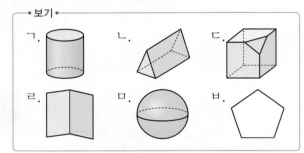		
이름	삼각기둥	사각뿔	오각뿔대
면의 개수			
몇 면체인가?			
모서리의 개수			
꼭짓점의 개수			

4-1 다음 표의 빈칸에 알맞은 것을 써넣으시오.

다면체	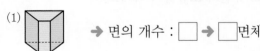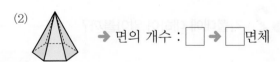		
이름	육각기둥	육각뿔	육각뿔대
면의 개수			
몇 면체인가?			
모서리의 개수			
꼭짓점의 개수			

개념 4 정다면체에 대하여 알아볼까?

정다면체	정사면체	정육면체	정팔면체	정십이면체	정이십면체
겨냥도					
면의 모양	정삼각형	정사각형	정삼각형	정오각형	정삼각형
한 꼭짓점에 모인 면의 개수	3	3	4	3	5
면의 개수	4	6	8	12	20
꼭짓점의 개수	4	8	6	20	12
모서리의 개수	6	12	12	30	30

참고 정다면체가 5가지뿐인 이유 : 정다면체는 입체도형이므로 ➔ ① 한 꼭짓점에서 3개 이상의 면이 만나야 하고
② 한 꼭짓점에 모인 각의 크기의 합이 360°보다 작아야 한다.

5 다음 중 정다면체에 대한 설명으로 옳은 것에는 ○표, 옳지 않은 것에는 ×표를 하시오.

(1) 정다면체의 한 면이 될 수 있는 다각형은 정삼각형, 정사각형, 정오각형뿐이다. (　　)

(2) 한 정다면체에서 각 꼭짓점에 모인 면의 개수는 모두 같다. (　　)

(3) 정다면체의 면의 개수와 꼭짓점의 개수는 항상 같다. (　　)

5-1 다음 중 정다면체에 대한 설명으로 옳은 것에는 ○표, 옳지 않은 것에는 ×표를 하시오.

(1) 정다면체의 종류는 무수히 많다. (　　)

(2) 정다면체는 모든 면이 합동인 정다각형으로 이루어져 있다. (　　)

(3) 한 꼭짓점에 모인 각의 크기의 합은 360°보다 작아야 한다. (　　)

6 다음 조건을 만족시키는 정다면체를 **보기**에서 모두 고르시오.

┌─ 보기 ─────────────────────┐
ㄱ. 정사면체　　ㄴ. 정육면체　　ㄷ. 정팔면체
ㄹ. 정십이면체　　ㅁ. 정이십면체
└───────────────────────────┘

(1) 면의 모양이 정삼각형인 정다면체

(2) 면의 모양이 정오각형인 정다면체

(3) 한 꼭짓점에 모인 면의 개수가 4인 정다면체

6-1 다음 조건을 만족시키는 정다면체를 **보기**에서 모두 고르시오.

┌─ 보기 ─────────────────────┐
ㄱ. 정사면체　　ㄴ. 정육면체　　ㄷ. 정팔면체
ㄹ. 정십이면체　　ㅁ. 정이십면체
└───────────────────────────┘

(1) 면의 모양이 정사각형인 정다면체

(2) 한 꼭짓점에 모인 면의 개수가 3인 정다면체

(3) 한 꼭짓점에 모인 면의 개수가 5인 정다면체

집중 5 정다면체의 전개도는 어떤 모양일까?

정다면체	정다면체의 전개도
정사면체	면이 4개
정육면체	면이 6개
정팔면체	면이 8개
정십이면체	면이 12개
정이십면체	면이 20개

전개도는 입체도형의 겉면을 잘라서 평면 위에 펼쳐 놓은 그림이야!

참고 전개도는 어느 모서리로 자르는지에 따라 여러 가지 모양이 나온다.

7 다음 정다면체와 그 전개도를 바르게 연결하시오.

(1) · · ㄱ.

(2) · · ㄴ.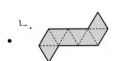

(3) · · ㄷ.

(4) · · ㄹ.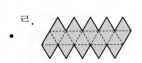

(5) · · ㅁ.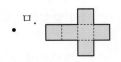

7-1 아래 그림과 같은 전개도로 만든 정다면체에 대하여 다음 물음에 답하시오.

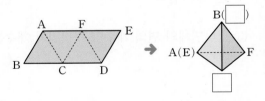

(1) □ 안에 알맞은 꼭짓점을 써넣으시오.

(2) 이 정다면체의 이름을 쓰시오.

(3) $\overline{AB}$와 겹치는 선분을 구하시오.

(4) $\overline{AB}$와 꼬인 위치에 있는 모서리를 구하시오.

개념 완성하기
교과서 대표 문제로

• 다면체

01 다음 중 다면체가 <u>아닌</u> 것은?

① 삼각뿔   ② 원기둥   ③ 오각기둥

④ 사각뿔대   ⑤ 정팔면체

02 다음 **보기**에서 다면체인 것을 모두 고르시오.

┌─ **보기** ─────────────────────────┐
ㄱ. 정삼각형   ㄴ. 직육면체   ㄷ. 구

ㄹ. 원뿔   ㅁ. 사각뿔   ㅂ. 육각뿔대
└──────────────────────────────────┘

• 다면체의 꼭짓점, 모서리, 면의 개수   중요✓

03 다음 중 오른쪽 그림의 다면체와 면의 개수가 같은 것을 모두 고르면?

(정답 2개)

① 사각기둥   ② 사각뿔대

③ 오각뿔   ④ 오각뿔대

⑤ 육각뿔

04 육각기둥의 면의 개수를 a, 오각뿔의 모서리의 개수를 b라 할 때, $a+b$의 값을 구하시오.

• 다면체의 옆면의 모양

05 다음 다면체 중 옆면의 모양이 사각형이 <u>아닌</u> 것은?

① 삼각뿔대   ② 사각뿔   ③ 직육면체

④ 육각기둥   ⑤ 팔각뿔대

◀ 코칭 Plus

다면체의 옆면의 모양은 다음과 같다.
- 각기둥 ➔ 직사각형
- 각뿔 ➔ 삼각형
- 각뿔대 ➔ 사다리꼴

06 다음 중 다면체와 그 옆면의 모양을 바르게 짝 지은 것은?

① 삼각뿔 – 사다리꼴   ② 사각뿔대 – 직사각형

③ 오각기둥 – 오각형   ④ 육각뿔 – 삼각형

⑤ 칠각기둥 – 사다리꼴

• 다면체의 이해

07 다음 중 육각뿔대에 대한 설명으로 옳은 것은?

① 육면체이다.

② 꼭짓점의 개수는 15이다.

③ 모서리의 개수는 18이다.

④ 옆면의 모양은 모두 직사각형이다.

⑤ 두 밑면은 합동이다.

08 다음 조건을 만족시키는 입체도형을 구하시오.

┌──────────────────────────────────┐
㉮ 십면체이다.

㉯ 두 밑면은 평행하다.

㉰ 옆면의 모양은 모두 직사각형이다.
└──────────────────────────────────┘

개념 완성하기
교과서 대표 문제로

정다면체의 이해

09 다음 중 정다면체에 대한 설명으로 옳지 <u>않은</u> 것을 모두 고르면? (정답 2개)

① 정다면체는 5가지뿐이다.
② 각 면이 합동인 정다각형으로 이루어져 있다.
③ 정십이면체의 각 면의 모양은 정삼각형이다.
④ 한 정다면체에서 각 꼭짓점에 모인 면의 개수는 모두 같다.
⑤ 면의 모양이 정삼각형인 정다면체는 2가지이다.

10 다음 중 정다면체와 그 정다면체의 각 면의 모양을 바르게 짝 지은 것은?

① 정사면체 – 정사각형
② 정육면체 – 정삼각형
③ 정팔면체 – 정삼각형
④ 정십이면체 – 정삼각형
⑤ 정이십면체 – 정육각형

조건을 만족시키는 정다면체 구하기 중요 ✩

11 다음 조건을 만족시키는 정다면체를 구하시오.

⑺ 한 꼭짓점에 모인 면의 개수는 3이다.
⑷ 모서리의 개수는 12이다.

12 다음 조건을 만족시키는 정다면체의 모서리의 개수를 구하시오.

⑺ 각 면은 합동인 정삼각형이다.
⑷ 꼭짓점의 개수는 6이다.

정다면체의 전개도

13 다음 중 오른쪽 그림의 전개도로 만들어지는 정다면체에 대한 설명으로 옳은 것을 모두 고르면? (정답 2개)

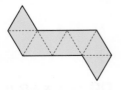

① 정사면체이다.
② 꼭짓점의 개수는 8이다.
③ 모서리의 개수는 12이다.
④ 각 면은 모두 합동인 정삼각형이다.
⑤ 한 꼭짓점에 모인 면의 개수는 3이다.

14 오른쪽 그림의 전개도로 만들어지는 정다면체에 대하여 다음 **보기**에서 옳은 것을 모두 고르시오.

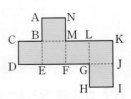

┌ 보기 ┐
ㄱ. 정십이면체이다.
ㄴ. 한 꼭짓점에 모인 면의 개수는 3이다.
ㄷ. 점 N과 겹치는 점은 점 L이다.
ㄹ. $\overline{EF}$와 겹치는 선분은 $\overline{GH}$이다.

02 회전체

1 회전체

(1) **회전체** : 평면도형을 한 직선을 축으로 하여 1회전 시킬 때 생기는 입체도형
　① **회전축** : 회전시킬 때 축으로 사용한 직선
　② **모선** : 회전시킬 때 옆면을 만드는 선분
(2) **원뿔대** : 원뿔을 그 밑면에 평행한 평면으로 자를 때 생기는 두 입체도형 중에서 원뿔이 아닌 쪽의 입체도형
　① **밑면** : 원뿔대에서 서로 평행한 두 면
　② **옆면** : 밑면이 아닌 면
　③ **원뿔대의 높이** : 원뿔대의 두 밑면에 수직인 선분의 길이
(3) **회전체의 종류** : 원기둥, 원뿔, 원뿔대, 구 등이 있다.

용어
• **회전체**(돌릴 回, 구를 轉, 모양 體) 회전하여 생기는 입체도형
• **모선**(어미 母, 선 線) 어미가 되는 선, 즉 회전체의 옆면이 생기게 하는 선

회전체	원기둥	원뿔	원뿔대	구
겨냥도				
회전시키기 전의 평면도형	직사각형	직각삼각형	두 각이 직각인 사다리꼴	반원

2 회전체의 성질

(1) 회전체를 회전축에 수직인 평면으로 자르면 그 단면의 모양은 원이다.　┌→ 크기는 다를 수 있다.

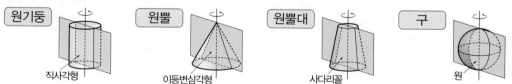

(2) 회전체를 회전축을 포함하는 평면으로 자른 단면은 모두 합동이고, 각 단면은 회전축을 대칭축으로 하는 선대칭도형이 된다.

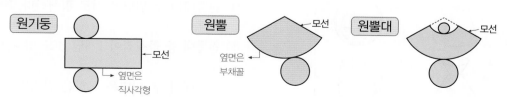

초 5~6
선대칭도형
한 직선을 따라 접어서 완전히 겹치는 도형

3 회전체의 전개도

| 원기둥 | 원뿔 | 원뿔대 |

원기둥 — 모선, 옆면은 직사각형
원뿔 — 모선, 옆면은 부채꼴
원뿔대 — 모선

참고 구의 전개도는 그릴 수 없다.

기초 1 초5~6 원기둥과 원뿔에 대하여 복습해 볼까?

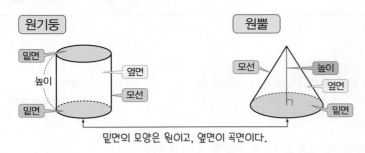

원기둥

원뿔

밑면의 모양은 원이고, 옆면이 곡면이다.

원뿔에는 꼭짓점이 1개 있지만 원기둥에는 꼭짓점이 없어.

1 다음 **보기**에서 원기둥인 것을 모두 고르시오.

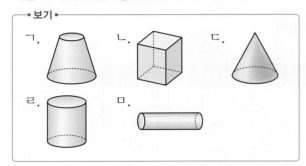

• 보기 •

ㄱ.   ㄴ.   ㄷ.

ㄹ.   ㅁ.

1-1 다음 **보기**에서 원뿔인 것을 고르시오.

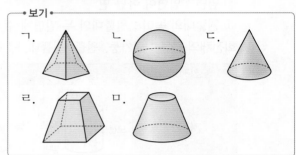

• 보기 •

ㄱ.   ㄴ.   ㄷ.

ㄹ.   ㅁ.

개념 2 원뿔대에 대하여 알아볼까?

 →

원뿔   원뿔대

• 밑면의 모양은 원이다.
• 밑면은 2개이다. ── 합동이 아니다.
• 두 밑면은 평행하다.

원뿔대의 두 밑면은 평행하고, 모양은 같지만 크기는 달라!

2 다음 **보기**에서 원뿔대인 것을 모두 고르시오.

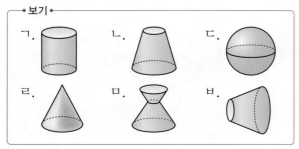

• 보기 •

ㄱ.   ㄴ.   ㄷ.

ㄹ.   ㅁ.   ㅂ.

2-1 다음 중 원뿔대에 대한 설명으로 옳은 것에는 ○표, 옳지 않은 것에는 ×표를 하시오.

(1) 원뿔대의 두 밑면은 서로 평행하다. (   )

(2) 원뿔대 중 꼭짓점이 1개인 것도 있다. (   )

(3) 원뿔대의 두 밑면은 모양은 같지만 크기는 다르다. (   )

개념 **3** 회전체에 대하여 알아볼까?

회전체	원기둥	원뿔	원뿔대	구
회전시키기 전의 평면도형	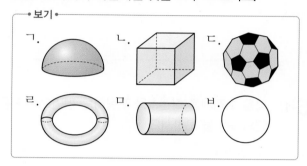 직사각형		두 각이 직각인 사다리꼴	반원

참고 • 구를 만드는 것은 곡선이므로 구에서는 모선을 생각할 수 없다.
　　• 구는 회전축이 무수히 많다.

3 다음 **보기**에서 회전체인 것을 모두 고르시오.

┌─ 보기 ─────────────────────────┐
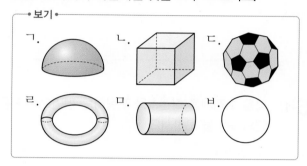
ㄱ. 　　ㄴ. 　　ㄷ.
ㄹ. 　　ㅁ. 　　ㅂ.
└──────────────────────────────┘

3-1 다음 **보기**에서 회전체가 아닌 것을 모두 고르시오.

┌─ 보기 ─────────────────────────┐
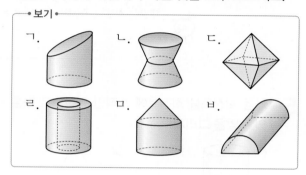
ㄱ. 　　ㄴ. 　　ㄷ.
ㄹ. 　　ㅁ. 　　ㅂ.
└──────────────────────────────┘

4 다음 그림과 같은 평면도형을 직선 l을 회전축으로 하여 1회전 시킬 때 생기는 회전체의 겨냥도를 그리시오.

(1)
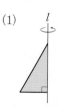

(2)

(3)

4-1 다음 그림과 같은 평면도형을 직선 l을 회전축으로 하여 1회전 시킬 때 생기는 회전체의 겨냥도를 그리시오.

(1)
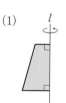

(2)

(3)
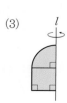

개념 4 회전체의 단면은 어떤 모양일까?

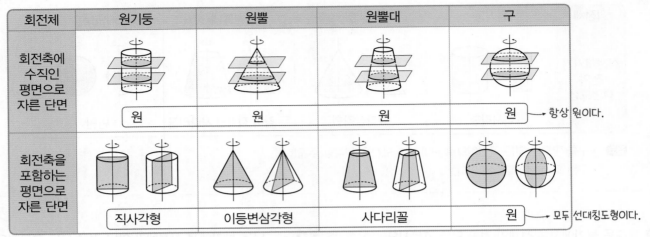

회전체	원기둥	원뿔	원뿔대	구
회전축에 수직인 평면으로 자른 단면	원	원	원	원 → 항상 원이다.
회전축을 포함하는 평면으로 자른 단면	직사각형	이등변삼각형	사다리꼴	원 → 모두 선대칭도형이다.

회전체를 회전축을 포함하는 평면으로 자른 단면은 모두 합동이야.

---

5 다음 회전체를 회전축에 수직인 평면으로 자른 단면의 모양을 그리시오.

(1)

(2)

(3)

(4)

5-1 다음 회전체를 회전축을 포함하는 평면으로 자른 단면의 모양을 구하시오.

(1) 원기둥

(2) 원뿔

(3) 원뿔대

(4) 구

---

6 다음 중 회전체의 단면에 대한 설명으로 옳은 것에는 ○표, 옳지 않은 것에는 ×표를 하시오.

(1) 원기둥을 회전축을 포함하는 평면으로 자른 단면은 원이다. ( )

(2) 원뿔대를 회전축을 포함하는 평면으로 자른 단면은 회전축을 대칭축으로 하는 선대칭도형이다. ( )

(3) 구를 회전축에 수직인 평면으로 자른 단면은 모두 합동이다. ( )

6-1 다음 중 회전체의 단면에 대한 설명으로 옳은 것에는 ○표, 옳지 않은 것에는 ×표를 하시오.

(1) 회전체를 회전축에 수직인 평면으로 자른 단면은 항상 원이다. ( )

(2) 원뿔을 회전축을 포함하는 평면으로 자른 단면은 이등변삼각형이다. ( )

(3) 구를 회전축을 포함하는 평면으로 자른 단면은 선대칭도형이지만 합동은 아니다. ( )

개념 5 회전체의 전개도는 어떤 모양일까?

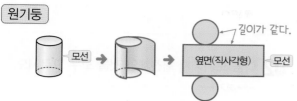

원기둥

- (직사각형의 가로의 길이)
  =(밑면인 원의 둘레의 길이)
- (직사각형의 세로의 길이)
  =(원기둥의 높이)

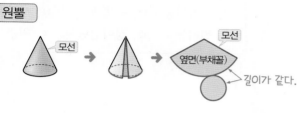

원뿔

- (부채꼴의 반지름의 길이)
  =(원뿔의 모선의 길이)
- (부채꼴의 호의 길이)
  =(밑면인 원의 둘레의 길이)

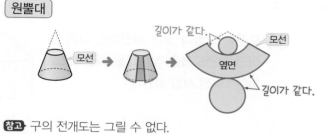

원뿔대

(옆면에서 곡선으로 된 두 부분의 길이)
=(밑면인 두 원의 둘레의 길이)

참고 구의 전개도는 그릴 수 없다.

---

7 다음 그림과 같은 원뿔과 그 전개도를 보고, a, b의 값을 각각 구하시오.

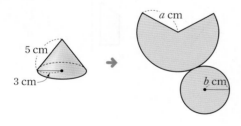

7-1 다음 그림과 같은 원뿔대와 그 전개도를 보고, a, b, c의 값을 각각 구하시오.

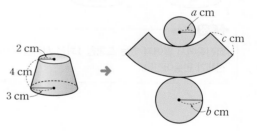

8 다음 그림과 같은 원기둥과 그 전개도를 보고, a, b, c의 값을 각각 구하시오.

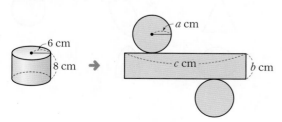

8-1 다음 그림과 같은 원뿔과 그 전개도를 보고, a, b, c의 값을 각각 구하시오.

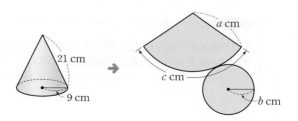

회전체

01 다음 중 회전체가 <u>아닌</u> 것을 모두 고르면? (정답 2개)

① 원기둥　　② 원뿔　　③ 정육면체

④ 원뿔대　　⑤ 오각뿔대

02 다음 **보기**에서 회전체인 것을 모두 고르시오.

┌ 보기 ┐
ㄱ. 정팔면체　　ㄴ. 육각뿔　　ㄷ. 반구
ㄹ. 육각기둥　　ㅁ. 원뿔대　　ㅂ. 사각뿔대
ㅅ. 원기둥　　　ㅇ. 정이십면체　ㅈ. 원뿔

회전체의 겨냥도 　중요✎

03 다음 중 오른쪽 그림과 같은 평면도형을 직선 l을 회전축으로 하여 1회전 시킬 때 생기는 회전체는?

① 　② 　③

④ 　⑤

코칭 Plus

회전축에서 떨어져 있는 도형을 1회전 시키면 속이 뚫린 회전체가 만들어진다.

04 오른쪽 그림과 같은 회전체는 다음 중 어떤 평면도형을 직선 l을 회전축으로 하여 1회전 시킨 것인가?

① 　② 　③

④ 　⑤

회전체의 단면의 모양

05 다음 중 회전체와 그 회전체를 회전축을 포함하는 평면으로 자를 때 생기는 단면의 모양을 짝 지은 것으로 옳지 <u>않은</u> 것은?

① 반구 – 반원　　② 원기둥 – 직사각형

③ 원뿔대 – 마름모　④ 구 – 원

⑤ 원뿔 – 이등변삼각형

코칭 Plus

회전체를 회전축을 포함하는 평면으로 자를 때 생기는 단면은 회전체를 만들기 전의 평면도형과 관계가 있다.

06 다음 중 오른쪽 그림과 같은 원뿔을 평면 ①, ②, ③, ④, ⑤로 자를 때 생기는 단면의 모양으로 옳지 <u>않은</u> 것은?

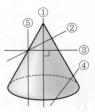

① 　② 　③

④ 　⑤

• 회전체의 단면의 넓이
중요★

07 오른쪽 그림과 같은 원기둥을 회전축을 포함하는 평면으로 자를 때 생기는 단면의 넓이를 구하시오.

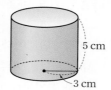

5 cm

3 cm

08 오른쪽 그림과 같은 직각삼각형을 직선 l을 회전축으로 하여 1회전 시킬 때 생기는 회전체를 회전축을 포함하는 평면으로 잘랐다. 이때 생기는 단면의 넓이를 구하시오.

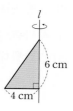

l

6 cm

4 cm

• 회전체의 전개도

09 아래 그림은 원뿔대와 그 전개도이다. 다음 중 색칠한 밑면의 둘레의 길이와 그 길이가 같은 것은?

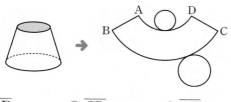

A   D

B   C

① $\overline{AB}$ ② $\overline{CD}$ ③ $\overline{BC}$
④ $\widehat{AD}$ ⑤ $\widehat{BC}$

10 다음 그림과 같은 원기둥과 그 전개도를 보고, a, b의 값을 각각 구하시오.

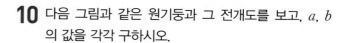

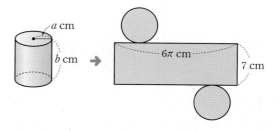

a cm

b cm

6π cm

7 cm

• 회전체의 이해

11 다음 중 회전체에 대한 설명으로 옳지 <u>않은</u> 것을 모두 고르면? (정답 2개)

① 원뿔대는 회전체이다.
② 반구를 한 평면으로 자른 단면은 항상 원이다.
③ 직각삼각형의 한 변을 회전축으로 하여 1회전 시킬 때 생기는 회전체는 원뿔이다.
④ 회전체를 회전축에 수직인 평면으로 자른 단면은 항상 원이다.
⑤ 회전체를 회전축을 포함하는 평면으로 자른 단면은 회전축에 대하여 선대칭도형이다.

12 다음 **보기**에서 회전체에 대한 설명으로 옳은 것을 모두 고르시오.

┌ **보기** ┐
ㄱ. 직사각형의 한 변을 회전축으로 하여 1회전 시키면 원기둥이 만들어진다.
ㄴ. 어떤 회전체라도 단면의 모양은 항상 원이다.
ㄷ. 원뿔을 회전축에 수직인 평면으로 자른 단면은 이등변삼각형이다.
ㄹ. 원뿔대를 회전축을 포함하는 평면으로 자른 단면은 사다리꼴이다.

01

다음 중 면의 개수가 가장 많은 다면체는?

① 사각뿔대 ② 오각뿔 ③ 육각기둥
④ 칠각뿔대 ⑤ 팔면체

02

삼각뿔의 모서리의 개수를 a, 사각기둥의 면의 개수를 b, 오각뿔대의 꼭짓점의 개수를 c라 할 때, $a+b+c$의 값을 구하시오.

03

다음 중 다면체와 그 옆면의 모양을 바르게 짝 지은 것을 모두 고르면? (정답 2개)

① 사각뿔 – 사각형 ② 육각기둥 – 육각형
③ 오각뿔대 – 사다리꼴 ④ 팔각뿔 – 직사각형
⑤ 칠각기둥 – 직사각형

04

다음 중 정다면체에 대한 설명으로 옳지 <u>않은</u> 것은?

① 정사면체는 사각뿔이다.
② 정다면체는 5가지뿐이다.
③ 한 정다면체에서 모든 면은 합동이다.
④ 정다면체 중 면의 모양이 삼각형인 것은 3가지이다.
⑤ 정십이면체의 꼭짓점의 개수는 20이다.

05

다음 조건을 만족시키는 입체도형을 구하시오.

⑺ 정다면체이다.
⑻ 모서리의 개수는 30이다.
⑼ 한 꼭짓점에 모인 면의 개수가 3이다.

06

다음 중 회전체가 <u>아닌</u> 것을 모두 고르면? (정답 2개)

①   ②   ③

④   ⑤

07

오른쪽 그림과 같은 튜브 모양의 회전체는 다음 중 어떤 평면도형을 직선 l을 회전축으로 하여 1회전 시킨 것인가?

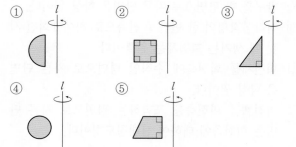

08

다음 중 어떤 평면으로 잘라도 그 단면이 항상 원이 되는
회전체는?

① 구   ② 원기둥   ③ 원뿔
④ 원뿔대   ⑤ 반구

09

다음 중 오른쪽 그림과 같은 원기둥을 한
평면으로 자를 때 생기는 단면의 모양이
아닌 것은?

10

오른쪽 그림과 같은 평면도형을 직선 l을
회전축으로 하여 1회전 시킬 때 생기는
입체도형을 회전축을 포함하는 평면으로
잘랐다. 이때 생기는 단면의 넓이는?

① 30 cm²   ② 32 cm²
③ 34 cm²   ④ 36 cm²
⑤ 38 cm²

11

다음 중 오른쪽 그림과 같은 직각삼각형을
직선 l을 회전축으로 하여 1회전 시킬 때
생기는 회전체에 대한 설명으로 옳지 않은
것은?

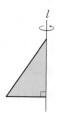

① 회전축에 수직인 평면으로 자른 단면은
  원이다.
② 밑면에 평행한 평면으로 자른 단면은 모두 합동이다.
③ 회전축을 포함하는 평면으로 자른 단면은 이등변삼
  각형이다.
④ 회전축에 수직인 평면으로 자르면 원뿔대가 생긴다.
⑤ 전개도에서 부채꼴의 반지름의 길이는 회전체의 모
  선의 길이와 같다.

한걸음 더

12 추론💬

오른쪽 그림과 같은 전개도
로 정팔면체를 만들 때, 다
음 중 $\overline{AB}$와 꼬인 위치에 있
는 모서리는?

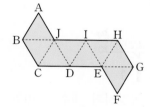

① $\overline{AJ}$ ② $\overline{BC}$
③ $\overline{CD}$ ④ $\overline{EG}$
⑤ $\overline{HE}$

13 문제 해결🔒

오른쪽 그림과 같은 직각삼각형 ABC를
다음 보기의 직선을 회전축으로 하여 1회
전 시킬 때 생기는 회전체가 원뿔이 되는
것을 모두 고르시오.

┌─ 보기 ─
│ ㄱ. 직선 AB   ㄴ. 직선 BC
│ ㄷ. 직선 AC   ㄹ. 직선 CD
└─

실전에 대비하는

서술형 문제

1

면의 개수가 10인 각뿔의 모서리의 개수를 x, 꼭짓점의 개수를 y라 할 때, $x+y$의 값을 구하시오. [6점]

풀이

채점 기준 1   각뿔 구하기 … 2점

채점 기준 2 x, y의 값을 각각 구하기 … 3점

채점 기준 3 $x+y$의 값 구하기 … 1점

답

 한번 더!

1-1

꼭짓점의 개수가 20인 각기둥의 모서리의 개수를 x, 면의 개수를 y라 할 때, $x-y$의 값을 구하시오. [6점]

풀이

채점 기준 1   각기둥 구하기 … 2점

채점 기준 2 x, y의 값을 각각 구하기 … 3점

채점 기준 3 $x-y$의 값 구하기 … 1점

답

2

오른쪽 그림은 모두 합동인 정삼각형으로 이루어진 입체도형이다. 이 입체도형이 정다면체인지 아닌지 판단하고, 그 이유를 설명하시오. [6점]

풀이

답

3

오른쪽 그림과 같은 직사각형을 직선 l을 회전축으로 하여 1회전 시킬 때 생기는 회전체에 대하여 다음 물음에 답하시오. [6점]

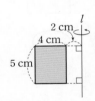

(1) 회전체를 회전축에 수직인 평면으로 자른 단면의 모양을 그리시오. [3점]

(2) 회전체를 회전축에 수직인 평면으로 자른 단면의 넓이를 구하시오. [3점]

풀이

답

01

다음 **보기**에서 다면체인 것의 개수를 a, 회전체인 것의 개수를 b라 할 때, $a-b$의 값을 구하시오.

┌ 보기 ┐

삼각기둥,	원기둥,	오각기둥
원뿔,	사각뿔,	육각형
사각뿔대,	원뿔대,	오각뿔대
구,	정십이면체,	반원

02

다음 중 육면체인 것을 모두 고르면? (정답 2개)

① 삼각뿔 　② 삼각뿔대 　③ 사각뿔대

④ 오각기둥 　⑤ 오각뿔

03 중요♡

모서리의 개수가 27인 각뿔대의 면의 개수를 x, 꼭짓점의 개수를 y라 할 때, $x+y$의 값을 구하시오.

04

오른쪽 그림의 다면체에서 두 밑면이 서로 평행할 때, 다음 중 이 다면체의 이름과 그 옆면의 모양을 바르게 짝 지은 것은?

① 오각뿔대 – 사다리꼴 　② 오각기둥 – 직사각형

③ 육각뿔대 – 사다리꼴 　④ 육각뿔대 – 육각형

⑤ 육각뿔 – 육각형

05

다음 조건을 만족시키는 입체도형의 꼭짓점의 개수를 구하시오.

㈎ 구면체이다.

㈏ 옆면의 모양은 모두 직사각형이다.

㈐ 두 밑면은 평행하고 합동인 다각형이다.

06

다음 중 정다면체와 그 정다면체의 각 면의 모양을 짝 지은 것으로 옳지 <u>않은</u> 것은?

① 정사면체 – 정삼각형 　② 정육면체 – 정사각형

③ 정팔면체 – 정사각형 　④ 정십이면체 – 정오각형

⑤ 정이십면체 – 정삼각형

07 중요♡

다음 조건을 만족시키는 정다면체는?

㈎ 각 면은 합동인 정삼각형이다.

㈏ 한 꼭짓점에 모인 면의 개수는 4이다.

① 정사면체 　② 정육면체 　③ 정팔면체

④ 정십이면체 　⑤ 정이십면체

실전! 중단원 마무리
배운 내용을 확인하는

08

다음 중 오른쪽 그림의 전개도로 만들어지는 정다면체에 대한 설명으로 옳지 <u>않은</u> 것은?

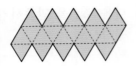

① 정이십면체이다.
② 꼭짓점의 개수는 20이다.
③ 모서리의 개수는 30이다.
④ 모든 면의 모양은 합동인 정삼각형이다.
⑤ 한 꼭짓점에 모인 면의 개수는 5이다.

09

다음 중 회전체가 <u>아닌</u> 것은?

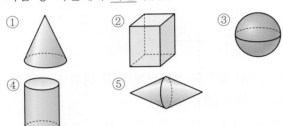

10 중요♥

다음 평면도형을 직선 *l*을 회전축으로 하여 1회전 시킬 때 생기는 회전체로 옳지 <u>않은</u> 것은?

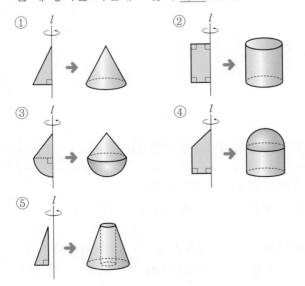

11

다음 중 원뿔대를 한 평면으로 자를 때 생기는 단면의 모양이 <u>아닌</u> 것은?

12

반지름의 길이가 9 cm인 구를 평면으로 자를 때 생기는 단면 중 넓이가 가장 넓을 때의 넓이를 구하시오.

13

오른쪽 그림과 같은 원기둥의 전개도에서 옆면이 되는 직사각형의 가로의 길이를 *a* cm, 세로의 길이를 *b* cm라 할 때, *ab*의 값을 구하시오.

9 cm
3 cm

14

다음 **보기**에서 회전체에 대한 설명으로 옳은 것을 모두 고르시오.

┌ **보기** ┐
ㄱ. 모든 회전체의 회전축은 1개이다.
ㄴ. 직사각형의 한 변을 회전축으로 하여 1회전 시키면 원기둥이 만들어진다.
ㄷ. 원뿔대의 두 밑면은 평행하고 합동이다.
ㄹ. 구는 어떤 평면으로 잘라도 그 단면의 모양은 항상 원이다.
└─────────────────────────┘

교과서에서 쏙 빼온 문제

1

면과 모서리의 개수의 차가 14인 각뿔대의 꼭짓점의 개수를 구하시오.

2

아래 그림과 같이 정이십면체의 각 모서리를 삼등분한 점을 이어서 잘라 내면 축구공 모양을 만들 수 있다. 다음 빈칸에 알맞은 말을 써넣으시오.

축구공 모양의 다면체는 정오각형 모양과 [   ] 모양의 면으로 이루어져 있으므로 정다면체가 아니다. 이때 정이십면체의 각 모서리를 삼등분한 점을 이어서 잘라 내면 원래의 정삼각형 모양의 면은 [   ]이 되고, 잘라 낸 꼭짓점이 있는 부분은 [   ]이 된다.

정육각형 모양인 면의 개수는 정이십면체의 면의 개수와 같으므로 [   ]이다.

또, 정오각형 모양인 면의 개수는 정이십면체의 꼭짓점의 개수와 같으므로 [   ]이다.

3

오른쪽 그림과 같은 원기둥을 회전축에 수직인 평면으로 자른 단면의 넓이와 회전축을 포함하는 평면으로 자른 단면의 넓이가 같다. 이때 이 원기둥의 높이를 구하시오.

8 cm

4

오른쪽 그림은 어떤 평면도형을 직선 l을 회전축으로 하여 1회전 시킬 때 생기는 회전체이다. 다음을 구하시오.

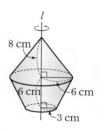

l
8 cm
6 cm — 6 cm
3 cm

(1) 회전축을 포함하는 평면으로 자른 단면의 넓이

(2) 회전축에 수직인 평면으로 자른 단면의 최대 넓이

워크북 94쪽에서 한번 더 연습해 보세요.

01 기둥의 겉넓이와 부피

1 기둥의 겉넓이

(1) 각기둥의 겉넓이

(각기둥의 겉넓이)＝(밑넓이)×2＋(옆넓이)

주의 기둥은 밑면이 2개 있으므로 겉넓이를 구할 때 밑넓이의 2배를 해야 한다.

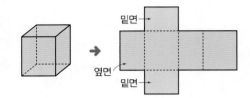

(2) 원기둥의 겉넓이

밑면인 원의 반지름의 길이가 r, 높이가 h인 원기둥의 겉넓이를 S라 하면

$$S=(밑넓이)×2＋(옆넓이)$$
$$=\pi r^2×2＋2\pi r×h$$
$$=2\pi r^2＋2\pi rh$$

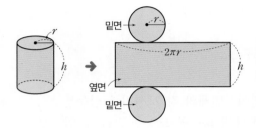

초 5~6

· **겉넓이**
입체도형에서 겉면 전체의 넓이
· **밑넓이**
입체도형에서 한 밑면의 넓이
· **옆넓이**
입체도형에서 옆면 전체의 넓이

용어

· **높이** h
height의 첫 글자
· **넓이** S
square의 첫 글자

2 기둥의 부피

(1) 각기둥의 부피

밑넓이가 S, 높이가 h인 각기둥의 부피를 V라 하면

$$V=(밑넓이)×(높이)$$
$$=Sh$$

용어

부피 V
volume의 첫 글자

(2) 원기둥의 부피

밑면인 원의 반지름의 길이가 r, 높이가 h인 원기둥의 부피를 V라 하면

$$V=(밑넓이)×(높이)$$
$$=\pi r^2×h=\pi r^2h$$

참고 여러 가지 다각형의 넓이(S)

삼각형	직각삼각형	직사각형	사다리꼴	평행사변형	마름모
$S=\dfrac{1}{2}ah$	$S=\dfrac{1}{2}ah$	$S=ab$	$S=\dfrac{1}{2}(a+b)h$	$S=ah$	$S=\dfrac{1}{2}ab$

기둥의 옆넓이는 어떻게 구할까?

기둥의 전개도에서 옆면은 하나의 큰 직사각형이고 (직사각형의 가로의 길이)＝(밑면의 둘레의 길이), (직사각형의 세로의 길이)＝(기둥의 높이)로 생각하여 큰 직사각형의 넓이를 구하면 된다.

즉, (기둥의 옆넓이)＝(밑면의 둘레의 길이)×(기둥의 높이)이다.

이때 각기둥은 옆면이 모두 직사각형이므로 옆넓이를 구할 때 각각의 직사각형의 넓이의 합으로 구해도 된다.

개념 1 각기둥의 겉넓이는 어떻게 구할까?

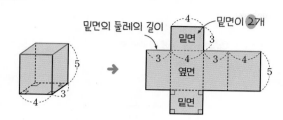

❶ (밑넓이)＝4×3＝12

❷ (옆넓이)＝(3＋4＋3＋4)×5＝70
　　　　　　└─ 밑면의 둘레의 길이

❸ (겉넓이)＝(밑넓이)×2＋(옆넓이)
　　　　　　＝12×2＋70＝94

---

1 아래 그림과 같은 삼각기둥과 그 전개도에 대하여 다음을 구하시오.

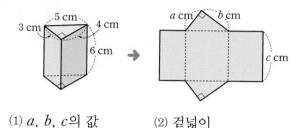

(1) a, b, c의 값　　(2) 겉넓이

1-1 오른쪽 그림과 같은 사각기둥에 대하여 다음을 구하시오.

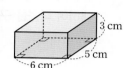

(1) 밑넓이

(2) 옆넓이

(3) 겉넓이

개념 2 원기둥의 겉넓이는 어떻게 구할까?

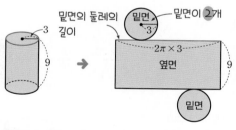

❶ (밑넓이)＝$\pi \times 3^2$＝9π

❷ (옆넓이)＝($2\pi \times 3$)×9＝54π
　　　　　　└─ 밑면의 둘레의 길이

❸ (겉넓이)＝(밑넓이)×2＋(옆넓이)
　　　　　　＝9π×2＋54π＝72π

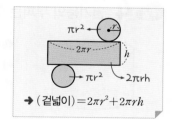

➔ (겉넓이)＝$2\pi r^2 + 2\pi rh$

참고 공식을 이용하여 원기둥의 겉넓이를 구하면
(겉넓이)＝$2\pi \times 3^2 + 2\pi \times 3 \times 9 = 18\pi + 54\pi = 72\pi$

---

2 아래 그림과 같은 원기둥과 그 전개도에 대하여 다음을 구하시오.

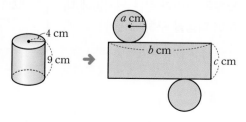

(1) a, b, c의 값　　(2) 겉넓이

2-1 오른쪽 그림과 같은 원기둥에 대하여 다음을 구하시오.

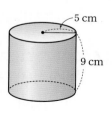

(1) 밑넓이

(2) 옆넓이

(3) 겉넓이

개념 3 각기둥의 부피는 어떻게 구할까?

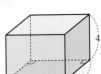

❶ (밑넓이)$=5\times3=15$

❷ (높이)$=4$

❸ (부피)$=$(밑넓이)$\times$(높이)
$=15\times4=60$

모든 기둥의 부피는
(밑넓이)$\times$(높이)로 구하면 돼!

3 오른쪽 그림과 같은 삼각기둥에 대하여 다음을 구하시오.

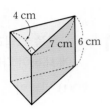

(1) 밑넓이

(2) 높이

(3) 부피

3-1 오른쪽 그림과 같은 사각기둥에 대하여 다음을 구하시오.

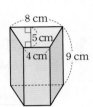

(1) 밑넓이

(2) 높이

(3) 부피

개념 4 원기둥의 부피는 어떻게 구할까?

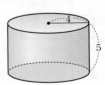

❶ (밑넓이)$=\pi\times4^2=16\pi$

❷ (높이)$=5$

❸ (부피)$=$(밑넓이)$\times$(높이)
$=16\pi\times5=80\pi$

참고 공식을 이용하여 원기둥의 부피를 구하면
(부피)$=\pi\times4^2\times5=80\pi$

(원기둥의 부피)
$=$(밑넓이)$\times$(높이)
$=\pi r^2\times h=\pi r^2 h$

→ (부피)$=\pi r^2 h$

4 오른쪽 그림과 같은 원기둥에 대하여 다음을 구하시오.

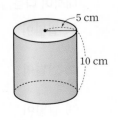

(1) 밑넓이

(2) 높이

(3) 부피

4-1 오른쪽 그림과 같은 원기둥에 대하여 다음을 구하시오.

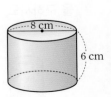

(1) 밑넓이

(2) 높이

(3) 부피

각기둥의 겉넓이와 부피

01 오른쪽 그림과 같은 삼각기둥의 겉넓이와 부피를 각각 구하시오.

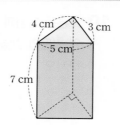

02 오른쪽 그림과 같은 사각기둥의 겉넓이와 부피를 각각 구하시오.

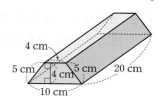

원기둥의 겉넓이와 부피

03 오른쪽 그림과 같은 원기둥의 겉넓이와 부피를 각각 구하시오.

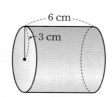

04 오른쪽 그림과 같은 원기둥의 겉넓이와 부피를 각각 구하시오.

전개도가 주어질 때 기둥의 겉넓이와 부피

05 오른쪽 그림과 같은 전개도로 만들어지는 입체도형의 겉넓이와 부피를 각각 구하시오.

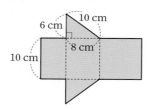

06 오른쪽 그림과 같은 전개도로 만들어지는 입체도형의 겉넓이와 부피를 각각 구하시오.

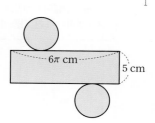

겉넓이 또는 부피가 주어질 때 기둥의 높이 구하기 중요✧

07 오른쪽 그림과 같이 밑면이 사다리꼴인 사각기둥의 부피가 288 cm^3일 때, 이 사각기둥의 높이를 구하시오.

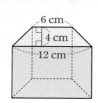

08 오른쪽 그림과 같은 원기둥의 겉넓이가 $180\pi \text{ cm}^2$일 때, 이 원기둥의 높이를 구하시오.

밑면이 부채꼴인 기둥의 겉넓이와 부피

09 오른쪽 그림과 같이 밑면이 부채꼴인 기둥의 겉넓이와 부피를 각각 구하시오.

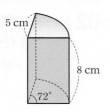

10 오른쪽 그림과 같이 밑면이 부채꼴인 기둥의 겉넓이와 부피를 각각 구하시오.

구멍이 뚫린 입체도형의 겉넓이와 부피 중요 ☆

11 오른쪽 그림과 같이 구멍이 뚫린 직육면체 모양의 입체도형의 겉넓이와 부피를 각각 구하시오.

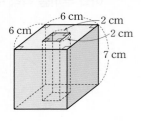

12 오른쪽 그림과 같이 구멍이 뚫린 원기둥 모양의 입체도형의 겉넓이와 부피를 각각 구하시오.

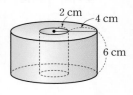

➔ 교점 Plus

구멍이 뚫린 입체도형의 겉넓이와 부피는 다음과 같이 구한다.
① (밑넓이)=(큰 기둥의 밑넓이)−(작은 기둥의 밑넓이)
　(옆넓이)=(큰 기둥의 옆넓이)+(작은 기둥의 옆넓이)
　➔ (겉넓이)=(밑넓이)×2+(옆넓이)
② (부피)=(큰 기둥의 부피)−(작은 기둥의 부피)

회전체의 겉넓이와 부피

13 오른쪽 그림과 같은 직사각형을 직선 l을 회전축으로 하여 1회전 시킬 때 생기는 회전체의 겉넓이와 부피를 각각 구하시오.

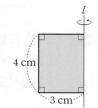

14 오른쪽 그림과 같은 직사각형을 직선 l을 회전축으로 하여 1회전 시킬 때 생기는 회전체의 부피를 구하시오.

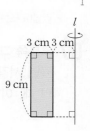

02 뿔의 겉넓이와 부피

1 뿔의 겉넓이

(1) 각뿔의 겉넓이

(각뿔의 겉넓이)＝(밑넓이)＋(옆넓이)

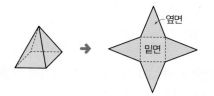

각뿔의 옆면을 이루는 도형은 모두 삼각형이다.

(2) 원뿔의 겉넓이

밑면인 원의 반지름의 길이가 r, 모선의 길이가 l인 원뿔의 겉넓이를 S라 하면

$$S＝(밑넓이)＋(옆넓이)$$
$$＝\pi r^2＋\frac{1}{2}\times l\times 2\pi r＝\pi r^2＋\pi r l$$

$\longrightarrow$ (부채꼴의 넓이)＝$\frac{1}{2}$×(반지름의 길이)×(호의 길이)

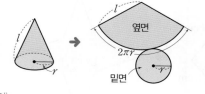

원뿔의 전개도에서 옆면은 부채꼴이고
(부채꼴의 호의 길이)
＝(밑면의 둘레의 길이)
(부채꼴의 반지름의 길이)
＝(원뿔의 모선의 길이)

2 뿔의 부피

(1) 각뿔의 부피

밑넓이가 S, 높이가 h인 각뿔의 부피를 V라 하면

$$V＝\frac{1}{3}\times(밑넓이)\times(높이)＝\frac{1}{3}Sh$$

$\longrightarrow$ $\frac{1}{3}$×(기둥의 부피)

(2) 원뿔의 부피

밑면인 원의 반지름의 길이가 r, 높이가 h인 원뿔의 부피를 V라 하면

$$V＝\frac{1}{3}\times(밑넓이)\times(높이)$$
$$＝\frac{1}{3}\times\pi r^2\times h＝\frac{1}{3}\pi r^2 h$$

설명 뿔 모양의 그릇에 물을 가득 채운 후, 밑면이 합동이고 높이가 같은 기둥 모양의 그릇에 부으면 물의 높이는 기둥 높이의 $\frac{1}{3}$이 된다. ➡ (뿔의 부피)＝$\frac{1}{3}$×(기둥의 부피)

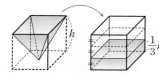

뿔대의 옆넓이는 어떻게 구할까?

(1) 각뿔대의 옆면은 모두 사다리꼴이므로

(n각뿔대의 옆넓이)＝(사다리꼴 n개의 넓이의 합)

(2) 원뿔대의 옆면은 큰 부채꼴에서 작은 부채꼴을 잘라 낸 모양이므로

(원뿔대의 옆넓이)＝(큰 부채꼴의 넓이)－(작은 부채꼴의 넓이)

개념 **1** 각뿔의 겉넓이는 어떻게 구할까?

 합동인 옆면이 4개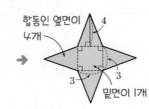

❶ (밑넓이)$=3\times3=9$

❷ (옆넓이)$=\left(\dfrac{1}{2}\times3\times4\right)\times4=24$
옆면의 개수

❸ (겉넓이)$=$(밑넓이)$+$(옆넓이)
$\qquad\qquad\quad=9+24=33$

---

1 아래 그림과 같은 사각뿔과 그 전개도에 대하여 다음을 구하시오. (단, 옆면은 모두 합동이다.)

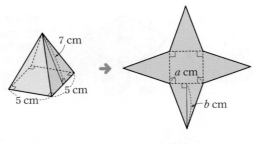

(1) a, b의 값

(2) 겉넓이

1-1 오른쪽 그림과 같은 사각뿔에 대하여 다음을 구하시오.
(단, 옆면은 모두 합동이다.)

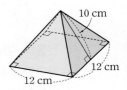

(1) 밑넓이

(2) 옆넓이

(3) 겉넓이

개념 **2** 원뿔의 겉넓이는 어떻게 구할까?

❶ (밑넓이)$=\pi\times2^2=4\pi$
원의 넓이

❷ (옆넓이)$=\dfrac{1}{2}\times6\times(2\pi\times2)=12\pi$
부채꼴의 넓이

❸ (겉넓이)$=$(밑넓이)$+$(옆넓이)
$\qquad\qquad\quad=4\pi+12\pi=16\pi$

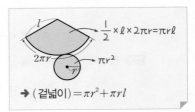
$\dfrac{1}{2}\times\ell\times2\pi r=\pi r\ell$
πr^2
➡ (겉넓이)$=\pi r^2+\pi r\ell$

참고 공식을 이용하여 원뿔의 겉넓이를 구하면
(겉넓이)$=\pi\times2^2+\pi\times2\times6=4\pi+12\pi=16\pi$

---

2 아래 그림과 같은 원뿔과 그 전개도에 대하여 다음을 구하시오.

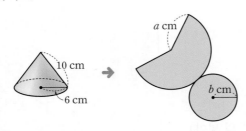

(1) a, b의 값

(2) 겉넓이

2-1 오른쪽 그림과 같은 원뿔에 대하여 다음을 구하시오.

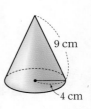

(1) 밑넓이

(2) 옆넓이

(3) 겉넓이

개념 3 각뿔의 부피는 어떻게 구할까?

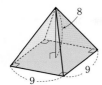

❶ (밑넓이)=9×9=81

❷ (높이)=8

❸ (부피)=$\frac{1}{3}$×(밑넓이)×(높이)

=$\frac{1}{3}$×81×8=216

모든 뿔의 부피는
$\frac{1}{3}$×(밑넓이)×(높이)로
구하면 돼!

3 오른쪽 그림과 같은 사각뿔에 대하여 다음을 구하시오.

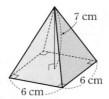

(1) 밑넓이

(2) 높이

(3) 부피

3-1 오른쪽 그림과 같은 삼각뿔에 대하여 다음을 구하시오.

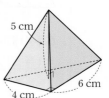

(1) 밑넓이

(2) 높이

(3) 부피

개념 4 원뿔의 부피는 어떻게 구할까?

❶ (밑넓이)=π×6²=36π

❷ (높이)=8

❸ (부피)=$\frac{1}{3}$×(밑넓이)×(높이)

=$\frac{1}{3}$×36π×8=96π

(원뿔의 부피)
=$\frac{1}{3}$×(밑넓이)×(높이)
=$\frac{1}{3}$×πr²×h=$\frac{1}{3}$πr²h

참고 공식을 이용하여 원뿔의 부피를 구하면

(부피)=$\frac{1}{3}$×π×6²×8=96π

4 오른쪽 그림과 같은 원뿔에 대하여 다음을 구하시오.

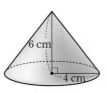

(1) 밑넓이

(2) 높이

(3) 부피

4-1 오른쪽 그림과 같은 원뿔에 대하여 다음을 구하시오.

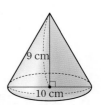

(1) 밑넓이

(2) 높이

(3) 부피

집중 **5** 뿔대의 겉넓이와 부피는 어떻게 구할까?

(1) (뿔대의 겉넓이)=(두 밑넓이의 합)+(옆넓이)

(2) (뿔대의 부피)=(큰 뿔의 부피)-(작은 뿔의 부피)

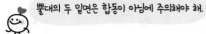
뿔대의 두 밑면은 합동이 아님에 주의해야 해.

집중 **1**

각뿔대의 겉넓이

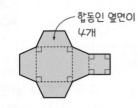

합동인 옆면이
4개

(각뿔대의 겉넓이)
=(두 밑넓이의 합)+(옆넓이)
  ↳(작은 밑면의 넓이)   ↳ 4개의 사다리꼴의
  + (큰 밑면의 넓이)   넓이의 합

원뿔대의 겉넓이

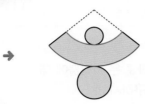

(원뿔대의 겉넓이)
=(두 밑넓이의 합)+(옆넓이)
  ↳(작은 원의 넓이)   ↳(큰 부채꼴의 넓이)
  + (큰 원의 넓이)   - (작은 부채꼴의 넓이)

집중 **2**

각뿔대의 부피

 =  -

(각뿔대의 부피)
=(큰 각뿔의 부피)-(작은 각뿔의 부피)

원뿔대의 부피

 = 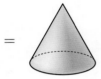 -

(원뿔대의 부피)
=(큰 원뿔의 부피)-(작은 원뿔의 부피)

---

5 오른쪽 그림과 같은 사각뿔대
의 겉넓이를 구하시오.
　　(단, 옆면은 모두 합동이다.)

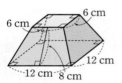

6 cm 6 cm
12 cm 12 cm 8 cm

5-**1** 오른쪽 그림과 같은 원뿔대
의 겉넓이를 구하시오.

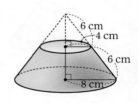

6 cm 4 cm
6 cm 8 cm

---

6 오른쪽 그림과 같은 사각뿔
대의 부피를 구하시오.

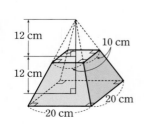

12 cm 10 cm
12 cm 20 cm
20 cm

6-**1** 오른쪽 그림과 같은 원뿔대의
부피를 구하시오.

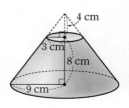

4 cm
3 cm 8 cm
9 cm

• **각뿔의 겉넓이와 부피**

01 오른쪽 그림과 같이 밑면은 정사각형이고, 옆면은 모두 합동인 사각뿔의 겉넓이를 구하시오.

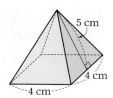

02 오른쪽 그림과 같이 밑면이 직각삼각형인 삼각뿔의 부피를 구하시오.

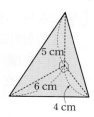

• **원뿔의 겉넓이와 부피**   중요

03 오른쪽 그림과 같은 원뿔의 겉넓이를 구하시오.

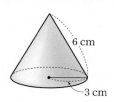

04 오른쪽 그림과 같은 원뿔의 부피를 구하시오.

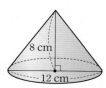

• **뿔대의 겉넓이와 부피**

05 오른쪽 그림과 같이 밑면이 정사각형인 사각뿔대의 부피를 구하시오.

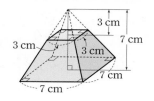

06 오른쪽 그림과 같은 원뿔대의 겉넓이를 구하시오.

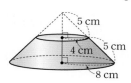

┌ **코칭 Plus** ──────────────────────────
│ (사각뿔대의 부피) = (큰 사각뿔의 부피) − (작은 사각뿔의 부피)
└───────────────────────────────────────

• **전개도가 주어질 때 뿔의 겉넓이와 부피**   중요

07 오른쪽 그림과 같은 전개도로 만들어지는 원뿔의 겉넓이를 구하시오.

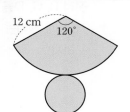

08 오른쪽 그림은 밑면이 정사각형이고, 옆면이 모두 이등변삼각형인 사각뿔의 전개도이다. 이 전개도로 만들어지는 사각뿔의 높이가 6 cm일 때, 사각뿔의 부피를 구하시오.

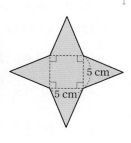

개념 교과서 대표 문제로
완성하기

뿔의 겉넓이 또는 부피가 주어진 경우

09 오른쪽 그림과 같이 밑면은 정사각형이고, 옆면은 모두 합동인 사각뿔의 겉넓이가 105 cm²일 때, x의 값을 구하시오.

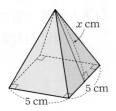

10 오른쪽 그림과 같이 밑면의 반지름의 길이가 4 cm인 원뿔의 부피가 48π cm³일 때, 이 원뿔의 높이를 구하시오.

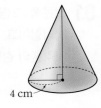

회전체의 겉넓이와 부피 중요🌟

11 오른쪽 그림과 같은 직각삼각형을 직선 l을 회전축으로 하여 1회전 시킬 때 생기는 회전체의 겉넓이를 구하시오.

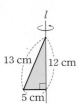

12 오른쪽 그림과 같은 사다리꼴을 직선 l을 회전축으로 하여 1회전 시킬 때 생기는 회전체의 부피를 구하시오.

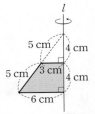

직육면체에서 잘라 낸 삼각뿔의 부피

13 오른쪽 그림과 같이 직육면체를 세 꼭짓점 B, G, D를 지나는 평면으로 자를 때, 다음을 구하시오.

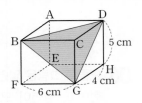

(1) △BCD의 넓이

(2) $\overline{CG}$의 길이

(3) 색칠한 삼각뿔의 부피

14 오른쪽 그림과 같이 한 모서리의 길이가 6 cm인 정육면체를 세 꼭짓점 B, G, D를 지나는 평면으로 자를 때 생기는 삼각뿔의 부피를 구하시오.

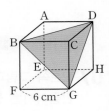

03 구의 겉넓이와 부피

1 구의 겉넓이

반지름의 길이가 r인 구의 겉넓이를 S라 하면

$S = 4\pi r^2 \rightarrow$ 반지름의 길이가 r인 원의 넓이의 4배

설명 구 모양의 오렌지를 구의 중심을 지나도록 자른 후, 자른 오렌지의 단면을 종이에 대고 원 4개를 그린다. 이때 오렌지 껍질을 잘라 원을 채우면 오렌지 껍질이 원 4개를 모두 채운다.

→ 구의 겉넓이는 반지름의 길이가 같은 원의 넓이의 4배임을 알 수 있다.

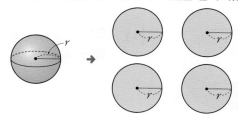

(반지름의 길이가 r인 반구의 겉넓이)
$= 4\pi r^2 \times \dfrac{1}{2} + \pi r^2$

2 구의 부피

반지름의 길이가 r인 구의 부피를 V라 하면

$V = \dfrac{4}{3}\pi r^3$

설명 구가 꼭 맞게 들어가는 원기둥 모양의 그릇에 물을 가득 채우고 구를 넣었다 꺼내면 남아 있는 물의 높이는 원기둥 높이의 $\dfrac{1}{3}$이 된다. 즉, 빠져 나간 물의 양이 구의 부피와 같으므로

$V = \dfrac{2}{3} \times$ (원기둥의 부피)

$= \dfrac{2}{3} \times \pi r^2 \times 2r = \dfrac{4}{3}\pi r^3$

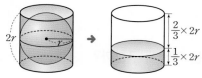

(반지름의 길이가 r인 반구의 부피)
$= \dfrac{4}{3}\pi r^3 \times \dfrac{1}{2}$
$= \dfrac{2}{3}\pi r^3$

참고 원기둥에 꼭 맞게 들어가는 원뿔과 구에 대하여

① (원뿔의 부피) $= \dfrac{1}{3} \times$ (원기둥의 부피)

② (구의 부피) $= \dfrac{2}{3} \times$ (원기둥의 부피)

→ (원뿔의 부피) : (구의 부피) : (원기둥의 부피) $= 1 : 2 : 3$

반구의 겉넓이는 어떻게 구할까?

반구의 겉넓이를 (구의 겉넓이) $\times \dfrac{1}{2}$로 잘못 생각할 수 있으나 새로 생긴 단면의 넓이를 더해야 함에 주의한다.

→ (반구의 겉넓이) = (구의 겉넓이) $\times \dfrac{1}{2} +$ (단면인 원의 넓이)

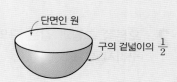

개념 1 구의 겉넓이는 어떻게 구할까?

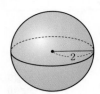

반지름의 길이가 2인 구에서

$(겉넓이) = 4\pi \times 2^2 = 16\pi$
→ 반지름의 길이

반지름의 길이가 r인 구의 겉넓이
→ $4\pi r^2$

참고 반지름의 길이가 r인 구의 겉면을 노끈으로 감은 후, 다시 풀어 그 끈을 평면 위에 감아 원을 만들면 이 원의 반지름의 길이는 $2r$이 된다. 즉, 반지름의 길이가 r인 구의 겉넓이는 반지름의 길이가 $2r$인 원의 넓이와 같다.

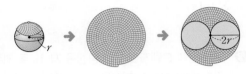

1 오른쪽 그림과 같은 구의 겉넓이를 구하시오.

1-1 오른쪽 그림과 같은 구의 겉넓이를 구하시오.

개념 2 구의 부피는 어떻게 구할까?

반지름의 길이가 2인 구에서

$(부피) = \dfrac{4}{3}\pi \times 2^3 = \dfrac{32}{3}\pi$
→ 반지름의 길이

반지름의 길이가 r인 구의 부피
→ $\dfrac{4}{3}\pi r^3$

참고 원기둥에 꼭 맞게 들어가는 원뿔과 구에 대하여
① (원기둥의 부피) $= \pi r^2 \times 2r = 2\pi r^3$
② (원뿔의 부피) $= \dfrac{1}{3} \times ($ 원기둥의 부피 $) = \dfrac{2}{3}\pi r^3$
③ (구의 부피) $= \dfrac{2}{3} \times ($ 원기둥의 부피 $) = \dfrac{4}{3}\pi r^3$
→ (원뿔의 부피) : (구의 부피) : (원기둥의 부피) $= 1 : 2 : 3$

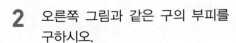

아르키메데스의 도형이라고도 한다.

2 오른쪽 그림과 같은 구의 부피를 구하시오.

2-1 오른쪽 그림과 같은 구의 부피를 구하시오.

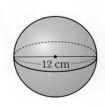

교과서 대표 문제로
개념 완성하기

구의 겉넓이와 부피 중요★

01 반지름의 길이가 9 cm인 구의 겉넓이와 부피를 각각 구하시오.

02 지름의 길이가 8 cm인 구의 겉넓이와 부피를 각각 구하시오.

구의 일부분을 잘라 낸 입체도형의 겉넓이와 부피 중요★

03 오른쪽 그림은 반지름의 길이가 10 cm인 반구이다. 이 반구의 겉넓이와 부피를 각각 구하시오.

코칭 Plus
- (반구의 겉넓이) = (구의 겉넓이) $\times \frac{1}{2}$ + (단면인 원의 넓이)
- (반구의 부피) = (구의 부피) $\times \frac{1}{2}$

04 오른쪽 그림과 같이 반지름의 길이가 4 cm인 구의 $\frac{1}{4}$을 잘라 내고 남은 입체도형의 부피를 구하시오.

구를 변형한 입체도형의 겉넓이와 부피

05 오른쪽 그림과 같은 입체도형의 겉넓이와 부피를 각각 구하시오.

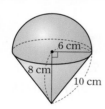

06 오른쪽 그림과 같은 입체도형의 겉넓이와 부피를 각각 구하시오.

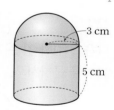

원기둥과 구의 부피 사이의 관계

07 오른쪽 그림과 같이 원기둥 안에 구가 꼭 맞게 들어 있다. 원기둥의 부피가 54π cm³일 때, 구의 부피를 구하시오.

코칭 Plus
구의 반지름의 길이를 r cm로 놓고 구의 부피와 원기둥의 부피를 구하는 식을 이용한다.

08 오른쪽 그림과 같이 원기둥 안에 2개의 구가 꼭 맞게 들어 있다. 원기둥의 부피가 32π cm³일 때, 구 한 개의 부피를 구하시오.

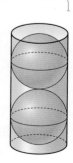

01

오른쪽 그림과 같은 사각형을 밑면으로 하고 높이가 5 cm인 사각기둥의 부피는?

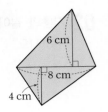

① 180 cm³   ② 185 cm³

③ 190 cm³   ④ 195 cm³

⑤ 200 cm³

02

오른쪽 그림과 같은 입체도형의 겉넓이와 부피를 각각 구하시오.

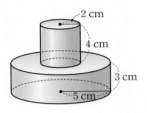

03

다음 그림과 같은 전개도로 만들어지는 사각기둥의 겉넓이를 구하시오.

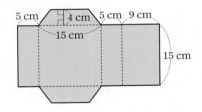

04

오른쪽 그림과 같이 밑면이 부채꼴인 기둥의 겉넓이를 구하시오.

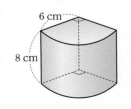

05

오른쪽 그림과 같이 구멍이 뚫린 입체도형의 겉넓이를 구하시오.

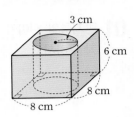

06

오른쪽 그림과 같은 직사각형 ABCD를 $\overline{AD}$를 회전축으로 하여 1회전 시킬 때 생기는 회전체의 겉넓이와 부피를 각각 구하시오.

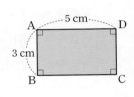

07

오른쪽 그림과 같은 입체도형의 부피를 구하시오.

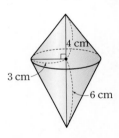

08

오른쪽 그림과 같이 밑면은 정사각형이고, 옆면은 모두 합동인 사각뿔의 부피가 48 cm³일 때, 이 사각뿔의 겉넓이를 구하시오.

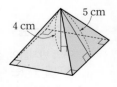

09

오른쪽 그림과 같은 사다리꼴을 직선 l을 회전축으로 하여 1회전 시킬 때 생기는 회전체의 겉넓이를 구하시오.

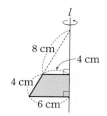

10

오른쪽 그림과 같이 직육면체 모양의 그릇에 물을 가득 채운 후 그릇을 기울여 물을 흘려보냈을 때 남아 있는 물의 부피를 구하시오.

(단, 그릇의 두께는 생각하지 않는다.)

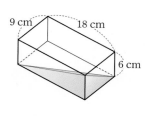

11

오른쪽 그림과 같이 반지름의 길이가 6 cm인 구의 $\dfrac{1}{8}$을 잘라 낸 입체도형의 부피는?

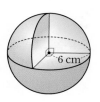

① 198π cm³   ② 216π cm³
③ 234π cm³   ④ 252π cm³
⑤ 270π cm³

12

다음 그림과 같은 입체도형의 겉넓이를 구하시오.

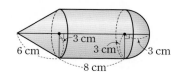

13

오른쪽 그림과 같이 원기둥 안에 구와 원뿔이 꼭 맞게 들어 있다. 원기둥의 부피가 432π cm³일 때, 구와 원뿔의 부피의 차를 구하시오.

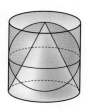

한걸음 더

14 추론💬

오른쪽 그림과 같이 큰 직육면체에서 작은 직육면체를 잘라 낸 입체도형의 부피를 구하시오.

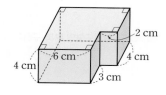

15 문제 해결🔒

오른쪽 그림은 밑면의 반지름의 길이가 4 cm인 원기둥을 비스듬히 자른 것이다. 이 입체도형의 부피를 구하시오.

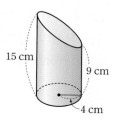

16 문제 해결🔒

오른쪽 그림과 같은 부채꼴을 옆면으로 하는 원뿔의 부피가 96π cm³일 때, 이 원뿔의 높이를 구하시오.

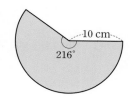

실전에 대비하는
서술형 문제

1

오른쪽 그림과 같이 구멍이 뚫린 사각기둥 모양의 입체도형의 부피를 구하시오. [6점]

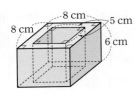

 풀이

채점 기준 1   큰 사각기둥의 부피 구하기 … 2점

채점 기준 2   작은 사각기둥의 부피 구하기 … 2점

채점 기준 3   입체도형의 부피 구하기 … 2점

답

 한번데!

1-1

오른쪽 그림과 같이 구멍이 뚫린 원기둥 모양의 입체도형의 부피를 구하시오. [6점]

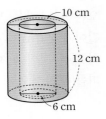

풀이

채점 기준 1   큰 원기둥의 부피 구하기 … 2점

채점 기준 2   작은 원기둥의 부피 구하기 … 2점

채점 기준 3   입체도형의 부피 구하기 … 2점

답

2

오른쪽 그림과 같이 밑면의 반지름의 길이가 6 cm인 원기둥 모양의 그릇에 물의 높이가 15 cm가 되도록 물을 넣었다. 여기에 반지름의 길이가 3 cm인 구 모양의 구슬을 3개 넣으면 물의 높이는 몇 cm가 되는지 구하시오. (단, 그릇의 두께는 생각하지 않으며, 물은 넘치지 않는다.) [7점]

풀이

답

3

오른쪽 그림과 같이 밑면의 반지름의 길이가 6 cm인 원뿔을 꼭 짓점 O를 중심으로 하여 3바퀴를 굴렸더니 원래의 자리로 돌아왔다. 이때 이 원뿔의 옆넓이를 구하시오. [7점]

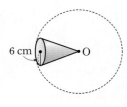

 풀이

답

01

오른쪽 그림과 같은 사각기둥
의 겉넓이는?

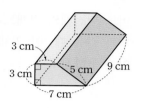

① 180 cm²   ② 186 cm²

③ 192 cm²   ④ 198 cm²

⑤ 204 cm²

02

오른쪽 그림과 같은 삼각기둥
의 부피를 구하시오.

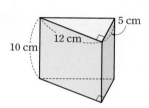

03

밑면의 반지름의 길이가 2 cm이고 높이가 3 cm인 원
기둥의 겉넓이를 구하시오.

04

오른쪽 그림과 같은 전개도로
만들어지는 원기둥의 부피는?

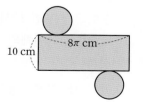

① 128π cm³

② 144π cm³

③ 160π cm³

④ 176π cm³

⑤ 192π cm³

05

오른쪽 그림과 같은 육각형을
밑면으로 하는 육각기둥의 부
피가 880 cm³일 때, 이 육각
기둥의 높이는?

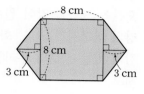

① 6 cm   ② 7 cm   ③ 8 cm

④ 9 cm   ⑤ 10 cm

06 중요✿

오른쪽 그림과 같은 원기둥의 겉넓이가
48π cm²일 때, 이 원기둥의 높이는?

① 4 cm   ② 5 cm

③ 6 cm   ④ 7 cm

⑤ 8 cm

07

오른쪽 그림과 같이 밑면이 부채꼴인 기
둥의 부피는?

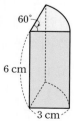

① 9π cm³   ② 12π cm³

③ 14π cm³   ④ 16π cm³

⑤ 18π cm³

08 중요✓

오른쪽 그림과 같이 원기둥 모양의 화장지가 있다. 화장지가 감겨 있는 부분의 부피를 구하시오.

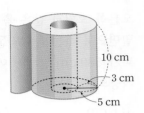

09

오른쪽 그림과 같이 밑면은 정사각형이고, 옆면은 모두 합동인 사각뿔의 겉넓이는?

① 55 cm² ② 65 cm²
③ 75 cm² ④ 85 cm²
⑤ 95 cm²

10

오른쪽 그림과 같은 원뿔의 부피를 구하시오.

11

오른쪽 그림과 같이 사각뿔을 잘랐을 때 위쪽 사각뿔과 아래쪽 사각뿔대의 부피의 비는?

① 1 : 3 ② 1 : 4
③ 1 : 7 ④ 2 : 3
⑤ 2 : 7

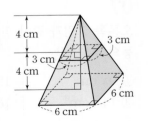

12 중요✓

어느 회전체의 전개도가 오른쪽 그림과 같을 때, 이 입체도형의 겉넓이를 구하시오.

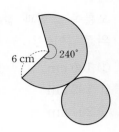

13

오른쪽 그림과 같이 밑면은 정사각형이고, 옆면은 모두 합동인 사각뿔의 겉넓이가 176 cm²일 때, x의 값을 구하시오.

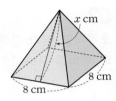

14

오른쪽 그림과 같은 직각삼각형을 직선 l을 회전축으로 하여 1회전 시킬 때 생기는 입체도형의 부피를 구하시오.

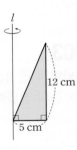

15

오른쪽 그림은 한 모서리의 길이가 10 cm인 정육면체의 일부분을 잘라 낸 것이다. 다음 물음에 답하시오.

(1) 잘라 낸 입체도형의 부피를 구하시오.

(2) 잘라 내고 남은 입체도형의 부피를 구하시오.

16

오른쪽 그림은 원뿔대와 원뿔을 붙여 놓은 입체도형이다. 이 입체도형의 부피를 구하시오.

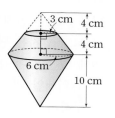

17

오른쪽 그림과 같이 밑면의 반지름의 길이가 6 cm, 높이가 12 cm인 원뿔 모양의 빈 그릇에 1분에 4π cm³씩 물을 넣을 때, 물을 가득 채우는 데 걸리는 시간을 구하시오. (단, 그릇의 두께는 생각하지 않는다.)

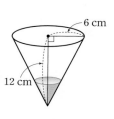

18

다음 그림에서 구의 부피가 원뿔의 부피의 $\dfrac{12}{5}$배일 때, h의 값은?

① 8   ② 10   ③ 12
④ 14   ⑤ 16

19

오른쪽 그림과 같은 부채꼴의 일부분을 직선 l을 회전축으로 하여 1회전시킬 때 생기는 입체도형의 겉넓이를 구하시오.

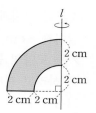

20 중요♡

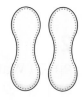

야구공은 코르크로 만든 둥근 심에 실을 감고 흰색 쇠가죽을 싸서 만든다. 이때 흰색 쇠가죽은 똑같이 생긴 8자 모양의 두 조각으로 이루어져 있다. 승현이가 가지고 있는 야구공의 지름의 길이가 6 cm일 때, 이 야구공을 이루는 쇠가죽 한 조각의 넓이를 구하시오.

21

오른쪽 그림과 같이 밑면의 반지름의 길이가 3 cm인 원기둥 안에 원뿔과 구가 꼭 맞게 들어 있을 때, 원뿔, 구, 원기둥의 부피를 각각 구하시오.

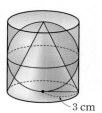

교과서에서 쏙 빼온 **문제**

1

오른쪽 그림과 같이 밑면의 지름의 길이가 8 cm, 높이가 20 cm인 원기둥 모양의 롤러로 벽에 페인트칠을 하려고 한다. 롤러를 멈추지 않고 3바퀴 연속하여 굴렸을 때, 페인트가 칠해진 면의 넓이를 구하시오. (단, 롤러가 지나간 자리는 모두 페인트가 칠해진다.)

2

워터콘(Water cone)은 마실 수 없는 물을 증발시켜서 식수로 만드는 장치이다. 물 위에 원뿔 모양의 워터콘을 덮고 햇볕에 놓으면 증발된 수증기가 워터콘의 옆면에 맺히고 이는 워터콘 가장자리의 원형 홈통에 모인다. 다음과 같이 모선의 길이가 16 cm이고, 밑면의 반지름의 길이가 10 cm인 워터콘에 물이 맺히는 부분의 넓이를 구하시오.

(단, 원형 홈통의 너비는 생각하지 않는다.)

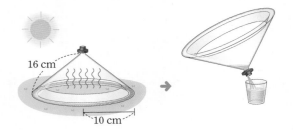

3

다음 그림은 반지름의 길이가 20 cm인 구 모양의 지구 모형을 자른 단면이다. 모형의 중심에서 4 cm 사이에 있는 층이 내핵, 4 cm에서 11 cm 사이에 있는 층이 외핵일 때, 완성된 지구 모형에서 맨틀의 부피를 구하시오.

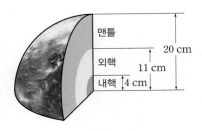

4

다음 그림과 같이 음료를 담는 부분이 각각 원기둥, 반구, 원뿔 모양인 세 종류의 유리잔에 음료를 가득 채울 때, 음료가 많이 들어가는 유리잔부터 차례로 쓰시오. (단, 유리잔의 두께는 생각하지 않는다.)

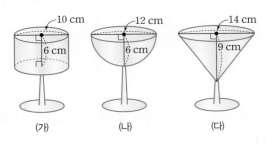

워크북 95쪽~96쪽에서 한번 더 연습해 보세요.

IV

자료의 정리와 해석

1. 자료의 정리와 해석

이 단원을 배우면 중앙값, 최빈값의 뜻을 알고 자료의 특성에 따라 적절한 대푯값을 선택하여 구할 수 있어요. 또, 자료를 줄기와 잎 그림, 도수분포표, 히스토그램, 도수분포다각형으로 나타내고 해석할 수 있어요. 그리고 상대도수를 구하여 이를 표나 그래프로 나타내고 해석할 수 있어요.

대푯값

1 대푯값

(1) **변량** : 점수, 키, 몸무게 등의 자료를 수량으로 나타낸 것

(2) **대푯값** : 자료 전체의 특징을 대표적으로 나타내는 값

(3) 대푯값에는 평균, 중앙값, 최빈값 등이 있으며 평균을 주로 사용한다.

용어
- **변량**(변할 變, 양 量)
  변하는 양
- **대푯값**(대신할 代, 겉 表, 값)
  자료 전체의 특징을 대표하는 값

2 평균

평균 : 변량의 총합을 변량의 개수로 나눈 값 → $(평균) = \dfrac{(변량의\ 총합)}{(변량의\ 개수)}$

참고 • 평균은 자료의 모든 변량을 포함하여 계산한다.
- 평균은 자료 중에 극단적인 변량이 있는 경우 그 영향을 받는다.

초 5~6
(평균)
$= \dfrac{(자료의\ 값의\ 총합)}{(자료의\ 개수)}$

3 중앙값

(1) **중앙값** : 자료를 크기순으로 나열하였을 때 가운데 위치한 값

(2) n개의 변량을 작은 값부터 크기순으로 나열하였을 때

① n이 홀수이면 $\dfrac{n+1}{2}$번째 변량이 중앙값 → 가운데 위치한 값

② n이 짝수이면 $\dfrac{n}{2}$번째와 $\left(\dfrac{n}{2}+1\right)$번째 변량의 평균이 중앙값 → 가운데 위치한 두 값의 평균

예 ① 자료가 2, 3, 5, 7, 8일 때 → 5개의 변량

(중앙값) = (가운데 위치한 값) = (3번째 변량) = 5

② 자료가 2, 3, 5, 7, 8, 10일 때 → 6개의 변량

(중앙값) = (가운데 위치한 두 값의 평균) = (3번째와 4번째 변량의 평균) = $\dfrac{5+7}{2}$ = 6

참고 • 중앙값은 자료 중에 극단적인 변량이 있는 경우 평균보다 자료 전체의 특징을 더 잘 나타낼 수 있다.
- 중앙값은 자료의 모든 정보를 활용한다고 볼 수 없다.

용어
중앙값(가운데 中, 가운데 央, 값)
가운데 위치한 값

4 최빈값

(1) **최빈값** : 자료에서 가장 많이 나타나는 값

(2) 자료에서 가장 많이 나타나는 값이 한 개 이상 있으면 그 값이 모두 최빈값이다.

예 자료가 1, 2, 2, 3, 5, 7, 7, 8일 때, 최빈값은 2, 7이다.

참고 • 최빈값은 자료에 따라 두 개 이상일 수도 있다.
- 최빈값은 자료가 문자나 기호인 경우에도 사용할 수 있다.
- 최빈값은 변량의 개수가 적은 경우 자료 전체의 특징을 잘 나타내지 못할 수도 있다.

용어
최빈값(가장 最, 자주 頻, 값)
가장 많이 나타나는 값

문자나 기호도 대푯값이 될 수 있을까?

최빈값은 평균이나 중앙값과 달리 자료가 문자 또는 기호로 주어진 경우에도 구할 수 있다.

오른쪽과 같이 혈액형을 조사하여 나타낸 표에서 적절한 대푯값은 최빈값이고, 'O형'이다. 이때 최빈값을 '8명'으로 생각하지 않도록 주의한다.

혈액형	A형	B형	O형	AB형
학생 수(명)	4	6	8	2

개념 1 대푯값으로 평균은 어떻게 구할까?

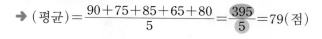

과목	국어	영어	수학	과학	사회
점수(점)	90	75	85	65	80

→ 변량의 개수는 5
→ 변량의 총합은 395점

대푯값은 자료 전체의 특징을 대표적으로 나타내는 값으로 평균, 중앙값, 최빈값 등이 있어.

$$\text{(평균)} = \frac{90+75+85+65+80}{5} = \frac{395}{5} = 79(\text{점})$$

$$\text{(평균)} = \frac{\text{(변량의 총합)}}{\text{(변량의 개수)}}$$

1 다음 자료의 평균을 구하시오.

(1) 2, 4, 4, 5, 7, 8

(2) 20, 25, 28, 31

(3) 12, 15, 16, 17, 20

1-1 다음 자료의 평균을 구하시오.

(1) 2, 5, 6, 8, 9

(2) 13, 14, 18, 18, 19, 20

(3) 30, 32, 34, 36

개념 2 대푯값으로 중앙값은 어떻게 구할까?

n개의 변량을 작은 값부터 크기순으로 나열하였을 때

(1) 변량의 개수 n이 홀수인 경우 : 중앙값은 $\frac{n+1}{2}$번째 변량

| 5, 8, 2, 1, 6 | 작은 값부터 크기순으로 나열 → | 1, 2, 5, 6, 8 | 한가운데 있는 변량 → | 중앙값 : 5 |

(2) 변량의 개수 n이 짝수인 경우 : 중앙값은 $\frac{n}{2}$번째 변량과 $\left(\frac{n}{2}+1\right)$번째 변량의 평균

| 7, 2, 6, 4, 9, 2 | 작은 값부터 크기순으로 나열 → | 2, 2, 4, 6, 7, 9 | 한가운데 있는 두 변량의 평균 → | 중앙값 : $\frac{4+6}{2}=5$ |

2 다음 자료의 중앙값을 구하시오.

(1) 3, 2, 9, 6, 4

(2) 100, 70, 80, 70, 180, 90, 120

(3) 51, 39, 47, 28, 83, 56

2-1 다음 자료의 중앙값을 구하시오.

(1) 3, 7, 1, 9, 6

(2) 24, 29, 22, 28, 24, 21, 27

(3) 240, 210, 290, 230

정답 및 풀이 ➔ 44쪽

개념 3 대푯값으로 최빈값은 어떻게 구할까?

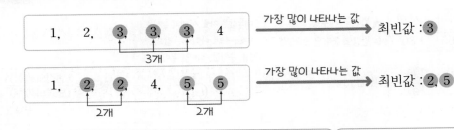

1,　2,　3,　3,　3,　4 　　가장 많이 나타나는 값 ➔ 최빈값 : 3
3개

1,　2,　2,　4,　5,　5 　　가장 많이 나타나는 값 ➔ 최빈값 : 2, 5
2개　　　2개

최빈값은 선호도 조사에서 대푯값으로 많이 쓰여.

3 다음 자료의 최빈값을 구하시오.

(1) 2, 4, 8, 4, 3, 4

(2) 31, 33, 32, 34, 35, 34, 33

(3) 8, 4, 5, 2, 6, 4, 5, 2

3-1 다음 자료의 최빈값을 구하시오.

(1) 8, 7, 9, 5, 4, 10, 7, 6

(2) 100, 101, 105, 101, 100, 103, 100

(3) 5, 10, 15, 5, 5, 10, 15, 15

개념 4 적절한 대푯값은 무엇일까?

10,　12,　15,　16,　1000 ➔ 중앙값이 평균보다 대푯값으로 더 적절하다.
자료 중에 극단적인 변량이 있는 경우

A형, O형, B형, O형, O형, AB형, O형 ➔ 최빈값이 대푯값으로 적절하다.
숫자로 나타낼 수 없는 자료
↳ 변량의 개수가 많거나 변량이 중복되어 나타나는 자료,
숫자로 나타낼 수 없는 자료의 대푯값으로 가장 많이 사용

4 아래는 윤우네 반 학생들의 오래 매달리기 기록을 조사하여 나타낸 것이다. 다음 물음에 답하시오.

(단위 : 초)

13, 22, 24, 10, 1, 24, 18

(1) 평균, 중앙값, 최빈값을 각각 구하시오.

(2) 평균, 중앙값, 최빈값 중 이 자료의 대푯값으로 가장 적절한 것을 구하시오.

4-1 아래는 어느 옷 가게에서 하루 동안 판매된 티셔츠의 크기를 조사하여 나타낸 것이다. 다음 물음에 답하시오.

(단위 : 호)

85, 75, 85, 100, 95, 105, 90, 85

(1) 평균, 중앙값, 최빈값을 각각 구하시오.

(2) 공장에 가장 많이 주문해야 할 티셔츠의 크기를 정할 때, 평균, 중앙값, 최빈값 중 이 자료의 대푯값으로 가장 적절한 것을 구하시오.

표에서 평균, 중앙값, 최빈값 구하기   중요⭐

01 다음은 지수네 반 학생 20명이 1학기 동안 구입한 책 수를 조사하여 나타낸 표이다. 책 수의 평균, 중앙값, 최빈값을 각각 구하시오.

책 수(권)	1	2	3	4	5
학생 수(명)	1	5	8	3	3

02 다음은 학생 10명의 국어 수행 평가 점수를 조사하여 나타낸 표이다. 점수의 평균, 중앙값, 최빈값을 각각 구하시오.

점수(점)	6	7	8	9	10
학생 수(명)	1	1	4	3	1

평균이 주어질 때 변량 구하기

03 다음은 정우네 반 학생 8명의 일주일 동안의 컴퓨터 사용 시간을 조사하여 나타낸 것이다. 컴퓨터 사용 시간의 평균이 6시간일 때, x의 값을 구하시오.

(단위 : 시간)

> 1, 2, 2, 5, 6, x, 10, 13

04 다음은 프로 야구 선수 10명의 홈런 수를 조사하여 나타낸 것이다. 홈런 수의 평균이 9개일 때, x의 값을 구하시오.

(단위 : 개)

> 2, 3, 5, 6, 7, x, 12, 13, 15, 16

중앙값이 주어질 때 변량 구하기 (1)   중요⭐

05 다음은 어느 반 학생 6명의 영어 듣기 평가 점수를 조사하여 작은 값부터 크기순으로 나열한 것이다. 이 자료의 중앙값이 14점일 때, x의 값을 구하시오.

(단위 : 점)

> 5, 9, 12, x, 18, 20

06 다음은 8명의 학생들이 1년 동안 관람한 영화 수를 조사하여 작은 값부터 크기순으로 나열한 것이다. 이 자료의 중앙값이 8편일 때, x의 값을 구하시오.

(단위 : 편)

> 1, 3, 4, x, 9, 10, 12, 19

교과서 대표 문제로

개념 완성하기

중앙값이 주어질 때 변량 구하기 (2)

07 네 수 7, 18, 10, x에 대하여 중앙값이 10일 때, x의 값을 구하시오.

┫코칭 Plus ┣
중앙값이 주어진 경우에는 변량을 작은 값부터 크기순으로 나열한 후, 변량 x가 몇 번째에 있는지 파악한다.

08 다음은 6명의 학생들이 1년 동안 여행한 횟수를 조사하여 나타낸 것이다. 중앙값이 4회일 때, x의 값을 구하시오.

(단위 : 회)

$$3, \ 10, \ 2, \ 9, \ x, \ 1$$

최빈값이 주어질 때 변량 구하기 중요⭐

09 다음 자료의 평균과 최빈값이 같을 때, x의 값을 구하시오.

$$5, \ x, \ 4, \ 6, \ 5, \ 5, \ 9$$

10 다음은 9개의 변량을 작은 값부터 크기순으로 나열한 것이다. 이 자료의 평균이 6이고 최빈값이 4일 때, a, b의 값을 각각 구하시오.

$$2, \ 4, \ 4, \ a, \ 5, \ 7, \ 7, \ 8, \ b$$

그래프에서 평균, 중앙값, 최빈값 구하기

11 오른쪽 그림은 지석이네 반 학생 15명의 턱걸이 횟수를 조사하여 나타낸 막대그래프이다. 이 자료의 평균, 중앙값, 최빈값을 각각 a회, b회, c회라 할 때, $a+b-c$의 값을 구하시오.

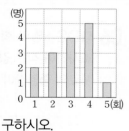

12 오른쪽 그림은 은지네 반 학생 24명의 한 달 동안의 도서관 방문 횟수를 조사하여 나타낸 꺾은선 그래프이다. 이 자료의 중앙값을 a회, 최빈값을 b회라 할 때, ab의 값을 구하시오.

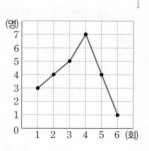

01

다음 자료의 평균, 중앙값, 최빈값을 각각 A, B, C라 할 때, A, B, C의 대소를 비교하시오.

> 100, 500, 200, 100, 100, 500, 100, 400

02

다음 중 자료 A, B, C에 대하여 바르게 설명한 사람을 모두 고르시오.

자료 A	2, 2, 5, 5, 5, 10
자료 B	1, 2, 3, 4, 5, 8, 100
자료 C	1, 2, 3, 4, 5, 6, 7, 8, 9

> 수혁 : 자료 A는 중앙값과 최빈값이 서로 같아.
> 정민 : 자료 B는 평균을 대푯값으로 정하는 것이 가장 적절해.
> 미영 : 자료 C는 평균이나 중앙값을 대푯값으로 정하는 것이 적절해.

03

다음 9개의 변량의 평균이 3일 때, 중앙값은?

> 5, -4, -2, a, 8, 4, 9, 0, -1

① -1 ② 0 ③ 4
④ 5 ⑤ 8

04

다음은 7개의 변량을 작은 값부터 크기순으로 나열한 것이다. 이 자료의 평균이 7이고 중앙값이 8일 때, a, b의 값을 각각 구하시오.

> a, 4, 5, b, 9, 10, 12

05

다음 자료의 최빈값이 6일 때, 중앙값을 구하시오.

> 4, 6, a, 2, 6, 2, 8

한걸음 더

06 추론💬

어느 모둠 학생 10명의 몸무게를 작은 값부터 크기순으로 나열하였더니 5번째 변량이 59 kg이고, 중앙값은 60 kg이었다. 이 모둠에 몸무게가 62 kg인 학생이 들어올 때, 이 모둠 학생 11명의 몸무게의 중앙값을 구하시오.

02 줄기와 잎 그림, 도수분포표

1 줄기와 잎 그림

(1) **줄기와 잎 그림** : 줄기와 잎으로 자료를 구분하여 나타낸 그림

(2) 줄기와 잎 그림을 그리는 방법

❶ 변량을 줄기와 잎으로 구분한다.

❷ 줄기에 해당하는 십의 자리의 수를 작은 수부터 세로로 적는다.

❸ 각 십의 자리의 수에 해당하는 일의 자리의 수, 즉 잎을 작은 값부터 차례로 가로로 적는다. 이때 중복된 자료의 값은 중복된 횟수만큼 적는다.

> 보통 줄기는 변량의 큰 자리의 수로, 잎은 나머지 자리의 수로 정한다.

예 〈자료〉

(단위 : 점)

| 70 | 83 | 92 | 74 | 87 |
| 78 | 74 | 80 | 95 | 79 |

➡ 〈줄기와 잎 그림〉

(7 | 0은 70점)

줄기	잎				
7	0	4	4	8	9
8	0	3	7		
9	2	5			

2 도수분포표

(1) 도수분포표

① **계급** : 변량을 일정한 간격으로 나눈 구간

② **계급의 크기** : 구간의 너비 → 구간의 간격

> **참고** 계급값 : 각 계급의 가운뎃값 ➡ $(계급값) = \dfrac{(계급의 \ 양 \ 끝 \ 값의 \ 합)}{2}$

③ **도수** : 각 계급에 속하는 자료의 개수

④ **도수분포표** : 자료를 몇 개의 계급으로 나누고, 각 계급에 속하는 도수를 조사하여 나타낸 표

> **주의** 계급, 계급의 크기, 계급값, 도수는 항상 단위를 포함하여 쓴다.

(2) 도수분포표를 만드는 방법

❶ 계급의 크기를 정하여 계급을 나눈다.

❷ 각 계급에 속하는 자료의 수를 센다.

❸ 각 계급의 도수를 적는다.

> **용어**
> · **계급**(층계 階, 등급 級) 등급으로 나눈 것
> · **도수**(횟수 度, 수 數) 횟수를 기록한 수

> 주어진 자료에서 가장 작은 변량과 가장 큰 변량을 찾아 두 변량이 포함되는 구간을 일정한 간격으로 나누어 계급을 정한다.

예 〈자료〉

(단위 : 점)

| 70 | 83 | 92 | 74 | 87 |
| 78 | 74 | 80 | 95 | 79 |

➡ 〈도수분포표〉

점수(점)		학생 수(명)
70 ^{이상} ~ 80 ^{미만}		5
80 ~ 90		3
90 ~ 100		2
합계		10

줄기와 잎 그림에서 중복된 값은 생략해도 될까?

줄기와 잎 그림은 변량을 그대로 그림으로 나타낸 것이므로 원래 자료의 정보를 잃지 않는다.

따라서 자료에 중복된 값이 있을 때, 줄기는 중복된 수를 한 번만 적고 잎은 중복된 횟수만큼 적는다.

개념 1 자료를 줄기와 잎 그림으로 어떻게 정리할까?

정우네 모둠 학생들의 공 던지기 기록을 조사하여 줄기와 잎 그림으로 정리해 보자.

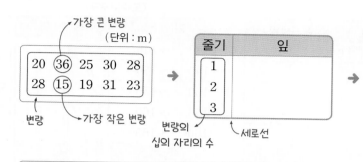

공 던지기 기록

(1 | 5는 15 m) ← '줄기 | 잎'을 설명한다.

줄기	잎
1	5 9
2	0 3 5 8 8
3	0 1 6

→ 변량의 일의 자리의 수

중복되는 수는 모두 적는다.

- 정우네 모둠 전체 학생 수 : 10명 → 잎의 총 개수
- 잎이 가장 많은 줄기 : 2
- 공 던지기 기록이 30 m 이상인 학생 수 : 3명

줄기는 중복되는 수를 한 번만, 잎은 중복되는 수를 모두 써야 해.

참고
- 변량이 두 자리의 자연수일 때 : 십의 자리의 수는 줄기, 일의 자리의 수는 잎으로 한다.
- 변량이 세 자리의 자연수일 때 : 보통 일의 자리의 수만을 잎으로 한다.

---

1 아래는 윤호네 반 학생들의 수학 수행 평가 점수를 조사하여 나타낸 줄기와 잎 그림이다. 다음 물음에 답하시오.

(단위 : 점)

53	57	94	67	71	98	52	80
92	68	86	74	85	89	55	89

↓

수학 수행 평가 점수 (5 | 2는 52점)

줄기	잎
5	2 3 ㉠ 7
6	7 ㉡
7	1 4
8	㉢ 5 6 ㉣ 9
9	2 4 8

(1) ㉠~㉣에 알맞은 수를 구하시오.

(2) 잎이 가장 많은 줄기를 구하시오.

(3) 윤호네 반 전체 학생은 몇 명인지 구하시오.

(4) 점수가 90점 이상인 학생은 몇 명인지 구하시오.

1-1 아래는 어느 농장에서 수확한 귤의 무게를 조사하여 나타낸 줄기와 잎 그림이다. 다음 물음에 답하시오.

(단위 : g)

62	75	81	92	70	72	82	77
66	88	62	74	75	73	75	98

↓

귤의 무게 (6 | 2는 62 g)

줄기	잎
6	2
7	
8	
9	

(1) 위의 줄기와 잎 그림을 완성하시오.

(2) 가장 작은 변량과 가장 큰 변량을 차례로 구하시오.

(3) 줄기가 8인 잎을 모두 구하시오.

(4) 무게가 75 g 미만인 귤은 몇 개인지 구하시오.

(5) 무게가 무거운 쪽에서 3번째인 귤의 무게를 구하시오.

개념 2 자료를 도수분포표로 어떻게 정리할까?

주연이네 반 학생들의 키를 조사하여 도수분포표로 정리해 보자.

⟨도수분포표⟩

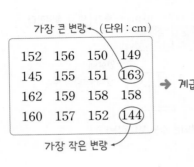

가장 큰 변량 ─ (단위 : cm)

152	156	150	149
145	155	151	163
162	159	158	158
160	157	152	144

가장 작은 변량

→ 계급 →

키(cm)	학생 수(명)
140 이상 ~ 145 미만	
145 ~ 150	
150 ~ 155	
155 ~ 160	
160 ~ 165	
합계	

계급의 크기 : 165-160=5(cm)

→

키(cm)	학생 수(명)	
140 이상 ~ 145 미만	/	1
145 ~ 150	//	2
150 ~ 155	////	4
155 ~ 160	///// /	6
160 ~ 165	///	3
합계		16

도수

변량의 개수를 셀 때 ///// 이나 正을 사용하면 편리하다.

전체 도수

- 계급의 크기 : 145−140＝150−145＝⋯＝5(cm) ─ 계급의 양 끝 값의 차
- 계급의 개수 : 5 → 140 cm 이상 145 cm 미만, 145 cm 이상 150 cm 미만, 150 cm 이상 155 cm 미만, 155 cm 이상 160 cm 미만, 160 cm 이상 165 cm 미만
- 도수가 가장 큰 계급 : 155 cm 이상 160 cm 미만

계급의 크기는 모두 같게 해야 해.

---

2 아래는 성현이네 반 학생들의 일주일 동안의 독서 시간을 조사하여 나타낸 도수분포표이다. 다음 물음에 답하시오.

(단위 : 시간)

| 1 | 3 | 7 | 4 | 2 | 8 | 8 | 2 |
| 9 | 6 | 7 | 6 | 4 | 3 | 7 | 9 |

↓

독서 시간(시간)	학생 수(명)
0 이상 ~ 2 미만	㉠
2 ~ 4	㉡
4 ~ 6	2
6 ~ 8	㉢
8 ~ 10	4
합계	㉣

(1) ㉠~㉣에 알맞은 수를 구하시오.

(2) 계급의 크기를 구하시오.

(3) 계급의 개수를 구하시오.

(4) 도수가 가장 큰 계급을 구하시오.

2-1 아래는 어느 볼링 동아리 학생들의 볼링 점수를 조사하여 나타낸 도수분포표이다. 다음 물음에 답하시오.

(단위 : 점)

68	75	63	69	74	88	99	80
70	72	86	90	68	85	71	82
78	101	73	89	103	85	96	72

↓

볼링 점수(점)	학생 수(명)
60 이상 ~ 70 미만	
~	
~	
~	
~	
합계	24

(1) 위의 도수분포표를 완성하시오.

(2) 계급의 크기를 구하시오.

(3) 도수가 가장 큰 계급을 구하시오.

(4) 도수가 가장 작은 계급의 도수를 구하시오.

교과서 대표 문제로
개념 완성하기

줄기와 잎 그림의 이해

01 아래는 현서네 반 학생들의 윗몸 일으키기 횟수를 조사하여 나타낸 줄기와 잎 그림이다. 다음 물음에 답하시오.

윗몸 일으키기 횟수　　　(1 | 2는 12회)

줄기	잎
1	2　4　8　9
2	0　1　1　2　3　5　6　6　6　8
3	0　1　3　4　4　6

(1) 현서네 반 전체 학생은 몇 명인지 구하시오.

(2) 잎이 가장 적은 줄기를 구하시오.

(3) 윗몸 일으키기 횟수가 26회 이상인 학생은 몇 명인지 구하시오.

(4) 기록이 가장 좋은 학생의 윗몸 일으키기 횟수는 몇 회인지 구하시오.

02 아래는 A 반 학생들의 영어 듣기 평가 점수를 조사하여 나타낸 줄기와 잎 그림이다. 다음 물음에 답하시오.

영어 듣기 평가 점수　　　(5 | 0은 50점)

줄기	잎
5	0　2　6
6	0　4　6　6　8
7	0　2　2　4　6　8　8
8	0　0　4　4　6　8
9	0　2　4　8

(1) A 반 전체 학생은 몇 명인지 구하시오.

(2) 잎이 가장 많은 줄기를 구하시오.

(3) 점수가 70점 미만인 학생은 몇 명인지 구하시오.

(4) 점수가 가장 높은 학생과 가장 낮은 학생의 점수의 차는 몇 점인지 구하시오.

도수분포표의 이해 (1)

03 오른쪽은 은성이네 반 학생들의 일주일 동안의 컴퓨터 사용 시간을 조사하여 나타낸 도수분포표이다. 다음 물음에 답하시오.

사용 시간(시간)	학생 수(명)
0 이상 ~ 5 미만	2
5 ~10	13
10 ~15	10
15 ~20	5
합계	30

(1) 컴퓨터 사용 시간이 10시간 미만인 학생은 몇 명인지 구하시오.

(2) 도수가 가장 큰 계급을 구하시오.

(3) 컴퓨터 사용 시간이 10시간인 학생이 속하는 계급을 구하시오.

(4) 도수가 가장 작은 계급의 도수를 구하시오.

04 오른쪽은 성훈이네 반 학생들의 줄넘기 기록을 조사하여 나타낸 도수분포표이다. 다음 물음에 답하시오.

줄넘기 기록(회)	학생 수(명)
80 이상 ~100 미만	3
100 ~120	2
120 ~140	8
140 ~160	7
160 ~180	5
합계	25

(1) 줄넘기 기록이 140회 이상인 학생은 몇 명인지 구하시오.

(2) 도수가 가장 작은 계급을 구하시오.

(3) 줄넘기 기록이 157회인 학생이 속하는 계급을 구하시오.

(4) 도수가 가장 큰 계급의 도수를 구하시오.

교과서 대표 문제로

도수분포표의 이해 (2) 중요☆

05 오른쪽은 상호네 반 학생들의 식사 시간을 조사하여 나타낸 도수분포표이다. 다음 물음에 답하시오.

식사 시간(분)	학생 수(명)
10 이상 ~15 미만	6
15 ~20	10
20 ~25	A
25 ~30	4
30 ~35	3
합계	35

(1) A의 값을 구하시오.

(2) 식사 시간이 20분 미만인 학생은 몇 명인지 구하시오.

(3) 식사 시간이 15분인 학생이 속하는 계급을 구하시오.

(4) 식사 시간이 긴 쪽에서 12번째인 학생이 속하는 계급을 구하시오.

06 오른쪽은 신혜네 반 학생들의 통학 시간을 조사하여 나타낸 도수분포표이다. 다음 물음에 답하시오.

통학 시간(분)	학생 수(명)
0 이상 ~10 미만	4
10 ~20	5
20 ~30	12
30 ~40	A
40 ~50	1
합계	30

(1) A의 값을 구하시오.

(2) 통학 시간이 30분 이상인 학생은 몇 명인지 구하시오.

(3) 통학 시간이 18분인 학생이 속하는 계급을 구하시오.

(4) 통학 시간이 짧은 쪽에서 10번째인 학생이 속하는 계급을 구하시오.

도수분포표에서 특정 계급의 백분율 중요☆

07 오른쪽은 민철이네 반 학생들의 앉은키를 조사하여 나타낸 도수분포표이다. 다음 물음에 답하시오.

앉은키(cm)	학생 수(명)
80 이상 ~82 미만	3
82 ~84	4
84 ~86	5
86 ~88	10
88 ~90	A
90 ~92	1
합계	25

(1) A의 값을 구하시오.

(2) 앉은키가 88 cm 이상 90 cm 미만인 학생은 전체의 몇 %인지 구하시오.

(3) 앉은키가 84 cm 미만인 학생은 전체의 몇 %인지 구하시오.

◀코칭 Plus

$$(\text{특정 계급의 백분율}) = \frac{(\text{해당 계급의 도수})}{(\text{도수의 총합})} \times 100(\%)$$

08 오른쪽은 어느 중학교 학생들이 한 달 동안 읽은 책의 수를 조사하여 나타낸 도수분포표이다. 다음 물음에 답하시오.

책의 수(권)	학생 수(명)
0 이상 ~ 2 미만	4
2 ~ 4	7
4 ~ 6	17
6 ~ 8	A
8 ~10	9
합계	50

(1) A의 값을 구하시오.

(2) 책을 2권 이상 4권 미만 읽은 학생은 전체의 몇 %인지 구하시오.

(3) 책을 6권 이상 읽은 학생은 전체의 몇 %인지 구하시오.

03 히스토그램과 도수분포다각형

1 히스토그램

(1) **히스토그램** : 도수분포표에서 각 계급을 가로로, 도수를 세로로 하여 직사각형으로 나타낸 그래프

(2) **히스토그램을 그리는 방법**

❶ 가로축에 각 계급의 양 끝 값을 차례로 적는다.

❷ 세로축에 도수를 적는다.

❸ 각 계급에서 계급의 크기를 가로로 하고, 도수를 세로로 하는 직사각형을 그린다.

(3) **히스토그램의 특징**

① 자료의 전체적인 분포 상태를 한눈에 쉽게 알아볼 수 있다.

② 각 직사각형의 넓이는 각 계급의 도수에 정비례한다.

③ (직사각형의 넓이의 합)= {(계급의 크기)×(그 계급의 도수)}의 총합
= (계급의 크기)×(도수의 총합) ← 각 직사각형의 넓이

참고 • (직사각형의 가로의 길이)=(계급의 크기)

• (직사각형의 세로의 길이)=(도수)

• (직사각형의 개수)=(계급의 개수)

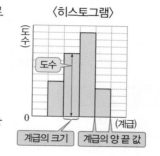

〈히스토그램〉

용어

히스토그램
(histogram)
역사(history)와
그림(diagram)의 합성어

히스토그램에서 직사각형의 가로의 길이의 단위와 세로의 길이의 단위가 다르므로 넓이의 단위를 정할 수 없다. 따라서 직사각형의 넓이를 구할 때 단위를 쓰지 않는다.

2 도수분포다각형

(1) **도수분포다각형** : 히스토그램에서 각 직사각형의 윗변의 중앙에 점을 찍은 후 차례로 선분으로 연결하여 나타낸 그래프

(2) **도수분포다각형을 그리는 방법**

❶ 히스토그램의 각 직사각형에서 윗변의 중앙에 점을 찍는다.

❷ 히스토그램의 양 끝에 도수가 0인 계급이 하나씩 더 있는 것으로 생각하여 그 중앙에 점을 찍는다.

❸ 위에서 찍은 점들을 차례로 선분으로 연결한다.

참고 도수분포다각형의 각 직사각형의 윗변의 중앙에 있는 점의 좌표는 (계급값, 도수)이므로 히스토그램을 그리지 않고 도수분포표를 보고 바로 그릴 수도 있다.

(3) **도수분포다각형의 특징**

① 자료의 전체적인 분포 상태를 연속적으로 관찰할 수 있다.

② 두 개 이상의 자료의 분포 상태를 동시에 나타내어 비교하는 데 편리하다.

③ (도수분포다각형과 가로축으로 둘러싸인 부분의 넓이)
= (히스토그램의 각 직사각형의 넓이의 합)

〈도수분포다각형〉

용어

도수분포다각형
도수의 분포 상태를 다각형 모양으로 나타낸 그래프

색칠한 두 삼각형의 넓이는 같다. →

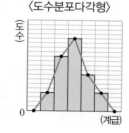

도수분포다각형과 가로축으로 둘러싸인 부분의 넓이는 단위를 정할 수 없으므로 쓰지 않는다.

도수분포다각형에서 계급의 개수를 셀 때 주의할 점은?

도수분포다각형에서 양 끝의 도수가 0인 계급은 실제 계급이 아니므로 계급의 개수에 포함하지 않아야 한다.

개념 1 히스토그램을 어떻게 그리고 해석할 수 있을까?

〈도수분포표〉

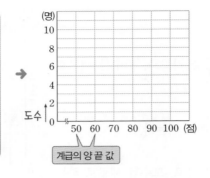

수학 점수(점)	학생 수(명)
50 이상 ~ 60 미만	1
60 ~ 70	4
70 ~ 80	8
80 ~ 90	10
90 ~100	7
합계	30

〈히스토그램〉

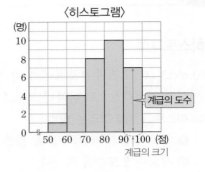

- 계급의 크기 : $60-50=70-60=\cdots=10$(점) → 직사각형의 가로의 길이
- 계급의 개수 : 5 → 직사각형의 개수
- 도수가 가장 큰 계급 : 80점 이상 90점 미만
- 도수가 가장 큰 계급의 도수 : 10명

(직사각형의 넓이의 합)
=(계급의 크기)×(도수의 총합)
=10×30=300

참고 막대그래프와 히스토그램의 비교

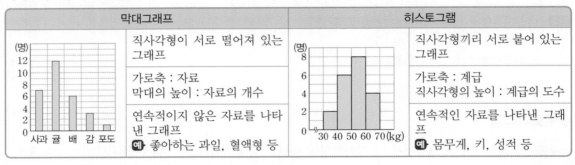

막대그래프		히스토그램	
(명) 그래프	직사각형이 서로 떨어져 있는 그래프	(명) 그래프	직사각형끼리 서로 붙어 있는 그래프
	가로축 : 자료 막대의 높이 : 자료의 개수		가로축 : 계급 직사각형의 높이 : 계급의 도수
	연속적이지 않은 자료를 나타낸 그래프 예 좋아하는 과일, 혈액형 등		연속적인 자료를 나타낸 그래프 예 몸무게, 키, 성적 등

---

1 아래 도수분포표는 주희네 반 학생들의 논술 점수를 조사하여 나타낸 것이다. 이 도수분포표를 이용하여 히스토그램을 그리고, 다음을 구하시오.

논술 점수(점)	학생 수(명)
60 이상 ~ 70 미만	11
70 ~ 80	7
80 ~ 90	4
90 ~100	3
합계	25

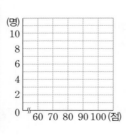

(1) 계급의 크기

(2) 계급의 개수

(3) 도수가 가장 큰 계급

(4) 위에 그린 히스토그램에서 직사각형의 넓이의 합

1-1 오른쪽 그림은 어느 중학교 학생들의 주말 동안의 인터넷 사용 시간을 조사하여 나타낸 히스토그램이다. 다음을 구하시오.

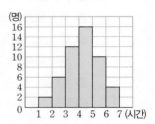

(1) 계급의 크기

(2) 계급의 개수

(3) 전체 학생 수

(4) 도수가 가장 작은 계급

(5) 사용 시간이 3시간 이상 5시간 미만인 학생 수

(6) 히스토그램에서 직사각형의 넓이의 합

개념 2 도수분포다각형을 어떻게 그리고 해석할 수 있을까?

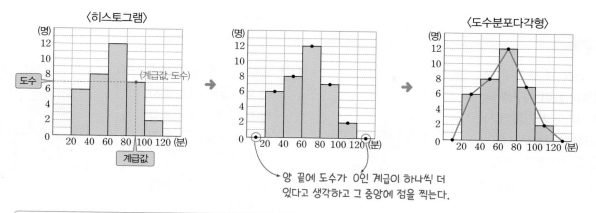

- 계급의 크기 : $40-20=60-40=\cdots=20$(분)
- 계급의 개수 : 5 ← 양 끝에 도수가 0인 계급 제외
- 도수가 가장 큰 계급 : 60분 이상 80분 미만
- 도수가 가장 큰 계급의 도수 : 12명

참고 (도수분포다각형과 가로축으로 둘러싸인 부분의 넓이)
= (히스토그램의 각 직사각형의 넓이의 합)
= (계급의 크기) × (도수의 총합)

각 직사각형의 윗변의 중앙에 있는 점의 좌표는 (계급값, 도수)이므로 도수분포다각형은 도수분포표에서 히스토그램을 그리지 않고 바로 그릴 수도 있다.

2 아래 도수분포표는 민찬이네 반 학생들이 방학 동안 버스를 이용한 횟수를 조사하여 나타낸 것이다. 이 도수분포표를 이용하여 히스토그램과 도수분포다각형을 그리고, 다음을 구하시오.

이용 횟수(회)	학생 수(명)
10 이상 ~ 20 미만	3
20 ~ 30	4
30 ~ 40	8
40 ~ 50	10
50 ~ 60	7
합계	32

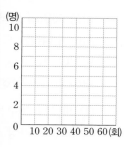

(1) 계급의 크기

(2) 계급의 개수

(3) 도수가 가장 큰 계급

(4) 버스 이용 횟수가 40회 이상인 학생 수

(5) 위에 그린 도수분포다각형과 가로축으로 둘러싸인 부분의 넓이

2-1 아래 그림은 재현이네 반 학생들의 몸무게를 조사하여 나타낸 도수분포다각형이다. 다음을 구하시오.

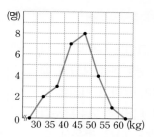

(1) 계급의 크기

(2) 계급의 개수

(3) 전체 학생 수

(4) 도수가 7명인 계급

(5) 몸무게가 40 kg 미만인 학생 수

(6) 도수분포다각형과 가로축으로 둘러싸인 부분의 넓이

히스토그램의 이해

01 오른쪽 그림은 인성이네 학교 학생들이 놀이 기구를 타기 위해 기다린 시간을 조사하여 나타낸 히스토그램이다. 다음 물음에 답하시오.

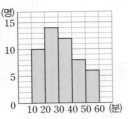

(1) 전체 학생은 몇 명인지 구하시오.

(2) 도수가 6명인 계급을 구하시오.

(3) 기다린 시간이 30분 미만인 학생은 몇 명인지 구하시오.

(4) 기다린 시간이 긴 쪽에서 10번째인 학생이 속하는 계급을 구하시오.

(5) 기다린 시간이 40분 이상인 학생은 전체의 몇 %인지 구하시오.

02 오른쪽 그림은 은서네 반 학생들의 키를 조사하여 나타낸 히스토그램이다. 다음 중 옳지 <u>않은</u> 것은?

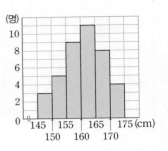

① 전체 학생은 40명이다.

② 키가 가장 큰 학생의 키는 174 cm이다.

③ 키가 155 cm 미만인 학생은 8명이다.

④ 키가 작은 쪽에서 15번째인 학생이 속하는 계급의 도수는 9명이다.

⑤ 키가 165 cm 이상인 학생은 전체의 30 %이다.

도수분포다각형의 이해   중요♡

03 오른쪽 그림은 유미네 반 학생들이 물로켓을 쏘았을 때 물로켓이 날아간 거리를 조사하여 나타낸 도수분포다각형이다. 다음 물음에 답하시오.

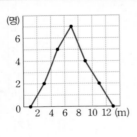

(1) 계급의 크기를 구하시오.

(2) 전체 학생은 몇 명인지 구하시오.

(3) 도수가 가장 큰 계급을 구하시오.

(4) 물로켓이 날아간 거리가 긴 쪽에서 7번째인 학생이 속하는 계급을 구하시오.

(5) 물로켓이 날아간 거리가 6 m 미만인 학생은 전체의 몇 %인지 구하시오.

04 오른쪽 그림은 예서네 학교 학생 50명의 통학 시간을 조사하여 나타낸 도수분포다각형이다. 다음 중 옳은 것을 모두 고르면? (정답 2개)

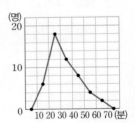

① 계급의 개수는 8이다.

② 도수가 가장 작은 계급은 10분 이상 20분 미만이다.

③ 통학 시간이 30분 미만인 학생은 24명이다.

④ 통학 시간이 짧은 쪽에서 20번째인 학생이 속하는 계급의 도수는 18명이다.

⑤ 통학 시간이 50분 이상인 학생은 전체의 20 %이다.

찢어진 히스토그램 또는 도수분포다각형 중요 ☆

05 오른쪽 그림은 형민이네 반 학생 40명의 공 던지기 기록을 조사하여 나타낸 히스토그램인데 일부가 찢어져 보이지 않는다. 다음 물음에 답하시오.

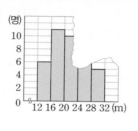

(1) 기록이 24 m 이상 28 m 미만인 학생은 몇 명인지 구하시오.

(2) 기록이 24 m 이상 28 m 미만인 학생은 전체의 몇 %인지 구하시오.

코칭 Plus

(보이지 않는 계급의 도수)
=(도수의 총합)−(보이는 계급의 도수의 합)

06 오른쪽 그림은 재희네 반 학생 30명의 신발 크기를 조사하여 나타낸 도수분포다각형인데 일부가 찢어져 보이지 않는다. 다음 물음에 답하시오.

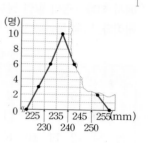

(1) 신발 크기가 245 mm 이상 250 mm 미만인 학생은 몇 명인지 구하시오.

(2) 신발 크기가 245 mm 이상 250 mm 미만인 학생은 전체의 몇 %인지 구하시오.

두 도수분포다각형의 비교

07 오른쪽 그림은 진서네 반 여학생과 남학생의 1년 동안 자란 키를 조사하여 나타낸 도수분포다각형이다. 다음 **보기**에서 옳은 것을 모두 고르시오.

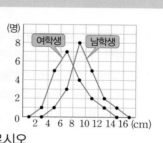

• 보기 •

ㄱ. 여학생 수는 남학생 수보다 적다.

ㄴ. 1년 동안 남학생이 여학생보다 키가 더 많이 자란 편이다.

ㄷ. 1년 동안 자란 키가 6 cm 이상 8 cm 미만인 학생은 여학생 수가 남학생 수보다 더 많다.

ㄹ. 각각의 그래프와 가로축으로 둘러싸인 부분의 넓이는 남학생의 그래프가 더 넓다.

08 오른쪽 그림은 A 중학교 1학년 1반과 2반의 영어 성적을 조사하여 나타낸 도수분포다각형이다. 다음 **보기**에서 옳은 것을 모두 고르시오.

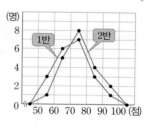

• 보기 •

ㄱ. 2반의 학생 중 성적이 70점 미만인 학생은 6명이다.

ㄴ. 1반의 학생 중 성적이 3번째로 좋은 학생이 속하는 계급의 도수는 4명이다.

ㄷ. 1반이 2반보다 성적이 더 좋은 편이다.

ㄹ. 각각의 그래프와 가로축으로 둘러싸인 부분의 넓이는 서로 같다.

[01~03] 아래는 지연이와 형우가 3월부터 7월까지 도서관에서 책을 1권씩 빌린 날짜를 조사하여 나타낸 줄기와 잎 그림이다. 다음 물음에 답하시오.

도서관에서 책을 빌린 날짜　　(3|4는 3월 4일)

잎(지연)					줄기	잎(형우)				
	19	15	6	5	4	3	7	11	14	21	26
	29	27	18	15	14	4	4	12	16		
28	24	12	11	10	6	5	1	3	9	15	27
			26	2	6	10	12	15	26	
	20	19	14	10	7	2	6	11	31	

01

도서관에서 책을 더 많이 빌린 학생은 누구인지 구하시오.

02

지연이와 형우가 도서관에서 책을 함께 빌린 날짜를 구하시오.

03

5월에 책을 더 많이 빌린 학생은 누구인지 구하시오.

[04~05] 오른쪽은 상우네 반 학생들의 줄넘기 기록을 조사하여 나타낸 도수분포표이다. 다음 물음에 답하시오.

줄넘기 기록(회)	학생 수(명)
0 이상 ~ 20 미만	2
20 ~ 40	10
40 ~ 60	15
60 ~ 80	
80 ~100	1
합계	35

04

줄넘기 기록이 60회 이상 80회 미만인 학생은 몇 명인지 구하시오.

05

줄넘기 기록이 60회 이상 80회 미만인 학생은 전체의 몇 %인지 구하시오.

06

오른쪽은 선주네 중학교 학생들의 몸무게를 조사하여 나타낸 도수분포표이다. 다음 중 옳지 않은 것은?

몸무게(kg)	학생 수(명)
40 이상 ~45 미만	5
45 ~50	8
50 ~55	14
55 ~60	A
60 ~65	9
65 ~70	4
합계	50

① 계급의 크기는 5 kg이다.
② A의 값은 10이다.
③ 도수가 가장 큰 계급은 50 kg 이상 55 kg 미만이다.
④ 몸무게가 62 kg인 학생이 속하는 계급의 도수는 9명이다.
⑤ 몸무게가 60 kg 이상인 학생은 전체의 25 %이다.

[07~08] 오른쪽 그림은 어느 지역에서 개최한 단축 마라톤 대회에 참가한 학생들의 기록을 조사하여 나타낸 히스토그램이다. 다음 물음에 답하시오.

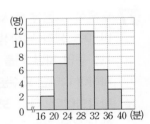

07

기록이 좋은 쪽에서 12번째인 학생이 속하는 계급의 도수를 구하시오.

08

기록이 24분 이상 32분 미만인 학생은 전체의 몇 %인지 구하시오.

09

오른쪽 그림은 어느 영화 감상반 학생들의 1년 동안의 영화 관람 횟수를 조사하여 나타낸 도수분포다각형이다. 다음 중 옳지 않은 것은?

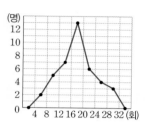

① 계급의 크기는 4회이다.
② 계급의 개수는 7이다.
③ 전체 학생은 40명이다.
④ 관람 횟수가 21회인 학생이 속하는 계급의 도수는 13명이다.
⑤ 관람 횟수가 적은 쪽에서 8번째인 학생이 속하는 계급의 도수는 7명이다.

10

오른쪽 그림은 혜진이네 반 학생들의 수면 시간을 조사하여 나타낸 히스토그램인데 일부가 찢어져 보이지 않는다. 수면 시간이 7시간 미만인 학생이 전체의 30 %일 때, 수면 시간이 7시간 이상 8시간 미만인 학생은 몇 명인지 구하시오.

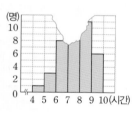

11

오른쪽 그림은 어느 축제에 참가한 25명의 나이를 조사하여 나타낸 도수분포다각형인데 일부가 찢어져 보이지 않는다. 나이가 40세 이상 50세 미만인 사람 수가 50세 이상 60세 미만인 사람 수의 2배일 때, 50세 이상 60세 미만인 사람은 몇 명인지 구하시오.

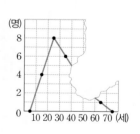

12 문제 해결 🔒

오른쪽은 영훈이네 반 학생들이 1년 동안 가족 여행을 한 횟수를 조사하여 나타낸 도수분포표이다. 여행 횟수가 6회 미만인 학생이 전체의 20 %일 때, A, B의 값을 각각 구하시오.

여행 횟수 (회)	학생 수 (명)
2 이상 ~ 4 미만	2
4 ~ 6	A
6 ~ 8	B
8 ~ 10	9
10 ~ 12	8
12 ~ 14	1
합계	40

13 추론 💬

오른쪽 그림은 어느 중학교 1학년 학생들의 1년 동안의 봉사 활동 시간을 조사하여 나타낸 도수분포다각형이다. 다음 보기에서 옳은 것을 모두 고르시오.

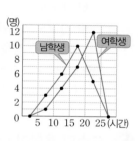

─ 보기 ─

ㄱ. 여학생이 남학생보다 봉사 활동 시간이 더 긴 편이다.
ㄴ. 남학생의 그래프에서 도수가 가장 큰 계급은 20시간 이상 25시간 미만이다.
ㄷ. 봉사 활동 시간이 20시간 미만인 학생 수는 여학생이 더 많다.
ㄹ. 봉사 활동 시간이 20시간 이상인 여학생은 전체 여학생의 50 %이다.

1 상대도수

(1) **상대도수** : 도수의 총합에 대한 각 계급의 도수의 비율

$$(\text{어떤 계급의 상대도수}) = \frac{(\text{그 계급의 도수})}{(\text{도수의 총합})}$$

> **참고** ① (어떤 계급의 도수) = (도수의 총합) × (그 계급의 상대도수)
>
> ② (도수의 총합) = $\dfrac{(\text{그 계급의 도수})}{(\text{어떤 계급의 상대도수})}$
>
> ③ (백분율) = (상대도수) × 100(%)

(2) **상대도수의 분포표** : 각 계급의 상대도수를 나타낸 표

(3) **상대도수의 특징**

① 상대도수의 총합은 항상 1이고, 상대도수는 0 이상 1 이하인 수이다.

② 각 계급의 상대도수는 그 계급의 도수에 정비례한다.

③ 도수의 총합이 다른 두 집단의 분포 상태를 비교할 때 편리하다.

〈상대도수의 분포표〉

통학 시간(분)	도수(명)	상대도수
0 이상 ~10 미만	2	$0.1 = \frac{2}{20}$
10 ~20	4	0.2
20 ~30	8	0.4
30 ~40	6	0.3
합계	20	1

> **용어**
>
> **상대**(서로 相, 대할 對)
> **도수**
> 전체에 대한 상대적인 크기를 나타낸 도수

> 도수분포표는 각 계급의 도수를 알기에는 편리하지만 도수의 총합에 대한 각 계급의 도수의 비율을 바로 알기에는 불편하다. 이때 상대도수의 분포표를 이용한다.

2 상대도수의 분포를 나타낸 그래프

(1) **상대도수의 분포를 나타낸 그래프** : 상대도수의 분포표를 히스토그램이나 도수분포다각형 모양으로 나타낸 그래프

(2) **상대도수의 분포를 나타낸 그래프를 그리는 방법**

❶ 가로축에 각 계급의 양 끝 값을 차례로 적는다.

❷ 세로축에 상대도수를 적는다.

❸ 히스토그램이나 도수분포다각형과 같은 방법으로 직사각형을 그리거나, 점을 찍어 선분으로 연결한다.

> **참고** 상대도수의 분포를 나타낸 그래프에서
>
> (그래프와 가로축으로 둘러싸인 부분의 넓이) = (계급의 크기) × (상대도수의 총합)
> = (계급의 크기) × 1 = (계급의 크기)

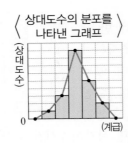

〈 상대도수의 분포를 나타낸 그래프 〉

> 상대도수의 분포를 나타낸 그래프는 일반적으로 도수분포다각형 모양으로 나타낸다.

3 도수의 총합이 다른 두 집단의 분포 비교

도수의 총합이 다른 두 집단의 자료의 상대도수의 분포를 그래프로 함께 나타내면 두 자료의 분포 상태를 한눈에 비교할 수 있다.

> **주의** • 상대도수는 두 자료의 비율의 비교는 가능하지만 도수의 대소 관계는 알 수 없다.
>
> • 상대도수의 분포를 나타낸 두 그래프에서 두 그래프와 가로축으로 둘러싸인 부분의 넓이는 서로 같다.

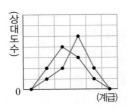

> 상대도수를 구하면 각 집단에서 그 계급이 차지하는 비율을 알 수 있고, 두 집단의 분포 상태를 서로 비교할 수 있다.

상대도수는 언제 필요할까?

상대도수는 계급별로 도수가 전체에서 차지하는 비율이 궁금할 때 사용한다.
상대도수에 100만 곱하면 백분율이 되므로 상대도수만 알면 전체의 몇 %인지 바로 알 수 있다.

1 상대도수의 분포표를 어떻게 만들고 해석할 수 있을까?

〈상대도수의 분포표〉

점수(점)	도수(명)	상대도수
50 이상 ~ 60 미만	④	0.1
60 ~ 70	6	0.15
70 ~ 80	10	0.25
80 ~ 90	12	0.3
90 ~ 100	8	0.2
합계	40	1

상대도수의 총합은 항상 1이다.

- 도수의 총합이 40명, 50점 이상 60점 미만인 계급의 도수가 4명이다.
  → 50점 이상 60점 미만인 계급의 상대도수는 $\dfrac{4}{40} = 0.1$
- 도수의 총합이 40명,
  60점 이상 70점 미만인 계급의 상대도수가 0.15이다.
  → 60점 이상 70점 미만인 계급의 도수는 $40 \times 0.15 = 6$(명)
- 80점 이상 90점 미만인 계급의 도수가 12명, 상대도수가 0.3이다.
  → 도수의 총합은 $\dfrac{12}{0.3} = 40$(명)

각 계급의 상대도수는
그 계급의 도수에 정비례해.

$$(어떤\ 계급의\ 상대도수) = \dfrac{(그\ 계급의\ 도수)}{(도수의\ 총합)}$$

---

1 아래는 어느 도시에서 한 해 동안 상영된 영화 중 관객 수가 많은 영화 20편의 관객 수를 조사하여 나타낸 상대도수의 분포표이다. 다음 물음에 답하시오.

관객 수(만 명)	도수(편)	상대도수
10 이상 ~ 20 미만	10	0.5
20 ~ 30	4	A
30 ~ 40	B	0.15
40 ~ 50	2	C
50 ~ 60	1	0.05
합계	20	D

(1) 다음 ☐ 안에 알맞은 수를 써넣으시오.

$$A = \dfrac{(그\ 계급의\ 도수)}{(도수의\ 총합)} = \dfrac{\boxed{}}{\boxed{}} = \boxed{}$$

$B = (도수의\ 총합) \times (그\ 계급의\ 상대도수)$
$\quad = \boxed{} \times \boxed{} = \boxed{}$

$$C = \dfrac{\boxed{}}{\boxed{}} = \boxed{}$$

$D = \boxed{}$

(2) 상대도수가 가장 큰 계급의 도수를 구하시오.

(3) 관객 수가 40만 명 이상인 영화는 전체의 몇 %인지 구하시오.

1-1 아래는 수영이네 반 학생들의 체육 수행 평가 점수를 조사하여 나타낸 상대도수의 분포표이다. 다음 물음에 답하시오.

수행 평가 점수(점)	도수(명)	상대도수
50 이상 ~ 60 미만	4	
60 ~ 70		0.24
70 ~ 80	8	
80 ~ 90		0.2
90 ~ 100	2	
합계	25	

(1) 위의 상대도수의 분포표를 완성하시오.

(2) 상대도수가 가장 큰 계급을 구하시오.

(3) 상대도수가 가장 작은 계급의 도수를 구하시오.

(4) 점수가 90점 이상인 학생은 전체의 몇 %인지 구하시오.

(5) 점수가 70점 미만인 학생은 전체의 몇 %인지 구하시오.

개념 2 상대도수의 분포를 나타낸 그래프를 어떻게 그리고 해석할 수 있을까?

⟨상대도수의 분포표⟩

달리기 기록(초)	상대도수
$14^{이상} \sim 15^{미만}$	0.15
$15 \sim 16$	0.2
$16 \sim 17$	0.3
$17 \sim 18$	0.25
$18 \sim 19$	0.1
합계	1

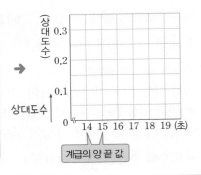

계급의 양 끝 값

⟨상대도수의 분포를 나타낸 그래프⟩

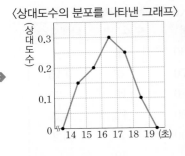

- 계급의 크기 : $15-14=16-15=\cdots=1$(초)
- 계급의 개수 : 5
- 상대도수가 가장 큰 계급 : 16초 이상 17초 미만

  └─ 각 계급의 상대도수는 그 계급의 도수에 정비례하므로 이 계급의 도수가 가장 크다.
- 달리기 기록이 17초 이상인 학생은 전체의
  $(0.25+0.1) \times 100 = 0.35 \times 100 = 35(\%)$

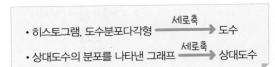

- 히스토그램, 도수분포다각형 ──세로축→ 도수
- 상대도수의 분포를 나타낸 그래프 ──세로축→ 상대도수

---

2 아래 상대도수의 분포표는 50곳의 지역에서 소음도를 조사하여 나타낸 것이다. 이 상대도수의 분포표를 이용하여 도수분포다각형 모양의 그래프를 그리고, 다음 물음에 답하시오.

소음도(dB)	상대도수
$30^{이상} \sim 40^{미만}$	0.1
$40 \sim 50$	0.16
$50 \sim 60$	0.3
$60 \sim 70$	0.24
$70 \sim 80$	0.2
합계	1

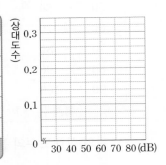

(1) 소음도가 60 dB 이상 70 dB 미만인 계급의 상대도수를 구하시오.

(2) 도수가 가장 큰 계급을 구하시오.

(3) 소음도가 50 dB 미만인 지역은 전체의 몇 % 인지 구하시오.

(4) 소음도가 70 dB 이상 80 dB 미만인 지역은 몇 곳인지 구하시오.

2-1 아래 그림은 어느 동아리 학생 50명의 하루 평균 스마트폰 사용 시간에 대한 상대도수의 분포를 나타낸 그래프이다. 다음 물음에 답하시오.

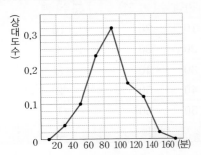

(1) 상대도수가 가장 큰 계급을 구하시오.

(2) 도수가 가장 작은 계급을 구하시오.

(3) 스마트폰 사용 시간이 60분 이상 120분 미만인 학생은 전체의 몇 %인지 구하시오.

(4) 스마트폰 사용 시간이 100분 이상인 학생은 몇 명인지 구하시오.

개념 3 도수의 총합이 다른 두 집단의 분포를 어떻게 비교할 수 있을까?

〈상대도수의 분포표〉

봉사 활동 시간(시간)	도수(명)		상대도수	
	1학년	2학년	1학년	2학년
2 이상 ~ 4 미만	28	15	0.14	0.1
4 ~ 6	80	24	0.4	0.16
6 ~ 8	48	36	0.24	0.24
8 ~10	32	54	0.16	0.36
10 ~12	12	21	0.06	0.14
합계	200	150	1	1

도수의 총합이 서로 다르므로 상대도수로 비교한다.

〈상대도수의 분포를 나타낸 그래프〉

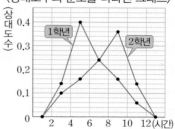

- 1학년에서 상대도수가 가장 큰 계급은 4시간 이상 6시간 미만이다.
- 2학년에서 상대도수가 가장 큰 계급은 8시간 이상 10시간 미만이다.
- 봉사 활동 시간이 2시간 이상 4시간 미만인 학생의 비율은 1학년이 2학년보다 더 높다.
- 봉사 활동 시간이 10시간 이상 12시간 미만인 학생의 비율은 2학년이 1학년보다 더 높다.
- 2학년의 그래프가 1학년의 그래프보다 전체적으로 오른쪽으로 치우쳐 있으므로 2학년의 봉사 활동 시간이 더 길다고 할 수 있다.

참고 도수의 총합이 같은 두 집단에서 상대도수가 같으면 그 계급의 도수는 같지만 도수의 총합이 다른 두 집단에서는 상대도수가 같더라도 그 계급의 도수는 다르다.

---

3 아래는 어느 학교 1학년 남학생 25명과 여학생 20명의 발 길이를 조사하여 나타낸 상대도수의 분포표이다. 다음 물음에 답하시오.

발 길이(mm)	도수(명)		상대도수	
	남학생	여학생	남학생	여학생
225 이상~230 미만	1	2	0.04	
230 ~235	2	6		0.3
235 ~240	5		0.2	0.4
240 ~245		3	0.36	
245 ~250	8	1		0.05
합계	25	20		

(1) 위의 상대도수의 분포표를 완성하시오.

(2) 발 길이가 235 mm 이상 240 mm 미만인 학생의 비율은 남학생과 여학생 중 어느 쪽이 더 높은지 구하시오.

3-1 아래 그림은 A 병원과 B 병원에 진료를 받으러 온 환자들의 대기 시간에 대한 상대도수의 분포를 나타낸 그래프이다. 다음 물음에 답하시오.

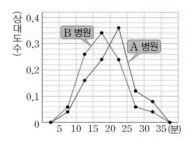

(1) A 병원에서 상대도수가 가장 큰 계급을 구하시오.

(2) 대기 시간이 30분 이상인 환자의 비율은 두 병원 중 어느 쪽이 더 낮은지 구하시오.

상대도수 구하기

01 오른쪽은 어느 식당에서 손님들의 대기 시간을 조사하여 나타낸 도수분포표이다. 다음 물음에 답하시오.

대기 시간(분)	도수(명)
0 ^{이상}~ 5 ^{미만}	4
5 ~10	9
10 ~15	14
15 ~20	10
20 ~25	8
25 ~30	5
합계	50

(1) 대기 시간이 15분 이상 20분 미만인 계급의 상대도수를 구하시오.

(2) 도수가 가장 작은 계급의 상대도수를 구하시오.

02 오른쪽 그림은 정수네 반 학생들이 겨울방학 동안 읽은 책의 수를 조사하여 나타낸 도수분포다각형이다. 다음 물음에 답하시오.

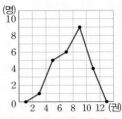

(1) 책을 6권 읽은 학생이 속하는 계급의 상대도수를 구하시오.

(2) 도수가 가장 큰 계급의 상대도수를 구하시오.

상대도수의 분포표의 이해　중요★

03 아래는 혁주네 반 학생들의 일주일 동안의 SNS 이용 시간을 조사하여 나타낸 상대도수의 분포표이다. 다음 물음에 답하시오.

이용 시간(시간)	도수(명)	상대도수
0 ^{이상}~ 2 ^{미만}	4	0.1
2 ~ 4	8	A
4 ~ 6	14	B
6 ~ 8	C	0.25
8 ~10	4	0.1
합계	D	E

(1) A, B, C, D, E의 값을 각각 구하시오.

(2) SNS 이용 시간이 2시간 이상 6시간 미만인 학생은 전체의 몇 %인지 구하시오.

(3) SNS 이용 시간이 10번째로 긴 학생이 속하는 계급의 상대도수를 구하시오.

04 아래는 민중이네 중학교 1학년 학생들의 몸무게를 조사하여 나타낸 상대도수의 분포표이다. 다음 물음에 답하시오.

몸무게(kg)	도수(명)	상대도수
40 ^{이상}~45 ^{미만}	4	A
45 ~50	12	0.24
50 ~55	B	C
55 ~60	11	0.22
60 ~65	D	0.14
합계	E	1

(1) A, B, C, D, E의 값을 각각 구하시오.

(2) 몸무게가 50 kg 미만인 학생은 전체의 몇 %인지 구하시오.

(3) 몸무게가 가벼운 쪽에서 5번째인 학생이 속하는 계급의 상대도수를 구하시오.

• 상대도수의 분포를 나타낸 그래프의 이해 중요✓ •

05 오른쪽 그림은 서준이네 중학교 1학년 학생들의 100 m 달리기 기록에 대한 상대도수의 분포를 나타낸 그래프이다. 상대도수가 가장 큰 계급의 도수가 32명일 때, 다음 물음에 답하시오.

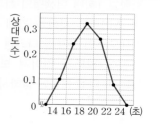

(1) 전체 학생은 몇 명인지 구하시오.

(2) 도수가 가장 작은 계급의 상대도수를 구하시오.

(3) 기록이 20초 이상 22초 미만인 학생은 몇 명인지 구하시오.

(4) 기록이 좋은 쪽에서 15번째인 학생이 속하는 계급을 구하시오.

06 오른쪽 그림은 준명이네 야구 동아리 학생들이 1년 동안 친 안타 수에 대한 상대도수의 분포를 나타낸 그래프이다. 상대도수가 가장 작은 계급의 도수가 4명일 때, 다음 물음에 답하시오.

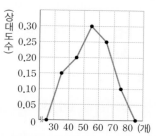

(1) 전체 학생은 몇 명인지 구하시오.

(2) 안타가 60개 이상인 학생은 전체의 몇 %인지 구하시오.

(3) 안타가 50개 이상 60개 미만인 학생은 몇 명인지 구하시오.

(4) 안타 수가 많은 쪽에서 12번째인 학생이 속하는 계급의 상대도수를 구하시오.

• 도수의 총합이 다른 두 집단의 분포 비교 •

07 오른쪽 그림은 A 중학교와 B 중학교 학생들의 통학 시간에 대한 상대도수의 분포를 나타낸 그래프이다. 다음 물음에 답하시오.

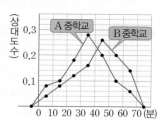

(1) A 중학교에서 도수가 가장 작은 계급의 상대도수를 구하시오.

(2) A 중학교의 상대도수가 B 중학교의 상대도수보다 큰 계급을 모두 구하시오.

(3) A 중학교와 B 중학교 중 어느 중학교 학생들의 통학 시간이 더 짧다고 할 수 있는지 말하시오.

08 오른쪽 그림은 한자 경시대회에 참가한 어느 중학교 1학년 1반과 2반 학생들의 성적에 대한 상대도수의 분포를 나타낸 그래프이다. 다음 물음에 답하시오.

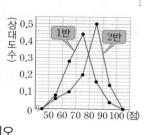

(1) 2반에서 도수가 가장 큰 계급의 상대도수를 구하시오.

(2) 2반의 상대도수가 1반의 상대도수보다 큰 계급을 모두 구하시오.

(3) 두 반 중 어느 반의 성적이 더 좋다고 할 수 있는지 말하시오.

01

다음은 재민이네 반 학생들의 1년 동안의 영화 관람 횟수를 조사하여 나타낸 상대도수의 분포표인데 일부가 찢어져 보이지 않는다. 재민이네 반 전체 학생은 몇 명인지 구하시오.

영화 관람 횟수(회)	도수(명)	상대도수
$2^{\text{이상}} \sim 4^{\text{미만}}$	9	0.25
4 ~ 6		
6 ~ 8		

02

다음은 희재네 반 학생들의 한 달 동안의 용돈을 조사하여 나타낸 상대도수의 분포표이다. $A \sim E$의 값으로 옳지 않은 것은?

용돈(만 원)	도수(명)	상대도수
$2^{\text{이상}} \sim 3^{\text{미만}}$	2	0.05
3 ~ 4	6	A
4 ~ 5	B	0.5
5 ~ 6	8	C
6 ~ 7	4	D
합계	E	1

① $A=0.15$　　② $B=20$　　③ $C=0.25$

④ $D=0.1$　　⑤ $E=40$

03

오른쪽 그림은 준영이네 학교 학생 200명의 과학 성적에 대한 상대도수의 분포를 나타낸 그래프이다. 과학 성적이 좋은 쪽에서 10번째인 학생이 속하는 계급을 구하시오.

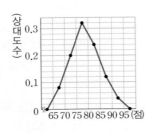

[04~05]

오른쪽 그림은 어느 중학교 1학년 학생들의 하루 동안 스마트폰 사용 시간에 대한 상대도수의 분포를 나타낸 그래프인데 일부가 찢어져 보이지 않는다. 다음 물음에 답하시오.

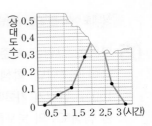

04

스마트폰 사용 시간이 2시간 이상 2.5시간 미만인 계급의 상대도수를 구하시오.

05

스마트폰 사용 시간이 1시간 미만인 학생이 15명일 때, 스마트폰 사용 시간이 2시간 이상 2.5시간 미만인 학생은 몇 명인지 구하시오.

한걸음 더

06 문제해결🔒

오른쪽 그림은 현정이네 학교 여학생 200명과 남학생 150명이 일주일 동안 컴퓨터를 사용한 시간에 대한 상대도수의 분포를 나타낸 그래프이다. 다음 보기에서 옳은 것을 모두 고르시오.

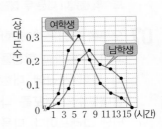

┌ 보기 ┐

ㄱ. 남학생이 여학생보다 컴퓨터를 사용한 시간이 더 긴 편이라고 할 수 있다.

ㄴ. 컴퓨터 사용 시간이 7시간 이상 9시간 미만인 학생은 남학생이 더 많다.

ㄷ. 두 그래프와 가로축으로 둘러싸인 부분의 넓이는 서로 같다.

실전에 대비하는
서술형 문제

1

다음 자료의 평균, 중앙값, 최빈값을 각각 a, b, c라 할 때, $a-2b+c$의 값을 구하시오. [6점]

> 3, 10, 4, 7, 5, 9, 6, 7, 7, 2

풀이

채점 기준 1 a의 값 구하기 ⋯ 2점

채점 기준 2 b의 값 구하기 ⋯ 2점

채점 기준 3 c의 값 구하기 ⋯ 1점

채점 기준 4 $a-2b+c$의 값 구하기 ⋯ 1점

답

한번 더!

1-1

오른쪽 그림은 학생 20명을 대상으로 배구 서브 횟수를 조사하여 나타낸 꺾은선그래프이다. 배구 서브 횟수의 평균, 중앙값, 최빈값을 각각 a회, b회, c회라 할 때, $a+2b-c$의 값을 구하시오. [6점]

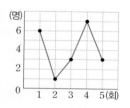

풀이

채점 기준 1 a의 값 구하기 ⋯ 2점

채점 기준 2 b의 값 구하기 ⋯ 2점

채점 기준 3 c의 값 구하기 ⋯ 1점

채점 기준 4 $a+2b-c$의 값 구하기 ⋯ 1점

답

2

오른쪽은 서하네 중학교 1학년 학생들의 국어 점수를 조사하여 나타낸 도수분포표이다. 국어 점수가 70점 이상 80점 미만인 학생이 전체의 40 %일 때, A, B의 값을 각각 구하시오. [6점]

국어 점수(점)	학생 수(명)
50 이상 ~ 60 미만	16
60 ~ 70	40
70 ~ 80	A
80 ~ 90	B
90 ~100	12
합계	160

풀이

답

3

오른쪽 그림은 나무 36그루의 키를 조사하여 나타낸 히스토그램인데 일부가 찢어져 보이지 않는다. 키가 12 m 이상 13 m 미만인 계급과 13 m 이상 14 m 미만인 계급의 도수의 비가 4 : 3일 때, 키가 13 m 이상인 나무는 몇 그루인지 구하시오. [7점]

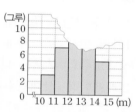

풀이

답

4

오른쪽 그림은 현주네 중학교 학생들의 음악 수행 평가 점수에 대한 상대도수의 분포를 나타낸 그래프이다. 점수가 30점 이상 40점 미만인 학생이 14명일 때, 점수가 30점 미만인 학생은 몇 명인지 구하시오. [6점]

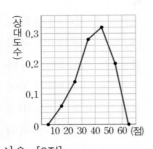

풀이

채점 기준 1   전체 학생 수 구하기 … 3점

채점 기준 2   점수가 30점 미만인 학생 수 구하기 … 3점

답

한번 더!

4-1

오른쪽 그림은 주오네 학교 1학년 학생들의 키에 대한 상대도수의 분포를 나타낸 그래프이다. 상대도수가 가장 큰 계급의 도수가 60명일 때, 키가 160 cm 미만인 학생은 몇 명인지 구하시오. [6점]

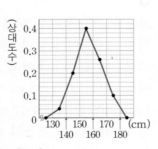

풀이

채점 기준 1   전체 학생 수 구하기 … 3점

채점 기준 2   키가 160 cm 미만인 학생 수 구하기 … 3점

답

5

오른쪽 그림은 어느 볼링 동호회에 속한 회원들의 나이를 조사하여 나타낸 도수분포다각형이다. 20세 이상 30세 미만인 계급의 상대도수를 구하시오. [5점]

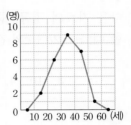

풀이

답

6

다음은 어느 농장에서 수확한 사과의 무게를 조사하여 나타낸 상대도수의 분포표인데 일부가 찢어져 보이지 않는다. 사과의 무게가 250 g 이상 260 g 미만인 계급의 도수를 구하시오. [6점]

사과의 무게(g)	도수(개)	상대도수
240 이상 ~ 250 미만	7	0.14
250 ~ 260		0.2
260 ~ 270		

풀이

답

실전! 중단원 마무리
배운 내용을 확인하는

01

다음은 어느 반 학생 18명을 대상으로 좋아하는 분식을 조사하여 나타낸 것이다. 이 자료의 최빈값은?

김밥	라면	떡볶이	어묵	김밥	라면
라면	김밥	김밥	어묵	라면	김밥
떡볶이	김밥	순대	김밥	순대	떡볶이

① 김밥　　　② 라면　　　③ 떡볶이
④ 어묵　　　⑤ 순대

02

다음 자료의 평균과 최빈값이 모두 20일 때, $a-b$의 값을 구하시오. (단, $a>b$)

$$22, \ 26, \ 18, \ a, \ 24, \ b, \ 20$$

03

학생 11명의 수학 점수를 작은 값부터 크기순으로 나열하면 7번째 학생의 점수는 80점이고 중앙값은 76점이다. 수학 점수가 82점인 학생 1명을 추가할 때, 학생 12명의 수학 점수의 중앙값을 구하시오.

04

세 수 3, 9, a의 중앙값이 9이고, 네 수 14, 18, 20, a의 중앙값이 16일 때, 다음 중 자연수 a의 값이 될 수 없는 것은?

① 9　　　　② 10　　　　③ 12
④ 14　　　　⑤ 16

05 중요✿

다음은 어느 도시의 10일 동안의 최고 기온을 조사하여 나타낸 것이다. 이 자료의 중앙값이 21 ℃, 최빈값이 22 ℃일 때, $a+b+c$의 값을 구하시오.

(단, a, b, c는 자연수)

(단위 : ℃)

$$23, \ 19, \ a, \ b, \ c, \ 18, \ 23, \ 22, \ 14, \ 15$$

06

오른쪽은 영준이네 반 학생들의 미술 성적을 조사하여 나타낸 줄기와 잎 그림이다. 다음 중 옳지 <u>않은</u> 것은?

미술 성적　　(6 | 4는 64점)

줄기	잎
6	4 4 6 8
7	0 2 4 6 8
8	0 0 2 4 4 6 8
9	0 4 6 8

① 잎은 일의 자리의 수이다.
② 잎이 가장 많은 줄기는 8이다.
③ 미술 성적이 80점 미만인 학생은 10명이다.
④ 전체 학생은 20명이다.
⑤ 미술 성적이 좋은 쪽에서 5번째인 학생의 점수는 88점이다.

07

다음 중 도수분포표에 대한 설명으로 옳지 <u>않은</u> 것은?

① 변량은 자료를 수량으로 나타낸 것이다.
② 계급은 변량을 일정한 간격으로 나눈 구간이다.
③ 계급의 크기는 각 계급의 양 끝 값의 차이다.
④ 도수는 각 계급에 속하는 자료의 개수이다.
⑤ 계급의 개수가 많을수록 자료의 분포 상태를 알기 쉽다.

[08~10] 오른쪽은 세진이네 반 학생들의 하루 수면 시간을 조사하여 나타낸 도수분포표이다. 다음 물음에 답하시오.

수면 시간(시간)	학생 수(명)
4 이상 ~ 5 미만	3
5 ~ 6	9
6 ~ 7	
7 ~ 8	12
8 ~ 9	1
합계	35

08

다음 중 위의 도수분포표를 보고 알 수 <u>없는</u> 것은?

① 계급의 크기 ② 계급의 개수
③ 전체 학생 수 ④ 수면 시간의 분포
⑤ 최저 수면 시간

09

도수가 가장 큰 계급을 구하시오.

10

세진이의 수면 시간이 6시간일 때, 세진이보다 수면 시간이 적은 학생은 몇 명인지 구하시오.

[11~13] 오른쪽 그림은 어느 편의점에서 식료품들의 남은 유통기한을 조사하여 나타낸 히스토그램이다. 다음 물음에 답하시오.

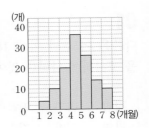

11

조사한 식료품은 몇 개인지 구하시오.

12

유통기한이 3개월 미만 남은 식료품은 몇 개인지 구하시오.

13

유통기한이 6개월 이상 남은 식료품은 전체의 몇 %인지 구하시오.

14 중요♥

오른쪽 그림은 어느 중학교 독서 동아리 학생들이 1년 동안 읽은 책의 수를 조사하여 나타낸 도수분포다각형이다. 다음 중 옳은 것은?

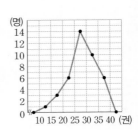

① 계급의 크기는 10권이다.
② 계급의 개수는 8이다.
③ 독서 동아리의 전체 학생은 30명이다.
④ 읽은 책이 21권인 학생이 속하는 계급의 도수는 14명이다.
⑤ 읽은 책의 수가 적은 쪽에서 4번째인 학생이 속하는 계급은 15권 이상 20권 미만이다.

15 중요✓

오른쪽 그림은 정민이네 반 학생 40명의 몸무게를 조사하여 나타낸 도수분포다각형인데 일부가 찢어져 보이지 않는다. 몸무게가 50 kg 이상 60 kg 미만인 학생은 전체의 몇 %인지 구하시오.

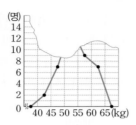

16

아래 그림은 미진이네 반 학생들의 국어 점수를 조사하여 두 그래프로 나타낸 것이다. 다음 **보기**에서 옳은 것을 모두 고른 것은?

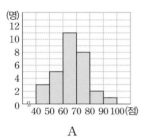 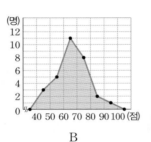

A   B

━• 보기 •━
ㄱ. A는 도수분포다각형이고, B는 히스토그램이다.
ㄴ. 두 그래프에서 색칠한 부분의 넓이는 서로 같다.
ㄷ. 미진이네 반 전체 학생은 30명이다.
ㄹ. 계급의 크기는 20점이다.

① ㄱ, ㄴ   ② ㄴ, ㄷ   ③ ㄷ, ㄹ
④ ㄱ, ㄴ, ㄷ   ⑤ ㄴ, ㄷ, ㄹ

17

오른쪽은 준기네 반 학생 30명의 한 달 동안의 독서 시간을 조사하여 나타낸 도수분포표이다. 도수가 가장 큰 계급의 상대도수를 구하시오.

독서 시간(시간)	학생 수(명)
0 이상 ~ 4 미만	6
4 ~ 8	9
8 ~ 12	8
12 ~ 16	4
16 ~ 20	3
합계	30

[18~19]
오른쪽 그림은 수민이네 반 학생 25명의 영어 점수에 대한 상대도수의 분포를 나타낸 그래프이다. 다음 물음에 답하시오.

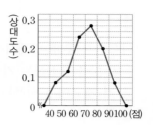

18

영어 점수가 60점 이상 80점 미만인 학생은 전체의 몇 %인지 구하시오.

19 중요✓

영어 점수가 80점 이상인 학생은 몇 명인지 구하시오.

[20~21]
오른쪽 그림은 어느 중학교 1학년과 2학년 학생들의 수학 점수에 대한 상대도수의 분포를 나타낸 그래프이다. 다음 물음에 답하시오.

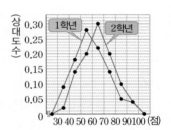

20

수학 점수가 50점 미만인 학생의 비율은 1학년과 2학년 중 어느 쪽이 더 높은지 구하시오.

21

1학년 학생이 300명, 2학년 학생이 350명일 때, 수학 점수가 70점 이상 80점 미만인 학생은 각각 몇 명인지 구하시오.

교과서에서 쏙 빼온 문제

1

다음은 서우네 반에서 반 학생들의 자료를 수집하여 우리 반을 대표하는 가상 인물을 만든 것이다. ㉠~㉮ 중 각 자료에서 이용된 대푯값으로 적절하지 않은 것을 구하시오.

우리 반을 대표하는 가상 인물

자료	남	여	대푯값
키	170.5 cm	159.2 cm	㉠ 평균
몸무게	62.0 kg	52.5 kg	㉡ 평균
신발 치수	275 mm	235 mm	㉢ 최빈값
티셔츠 치수	L	M	㉣ 최빈값
좋아하는 색	파랑	노랑	㉤ 중앙값
태어난 달	9월	6월	㉥ 최빈값

2

다음은 준희네 반 학생들의 왼쪽 시력을 조사하여 나타낸 도수분포표인데 일부가 찢어져 보이지 않는다. 왼쪽 시력이 0.4 미만인 학생이 전체의 15 %일 때, 준희네 반 전체 학생은 몇 명인지 구하시오.

왼쪽 시력	학생 수(명)
0.0 이상 ~ 0.2 미만	2
0.2 ~ 0.4	4

3

다음 그림은 2014년과 2015년에 서울을 찾은 외국인 관광객 수를 나이대별로 조사하여 나타낸 도수분포다각형이다. 2014년보다 2015년에 20대와 30대의 수가 급격히 증가했다고 할 수 있는지 설명하시오.

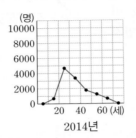
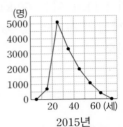

4

다음 그림은 A 마트와 B 마트에서 방문 고객들이 구매한 금액에 대한 상대도수의 분포를 나타낸 그래프이다. A 마트의 방문 고객은 250명, B 마트의 방문 고객은 200명일 때, A 마트와 B 마트에서 구매한 금액이 8만 원 이상인 고객은 각각 몇 명인지 구하시오.

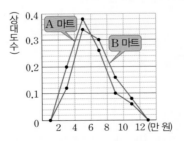

워크북 97쪽~99쪽에서 한번 더 연습해 보세요.

내신과 수능의 빠른시작!

중학 국어 빠작 시리즈

최신개정판

비문학 독해 0~3단계

독해력과 어휘력을
함께 키우는
독해 기본서

최신개정판

문학 독해 1~3단계

필수 작품을 통해
문학 독해력을 기르는
독해 기본서

빠작 ON⁺와 함께
독해력 플러스!

문학X비문학 독해 1~3단계

문학 독해력과
비문학 독해력을 함께 키우는
독해 기본서

고전 문학 독해

필수 작품을 통해
고전 문학 독해력을 기르는
독해 기본서

어휘 1~3단계

내신과 수능의
기초를 마련하는
중학 어휘 기본서

한자 어휘

중학 국어 필수 어휘를
배우는 한자 어휘 기본서

서술형 쓰기

유형으로 익히는
실전 TIP 중심의
서술형 실전서

첫 문법

중학 국어 문법을
쉽게 익히는 문법 입문서

문법

풍부한 문제로 문법 개념을
정리하는 문법서

수매씽 MATHING σ 개념

중학 수학 1·2

내신과 등업을 위한 강력한 한 권!

 개념 연산서 **수매씽 개념연산**
중등 : 1~3학년 1·2학기

 개념 기본서 **수매씽 개념**
중등 : 1~3학년 1·2학기
고등 (22개정) : 공통수학1, 공통수학2

 유형 기본서 **수매씽**
중등 : 1~3학년 1·2학기
고등 (15개정) : 수학(상), 수학(하), 수학Ⅰ, 수학Ⅱ, 확률과 통계, 미적분
고등 (22개정) : 공통수학1, 공통수학2

 동아출판

📞 **Telephone** 1644-0600
🏠 **Homepage** www.bookdonga.com
✉ **Address** 서울시 영등포구 은행로 30 (우 07242)

• 정답 및 풀이는 동아출판 홈페이지 내 학습자료실에서 내려받을 수 있습니다.
• 교재에서 발견된 오류는 동아출판 홈페이지 내 정오표에서 확인 가능하며, 잘못 만들어진 책은 구입처에서 교환해 드립니다.
• 학습 상담, 제안 사항, 오류 신고 등 어떠한 이야기라도 들려주세요.

2022 개정
교육과정
2025년 중1부터 적용

수
매씽
MATHING
개념

중학 수학

1·2

워크북

동아출판

기본이 탄탄해지는 **개념 기본서**
수매씽 개념

▶ 개념북과 워크북으로 개념 완성

수매씽 개념 중학 수학 1·2

발행일	2023년 10월 20일
인쇄일	2023년 10월 10일
펴낸곳	동아출판㈜
펴낸이	이욱상
등록번호	제300−1951−4호(1951. 9. 19.)
개발총괄	김영지
개발책임	이상민
개발	김인영, 권혜진, 윤찬미, 이현아, 김다은, 양지은
디자인책임	목진성
디자인	송현아
대표번호	1644−0600
주소	서울시 영등포구 은행로 30 (우 07242)

수
매씨
MATHING

개념

중학 수학
1·2

01 점, 선, 면

한번 더 개념 확인문제

개념북 ➡ 7쪽~9쪽 | 정답 및 풀이 ➡ 55쪽

01 다음 설명 중 옳은 것에는 ○표, 옳지 않은 것에는 ×표를 하시오.

(1) 선이 연속하여 움직인 자리는 면이 된다.　　　(　　)

(2) 원은 입체도형이다.　　　(　　)

(3) 면과 면이 만나서 생기는 선을 교선이라 한다.　　　(　　)

(4) 원기둥은 평면과 곡면으로 둘러싸인 입체도형이다.　　　(　　)

02 오른쪽 그림과 같은 직육면체에서 다음을 구하시오.

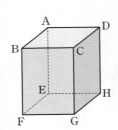

(1) 모서리 AD와 모서리 AE의 교점

(2) 면 AEHD와 면 CGHD의 교선

03 오른쪽 그림과 같은 삼각뿔에서 다음을 구하시오.

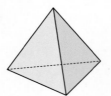

(1) 교점의 개수

(2) 교선의 개수

04 다음 도형을 기호로 나타내시오.

(1)

(2)

(3)

(4)

05 다음 □ 안에 = 또는 ≠ 중 알맞은 것을 써넣으시오.

(1) $\overrightarrow{AB}$ □ $\overrightarrow{BA}$

(2) $\overrightarrow{AB}$ □ $\overrightarrow{BA}$

(3) $\overline{AB}$ □ $\overline{BA}$

06 오른쪽 그림에서 다음을 구하시오.

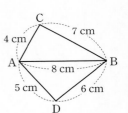

(1) 두 점 A, B 사이의 거리

(2) 두 점 B, C 사이의 거리

07 다음 그림에서 점 M이 $\overline{AB}$의 중점일 때, □ 안에 알맞은 수를 써넣으시오.

A　　　　M　　　　B

(1) $\overline{AB}$=8 cm일 때, $\overline{AM}$=□ cm

(2) $\overline{MB}$=10 cm일 때, $\overline{AB}$=□ cm

교과서 대표 문제로
완성하기

점, 선, 면

01 다음 중 옳은 것을 모두 고르면? (정답 2개)

① 점이 연속적으로 움직이면 선이 된다.
② 한 점을 지나는 직선은 2개이다.
③ 면과 면이 만나서 생기는 교선은 직선이다.
④ 다각형에서 교점은 꼭짓점이다.
⑤ 반직선의 길이는 직선의 길이의 $\frac{1}{2}$이다.

교점과 교선

02 오른쪽 그림과 같은 사각뿔에서 교점의 개수를 a, 교선의 개수를 b라 할 때, $b-a$의 값을 구하시오.

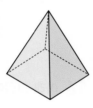

03 오른쪽 그림과 같은 오각기둥에서 교점의 개수를 x, 교선의 개수를 y, 면의 개수를 z라 할 때, $x-y+z$의 값을 구하시오.

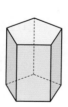

직선, 반직선, 선분

04 아래 그림과 같이 직선 l 위에 세 점 A, B, C가 있다. 다음 중 $\overrightarrow{CB}$와 같은 것은?

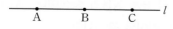

① $\overrightarrow{AB}$ ② $\overrightarrow{AC}$ ③ $\overrightarrow{BA}$
④ $\overrightarrow{BC}$ ⑤ $\overrightarrow{CA}$

05 오른쪽 그림과 같이 직선 l 위에 세 점 A, B, C가 있다. 다음 **보기** 중 서로 같은 것을 나타내는 것끼리 짝 지으시오.

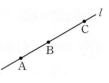

┌─ 보기 ─────────────────┐
$\overrightarrow{AB}$, $\overline{AB}$, $\overleftrightarrow{AB}$, $\overrightarrow{AC}$, $\overrightarrow{BC}$, $\overline{BC}$
└──────────────────────┘

직선, 반직선, 선분의 개수

06 오른쪽 그림과 같이 한 직선 위에 있지 않은 세 점 A, B, C 중 두 점을 이어 만들 수 있는 서로 다른 선분의 개수를 a, 반직선의 개수를 b라 할 때, $a+b$의 값을 구하시오.

07 오른쪽 그림과 같이 원 위에 네 점 A, B, C, D가 있다. 이 중 두 점을 이어 만들 수 있는 서로 다른 직선의 개수를 a, 반직선의 개수를 b라 할 때, $a+b$의 값을 구하시오.

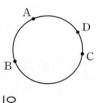

08 다음 그림과 같이 직선 l 위에 네 점 A, B, C, D가 있다. 이 중 두 점을 이어 만들 수 있는 서로 다른 직선의 개수를 x, 선분의 개수를 y라 할 때, $x+y$의 값을 구하시오.

선분의 중점

09 아래 그림에서 두 점 M, N은 각각 $\overline{AB}$, $\overline{AM}$의 중점일 때, 다음 중 옳지 <u>않은</u> 것은?

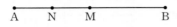

① $\overline{AB}=2\overline{AM}$　　② $\overline{AB}=4\overline{AN}$

③ $\overline{AM}=2\overline{NM}$　　④ $\overline{NM}=\dfrac{1}{3}\overline{AB}$

⑤ $\overline{MB}=\dfrac{1}{2}\overline{AB}$

두 점 사이의 거리 (1) – 중점

10 다음 그림에서 두 점 M, N은 각각 $\overline{AB}$, $\overline{BC}$의 중점이고 $\overline{AB}=6$ cm, $\overline{BC}=4$ cm일 때, $\overline{MN}$의 길이를 구하시오.

11 다음 그림에서 두 점 M, N은 각각 $\overline{AB}$, $\overline{BC}$의 중점이고 $\overline{MN}=10$ cm일 때, $\overline{AC}$의 길이를 구하시오.

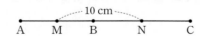

12 다음 그림에서 점 M은 $\overline{AB}$의 중점이고 $\overline{AB}=5\overline{AP}$이다. $\overline{AB}=20$ cm일 때, $\overline{PM}$의 길이를 구하시오.

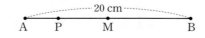

두 점 사이의 거리 (2) – 삼등분점

13 아래 그림에서 $\overline{AM}=\overline{MN}=\overline{NB}$이고, 점 P는 $\overline{AM}$의 중점이다. 다음 중 옳지 <u>않은</u> 것은?

① $\overline{AB}=6\overline{AP}$　　② $\overline{PB}=5\overline{AP}$

③ $\overline{AM}=\dfrac{1}{3}\overline{AB}$　　④ $\overline{AN}=3\overline{PM}$

⑤ $\overline{AP}=10$ cm이면 $\overline{MN}=20$ cm이다.

14 아래 그림에서 두 점 M, N은 $\overline{AB}$를 삼등분하는 점이고 두 점 P, Q는 각각 $\overline{AM}$, $\overline{NB}$의 중점이다. $\overline{PQ}=12$ cm일 때, 다음 물음에 답하시오.

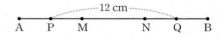

(1) $\overline{MN}$의 길이를 구하시오.

(2) $\overline{PN}$의 길이를 구하시오.

15 다음 그림에서 두 점 M, N은 $\overline{AB}$를 삼등분하는 점이고 점 P는 $\overline{NB}$의 중점이다. $\overline{AM}=10$ cm일 때, $\overline{MP}$의 길이를 구하시오.

02 각의 뜻과 성질

한번 더 개념 확인문제

개념북 13쪽~14쪽 | 정답 및풀이 56쪽

01 다음 ( ) 안에 예각, 직각, 둔각, 평각 중 알맞은 것을 써넣으시오.

　(1) 90° ( )　　(2) 30° ( )

　(3) 115° ( )　　(4) 180° ( )

02 다음 그림에서 ∠x의 크기를 구하시오.

(1)

(2)
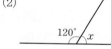

03 오른쪽 그림과 같이 세 직선이 한 점 O에서 만날 때, 다음 각의 맞꼭지각을 구하시오.

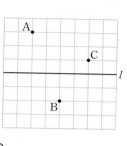

　(1) ∠AOB

　(2) ∠BOD

　(3) ∠COE

　(4) ∠AOC

04 다음 그림에서 ∠x, ∠y의 크기를 각각 구하시오.

(1)
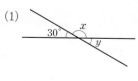

(2)
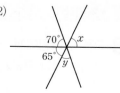

05 오른쪽 그림은 모눈 한 칸의 크기가 1인 모눈종이 위에 직선 l과 세 점 A, B, C를 나타낸 것이다. 세 점 A, B, C에서 직선 l에 내린 수선의 발을 각각 A′, B′, C′이라 할 때, 다음 물음에 답하시오.

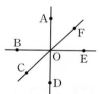

　(1) 세 점 A′, B′, C′을 모눈종이 위에 나타내시오.

　(2) 세 점 A, B, C와 직선 l 사이의 거리를 차례로 구하시오.

　(3) 세 점 A, B, C 중 직선 l과 거리가 가장 가까운 점을 구하시오.

06 오른쪽 그림의 삼각형 ABC에 대한 설명으로 옳은 것에는 ○표, 옳지 않은 것에는 ×표를 하시오.

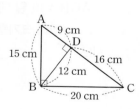

　(1) $\overline{AC} \perp \overline{BD}$　　( )

　(2) $\overline{AB} \perp \overline{AD}$　　( )

　(3) 점 A에서 $\overline{BC}$에 내린 수선의 발은 점 B이다. ( )

　(4) 점 B와 $\overline{AC}$ 사이의 거리는 15 cm이다. ( )

각의 크기 구하기 (1)

01 오른쪽 그림에서 $\angle x$의 크기를 구하시오.

02 오른쪽 그림에서 $\angle x$의 크기를 구하시오.

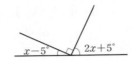

각의 크기 구하기 (2)

03 오른쪽 그림에서
$\angle AOC = \angle BOD = 90°$,
$\angle AOB = 40°$일 때,
$\angle x - \angle y$의 크기를 구하시오.

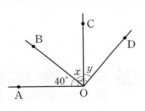

04 오른쪽 그림에서
$\angle AOC = 45°$, $\angle COE = 90°$,
$\angle DOB = 90°$일 때, $\angle x$의 크기를 구하시오.

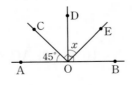

05 오른쪽 그림에서
$\angle AOC = \angle BOD = 90°$,
$\angle AOB + \angle COD = 50°$일 때,
$\angle BOC$의 크기를 구하시오.

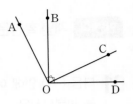

각의 등분을 이용하는 경우

06 오른쪽 그림에서
$\angle AOC = 2\angle COD$이고
$\angle EOB = 2\angle DOE$일 때,
$\angle COE$의 크기는?

① 45° ② 50° ③ 55°
④ 60° ⑤ 65°

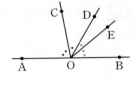

07 오른쪽 그림에서
$\angle AOC = 80°$이고
$\angle COD = \angle DOE$,
$\angle EOF = \angle FOB$일 때,
$\angle DOF$의 크기를 구하시오.

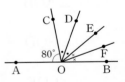

맞꼭지각 (1)

08 오른쪽 그림에서 $\angle x$, $\angle y$의 크기를 각각 구하시오.

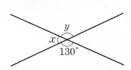

09 오른쪽 그림에서 $\angle x$의 크기를 구하시오.

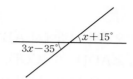

10 오른쪽 그림에서 $\angle x$, $\angle y$의 크기를 각각 구하시오.

맞꼭지각 (2)

11 오른쪽 그림에서 $\angle x$의 크기를 구하시오.

12 오른쪽 그림에서 $\angle x - \angle y$의 크기를 구하시오.

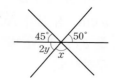

13 오른쪽 그림에서 $\angle x$의 크기를 구하시오.

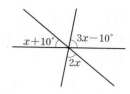

수직과 수선

14 오른쪽 그림과 같은 직사각형 ABCD에서 두 대각선 AC와 BD의 교점을 O라 할 때, 다음 **보기**에서 옳지 않은 것을 모두 고르시오.

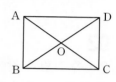

ㅡ 보기 ㅡ

ㄱ. $\overline{AD} \perp \overline{CD}$

ㄴ. $\overline{AC} \perp \overline{BD}$

ㄷ. $\overline{AB}$와 수직으로 만나는 선분은 2개이다.

ㄹ. 점 O에서 $\overline{CD}$에 내린 수선의 발은 점 C이다.

ㅁ. 점 A와 $\overline{BC}$ 사이의 거리는 $\overline{AB}$의 길이와 같다.

15 다음 중 오른쪽 그림에서 점 P와 직선 l 사이의 거리를 나타내는 것은?

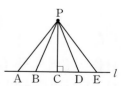

① $\overline{PA}$　　② $\overline{PB}$

③ $\overline{PC}$　　④ $\overline{PD}$

⑤ $\overline{PE}$

01

다음 중 점 A를 지나는 교선의 개수가 나머지 넷과 다른 하나는?

①
②
③

④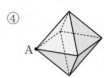
⑤

02

오른쪽 그림과 같이 한 직선 위에 세 점 P, Q, R이 있을 때, 다음 **보기**에서 $\overrightarrow{PQ}$에 포함되는 것을 모두 고르시오.

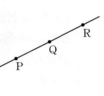

┌─ 보기 ─
│ $\overline{PQ}$, $\overline{QR}$, $\overrightarrow{QP}$, $\overrightarrow{QR}$, $\overrightarrow{RQ}$
└─

03

오른쪽 그림과 같이 직선 l 위에 있는 세 점 A, B, C와 직선 l 위에 있지 않은 한 점 D가 있다. 이 중 두 점을 이어 만들 수 있는 서로 다른 반직선의 개수를 구하시오.

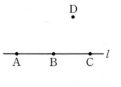

04

다음 그림에서 두 점 M, N은 각각 $\overline{AC}$, $\overline{CB}$의 중점이다. $\overline{AB}=34$ cm일 때, $\overline{MN}$의 길이를 구하시오.

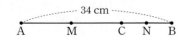

05

오른쪽 그림에서 $\overline{AB}\perp\overline{CO}$, $\angle AOD=6\angle COD$, $\angle DOB=3\angle DOE$일 때, $\angle COE$의 크기를 구하시오.

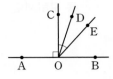

06

오른쪽 그림에서 $\angle x:\angle y=3:4$일 때, $\angle x$의 크기를 구하시오.

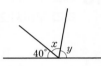

07

오른쪽 그림에서 $\angle a+\angle b+\angle c$의 크기를 구하시오.

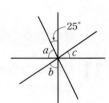

08

오른쪽 그림의 직각삼각형 ABC에서 점 A와 $\overline{BC}$ 사이의 거리를 a cm, 점 B와 $\overline{AC}$ 사이의 거리를 b cm라 할 때, $a+b$의 값을 구하시오.

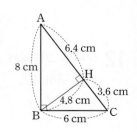

03 위치 관계

개념북 ➡ 20쪽~24쪽 | 정답 및 풀이 ➡ 57쪽

01 오른쪽 그림과 같은 삼각기둥에서 다음을 모두 구하시오.

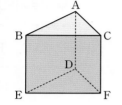

(1) 모서리 EF 위에 있는 꼭짓점

(2) 점 B를 지나는 모서리

(3) 면 ABED 위에 있지 않은 꼭짓점

(4) 모서리 BC와 평행한 모서리

(5) 모서리 BC와 한 점에서 만나는 모서리

(6) 모서리 BC와 수직인 모서리

(7) 모서리 BC와 꼬인 위치에 있는 모서리

02 오른쪽 그림과 같은 직육면체에 대한 설명으로 옳은 것에는 ○표, 옳지 않은 것에는 ×표를 하시오.

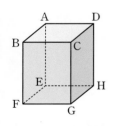

(1) $\overline{AD}$와 $\overline{DH}$는 한 점에서 만난다. ( )

(2) $\overline{AB}$와 $\overline{FG}$는 평행하다. ( )

(3) $\overline{AE}$와 $\overline{CG}$는 평행하다. ( )

(4) $\overline{AD}$와 $\overline{GH}$는 꼬인 위치에 있다. ( )

(5) $\overline{BC}$와 $\overline{EH}$는 꼬인 위치에 있다. ( )

03 오른쪽 그림과 같은 직육면체에서 다음을 모두 구하시오.

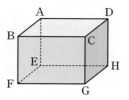

(1) 모서리 AB와 평행한 면

(2) 모서리 BF와 수직인 면

(3) 모서리 EH를 포함하는 면

(4) 면 ABCD와 수직인 모서리

(5) 면 ABCD와 만나는 면

(6) 면 ABCD와 평행한 면

(7) 면 BFGC와 면 CGHD에 모두 수직인 면

04 오른쪽 그림과 같은 삼각기둥에 대한 설명으로 옳은 것에는 ○표, 옳지 않은 것에는 ×표를 하시오.

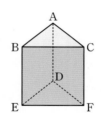

(1) 면 ABC에 포함되는 모서리는 3개이다. ( )

(2) 면 ABC와 평행한 모서리는 4개이다. ( )

(3) 면 ABC와 수직인 모서리는 4개이다. ( )

(4) 면 ABED와 면 DEF는 수직이다. ( )

(5) 면 ABC와 평행한 면은 3개이다. ( )

(6) 면 ABC와 면 BEFC의 교선은 $\overline{BC}$이다. ( )

한 평면 위에 있는 두 직선의 위치 관계

01 다음 중 평면에서 두 직선의 위치 관계가 될 수 <u>없는</u> 것은?

① 수직이다.　　　② 일치한다.

③ 평행하다.　　　④ 한 점에서 만난다.

⑤ 꼬인 위치에 있다.

02 다음 중 오른쪽 그림에 대한 설명으로 옳지 <u>않은</u> 것은?

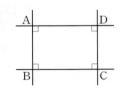

① $\overleftrightarrow{AB}$는 점 A를 지난다.

② 점 C는 $\overleftrightarrow{BC}$ 위에 있다.

③ $\overleftrightarrow{AB} /\!/ \overleftrightarrow{CD}$

④ $\overleftrightarrow{AD} \perp \overleftrightarrow{CD}$

⑤ $\overleftrightarrow{BC}$와 $\overleftrightarrow{CD}$의 교점은 점 B이다.

공간에서 두 직선의 위치 관계

03 다음 중 오른쪽 그림과 같은 직육면체에서 모서리 AE와의 위치 관계가 나머지 넷과 <u>다른</u> 하나는?

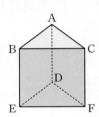

① $\overline{BC}$　　　② $\overline{CD}$　　　③ $\overline{DH}$

④ $\overline{FG}$　　　⑤ $\overline{GH}$

---

04 오른쪽 그림과 같은 직육면체에서 $\overline{AC}$와 수직으로 만나는 모서리를 다음 **보기**에서 모두 고르시오.

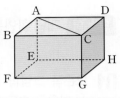

• 보기 •

$\overline{AE}$, $\overline{BF}$, $\overline{CG}$, $\overline{DH}$, $\overline{AB}$, $\overline{CD}$

꼬인 위치

05 오른쪽 그림과 같은 삼각기둥에서 모서리 DE와 꼬인 위치에 있는 모서리의 개수를 구하시오.

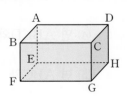

06 다음 중 오른쪽 그림과 같은 직육면체에서 $\overline{BH}$와 꼬인 위치에 있는 모서리를 모두 고르면?

(정답 2개)

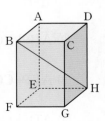

① $\overline{AB}$　　　② $\overline{CD}$

③ $\overline{DH}$　　　④ $\overline{EF}$

⑤ $\overline{GH}$

직선과 평면의 위치 관계

07 다음 중 공간에서 직선과 평면의 위치 관계가 될 수 없는 것은?

① 평행하다.　　　　② 수직이다.
③ 한 점에서 만난다.　④ 꼬인 위치에 있다.
⑤ 직선이 평면에 포함된다.

08 다음 중 오른쪽 그림과 같이 밑면이 직각삼각형인 삼각기둥에 대한 설명으로 옳지 않은 것은?

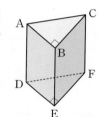

① 면 ABC와 모서리 DF는 평행하다.
② 모서리 BE와 면 ABC는 한 점에서 만난다.
③ 면 ADEB와 수직인 모서리는 4개이다.
④ 면 ABC와 평행한 모서리는 3개이다.
⑤ 면 DEF와 수직인 모서리들은 서로 평행하다.

09 오른쪽 그림과 같은 오각기둥에서 면 ABCDE와 수직인 모서리의 개수를 a, 모서리 CH와 평행한 면의 개수를 b라 할 때, $a+b$의 값을 구하시오.

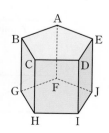

두 평면의 위치 관계

10 오른쪽 그림과 같이 밑면이 직각삼각형인 삼각기둥에서 면 BEFC와 한 직선에서 만나는 면의 개수를 구하시오.

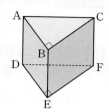

11 오른쪽 그림과 같은 직육면체에서 서로 평행한 두 면은 모두 몇 쌍인지 구하시오.

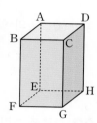

공간에서 여러 가지 위치 관계

12 다음 **보기** 중 공간에서 항상 평행한 것을 모두 고르시오.

┌─ 보기 ─
ㄱ. 한 직선에 평행한 서로 다른 두 평면
ㄴ. 한 직선에 수직인 서로 다른 두 평면
ㄷ. 한 평면에 평행한 서로 다른 두 직선
ㄹ. 한 평면에 수직인 서로 다른 두 직선
└─

13 서로 다른 세 평면 P, Q, R에 대하여 $P /\!/ Q$이고 $Q /\!/ R$일 때, 두 평면 P, R의 위치 관계는?

① 일치한다.　　　② 평행하다.
③ 수직이다.　　　④ 포함된다.
⑤ 꼬인 위치에 있다.

04 평행선의 성질

개념북 ➔ 28쪽~29쪽 | 정답 및 풀이 ➔ 58쪽

한번 더 **개념 확인문제**

01 오른쪽 그림과 같이 세 직선이 만날 때, 다음을 구하시오.

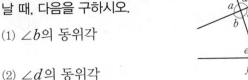

(1) ∠b의 동위각

(2) ∠d의 동위각

(3) ∠c의 엇각

(4) ∠h의 엇각

02 오른쪽 그림과 같이 세 직선이 만날 때, 다음 각의 크기를 구하시오.

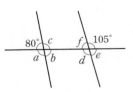

(1) ∠a의 동위각

(2) ∠b의 동위각

(3) ∠d의 엇각

(4) ∠f의 엇각

03 다음 그림에서 $l /\!/ m$일 때, ∠x의 크기를 구하시오.

(1)
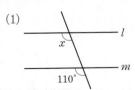

(2)
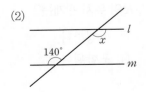

04 다음 그림에서 $l /\!/ m$일 때, ∠x, ∠y의 크기를 각각 구하시오.

(1)
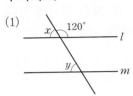

(2)
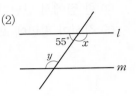

(3)
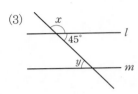

(4)
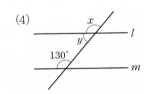

05 다음 그림에서 두 직선 l, m이 평행하면 ○표, 평행하지 않으면 ×표를 하시오.

(1)
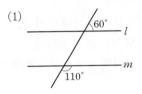

(   )

(2)

(   )

(3)
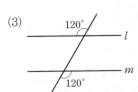

(   )

(4)
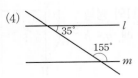

(   )

동위각과 엇각 찾기

01 오른쪽 그림과 같이 세 직선이 만날 때, ∠x의 엇각의 크기를 구하시오.

02 오른쪽 그림과 같이 세 직선이 만날 때, 다음 중 옳지 <u>않은</u> 것은?

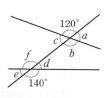

① ∠a의 동위각의 크기는 40°이다.

② ∠b의 엇각의 크기는 140°이다.

③ ∠c의 엇각의 크기는 40°이다.

④ ∠e의 동위각의 크기는 40°이다.

⑤ ∠f의 엇각의 크기는 120°이다.

평행선에서 동위각과 엇각의 크기 구하기 (1)

03 오른쪽 그림에서 $l /\!/ m$일 때, 다음 중 크기가 95°인 각을 모두 고르면? (정답 2개)

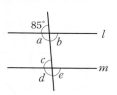

① ∠a ② ∠b

③ ∠c ④ ∠d

⑤ ∠e

04 오른쪽 그림에서 $l /\!/ m$일 때, ∠x＋∠y의 크기를 구하시오.

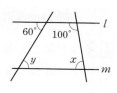

05 오른쪽 그림에서 $l /\!/ m /\!/ n$일 때, ∠y－∠x의 크기를 구하시오.

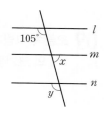

평행선에서 동위각과 엇각의 크기 구하기 (2)

06 오른쪽 그림에서 $l /\!/ m$일 때, ∠x의 크기를 구하시오.

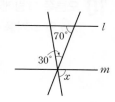

07 오른쪽 그림에서 $l /\!/ m$일 때, ∠x의 크기를 구하시오.

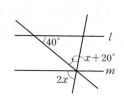

평행선 사이에 꺾인 선이 있는 경우 (1)

08 오른쪽 그림에서 $l /\!/ m$일 때,
$\angle x$의 크기를 구하시오.

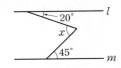

09 오른쪽 그림에서 $l /\!/ m$일 때,
$\angle x$의 크기를 구하시오.

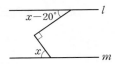

평행선 사이에 꺾인 선이 있는 경우 (2)

10 오른쪽 그림에서 $l /\!/ m$일 때,
$\angle x$의 크기를 구하시오.

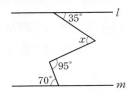

11 오른쪽 그림에서 $l /\!/ m$일 때,
$\angle x$의 크기를 구하시오.

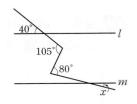

직사각형 모양의 종이를 접는 경우

12 오른쪽 그림과 같이 직
사각형 모양의 종이를
접었을 때, $\angle x$의 크기
를 구하시오.

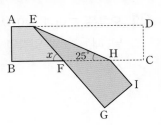

13 오른쪽 그림과 같이 폭이 일
정한 종이테이프를 접었을
때, $\angle y - \angle x$의 크기를 구
하시오.

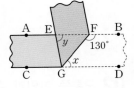

두 직선이 평행할 조건

14 다음 중 오른쪽 그림에서 평행
한 두 직선이 알맞게 짝 지어진
것을 모두 고르면? (정답 2개)

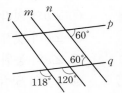

① l과 m ② l과 n
③ l과 p ④ m과 n
⑤ p와 q

15 다음 중 두 직선 l, m이 평행하지 <u>않은</u> 것은?

①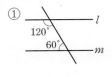
②

③
④

⑤

01

다음 중 오른쪽 그림에 대한 설명으로 옳지 않은 것은?

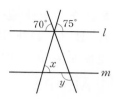

① 점 A는 직선 m 위에 있다.
② 점 E는 직선 l 위에 있지 않다.
③ 직선 m은 점 C를 지난다.
④ 두 점 B, D는 직선 m 위에 있다.
⑤ 점 B는 두 직선 l, m의 교점이다.

02

오른쪽 그림과 같이 밑면이 정육각형인 육각기둥에서 모서리 DE와 평행한 모서리의 개수를 x, 모서리 AG와 꼬인 위치에 있는 모서리의 개수를 y라 할 때, $y-x$의 값을 구하시오.

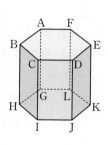

03

오른쪽 그림의 전개도를 접어서 만든 정육면체에서 면 A와 수직인 면을 모두 구하시오.

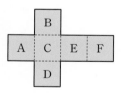

04

다음 **보기** 중 공간에서 직선 l과 서로 다른 두 평면 P, Q의 위치 관계에 대한 설명으로 항상 옳은 것을 모두 고르시오.

• 보기 •
ㄱ. $l /\!/ P$, $l /\!/ Q$이면 $P /\!/ Q$이다.
ㄴ. $l \perp P$, $P /\!/ Q$이면 $l \perp Q$이다.
ㄷ. $l /\!/ P$, $l \perp Q$이면 $P \perp Q$이다.

05

오른쪽 그림에서 $l /\!/ m$일 때, $\angle y - \angle x$의 크기를 구하시오.

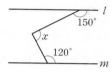

06

오른쪽 그림에서 $l /\!/ m$일 때, $\angle x$의 크기를 구하시오.

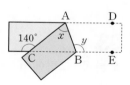

07

오른쪽 그림과 같이 직사각형 모양의 종이를 접었을 때, $\angle y - \angle x$의 크기를 구하시오.

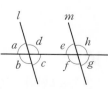

08

오른쪽 그림과 같이 세 직선이 만날 때, 다음 중 옳지 않은 것은?

① $l /\!/ m$이면 $\angle b = \angle f$이다.
② $l /\!/ m$이면 $\angle d + \angle e = 180°$이다.
③ $\angle a = \angle g$이면 $l /\!/ m$이다.
④ $\angle f = \angle h$이면 $l /\!/ m$이다.
⑤ $\angle c + \angle f = 180°$이면 $l /\!/ m$이다.

01

오른쪽 그림과 같이 직선 l 위에 네 점 A, B, C, D가 있을 때, 다음 중 옳은 것을 모두 고르면? (정답 2개)

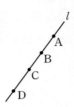

① $\overline{AB}=\overline{BA}$ ② $\overrightarrow{BC}=\overrightarrow{CD}$

③ $\overrightarrow{AC}=\overrightarrow{BC}$ ④ $\overrightarrow{CD}=\overrightarrow{DC}$

⑤ $\overleftrightarrow{AD}=\overleftrightarrow{BC}$

02

다음 그림에서 점 M은 $\overline{AB}$의 중점이고 점 N은 $\overline{BC}$의 중점이다. $\overline{AB}=6\,cm$, $\overline{BC}=8\,cm$일 때, $\overline{MN}$의 길이를 구하시오.

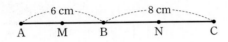

03

오른쪽 그림에서 $\angle x$의 크기는?

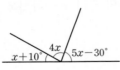

① $10°$ ② $15°$

③ $20°$ ④ $25°$

⑤ $30°$

04

오른쪽 그림과 같이 한 평면 위에 3개의 직선이 있을 때 생기는 맞꼭지각은 모두 몇 쌍인지 구하시오.

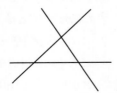

05

오른쪽 그림에서 $\angle x$, $\angle y$의 크기를 각각 구하시오.

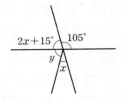

06

한 평면 위에 있는 서로 다른 세 직선 l, m, n에 대하여 다음 **보기**에서 항상 옳은 것을 모두 고른 것은?

┌ 보기 ┐

ㄱ. $l /\!/ m$이고 $l /\!/ n$이면 $m /\!/ n$이다.

ㄴ. $l /\!/ m$이고 $l \perp n$이면 $m \perp n$이다.

ㄷ. $l \perp m$이고 $l \perp n$이면 $m \perp n$이다.

① ㄱ ② ㄴ ③ ㄷ

④ ㄱ, ㄴ ⑤ ㄱ, ㄷ

07

다음 중 오른쪽 그림과 같이 밑면이 정오각형인 오각기둥에 대한 설명으로 옳은 것은?

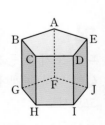

① 모서리 AB와 모서리 DE는 서로 평행하다.

② 모서리 GH와 모서리 FJ는 꼬인 위치에 있다.

③ 모서리 BG는 면 ABCDE와 수직이다.

④ 모서리 DE는 면 ABGF와 평행하다.

⑤ 면 BGHC와 면 CHID는 서로 수직으로 만난다.

08

오른쪽 그림은 정육면체를 반으로 잘라 만든 삼각기둥이다. 모서리 AB와 꼬인 위치에 있는 모서리의 개수를 a, 면 ABCD와 평행한 모서리의 개수를 b라 할 때, $a-b$의 값을 구하시오.

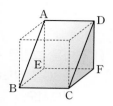

09

오른쪽 그림에서 $l /\!/ m$일 때, $\angle x$의 크기를 구하시오.

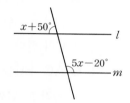

10

오른쪽 그림에서 $l /\!/ m$일 때, $\angle x$의 크기를 구하시오.

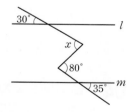

11

오른쪽 그림과 같이 세 직선이 만날 때, 다음 중 옳지 <u>않은</u> 것은?

① $\angle a=60°$이면 $l /\!/ m$이다.
② $l /\!/ m$이면 $\angle b=120°$이다.
③ $l /\!/ m$이면 $\angle c=60°$이다.
④ $\angle e=60°$이면 $l /\!/ m$이다.
⑤ $l /\!/ m$이면 $\angle b+\angle e=180°$이다.

서술형 문제

12

오른쪽 그림의 전개도를 접어서 만든 삼각기둥에 대하여 다음 물음에 답하시오. [6점]

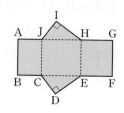

(1) $\overline{AB}$와 꼬인 위치에 있는 모서리를 모두 구하시오. [3점]

(2) 면 CDE와 수직인 면을 모두 구하시오. [3점]

풀이

답

13

오른쪽 그림에서 $l /\!/ m$일 때, $\angle x$의 크기를 구하시오. [7점]

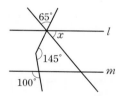

풀이

답

작도

한번 더 개념 **확인문제**

개념북 41쪽~42쪽 | 정답 및 풀이 61쪽

01 다음 중 작도에 대한 설명으로 옳은 것에는 ○표, 옳지 않은 것에는 ×표를 하시오.

(1) 눈금 없는 자와 컴퍼스만을 사용하여 도형을 그리는 것을 작도라 한다. ( )

(2) 두 점을 지나는 직선을 그릴 때는 눈금 없는 자를 사용한다. ( )

(3) 두 선분의 길이를 비교할 때는 눈금 없는 자를 사용한다. ( )

(4) 선분의 길이를 잴 때는 컴퍼스를 사용한다. ( )

(5) 원을 그릴 때는 컴퍼스를 사용한다. ( )

(6) 선분을 연장할 때는 컴퍼스를 사용한다. ( )

02 다음 그림은 선분 AB와 길이가 같은 선분 CD를 작도하는 과정이다. □ 안에 알맞은 것을 써넣으시오.

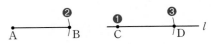

❶ 눈금 없는 자를 사용하여 직선 l을 긋고, 그 위에 점 □를 잡는다.

❷ □를 사용하여 $\overline{AB}$의 길이를 잰다.

❸ 점 C를 중심으로 하고 반지름의 길이가 $\overline{AB}$인 원을 그려 직선 l과의 교점을 D라 하면 $\overline{AB}=$□이다.

03 다음 그림은 선분 AB를 한 변으로 하는 정삼각형 ABC를 작도하는 과정이다. □ 안에 알맞은 것을 써넣으시오.

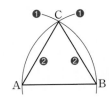

❶ 두 점 A, B를 중심으로 하고 반지름의 길이가 □인 원을 각각 그려 두 원의 교점을 C라 한다.

❷ $\overline{AC}$, $\overline{BC}$를 그으면 $\overline{AB}=$□$=\overline{BC}$이므로 삼각형 ABC는 □이 된다.

04 다음 그림은 ∠XOY와 크기가 같고 $\overrightarrow{PQ}$를 한 변으로 하는 각을 작도하는 과정이다. □ 안에 알맞은 것을 써넣으시오.

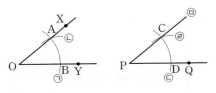

(1) 작도 순서는 ㉠ → □ → □ → □ → ㉤ 이다.

(2) □$=\overline{OB}=$□$=\overline{PD}$

(3) ∠AOB=□

작도

01 다음 중 작도에 대한 설명으로 옳지 않은 것은?

① 작도란 눈금 없는 자와 컴퍼스만을 사용하여 도형을 그리는 것이다.

② 두 점을 연결할 때는 눈금 없는 자를 사용한다.

③ 각도기를 사용하지 않는다.

④ 선분의 길이를 잴 때는 자를 사용한다.

⑤ 주어진 선분의 길이를 다른 직선 위에 옮길 때는 컴퍼스를 사용한다.

02 다음 **보기**에서 작도할 때 컴퍼스를 사용하는 경우를 모두 고르시오.

┌─ 보기 ─────────────────────┐
│ ㄱ. 원을 그릴 때   │
│ ㄴ. 두 점을 연결할 때   │
│ ㄷ. 선분을 연장할 때   │
│ ㄹ. 선분의 길이를 옮길 때   │
└────────────────────────────┘

크기가 같은 각의 작도

03 아래 그림은 ∠XOY와 크기가 같고 $\overrightarrow{AB}$를 한 변으로 하는 각을 작도하는 과정이다. 다음 물음에 답하시오.

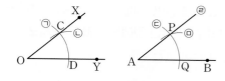

(1) ㉡ 다음에 작도해야 하는 것을 구하시오.

(2) $\overline{OC}$와 길이가 같은 선분을 모두 구하시오.

(3) $\overline{CD}$와 길이가 같은 선분을 구하시오.

04 아래 그림은 ∠BOA와 크기가 같고 $\overrightarrow{PQ}$를 한 변으로 하는 각을 작도한 것이다. 다음 중 길이가 나머지 넷과 다른 하나는?

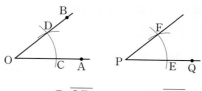

① $\overline{OC}$ ② $\overline{OD}$ ③ $\overline{CD}$

④ $\overline{PE}$ ⑤ $\overline{PF}$

평행선의 작도

05 오른쪽 그림은 직선 l 밖의 한 점 P를 지나고 직선 l에 평행한 직선을 작도한 것이다. 다음 물음에 답하시오.

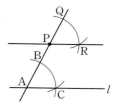

(1) $\overline{AB}$와 길이가 같은 선분을 모두 구하시오.

(2) $\overline{BC}$와 길이가 같은 선분을 구하시오.

(3) 이 작도 과정에서 이용된 평행선의 성질을 쓰시오.

06 오른쪽 그림은 직선 l 밖의 한 점 P를 지나고 직선 l에 평행한 직선을 작도한 것이다. 다음 중 어떤 성질을 이용한 것인가?

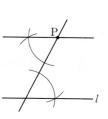

① 한 직선에 수직인 두 직선은 평행하다.

② 한 직선에 평행한 두 직선은 평행하다.

③ 동위각의 크기가 같으면 두 직선은 평행하다.

④ 엇각의 크기가 같으면 두 직선은 평행하다.

⑤ 맞꼭지각의 크기가 같으면 두 직선은 평행하다.

02 삼각형의 작도

개념북 → 45쪽~48쪽 | 정답 및 풀이 → 61쪽

01 오른쪽 그림의 △ABC에서 다음을 구하시오.

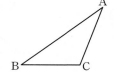

(1) ∠A의 대변

(2) ∠B의 대변

(3) ∠C의 대변

(4) 변 AB의 대각

(5) 변 BC의 대각

(6) 변 AC의 대각

02 오른쪽 그림의 △ABC에서 다음을 구하시오.

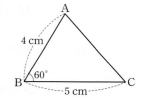

(1) ∠A의 대변의 길이

(2) ∠C의 대변의 길이

(3) 변 AC의 대각의 크기

03 세 변의 길이가 다음과 같을 때, 삼각형을 만들 수 있으면 ○표, 만들 수 없으면 ×표를 하시오.

(1) 1 cm, 3 cm, 5 cm ( )

(2) 4 cm, 4 cm, 7 cm ( )

(3) 6 cm, 8 cm, 14 cm ( )

(4) 10 cm, 10 cm, 10 cm ( )

04 오른쪽 그림과 같은 △ABC에 대하여 변의 길이와 각의 크기가 다음과 같이 주어졌을 때, 삼각형을 하나로 작도할 수 있으면 ○표, 하나로 작도할 수 없으면 ×표를 하시오.

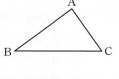

(1) $\overline{AB}$, $\overline{BC}$, $\overline{AC}$ ( )

(2) $\overline{AB}$, $\overline{AC}$, ∠B ( )

(3) $\overline{BC}$, ∠B, ∠C ( )

05 다음과 같은 조건이 주어질 때, △ABC가 하나로 정해지면 ○표, 하나로 정해지지 않으면 ×표를 하시오.

(1) $\overline{AB}$=5 cm, $\overline{BC}$=8 cm, $\overline{CA}$=7 cm ( )

(2) $\overline{AB}$=6 cm, $\overline{BC}$=4 cm, ∠A=30° ( )

(3) $\overline{AB}$=4 cm, ∠A=50°, ∠B=60° ( )

(4) ∠A=40°, ∠B=50°, ∠C=90° ( )

(5) $\overline{BC}$=7 cm, ∠A=25°, ∠C=55° ( )

06 오른쪽 그림과 같이 △ABC에서 $\overline{AB}$의 길이가 주어졌을 때, △ABC가 하나로 정해지기 위해 필요한 조건인 것에는 ○표, 필요한 조건이 아닌 것에는 ×표를 하시오.

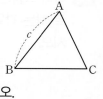

(1) $\overline{BC}$와 $\overline{AC}$ ( )

(2) $\overline{AC}$와 ∠A ( )

(3) $\overline{BC}$와 ∠C ( )

(4) ∠B와 ∠C ( )

삼각형의 대변, 대각

01 오른쪽 그림과 같은 △ABC
에서 다음을 구하시오.

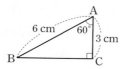

(1) ∠B의 대변의 길이

(2) $\overline{AC}$의 대각의 크기

02 다음 중 오른쪽 그림과 같은
삼각형 ABC에 대한 설명으
로 옳지 <u>않은</u> 것은?

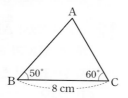

① $\overline{AB}$의 대각은 ∠C이다.

② ∠C의 대변은 $\overline{BC}$이다.

③ ∠A의 대변의 길이는 8 cm이다.

④ $\overline{BC}$의 대각의 크기는 70°이다.

⑤ 삼각형 ABC는 기호 △ABC로 나타낸다.

삼각형의 세 변의 길이 사이의 관계 (1)

03 다음 중 삼각형의 세 변의 길이가 될 수 있는 것은?

① 2 cm, 5 cm, 7 cm

② 3 cm, 6 cm, 10 cm

③ 4 cm, 4 cm, 8 cm

④ 5 cm, 6 cm, 10 cm

⑤ 5 cm, 7 cm, 13 cm

04 길이가 2 cm, 3 cm, 4 cm, 5 cm인 4개의 선분이
있다. 이 중 3개의 선분을 택하여 각 선분을 한 변으
로 하는 삼각형을 만들려고 할 때, 만들 수 있는 서로
다른 삼각형의 개수를 구하시오.

삼각형의 세 변의 길이 사이의 관계 (2)

05 삼각형의 세 변의 길이가 4 cm, 7 cm, x cm일 때,
다음 중 자연수 x의 값이 될 수 <u>없는</u> 것은?

① 3   ② 5   ③ 7

④ 8   ⑤ 10

06 삼각형의 세 변의 길이가 4 cm, 10 cm, x cm일 때,
x의 값이 될 수 있는 자연수의 개수를 구하시오.

(단, $x > 10$)

07 삼각형의 세 변의 길이가 $(x-1)$ cm, x cm,
$(x+1)$ cm일 때, 다음 중 x의 값이 될 수 <u>없는</u> 것
은? (단, $x > 1$)

① 2   ② 3   ③ 4

④ 5   ⑤ 6

개념 완성하기

교과서 대표 문제로

삼각형의 작도

08 오른쪽 그림과 같이 $\overline{AB}$의 길이와 ∠A, ∠B의 크기가 주어졌을 때, 다음 중 △ABC를 작도하는 순서로 옳지 <u>않은</u> 것은?

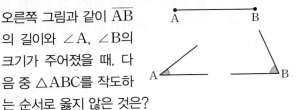

① $\overline{AB} → ∠A → ∠B$

② $\overline{AB} → ∠B → ∠A$

③ $∠A → \overline{AB} → ∠B$

④ $∠A → ∠B → \overline{AB}$

⑤ $∠B → \overline{AB} → ∠A$

09 오른쪽 그림과 같이 $\overline{AB}$, $\overline{BC}$의 길이와 ∠B의 크기가 주어졌을 때, △ABC를 작도하는 순서 중 가장 마지막인 것은?

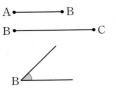

① $\overline{AB}$를 긋는다. ② $\overline{AC}$를 긋는다.

③ $\overline{BC}$를 긋는다. ④ ∠B를 작도한다.

⑤ ∠C를 작도한다.

삼각형이 하나로 정해지는 경우 (1)

10 다음 **보기**에서 △ABC가 하나로 정해지는 것을 모두 고르시오.

┌─ 보기 ─────────────────────────
ㄱ. ∠A=45°, ∠B=55°, ∠C=80°

ㄴ. $\overline{BC}$=5 cm, ∠B=110°, ∠C=45°

ㄷ. $\overline{AB}$=7 cm, $\overline{CA}$=3 cm, ∠B=60°

ㄹ. $\overline{AB}$=4 cm, $\overline{BC}$=5 cm, $\overline{CA}$=9 cm

ㅁ. $\overline{BC}$=5 cm, $\overline{CA}$=7 cm, ∠C=60°
└────────────────────────────────

11 다음 중 △ABC가 하나로 정해지지 <u>않는</u> 것은?

① $\overline{AB}$=3 cm, $\overline{BC}$=4 cm, $\overline{CA}$=6 cm

② $\overline{BC}$=6 cm, $\overline{CA}$=7 cm, ∠C=30°

③ $\overline{AC}$=5 cm, ∠B=60°, ∠C=45°

④ ∠A+∠B=100°, $\overline{BC}$=6 cm, $\overline{AC}$=5 cm

⑤ $\overline{AB}$=5 cm, $\overline{BC}$=4 cm, ∠A=35°

삼각형이 하나로 정해지는 경우 (2)

12 △ABC에서 $\overline{AB}$의 길이와 ∠B의 크기가 주어졌을 때, △ABC가 하나로 정해지기 위해 더 필요한 나머지 한 조건이 될 수 있는 것을 다음 **보기**에서 모두 고르시오.

┌─ 보기 ─────────────────────────
ㄱ. ∠A의 크기   ㄴ. ∠C의 크기

ㄷ. $\overline{AC}$의 길이   ㄹ. $\overline{BC}$의 길이
└────────────────────────────────

13 $\overline{AB}$=8 cm, $\overline{AC}$=5 cm일 때, △ABC가 하나로 정해지기 위해 더 필요한 나머지 한 조건이 될 수 있는 것을 다음 **보기**에서 모두 고른 것은?

┌─ 보기 ─────────────────────────
ㄱ. $\overline{BC}$=2 cm   ㄴ. $\overline{BC}$=6 cm

ㄷ. ∠A=30°   ㄹ. ∠B=70°
└────────────────────────────────

① ㄱ, ㄴ   ② ㄱ, ㄷ   ③ ㄴ, ㄷ

④ ㄴ, ㄹ   ⑤ ㄷ, ㄹ

03 삼각형의 합동

개념북 ➡ 52쪽~53쪽 | 정답 및풀이 ➡ 63쪽

01 다음 두 도형이 서로 합동이면 ○표, 합동이 아니면 ×표를 하시오.

(1) 한 변의 길이가 같은 두 삼각형 ( )

(2) 한 변의 길이가 같은 두 정사각형 ( )

(3) 한 변의 길이가 같은 두 마름모 ( )

(4) 반지름의 길이가 같은 두 원 ( )

02 다음 중 도형의 합동에 대한 설명으로 옳은 것에는 ○표, 옳지 않은 것에는 ×표를 하시오.

(1) 합동인 두 도형의 모양은 같다. ( )

(2) 모양이 같은 두 도형은 서로 합동이다.
( )

(3) 합동인 두 도형의 넓이는 같다. ( )

(4) 넓이가 같은 두 도형은 서로 합동이다.
( )

03 아래 그림에서 △ABC≡△DEF일 때, 다음을 구하시오.

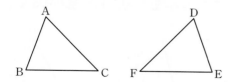

(1) 점 D의 대응점

(2) $\overline{AC}$의 대응변

(3) ∠F의 대응각

04 아래 그림에서 사각형 ABCD와 사각형 EFGH가 서로 합동일 때, 다음을 구하시오.

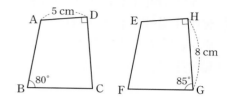

(1) $\overline{CD}$의 길이

(2) $\overline{EH}$의 길이

(3) ∠F의 크기

(4) ∠E의 크기

05 다음 중 △ABC와 △DEF가 서로 합동이면 ○표, 합동이 아니면 ×표를 하시오.

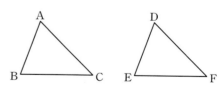

(1) $\overline{AB}=\overline{DE}$, $\overline{BC}=\overline{EF}$, $\overline{CA}=\overline{FD}$ ( )

(2) $\overline{AB}=\overline{DE}$, $\overline{AC}=\overline{DF}$, ∠A=∠D ( )

(3) $\overline{BC}=\overline{EF}$, $\overline{AC}=\overline{DF}$, ∠B=∠E ( )

(4) $\overline{AB}=\overline{DE}$, ∠A=∠D, ∠B=∠E ( )

(5) $\overline{BC}=\overline{EF}$, ∠B=∠E, ∠A=∠D ( )

(6) ∠A=∠D, ∠B=∠E, ∠C=∠F ( )

도형의 합동

01 다음 중 두 도형이 항상 합동인 것을 모두 고르면?
(정답 2개)

① 둘레의 길이가 같은 두 정삼각형
② 둘레의 길이가 같은 두 직사각형
③ 둘레의 길이가 같은 두 원
④ 반지름의 길이가 같은 두 부채꼴
⑤ 넓이가 같은 두 직사각형

02 다음 설명 중 옳지 않은 것은?

① 합동인 두 도형은 한 도형을 다른 도형에 완전히 포갤 수 있다.
② 합동인 두 도형의 대응하는 각의 크기는 서로 같다.
③ 모든 정사각형은 서로 합동이다.
④ 합동인 두 다각형의 변의 개수는 서로 같다.
⑤ 합동인 두 도형의 넓이는 서로 같다.

합동인 도형의 성질

03 다음 그림에서 △ABC≡△FED일 때, ∠D의 크기를 구하시오.

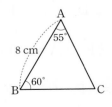
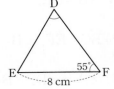

04 다음 그림에서 사각형 ABCD와 사각형 EFGH가 서로 합동일 때, $x+y$의 값을 구하시오.

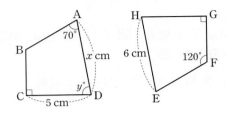

두 삼각형이 합동일 조건

05 다음 중 아래 그림의 △ABC와 △DEF가 합동이 될 조건이 <u>아닌</u> 것을 모두 고르면? (정답 2개)

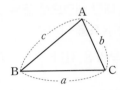
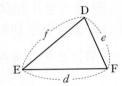

① $a=d$, $b=e$, $c=f$
② $a=d$, $b=e$, ∠C=∠F
③ $a=d$, $c=f$, ∠C=∠F
④ $a=d$, ∠B=∠E, ∠C=∠F
⑤ ∠A=∠D, ∠B=∠E, ∠C=∠F

06 아래 그림에서 $\overline{AB}=\overline{DE}$, ∠A=∠D일 때, △ABC≡△DEF이기 위해 더 필요한 나머지 한 조건이 될 수 있는 것을 다음 **보기**에서 모두 고르시오.

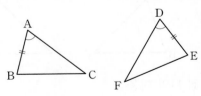

• 보기 •
ㄱ. $\overline{AC}=\overline{DF}$　　ㄴ. $\overline{BC}=\overline{EF}$
ㄷ. ∠B=∠E　　ㄹ. ∠C=∠F

삼각형의 합동 조건 – SSS 합동

07 오른쪽 그림과 같은 사각형 ABCD에서 서로 합동인 두 삼각형을 찾아 기호 ≡를 사용하여 나타내고, 그때의 합동 조건을 말하시오.

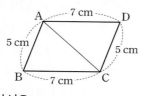

08 오른쪽 그림과 같은 사각형 ABCD에서 $\overline{AB}=\overline{CB}$, $\overline{AD}=\overline{CD}$일 때, 다음 중 옳지 <u>않은</u> 것은?

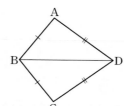

① ∠BAD=∠BCD
② ∠ABD=∠CBD
③ ∠ADB=∠CBD
④ ∠ABC=2∠DBC
⑤ △ABD≡△CBD

삼각형의 합동 조건 – SAS 합동

09 오른쪽 그림과 같은 사각형 ABCD에서 ∠CAD=∠ACB, $\overline{AD}=\overline{BC}$일 때, 서로 합동인 두 삼각형을 찾아 기호 ≡를 사용하여 나타내고, 그때의 합동 조건을 말하시오.

10 오른쪽 그림에서 $\overline{OA}=\overline{OC}$, $\overline{AB}=\overline{CD}$일 때, 다음 중 옳지 <u>않은</u> 것은?

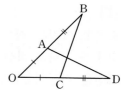

① $\overline{OB}=\overline{OD}$
② $\overline{AD}=\overline{CB}$
③ ∠OAD=∠BCD
④ ∠OBC=∠ODA
⑤ △AOD≡△COB

삼각형의 합동 조건 – ASA 합동

11 오른쪽 그림과 같이 ∠XOY의 이등분선 위의 한 점 P에서 두 반직선 OX, OY에 내린 수선의 발을 각각 A, B라 할 때, △AOP와 합동인 삼각형을 찾고, 그때의 합동 조건을 말하시오.

12 오른쪽 그림에서 점 M은 $\overline{AD}$와 $\overline{BC}$의 교점이고 $\overline{AB} /\!/ \overline{CD}$, $\overline{MB}=\overline{MC}$일 때, 다음 중 옳지 <u>않은</u> 것은?

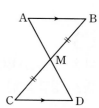

① $\overline{AB}=\overline{CD}$
② $\overline{AM}=\overline{DM}$
③ $\overline{AD}=\overline{BC}$
④ ∠BAM=∠CDM
⑤ ∠AMB=∠DMC

01

오른쪽 그림은 직선 l 밖의 한 점 P를 지나고 직선 l에 평행한 직선을 작도하는 과정이다. 다음 보기에서 옳은 것을 모두 고른 것은?

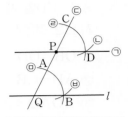

• 보기 •
ㄱ. $\overline{AQ}=\overline{CP}$
ㄴ. $\angle AQB=\angle PCD$
ㄷ. 작도 순서는 ㉢ → ㉤ → ㉣ → ㉥ → ㉡ → ㉠이다.
ㄹ. '엇각의 크기가 같으면 두 직선은 평행하다.'를 이용한 것이다.

① ㄷ   ② ㄱ, ㄷ   ③ ㄱ, ㄹ
④ ㄱ, ㄴ, ㄹ   ⑤ ㄱ, ㄷ, ㄹ

02

삼각형의 세 변의 길이가 $3\,\mathrm{cm}$, $8\,\mathrm{cm}$, $x\,\mathrm{cm}$일 때, x의 값이 될 수 있는 자연수를 모두 구하시오. (단, $x<8$)

03

다음 중 △ABC가 하나로 정해지는 것을 모두 고르면? (정답 2개)

① $\overline{AB}=3\,\mathrm{cm}$, $\overline{BC}=5\,\mathrm{cm}$, $\overline{CA}=8\,\mathrm{cm}$
② $\overline{AB}=7\,\mathrm{cm}$, $\overline{BC}=8\,\mathrm{cm}$, $\angle B=45°$
③ $\overline{AB}=4\,\mathrm{cm}$, $\overline{BC}=6\,\mathrm{cm}$, $\angle C=40°$
④ $\overline{AC}=5\,\mathrm{cm}$, $\angle A=40°$, $\angle B=40°$
⑤ $\overline{AB}=5\,\mathrm{cm}$, $\angle A=85°$, $\angle C=95°$

04

오른쪽 그림의 △ABC에서 $\overline{BC}$의 길이가 주어졌을 때, 다음 중 △ABC가 하나로 정해지기 위해 더 필요한 조건이 될 수 있는 것을 모두 고르면? (정답 2개)

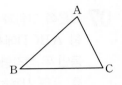

① $\overline{AB}$의 길이, $\angle A$의 크기
② $\overline{AB}$의 길이, $\angle B$의 크기
③ $\overline{AB}$의 길이, $\angle C$의 크기
④ $\overline{AC}$의 길이, $\angle B$의 크기
⑤ $\angle B$의 크기, $\angle C$의 크기

05

오른쪽 그림에서 $\overline{OA}=\overline{OB}$, $\overline{AC}=\overline{BD}$일 때, $\angle O$의 크기를 구하시오.

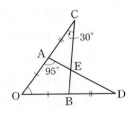

06

오른쪽 그림에서 △ABC가 정삼각형이고 $\overline{AD}=\overline{BE}=\overline{CF}$일 때, 다음 중 옳지 않은 것은?

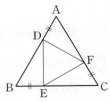

① $\overline{BD}=\overline{CE}$
② $\overline{AF}=\overline{DE}$
③ $\angle ADF=\angle BED$
④ $\angle DEF=60°$
⑤ $\angle BED+\angle FEC=120°$

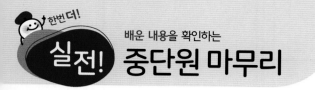
01

다음 중 작도할 때, 눈금 없는 자를 사용하는 경우로 옳은 것을 모두 고르면? (정답 2개)

① 두 점을 연결하여 선분을 그린다.
② 원을 그린다.
③ 주어진 선분을 연장한다.
④ 각의 크기를 잰다.
⑤ 선분의 길이를 옮긴다.

02

다음은 선분 AB를 점 B의 방향으로 연장하여 $\overline{AC}=2\overline{AB}$가 되도록 선분 AC를 작도하는 과정이다. 작도 순서를 바르게 나열하시오.

> ㉠ 컴퍼스를 사용하여 $\overline{AB}$의 길이를 잰다.
> ㉡ 점 B를 중심으로 하고 반지름의 길이가 $\overline{AB}$인 원을 그려 $\overline{AB}$의 연장선과의 교점을 C라 한다.
> ㉢ $\overline{AB}$를 점 B의 방향으로 연장한다.

03

오른쪽 그림과 같은 △ABC에서 $\overline{AC}$의 대각의 크기와 ∠A의 대변의 길이를 차례로 구하면?

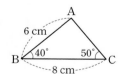

① 40°, 6 cm
② 40°, 8 cm
③ 50°, 6 cm
④ 50°, 8 cm
⑤ 90°, 8 cm

04

다음과 같이 세 변의 길이가 주어질 때, 삼각형을 만들 수 있는 것을 모두 고르면? (정답 2개)

① 2 cm, 3 cm, 5 cm
② 3 cm, 4 cm, 8 cm
③ 3 cm, 5 cm, 5 cm
④ 7 cm, 7 cm, 7 cm
⑤ 6 cm, 7 cm, 14 cm

05

△ABC에서 ∠A=50°, ∠B=55°일 때, △ABC가 하나로 정해지기 위해 더 필요한 나머지 한 조건이 될 수 있는 것을 다음 **보기**에서 모두 고르시오.

> ┌ 보기 ┐
> ㄱ. $\overline{AB}=6$ cm　　ㄴ. $\overline{BC}=8$ cm
> ㄷ. $\overline{CA}=4$ cm　　ㄹ. ∠C=75°

06

다음 그림에서 △ABC≡△DEF일 때, $x+y$의 값을 구하시오.

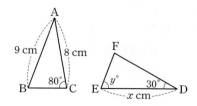

07

다음 중 오른쪽 그림의 삼각형과 합동인 삼각형인 것은?

①

②

③

④

⑤

08

아래 그림의 △ABC와 △DEF에 대하여 다음 중 △ABC≡△DEF가 될 조건이 <u>아닌</u> 것은?

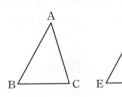

① $\overline{AB}=\overline{DE}$, $\overline{AC}=\overline{DF}$, $\overline{BC}=\overline{EF}$
② $\overline{AB}=\overline{DE}$, $\overline{AC}=\overline{DF}$, $\angle A=\angle D$
③ $\overline{AC}=\overline{DF}$, $\overline{BC}=\overline{EF}$, $\angle B=\angle E$
④ $\overline{AC}=\overline{DF}$, $\angle A=\angle D$, $\angle B=\angle E$
⑤ $\overline{BC}=\overline{EF}$, $\angle B=\angle E$, $\angle C=\angle F$

09

오른쪽 그림과 같은 정사각형 ABCD에서 $\angle BAE=30°$이고 $\overline{BE}=\overline{CF}$일 때, $\angle BFC$의 크기를 구하시오.

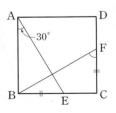

10

오른쪽 그림과 같은 직사각형 ABCD에서 점 M은 $\overline{AD}$의 중점일 때, 합동인 두 삼각형을 찾아 기호 ≡를 사용하여 나타내고, 그때의 합동 조건을 구하시오. [5점]

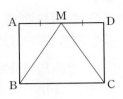

풀이

답

11

오른쪽 그림과 같이 $\overline{AD}$와 $\overline{BC}$의 교점을 O라 하자. $\overline{BO}=500$ m, $\overline{OA}=\overline{OC}=300$ m, $\angle A=\angle C=50°$일 때, 육지의 A 지점과 바다의 D 지점 사이의 거리를 구하시오. [6점]

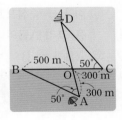

풀이

답

한번 더 **개념 확인문제**

개념북 ➔ 65쪽~66쪽 | 정답 및 풀이 ➔ 66쪽

01 다음 **보기**에서 다각형인 것을 모두 고르시오.

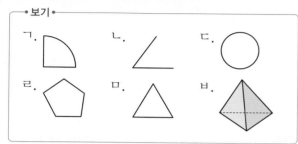

02 다음 중 다각형에 대한 설명으로 옳은 것에는 ○표, 옳지 않은 것에는 ×표를 하시오.

(1) 3개 이상의 선분과 곡선으로 둘러싸인 평면도형을 다각형이라 한다. ( )

(2) n각형에서 내각은 n개가 있다. ( )

(3) 한 꼭짓점에서의 외각은 2개가 있다. ( )

(4) 한 꼭짓점에서 내각과 외각의 크기의 합은 360°이다. ( )

(5) 다각형을 이루는 선분을 대각선이라 한다. ( )

03 다음 그림에서 ∠A의 내각의 크기와 ∠B의 외각의 크기를 차례로 구하시오.

(1)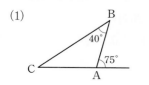

(2)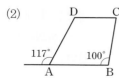

04 다음 중 정다각형에 대한 설명으로 옳은 것에는 ○표, 옳지 않은 것에는 ×표를 하시오.

(1) 정다각형은 모든 내각의 크기가 같다. ( )

(2) 모든 변의 길이가 같은 다각형을 정다각형이라 한다. ( )

(3) 세 변의 길이가 모두 같은 삼각형은 정삼각형이다. ( )

(4) 정다각형의 모든 외각의 크기는 같다. ( )

(5) 정다각형의 모든 대각선의 길이는 같다. ( )

05 다음 다각형의 한 꼭짓점에서 그을 수 있는 대각선의 개수를 구하시오.

(1)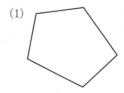

(2)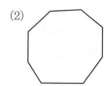

06 다음 빈칸에 알맞은 것을 써넣으시오.

다각형	한 꼭짓점에서 그을 수 있는 대각선의 개수	대각선의 개수
사각형	1	2
육각형		
십일각형		
n각형		

교과서 대표 문제로
완성하기

▶ 다각형의 내각과 외각

01 오른쪽 그림과 같은 △ABC에서 ∠A의 외각의 크기와 ∠C의 외각의 크기의 합을 구하시오.

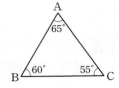

02 오른쪽 그림에서 ∠x+∠y+∠z의 크기를 구하시오.

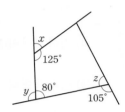

03 오른쪽 그림과 같은 오각형 ABCDE에서 ∠x의 크기를 구하시오.

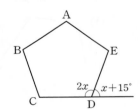

▶ 다각형의 대각선의 개수

04 십오각형의 한 꼭짓점에서 그을 수 있는 대각선의 개수를 a, 이때 생기는 삼각형의 개수를 b라 할 때, $a+b$의 값을 구하시오.

05 한 꼭짓점에서 그을 수 있는 대각선의 개수가 11인 다각형의 대각선의 개수를 구하시오.

06 한 꼭짓점에서 대각선을 모두 그었을 때 생기는 삼각형의 개수가 10인 다각형의 대각선의 개수를 구하시오.

▶ 대각선의 개수가 주어진 다각형

07 대각선의 개수가 44인 다각형의 변의 개수를 구하시오.

08 다음 조건을 만족시키는 다각형을 구하시오.

㈎ 대각선의 개수는 20이다.
㈏ 모든 변의 길이가 같고 모든 내각의 크기가 같다.

02 다각형의 내각과 외각

01 다음 그림에서 ∠x의 크기를 구하시오.

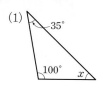
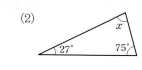

02 다음 그림에서 ∠x의 크기를 구하시오.

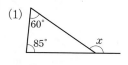
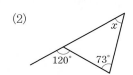

03 다음 빈칸에 알맞은 것을 써넣으시오.

다각형	한 꼭짓점에서 대각선을 모두 그었을 때 생기는 삼각형의 개수	내각의 크기의 합
사각형	2	360°
오각형		
칠각형		
n각형		

04 다음 다각형의 내각의 크기의 합을 구하시오.

(1) 팔각형　　　　　(2) 십각형

05 내각의 크기의 합이 다음과 같은 다각형을 구하시오.

(1) 1260°　　　　　(2) 1620°

06 다음 그림에서 ∠x의 크기를 구하시오.

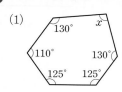
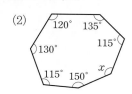

07 다음 그림에서 ∠x의 크기를 구하시오.

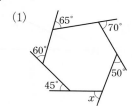
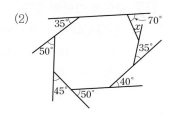

08 다음 빈칸에 알맞은 것을 써넣으시오.

정다각형	한 내각의 크기	한 외각의 크기
정사각형	90°	90°
정오각형		
정십각형		
정n각형		

09 다음 정다각형의 한 내각의 크기와 한 외각의 크기를 차례로 구하시오.

(1) 정구각형　　　　　(2) 정십오각형

10 한 외각의 크기가 다음과 같은 정다각형을 구하시오.

(1) 120°　　　　　(2) 45°

삼각형의 세 내각의 크기의 합

01 오른쪽 그림에서 ∠x의 크기를 구하시오.

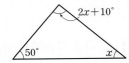

02 오른쪽 그림과 같은 △ABC에서 ∠A=80°이고 ∠C=3∠B일 때, ∠C의 크기를 구하시오.

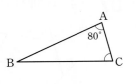

삼각형의 내각과 외각 사이의 관계(1)

03 오른쪽 그림에서 ∠x의 크기를 구하시오.

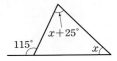

04 오른쪽 그림에서 ∠x의 크기를 구하시오.

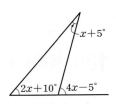

삼각형의 내각과 외각 사이의 관계(2)

05 오른쪽 그림에서 ∠x의 크기는?

① 25°　　② 30°
③ 35°　　④ 40°
⑤ 45°

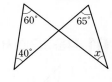

06 오른쪽 그림에서 ∠x의 크기를 구하시오.

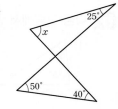

삼각형의 내각과 외각 사이의 관계(3)

07 오른쪽 그림과 같은 △ABC에서 ∠A=30°, ∠B=64°이고 ∠ACD=∠DCB일 때, ∠x의 크기를 구하시오.

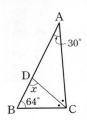

08 오른쪽 그림과 같은 △ABC에서 ∠A=45°, ∠BDC=80°이고 ∠ABD=∠DBC일 때, ∠x의 크기를 구하시오.

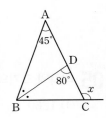

삼각형의 내각의 크기의 합의 활용

09 오른쪽 그림과 같은 △ABC에서 ∠A=60°, ∠ABD=25°, ∠ACD=45°일 때, ∠x의 크기를 구하시오.

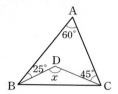

10 오른쪽 그림과 같은 △ABC에서 ∠A=90°이고 ∠ABD=∠DBC, ∠ACD=∠DCB일 때, ∠x의 크기를 구하시오.

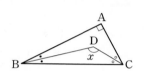

삼각형의 내각과 외각의 관계의 활용

11 오른쪽 그림에서 $\overline{BD}=\overline{AD}=\overline{AC}$이고 ∠B=30°일 때, ∠x의 크기를 구하시오.

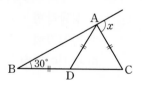

12 오른쪽 그림에서 $\overline{BD}=\overline{CD}=\overline{AC}$이고 ∠ACE=96°일 때, ∠x의 크기를 구하시오.

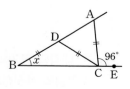

다각형의 내각의 크기의 합(1)

13 한 꼭짓점에서 그을 수 있는 대각선의 개수가 12인 다각형의 내각의 크기의 합을 구하시오.

14 내각의 크기의 합이 900°인 다각형의 변의 개수를 구하시오.

15 다음 조건을 만족시키는 다각형을 구하시오.

> ㈎ 내각의 크기의 합이 1080°이다.
> ㈏ 모든 변의 길이가 같고 모든 내각의 크기가 같다.

다각형의 내각의 크기의 합(2)

16 오른쪽 그림에서 ∠x의 크기를 구하시오.

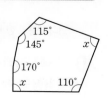

17 오른쪽 그림에서 ∠x의 크기를 구하시오.

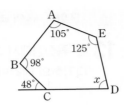

다각형의 외각의 크기의 합

18 오른쪽 그림에서 ∠x의 크기를 구하시오.

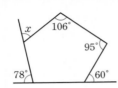

19 오른쪽 그림에서 ∠x의 크기를 구하시오.

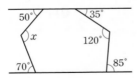

정다각형의 한 내각과 한 외각의 크기

20 한 꼭짓점에서 그을 수 있는 대각선의 개수가 7인 정다각형의 한 내각의 크기를 구하시오.

21 한 외각의 크기가 40°인 정다각형의 내각의 크기의 합을 구하시오.

22 한 내각의 크기가 135°인 정다각형을 구하시오.

정다각형의 한 내각과 한 외각의 크기의 비

23 한 내각의 크기와 한 외각의 크기의 비가 5 : 1인 정다각형은?

① 정팔각형　　　　② 정구각형
③ 정십각형　　　　④ 정십일각형
⑤ 정십이각형

24 한 내각의 크기와 한 외각의 크기의 비가 7 : 2인 정다각형의 꼭짓점의 개수를 구하시오.

01

대각선의 개수가 54인 다각형은?

① 팔각형　　　② 구각형　　　③ 십각형

④ 십일각형　　⑤ 십이각형

02

다음 조건을 만족시키는 다각형을 구하시오.

> ㈎ 모든 변의 길이가 같다.
> ㈏ 모든 내각의 크기가 같다.
> ㈐ 한 꼭짓점에서 그을 수 있는 대각선의 개수는 11
> 이다.

03

삼각형의 세 내각의 크기의 비가 $2:3:4$일 때, 가장 큰 내각의 크기를 구하시오.

04

오른쪽 그림과 같은 △ABC에서 ∠BDC=125°이고 ∠ABD=∠DBC, ∠ACD=∠DCB일 때, ∠x의 크기를 구하시오.

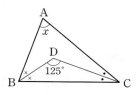

05

오른쪽 그림과 같은 △ABC에서 ∠B의 이등분선과 ∠C의 외각의 이등분선의 교점을 D라 하자. ∠A=84°일 때, ∠x의 크기를 구하시오.

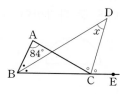

06

오른쪽 그림에서 $\overline{BD}=\overline{CD}=\overline{AC}=\overline{AE}$이고 ∠B=26°일 때, ∠$x$의 크기를 구하시오.

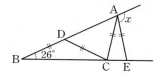

07

내각의 크기의 합이 2340°인 정다각형의 한 외각의 크기를 구하시오.

08

한 내각의 크기가 한 외각의 크기의 3배인 정다각형의 꼭짓점의 개수는?

① 5　　　　② 6　　　　③ 7

④ 8　　　　⑤ 9

01

다음 중 다각형인 것은?

① 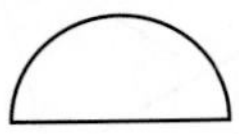   ② 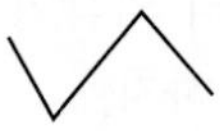   ③

④    ⑤

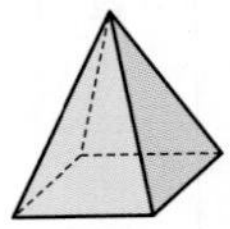

02

한 꼭짓점에서 그을 수 있는 대각선의 개수가 7인 다각형의 대각선의 개수는?

① 27   ② 35   ③ 44

④ 54   ⑤ 65

03

오른쪽 그림에서 $\overline{AC}$와 $\overline{BD}$의 교점을 E라 하자. ∠B=50°, ∠C=60°, ∠D=30°일 때, ∠x의 크기를 구하시오.

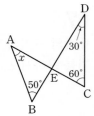

04

오른쪽 그림과 같은 △ABC에서 ∠BAD=35°, ∠CAD=30°, ∠ADC=80°일 때, ∠x+∠y의 크기를 구하시오.

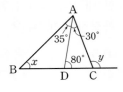

05

오른쪽 그림에서 ∠A=60°, ∠ABD=25°, ∠ACD=35°일 때, ∠x의 크기를 구하시오.

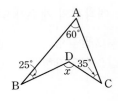

06

오른쪽 그림과 같은 △ABC에서 $\overline{BD}=\overline{CD}=\overline{AC}$이고 ∠B=40°일 때, ∠$x$의 크기를 구하시오.

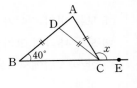

07

오른쪽 그림에서 ∠x의 크기는?

① 24°   ② 26°

③ 28°   ④ 30°

⑤ 32°

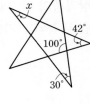

08

대각선의 개수가 44인 다각형의 내각의 크기의 합을 구하시오.

09

오른쪽 그림에서 ∠x의 크기는?

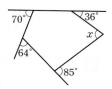

① 70° ② 75°

③ 80° ④ 85°

⑤ 90°

10

다음 중 정십이각형에 대한 설명으로 옳은 것을 모두 고르면? (정답 2개)

① 대각선의 개수는 60이다.

② 한 내각의 크기는 144°이다.

③ 한 외각의 크기는 30°이다.

④ 내각의 크기의 합은 1800°이다.

⑤ 외각의 크기의 합은 720°이다.

11

한 외각의 크기가 24°인 정다각형의 대각선의 개수를 구하시오.

12

오른쪽 그림과 같은 정오각형 ABCDE에서 ∠x의 크기를 구하시오.

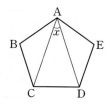

서술형 문제

13

아래 조건을 만족시키는 다각형에 대하여 다음 물음에 답하시오. [5점]

> ㈎ 모든 변의 길이가 같다.
> ㈏ 모든 내각의 크기가 같다.
> ㈐ 대각선의 개수는 20이다.

(1) 다각형의 변의 개수를 구하시오. [3점]

(2) 다각형의 한 내각의 크기를 구하시오. [2점]

풀이

답

14

오른쪽 그림과 같은 △ABC에서 ∠B의 이등분선과 ∠C의 외각의 이등분선의 교점을 D라 하자. ∠D=40°일 때, ∠x의 크기를 구하시오. [6점]

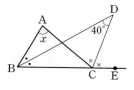

풀이

답

01 원과 부채꼴

개념북 ➡ 82쪽~83쪽 | 정답 및 풀이 ➡ 71쪽

한번 더 개념 확인문제

01 오른쪽 그림과 같이 $\overline{AD}$를 지름으로 하는 원 O에 대하여 다음을 기호로 나타내시오.

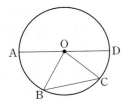

(1) 반지름

(2) 현

(3) 길이가 가장 긴 현

(4) $\overset{\frown}{AB}$에 대한 중심각

(5) ∠COD에 대한 호

(6) ∠BOC에 대한 현

02 다음 중 옳은 것에는 ○표, 옳지 않은 것에는 ×표를 하시오.

(1) 원의 현 중에서 가장 긴 것은 지름이다.
( )

(2) 부채꼴은 현과 호로 이루어진 도형이다.
( )

(3) 할선은 원 위의 두 점을 지나는 선분이다.
( )

(4) 활꼴은 두 반지름과 호로 이루어진 도형이다.
( )

(5) 한 원에서 부채꼴과 활꼴은 같아질 수 없다.
( )

(6) 반원의 중심각의 크기는 180°이다. ( )

03 오른쪽 그림의 원 O에서
∠AOB=∠BOC=∠COD
=∠DOE
일 때, 다음 □ 안에 알맞은 수를 써넣으시오.

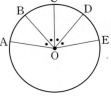

(1) $\overset{\frown}{AD}=\square\overset{\frown}{AB}$

(2) $\overset{\frown}{AE}=\square\overset{\frown}{CD}$

(3) (부채꼴 AOC의 넓이)
=(부채꼴 DOE의 넓이)×$\square$

04 다음 그림에서 x의 값을 구하시오.

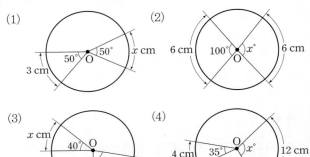

(1) (2)

(3) (4)

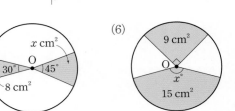

(5) (6)

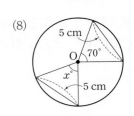

(7) (8)

▶ **원과 부채꼴**

01 다음 중 옳지 <u>않은</u> 것은?

① 원 위의 두 점을 양 끝 점으로 하는 원의 일부분을 호라 한다.

② 원 위의 두 점을 이은 선분을 현이라 한다.

③ 할선은 원과 한 점에서 만난다.

④ 부채꼴은 두 반지름과 호로 이루어진 도형이다.

⑤ 활꼴은 호와 현으로 이루어진 도형이다.

02 다음 **보기**에서 옳은 것을 모두 고르시오.

┌─ 보기 ─────────────────────────┐

ㄱ. 원에서 길이가 가장 긴 현은 반지름이다.

ㄴ. 원의 중심을 지나는 현은 지름이다.

ㄷ. 중심각의 크기가 180°인 부채꼴은 반원이다.

ㄹ. 반원은 부채꼴이지만 활꼴은 아니다.

└─────────────────────────────┘

03 반지름의 길이가 10 cm인 원에서 가장 긴 현의 길이를 구하시오.

04 부채꼴의 반지름의 길이와 현의 길이가 같을 때의 부채꼴의 중심각의 크기는?

① 30° ② 45° ③ 60°

④ 90° ⑤ 180°

▶ **중심각의 크기와 호의 길이**

05 오른쪽 그림의 원 O에서 x의 값을 구하시오.

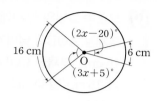

06 오른쪽 그림의 원 O에서 x의 값을 구하시오.

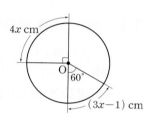

07 오른쪽 그림의 원 O에서 $x+y$의 값을 구하시오.

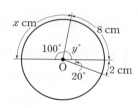

08 오른쪽 그림에서 $\overline{AB}$는 원 O의 지름이고 $\overset{\frown}{AC}=8$ cm, $\angle AOC=60°$일 때, $\overset{\frown}{BC}$의 길이를 구하시오.

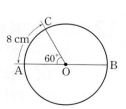

개념 완성하기

교과서 대표 문제로

09 오른쪽 그림의 원 O에서
부채꼴 AOB의 넓이가
10 cm^2, 부채꼴 COD의 넓이
가 15 cm^2일 때, x의 값을 구
하시오.

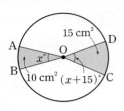

10 오른쪽 그림의 원 O에서
$\widehat{AB}=4 \text{ cm}$, $\widehat{CD}=10 \text{ cm}$이고 부
채꼴 AOB의 넓이가 16 cm^2일 때,
부채꼴 COD의 넓이를 구하시오.

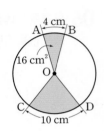

11 오른쪽 그림의 반원 O에서
$5\widehat{AB}=4\widehat{BC}$일 때,
∠BOC의 크기를 구하시오.

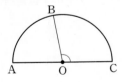

12 오른쪽 그림의 원 O에서
∠AOC=120°이고
$\widehat{AB}:\widehat{BC}=2:1$일 때, ∠BOC
의 크기를 구하시오.

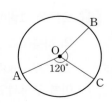

13 오른쪽 그림의 반원 O에서
$\overline{AD}/\!/\overline{OC}$, ∠BOC=25°,
$\widehat{BC}=5 \text{ cm}$일 때, $\widehat{AD}$의
길이를 구하시오.

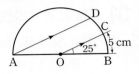

14 오른쪽 그림의 원 O에서
$\overline{AB}/\!/\overline{CD}$, ∠AOC=35°,
$\widehat{AC}=7 \text{ cm}$일 때, $\widehat{CD}$의 길
이를 구하시오.

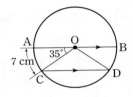

15 오른쪽 그림의 원 O에서
∠AOB=60°, ∠COD=20°일
때, 다음 중 옳지 **않은** 것을 모
두 고르면? (정답 2개)

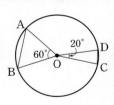

① $\widehat{AB}=3\widehat{CD}$

② $\overline{AB}=3\overline{CD}$

③ $\overline{OA}=\overline{OB}=\overline{AB}$

④ $\overline{OB}=\overline{OD}$

⑤ △OAB=3△OCD

02 부채꼴의 호의 길이와 넓이

01 다음 그림과 같은 원 O의 둘레의 길이와 넓이를 각각 구하시오.

(1)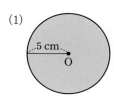

(2)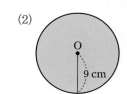

02 다음 그림과 같은 원 O의 둘레의 길이와 넓이를 각각 구하시오.

(1)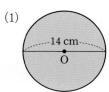

(2)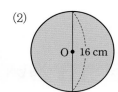

03 다음 그림과 같은 반원 O의 둘레의 길이와 넓이를 각각 구하시오.

(1)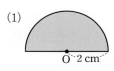

(2)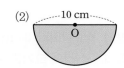

04 다음 그림과 같은 부채꼴의 호의 길이와 넓이를 각각 구하시오.

(1)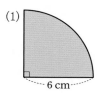

(2)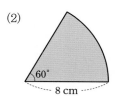

05 반지름의 길이가 12 cm이고 중심각의 크기가 150° 인 부채꼴의 호의 길이와 넓이를 각각 구하시오.

06 다음 그림과 같은 부채꼴의 넓이를 구하시오.

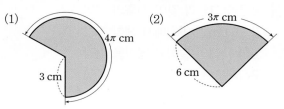

07 다음 그림에서 색칠한 부분의 둘레의 길이와 넓이를 각각 구하시오.

(1)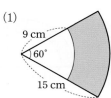

(2)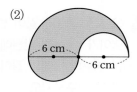

원의 둘레의 길이와 넓이

01 둘레의 길이가 6π cm인 원의 넓이를 구하시오.

02 넓이가 16π cm²인 원의 둘레의 길이를 구하시오.

반원의 둘레의 길이와 넓이

03 오른쪽 그림과 같이 지름의 길이가 16 cm인 반원에서 색칠한 부분의 둘레의 길이와 넓이를 각각 구하시오.

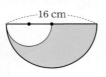

04 오른쪽 그림과 같이 반지름의 길이가 4 cm인 반원에서 색칠한 부분의 둘레의 길이와 넓이를 각각 구하시오.

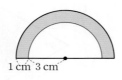

원의 둘레의 길이와 넓이의 활용

05 오른쪽 그림과 같이 지름의 길이가 16 cm인 원에서 색칠한 부분의 둘레의 길이와 넓이를 각각 구하시오.

06 오른쪽 그림과 같이 지름의 길이가 8 cm인 원에서 색칠한 부분의 둘레의 길이와 넓이를 각각 구하시오.

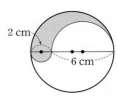

부채꼴의 호의 길이와 넓이

07 오른쪽 그림과 같이 반지름의 길이가 6 cm이고 호의 길이가 4π cm인 부채꼴의 중심각의 크기를 구하시오.

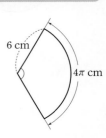

08 반지름의 길이가 3 cm이고 넓이가 6π cm²인 부채꼴의 중심각의 크기를 구하시오.

09 오른쪽 그림과 같이 호의 길이가 6π cm이고 중심각의 크기가 $120°$인 부채꼴의 반지름의 길이를 구하시오.

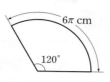

부채꼴의 호의 길이와 넓이 사이의 관계

10 호의 길이가 4π cm이고 넓이가 12π cm²인 부채꼴의 반지름의 길이를 구하시오.

11 오른쪽 그림과 같이 반지름의 길이가 5 cm이고 넓이가 20π cm²인 부채꼴의 호의 길이를 구하시오.

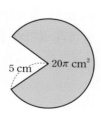

12 호의 길이가 10π cm이고 넓이가 45π cm²인 부채꼴의 중심각의 크기를 구하시오.

부채꼴의 호의 길이와 넓이의 활용

13 오른쪽 그림에서 색칠한 부분의 넓이를 구하시오.

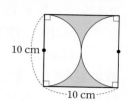

14 오른쪽 그림과 같이 한 변의 길이가 6 cm인 정사각형에서 색칠한 부분의 둘레의 길이와 넓이를 각각 구하시오.

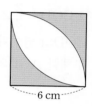

15 오른쪽 그림과 같이 한 변의 길이가 4 cm인 정사각형에서 색칠한 부분의 넓이를 구하시오.

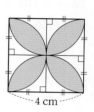

16 오른쪽 그림과 같이 반지름의 길이가 8 cm인 부채꼴에서 색칠한 부분의 둘레의 길이와 넓이를 각각 구하시오.

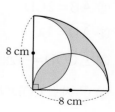

01

오른쪽 그림의 원 O에서
$$\angle AOB : \angle BOC : \angle COA$$
$$=4 : 3 : 5$$
이고 원 O의 둘레의 길이가 36 cm
일 때, $\widehat{BC}$의 길이를 구하시오.

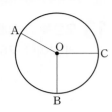

02

오른쪽 그림의 원 O에서
$\angle COD = \dfrac{2}{3} \angle AOB$이고 부채꼴
COD의 넓이가 24π cm²일 때,
부채꼴 AOB의 넓이를 구하시오.

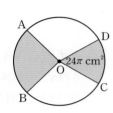

03

오른쪽 그림의 원 O에서
$\overline{OC} \parallel \overline{AB}$이고 $\angle BOC = 40°$,
$\widehat{BC} = 8$ cm일 때, $\widehat{AB}$의 길이를
구하시오.

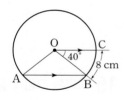

04

오른쪽 그림의 원 O에서
$\angle AOB = 2\angle COD$일 때, 다음 중 옳
은 것을 모두 고르면? (정답 2개)

① $\widehat{AB} = 2\widehat{CD}$

② $\overline{AB} = 2\overline{CD}$

③ $\widehat{AD} = \widehat{BC}$

④ $\triangle COD = \dfrac{1}{2}\triangle AOB$

⑤ (부채꼴 COD의 넓이)=(부채꼴 AOB의 넓이)$\times \dfrac{1}{2}$

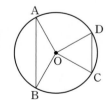

05

호의 길이가 10π cm이고 넓이가 30π cm²인 부채꼴
의 반지름의 길이를 r cm, 중심각의 크기를 $x°$라 할
때, $r+x$의 값을 구하시오.

06

오른쪽 그림과 같이 지름이 $\overline{AB}$인
원 O에서 두 점 C, D는 $\overline{AB}$를 삼
등분하는 점이고 $\overline{AB} = 15$ cm일
때, 색칠한 부분의 둘레의 길이를
구하시오.

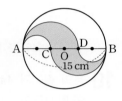

07

오른쪽 그림과 같이 한 변의 길이가
6 cm인 정사각형에서 색칠한 부분의
둘레의 길이와 넓이를 각각 구하시오.

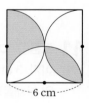

08

오른쪽 그림은 반지름의 길이가
8 cm인 반원을 점 A를 중심으로
45°만큼 회전한 것이다. 색칠한 부
분의 둘레의 길이와 넓이를 각각
구하시오.

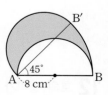

실전! 중단원 마무리
배운 내용을 확인하는

01

오른쪽 그림에서 $\overline{AC}$가 원 O의 중심을 지날 때, 원 O에 대한 설명으로 다음 중 옳지 <u>않은</u> 것은?

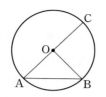

① $\overline{AC}$는 길이가 가장 긴 현이다.

② ∠AOB는 $\overarc{AB}$에 대한 중심각이다.

③ $\overarc{BC}$는 원 O 위의 두 점 B, C를 양 끝 점으로 하는 원의 일부분이다.

④ $\overarc{AB}$와 $\overline{AB}$로 이루어진 도형은 부채꼴이다.

⑤ $\overarc{AB}=\overarc{BC}$이면 ∠AOB=90°이다.

02

오른쪽 그림의 원 O에서 x의 값은?

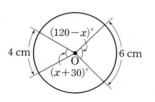

① 15
② 20
③ 25
④ 30
⑤ 35

03

오른쪽 그림의 원 O에서 넓이가 8 cm²인 부채꼴의 중심각의 크기가 40°일 때, 중심각의 크기가 100°인 부채꼴의 넓이를 구하시오.

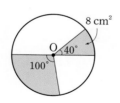

04

오른쪽 그림과 같이 $\overline{CD}$가 지름인 원 O에서 $\overline{AB} /\!/ \overline{CD}$이고 ∠AOB=120°, $\overarc{AB}$=4 cm일 때, $\overarc{AC}$의 길이를 구하시오.

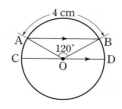

05

오른쪽 그림에서 점 P는 원 O의 지름 AB의 연장선과 현 CD의 연장선의 교점이다. $\overline{CO}=\overline{CP}$, ∠P=25°, $\overarc{BD}$=9 cm일 때, $\overarc{AC}$의 길이를 구하시오.

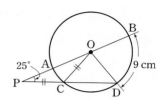

06

다음 중 한 원에 대한 설명으로 옳지 <u>않은</u> 것은?

① 호의 길이는 중심각의 크기에 정비례한다.
② 현의 길이는 중심각의 크기에 정비례한다.
③ 같은 크기의 중심각에 대한 호의 길이는 같다.
④ 같은 크기의 중심각에 대한 현의 길이는 같다.
⑤ 부채꼴의 넓이는 호의 길이에 정비례한다.

07

반지름의 길이가 6 cm이고 넓이가 15π cm²인 부채꼴의 호의 길이를 구하시오.

08

오른쪽 그림에서 $\overline{PA}=\overline{AB}=\overline{BQ}$=4 cm이고 $\overline{PQ}$는 큰 원의 지름일 때, 색칠한 부분의 넓이를 구하시오.

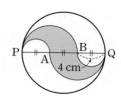

09

오른쪽 그림에서 색칠한 부분의 둘레의 길이를 구하시오.

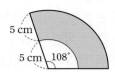

10

오른쪽 그림은 반원 O와 부채꼴 ABC를 겹쳐 놓은 것이다. 색칠한 두 부분의 넓이가 같을 때, ∠ABC의 크기를 구하시오.

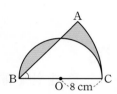

11

오른쪽 그림은 ∠A=90°인 직각삼각형 ABC의 세 변을 각각 지름으로 하는 반원을 그린 것이다. 색칠한 부분의 넓이를 구하시오.

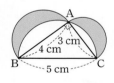

12

오른쪽 그림과 같이 밑면의 반지름의 길이가 5 cm인 원기둥 모양의 캔 3개를 끈으로 묶으려고 할 때, 필요한 끈의 최소 길이를 구하시오. (단, 매듭의 길이는 생각하지 않는다.)

서술형 문제

13

오른쪽 그림의 반원 O에서 $2\angle AOC = \angle BOC$이고 $\widehat{BC}=12$ cm일 때, $\widehat{AC}$의 길이를 구하시오. [5점]

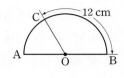

 풀이

 답

14

오른쪽 그림과 같이 한 변의 길이가 6 cm인 정사각형에서 색칠한 부분의 넓이를 구하시오. [6점]

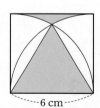

 풀이

 답

01 다면체

한번 더 개념 확인문제

개념북 101쪽~104쪽 | 정답 및 풀이 76쪽

01 다음 중 다면체인 것에는 ○표, 다면체가 아닌 것에는 ×표를 하시오.

(1) 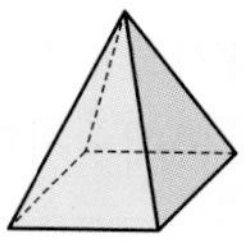
( )

(2) 
( )

(3) 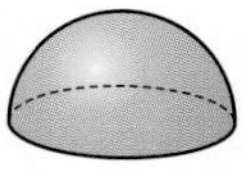
( )

(4) 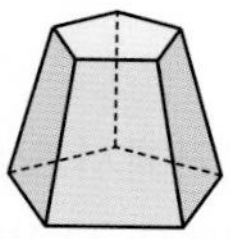
( )

02 다음 입체도형은 몇 면체인지 구하시오.

(1) 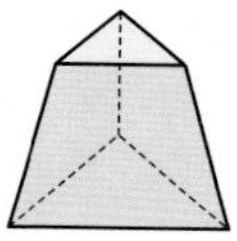

(2) 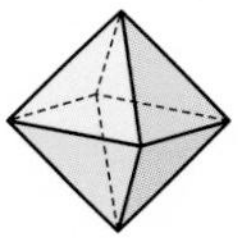

03 오른쪽은 각뿔을 밑면에 평행한 평면으로 자르고 난 후 남은 입체도형이다. 다음 중 이 입체도형에 대한 설명으로 옳은 것에는 ○표, 옳지 않은 것에는 ×표를 하시오.

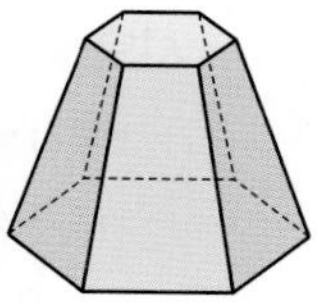

(1) 두 밑면은 서로 평행하다. ( )

(2) 두 밑면은 서로 합동이다. ( )

(3) 옆면의 모양은 직사각형이다. ( )

(4) 각뿔대이다. ( )

(5) 면의 개수가 8이므로 팔각뿔대이다. ( )

04 다음 표의 빈칸에 알맞은 것을 써넣으시오.

다면체	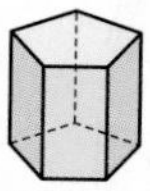	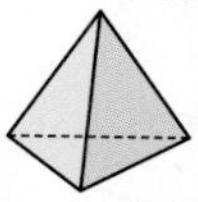	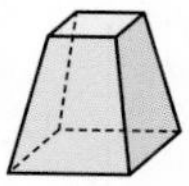
이름	오각기둥	삼각뿔	사각뿔대
밑면의 모양			
옆면의 모양			
면의 개수			
몇 면체인가?			
모서리의 개수			
꼭짓점의 개수			

05 다음 중 정다면체에 대한 설명으로 옳은 것에는 ○표, 옳지 않은 것에는 ×표를 하시오.

(1) 정다면체는 5가지뿐이다. ( )

(2) 각 면의 모양이 정삼각형인 정다면체는 정사면체와 정팔면체뿐이다. ( )

(3) 모든 면이 합동인 정다각형으로 이루어진 다면체는 정다면체이다. ( )

06 다음 표는 정다면체에 대하여 나타낸 것이다. ㉠~㉦에 알맞은 것을 구하시오.

정다면체	면의 모양	한 꼭짓점에 모인 면의 개수	면의 개수	모서리의 개수	꼭짓점의 개수
정사면체	정삼각형	3	㉢	6	4
정육면체	정사각형	3	6	㉣	8
정팔면체	㉠	4	8	12	㉥
정십이면체	정오각형	㉡	12	30	㉦
정이십면체	정삼각형	5	20	㉤	12

다면체

01 다음 **보기**에서 다면체가 아닌 것을 모두 고르시오.

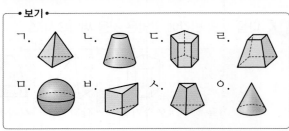

보기

ㄱ. ㄴ. ㄷ. ㄹ.

ㅁ. ㅂ. ㅅ. ㅇ.

02 다음 **보기**에서 다면체인 것을 모두 고르시오.

보기

ㄱ. 오각뿔대 ㄴ. 원뿔 ㄷ. 육각뿔

ㄹ. 원기둥 ㅁ. 직육면체 ㅂ. 구

다면체의 꼭짓점, 모서리, 면의 개수

03 다음 다면체 중 면의 개수가 가장 많은 것은?

① 사각뿔 ② 육각기둥 ③ 사각뿔대
④ 육각뿔 ⑤ 직육면체

04 팔각뿔의 면의 개수를 a, 모서리의 개수를 b, 꼭짓점의 개수를 c라 할 때, $a+b+c$의 값을 구하시오.

05 모서리의 개수가 12인 각뿔대는 몇 면체인가?

① 사면체 ② 오면체 ③ 육면체
④ 칠면체 ⑤ 팔면체

다면체의 옆면의 모양

06 다음 **보기**에서 다면체와 그 다면체의 옆면의 모양을 바르게 짝 지은 것을 모두 고르시오.

보기

ㄱ. 삼각기둥 – 삼각형 ㄴ. 삼각뿔 – 삼각형
ㄷ. 삼각뿔대 – 삼각형 ㄹ. 사각기둥 – 직사각형
ㅁ. 오각뿔 – 오각형 ㅂ. 육각뿔대 – 사다리꼴

07 다음 **보기**에서 오른쪽 그림의 다면체와 옆면의 모양이 같은 다면체를 모두 고르시오.

보기

ㄱ. 정육면체 ㄴ. 삼각뿔대 ㄷ. 오각기둥
ㄹ. 육각뿔 ㅁ. 육각뿔대 ㅂ. 칠각뿔

다면체의 이해

08 다음 **보기**에서 두 밑면이 합동인 다면체를 모두 고르시오.

보기

ㄱ. 삼각기둥 ㄴ. 사각뿔 ㄷ. 오각뿔대
ㄹ. 육각뿔 ㅁ. 칠각기둥 ㅂ. 팔각뿔대

09 다음 조건을 만족시키는 입체도형을 구하시오.

㈎ 옆면의 모양은 모두 사다리꼴이다.
㈏ 두 밑면은 평행하다.
㈐ 칠면체이다.

정다면체의 이해

10 다음 중 정다면체와 그 모서리의 개수를 바르게 짝 지은 것은?

① 정사면체 – 8   ② 정육면체 – 15

③ 정팔면체 – 24   ④ 정십이면체 – 30

⑤ 정이십면체 – 20

11 다음 중 정다면체에 대한 설명으로 옳지 <u>않은</u> 것은?

① 각 면의 모양은 정삼각형, 정사각형, 정오각형, 정육각형 중 하나이다.

② 정이십면체의 각 꼭짓점에 모인 면의 개수는 같다.

③ 정다면체는 정사면체, 정육면체, 정팔면체, 정십이면체, 정이십면체뿐이다.

④ 정사면체, 정팔면체, 정이십면체의 각 면의 모양은 같다.

⑤ 정다면체의 한 꼭짓점에 모인 면의 개수는 3 또는 4 또는 5이다.

조건을 만족시키는 정다면체 구하기

12 다음 조건을 만족시키는 정다면체를 구하시오.

㉮ 한 꼭짓점에 모인 면의 개수는 3이다.
㉯ 각 면은 합동인 정오각형이다.

13 각 면이 합동인 정삼각형이고, 한 꼭짓점에 모인 면의 개수가 4인 정다면체를 구하시오.

정다면체의 전개도

14 다음 중 정육면체의 전개도가 될 수 <u>없는</u> 것은?

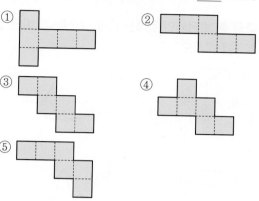

15 다음 중 오른쪽 그림의 전개도로 만들어지는 정다면체에 대한 설명으로 옳은 것을 모두 고르면?

(정답 2개)

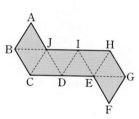

① 꼭짓점의 개수는 6이다.

② 모서리의 개수는 6이다.

③ 한 꼭짓점에 모인 면의 개수는 4이다.

④ 점 C와 겹치는 점은 점 F이다.

⑤ $\overline{AB}$와 겹치는 선분은 $\overline{EF}$이다.

16 다음 그림과 같은 전개도로 만들어지는 정다면체의 꼭짓점의 개수를 a, 모서리의 개수를 b, 면의 개수를 c라 할 때, $a-b+c$의 값을 구하시오.

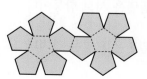

한번 더 개념 확인문제

개념북 ➜ 108쪽~111쪽 | 정답 및 풀이 ➜ 77쪽

01 다음 중 회전체인 것에는 ○표, 회전체가 아닌 것에는 ×표를 하시오.

(1)

( )

(2)

( )

(3)

( )

(4)

( )

(5)

( )

(6)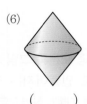

( )

02 오른쪽은 원뿔을 밑면에 평행한 평면으로 자르고 난 후 남은 입체도형이다. 다음 중 이 입체도형에 대한 설명으로 옳은 것에는 ○표, 옳지 않은 것에는 ×표를 하시오.

(1) 원뿔대이다. ( )

(2) 두 밑면은 서로 평행하다. ( )

(3) 두 밑면은 서로 합동이다. ( )

(4) 두 밑면은 모양은 같지만 크기가 다르다.

( )

03 아래 표의 빈칸에 알맞은 것을 다음 **보기**에서 골라 써넣으시오.

• 보기 •

직사각형,	이등변삼각형,	직각삼각형
원,	사다리꼴,	마름모

회전체	회전축에 수직인 평면으로 자른 단면의 모양	회전축을 포함하는 평면으로 자른 단면의 모양
원기둥		
원뿔		
원뿔대		
구		

04 다음 중 회전체에 대한 설명으로 옳은 것에는 ○표, 옳지 않은 것에는 ×표를 하시오.

(1) 원기둥을 회전축에 수직인 평면으로 자른 단면은 직사각형이다. ( )

(2) 원뿔대를 회전축을 포함하는 평면으로 자른 단면은 사다리꼴이다. ( )

(3) 구는 어떤 평면으로 잘라도 그 단면은 항상 원이다. ( )

(4) 모든 회전체는 전개도를 그릴 수 있다.

( )

회전체

01 다음 입체도형 중 회전체의 개수를 구하시오.

> 구,   원기둥,   정십이면체
> 삼각기둥,   사각뿔,   원뿔대

02 다음 중 회전체가 <u>아닌</u> 것은?

①   ②   ③

④   ⑤

회전체의 겨냥도

03 오른쪽 그림과 같은 회전체는 다음 중 어떤 평면도형을 직선 l을 회전축으로 하여 1회전 시킨 것인가?

①   ②   ③

④   ⑤

04 다음 중 오른쪽 그림과 같은 평면 도형을 직선 AE를 회전축으로 하여 1회전 시킬 때 생기는 회전체는?

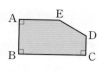

①   ② 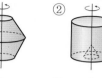 ③

④   ⑤

회전체의 단면의 모양

05 다음 **보기**에서 회전체와 그 회전체를 회전축을 포함하는 평면으로 자를 때 생기는 단면의 모양을 바르게 짝 지은 것을 모두 고르시오.

> **보기**
> ㄱ. 원뿔 – 이등변삼각형
> ㄴ. 원뿔대 – 사다리꼴
> ㄷ. 원기둥 – 정사각형
> ㄹ. 반구 – 원
> ㅁ. 구 – 원

06 다음 중 회전축에 수직인 평면으로 자를 때 생기는 단면이 항상 합동인 회전체는?

①   ②   ③

④   ⑤

회전체의 단면의 넓이

07 오른쪽 그림과 같은 원뿔을 회전축을 포함하는 평면으로 자를 때 생기는 단면의 넓이를 구하시오.

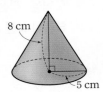

8 cm

5 cm

08 오른쪽 그림과 같은 직사각형을 직선 l을 회전축으로 하여 1회전 시킬 때 생기는 회전체를 회전축에 수직인 평면으로 잘랐다. 이때 생기는 단면의 넓이를 구하시오.

l

7 cm

4 cm

회전체의 전개도

09 오른쪽 그림과 같은 전개도로 만들어지는 입체도형의 밑면의 둘레의 길이와 그 길이가 같은 것을 다음 **보기**에서 찾아 쓰시오.

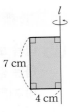

A

B   C

┌ **보기** ┐

$\overline{AB},$ $\overline{AC},$ $\overparen{BC}$

---

10 다음 중 오른쪽 그림과 같은 평면도형을 직선 l을 회전축으로 하여 1회전 시킬 때 생기는 회전체의 전개도로 알맞은 것은?

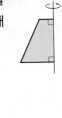

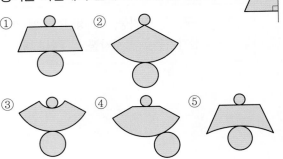

① ② ③ ④ ⑤

회전체의 이해

11 다음 **보기**에서 회전체에 대한 설명으로 옳은 것을 모두 고르시오.

┌ **보기** ┐

ㄱ. 모든 회전체의 회전축은 하나뿐이다.

ㄴ. 원기둥, 원뿔, 구는 모두 회전체이다.

ㄷ. 회전체를 회전축을 포함하는 평면으로 자른 단면은 모두 합동이다.

ㄹ. 회전체를 회전축에 수직인 평면으로 자른 단면은 항상 원이다.

ㅁ. 원뿔대의 전개도는 그릴 수 없다.

12 다음 중 회전체에 대한 설명으로 옳은 것을 모두 고르면? (정답 2개)

① 구의 회전축은 무수히 많다.

② 회전체를 회전축에 수직인 평면으로 자른 단면은 모두 합동이다.

③ 회전체를 회전축을 포함하는 평면으로 자른 단면은 회전축에 대하여 선대칭도형이다.

④ 원뿔을 회전축을 포함하는 평면으로 자른 단면은 직각삼각형이다.

⑤ 원뿔대를 회전축을 포함하는 평면으로 자른 단면은 직사각형이다.

01

다음 조건을 만족시키는 입체도형을 구하시오.

> ㈎ 십면체이다.
> ㈏ 옆면의 모양은 모두 삼각형이다.

02

다음 다면체 중 꼭짓점의 개수가 나머지 넷과 다른 하나는?

① 삼각기둥　② 오각뿔　③ 삼각뿔대
④ 직육면체　⑤ 정팔면체

03

각 면이 서로 합동인 정삼각형이고, 한 꼭짓점에 모인 면의 개수가 5인 정다면체의 꼭짓점의 개수를 구하시오.

04

오른쪽 그림과 같은 전개도로 만들어지는 정다면체에서 $\overline{AF}$와 꼬인 위치에 있는 모서리를 구하시오.

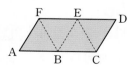

05

오른쪽 그림과 같은 회전체는 다음 중 어떤 평면도형을 직선 l을 회전축으로 하여 1회전 시킨 것인가?

① 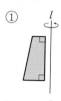　② 　③

④ 　⑤

06

오른쪽 그림은 어떤 회전체의 전개도이다. 이 회전체의 이름과 이 회전체를 회전축을 포함하는 평면으로 자른 단면의 모양을 차례로 구하면?

① 원기둥, 원　② 원기둥, 직사각형
③ 원뿔대, 원　④ 원뿔대, 사다리꼴
⑤ 원뿔대, 직각삼각형

07

다음 중 입체도형에 대한 설명으로 옳지 않은 것은?

① 구를 평면으로 자른 단면은 항상 원이다.
② 오각기둥, 육각뿔, 오각뿔대는 모두 칠면체이다.
③ 원뿔대를 밑면에 평행한 평면으로 자른 단면은 항상 원이다.
④ 한 꼭짓점에 모인 면의 개수가 가장 많은 정다면체는 정십이면체이다.
⑤ 원뿔을 회전축을 포함하는 평면으로 자른 단면은 모두 합동인 이등변삼각형이다.

01

오른쪽 그림의 입체도형은 몇 면체인가?

① 사면체   ② 오면체

③ 육면체   ④ 칠면체

⑤ 팔면체

02

다음 중 다면체와 그 다면체가 몇 면체인지 짝 지은 것으로 옳지 않은 것은?

① 사각기둥 - 육면체   ② 사각뿔 - 오면체

③ 오각뿔 - 칠면체   ④ 육각기둥 - 팔면체

⑤ 칠각뿔대 - 구면체

03

다음 중 밑면의 모양과 옆면의 모양이 모두 사각형인 것은?

① 삼각기둥   ② 삼각뿔   ③ 삼각뿔대

④ 사각기둥   ⑤ 사각뿔

04

육각뿔의 모서리의 개수를 a, 칠각뿔대의 꼭짓점의 개수를 b라 할 때, a, b의 값을 각각 구하시오.

05

다음 중 정다면체가 아닌 것은?

① 정사면체   ② 정육면체   ③ 정팔면체

④ 정십면체   ⑤ 정십이면체

06

다음 중 정다면체에 대한 설명으로 옳지 않은 것은?

① 정다면체는 5가지뿐이다.

② 한 꼭짓점에 모인 면의 개수가 4인 정다면체는 정팔면체이다.

③ 면의 모양이 정오각형인 정다면체는 정십이면체이다.

④ 정사면체의 면의 개수와 꼭짓점의 개수는 같다.

⑤ 꼭짓점이 20개, 모서리가 30개인 정다면체는 정이십면체이다.

07

다음 중 오른쪽 그림의 전개도로 만들어지는 정다면체에 대한 설명으로 옳지 않은 것은?

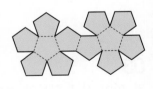

① 면의 개수는 12이다.

② 면은 모두 합동인 정오각형이다.

③ 꼭짓점의 개수는 20이다.

④ 모서리의 개수는 12이다.

⑤ 한 꼭짓점에 모인 면의 개수는 3이다.

08

다음 중 회전체가 아닌 것을 모두 고르면? (정답 2개)

① 원기둥   ② 직육면체   ③ 원뿔

④ 구   ⑤ 사각뿔대

09

다음 중 오른쪽 그림과 같은 직각삼각형 ABC를 $\overline{AC}$를 회전축으로 하여 1회전 시킬 때 생기는 입체도형은?

① ②  ③

④ ⑤

10

다음 **보기**에서 어떤 평면으로 잘라도 그 단면이 항상 원이 되는 회전체를 고르시오.

• 보기 •
ㄱ. 원기둥   ㄴ. 원뿔   ㄷ. 원뿔대
ㄹ. 구   ㅁ. 반구

11

오른쪽 그림과 같은 원뿔대를 회전축을 포함하는 평면으로 자른 단면의 넓이를 구하시오.

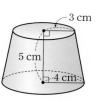

12

다음 그림과 같은 원뿔대와 그 전개도를 보고, a, b, c의 값을 각각 구하시오.

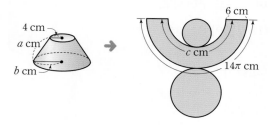

13

다음 조건을 만족시키는 입체도형을 구하시오. [6점]

⑺ 밑면이 1개이다.
⑻ 옆면의 모양은 모두 삼각형이다.
⑼ 모서리의 개수는 16이다.

풀이

답

14

오른쪽 그림과 같은 평면도형을 직선 l을 회전축으로 하여 1회전 시킬 때 생기는 회전체를 회전축을 포함하는 평면으로 자른 단면의 넓이를 구하시오. [7점]

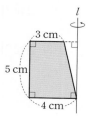

풀이

답

01 기둥의 겉넓이와 부피

01 오른쪽 그림과 같은 삼각기둥에 대하여 다음을 구하시오.

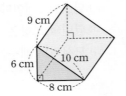

(1) 밑넓이

(2) 옆넓이

(3) 겉넓이

02 오른쪽 그림과 같은 사각기둥에 대하여 다음을 구하시오.

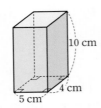

(1) 밑넓이

(2) 옆넓이

(3) 겉넓이

03 오른쪽 그림과 같은 원기둥에 대하여 다음을 구하시오.

(1) 밑넓이

(2) 옆넓이

(3) 겉넓이

04 오른쪽 그림과 같은 삼각기둥에 대하여 다음을 구하시오.

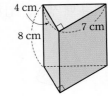

(1) 밑넓이

(2) 높이

(3) 부피

05 오른쪽 그림과 같은 사각기둥에 대하여 다음을 구하시오.

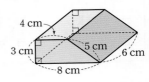

(1) 밑넓이

(2) 높이

(3) 부피

06 오른쪽 그림과 같은 원기둥에 대하여 다음을 구하시오.

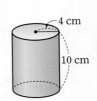

(1) 밑넓이

(2) 높이

(3) 부피

각기둥의 겉넓이와 부피

01 오른쪽 그림과 같은 삼각기둥의 겉넓이와 부피를 각각 구하시오.

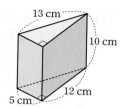

02 오른쪽 그림과 같은 사각기둥의 겉넓이와 부피를 각각 구하시오.

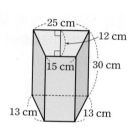

03 오른쪽 그림과 같은 오각형을 밑면으로 하고 높이가 12 cm인 오각기둥의 부피를 구하시오.

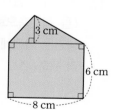

원기둥의 겉넓이와 부피

04 밑면의 지름의 길이가 10 cm이고 높이가 8 cm인 원기둥의 겉넓이와 부피를 각각 구하시오.

05 오른쪽 그림과 같은 원기둥 모양의 롤러의 옆면에 페인트를 묻혀 한 바퀴 굴릴 때, 페인트가 칠해지는 부분의 넓이를 구하시오.
(단, 롤러가 지나간 자리는 모두 페인트가 칠해진다.)

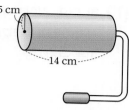

전개도가 주어질 때 기둥의 겉넓이와 부피

06 오른쪽 그림과 같은 전개도로 만들어지는 입체도형의 겉넓이와 부피를 각각 구하시오.

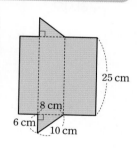

07 오른쪽 그림과 같은 전개도로 만들어지는 입체도형의 부피를 구하시오.

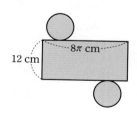

겉넓이 또는 부피가 주어질 때 기둥의 높이 구하기

08 겉넓이가 384 cm²인 정육면체의 한 모서리의 길이를 구하시오.

09 한 변의 길이가 7 cm인 정사각형을 밑면으로 하는 사각기둥의 부피가 245 cm³일 때, 이 사각기둥의 높이를 구하시오.

10 오른쪽 그림과 같은 원기둥의 부피가 175π cm³일 때, 이 원기둥의 높이를 구하시오.

구멍이 뚫린 입체도형의 겉넓이와 부피

13 오른쪽 그림과 같이 정육면체에 직육면체 모양의 구멍이 뚫려 있는 입체도형이 있다. 이 입체도형의 겉넓이와 부피를 각각 구하시오.

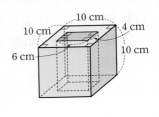

14 오른쪽 그림과 같이 구멍이 뚫린 입체도형의 부피를 구하시오.

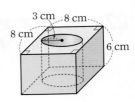

밑면이 부채꼴인 기둥의 겉넓이와 부피

11 오른쪽 그림과 같은 입체도형의 겉넓이와 부피를 각각 구하시오.

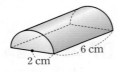

12 오른쪽 그림과 같이 밑면이 부채꼴인 기둥의 부피가 60π cm³일 때, h의 값을 구하시오.

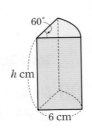

회전체의 겉넓이와 부피

15 오른쪽 그림과 같은 직사각형을 직선 l을 회전축으로 하여 1회전 시킬 때 생기는 회전체의 겉넓이와 부피를 각각 구하시오.

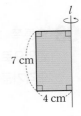

16 오른쪽 그림과 같은 직사각형을 직선 l을 회전축으로 하여 1회전 시킬 때 생기는 회전체의 겉넓이와 부피를 각각 구하시오.

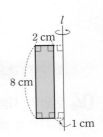

02 뿔의 겉넓이와 부피

개념북 ➡ 126쪽 ~ 128쪽 | 정답 및 풀이 ➡ 79쪽

01 오른쪽 그림과 같은 사각뿔에 대하여 다음을 구하시오.
　　(단, 옆면은 모두 합동이다.)

(1) 밑넓이

(2) 옆넓이

(3) 겉넓이

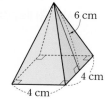

02 오른쪽 그림과 같은 원뿔에 대하여 다음을 구하시오.

(1) 밑넓이

(2) 옆넓이

(3) 겉넓이

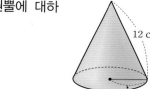

03 오른쪽 그림과 같은 삼각뿔에 대하여 다음을 구하시오.

(1) 밑넓이

(2) 높이

(3) 부피

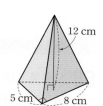

04 오른쪽 그림과 같은 원뿔에 대하여 다음을 구하시오.

(1) 밑넓이

(2) 높이

(3) 부피

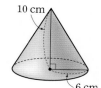

05 오른쪽 그림과 같은 사각뿔대에 대하여 다음을 구하시오.
　　(단, 옆면은 모두 합동이다.)

(1) 두 밑넓이의 합

(2) 옆넓이

(3) 겉넓이

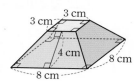

06 오른쪽 그림과 같은 사각뿔대의 부피를 구하시오.

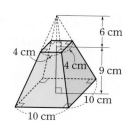

07 오른쪽 그림과 같은 원뿔대에 대하여 다음을 구하시오.

(1) 겉넓이

(2) 부피

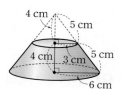

각뿔의 겉넓이와 부피

01 밑면의 넓이가 20 cm²이고 높이가 9 cm인 사각뿔의 부피를 구하시오.

02 오른쪽 그림과 같이 밑면은 정사각형이고, 옆면은 모두 합동인 사각뿔의 겉넓이를 구하시오.

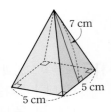

원뿔의 겉넓이와 부피

03 오른쪽 그림과 같은 원뿔의 겉넓이를 구하시오.

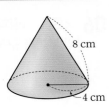

04 밑면의 지름의 길이가 8 cm이고 높이가 6 cm인 원뿔의 부피를 구하시오.

뿔대의 겉넓이와 부피

05 오른쪽 그림과 같이 밑면은 정사각형이고, 옆면은 모두 합동인 사각뿔대의 겉넓이를 구하시오.

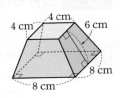

06 오른쪽 그림과 같은 원뿔대의 겉넓이를 구하시오.

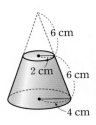

07 오른쪽 그림과 같은 원뿔대의 부피를 구하시오.

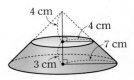

전개도가 주어질 때 뿔의 겉넓이와 부피

08 오른쪽 그림과 같은 전개도로 만들어지는 원뿔의 겉넓이를 구하시오.

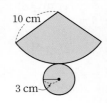

09 오른쪽 그림과 같은 전개도로 만들어지는 정사각뿔의 겉넓이를 구하시오.
(단, 옆면은 모두 합동이다.)

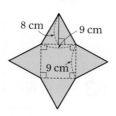

10 오른쪽 그림과 같은 전개도로 만들어지는 입체도형의 부피를 구하시오.

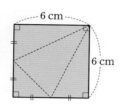

뿔의 겉넓이 또는 부피가 주어진 경우

11 오른쪽 그림과 같이 밑면은 정사각형이고, 옆면은 모두 합동인 사각뿔의 겉넓이가 156 cm²일 때, x의 값을 구하시오.

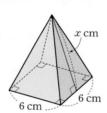

12 오른쪽 그림과 같이 밑면의 반지름의 길이가 5 cm인 원뿔의 부피가 75π cm³일 때, 이 원뿔의 높이를 구하시오.

회전체의 겉넓이와 부피

13 오른쪽 그림과 같은 직각삼각형을 직선 l을 회전축으로 하여 1회전 시킬 때 생기는 회전체의 겉넓이와 부피를 각각 구하시오.

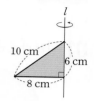

14 오른쪽 그림과 같은 사다리꼴을 직선 l을 회전축으로 하여 1회전 시킬 때 생기는 회전체의 부피를 구하시오.

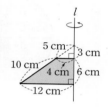

직육면체에서 잘라 낸 삼각뿔의 부피

15 오른쪽 그림과 같이 직육면체를 세 꼭짓점 B, G, D를 지나는 평면으로 자를 때 생기는 삼각뿔의 부피를 구하시오.

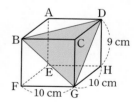

16 오른쪽 그림과 같이 직육면체를 세 꼭짓점 B, G, D를 지나는 평면으로 자를 때 생기는 삼각뿔의 부피가 84 cm³이다. 이때 $\overline{DH}$의 길이를 구하시오.

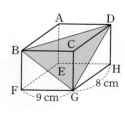

한번 더 개념 확인문제

개념북 → 132쪽 | 정답 및 풀이 → 80쪽

01 다음과 같은 구의 겉넓이를 구하시오.

(1)
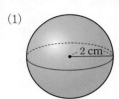

(2)
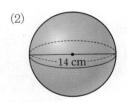

(3) 반지름의 길이가 9 cm인 구

(4) 지름의 길이가 16 cm인 구

03 다음과 같은 구의 부피를 구하시오.

(1)
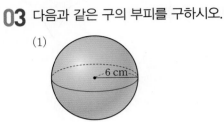

(2)
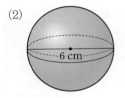

(3) 반지름의 길이가 2 cm인 구

(4) 지름의 길이가 8 cm인 구

02 다음 그림과 같은 반구의 겉넓이를 구하시오.

(1)
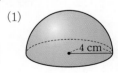

(2)
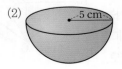

04 다음 그림과 같은 반구의 부피를 구하시오.

(1)
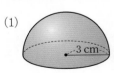

(2)

구의 겉넓이와 부피

01 반지름의 길이가 3 cm인 구의 겉넓이와 부피를 각각 구하시오.

02 오른쪽 그림과 같은 구의 겉넓이와 부피를 각각 구하시오.

10 cm

구의 일부분을 잘라 낸 입체도형의 겉넓이와 부피

03 오른쪽 그림과 같이 반지름의 길이가 9 cm인 구의 $\frac{1}{4}$을 잘라 낸 입체도형의 부피를 구하시오.

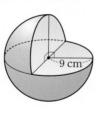
9 cm

04 오른쪽 그림은 반지름의 길이가 4 cm인 구를 4등분한 것이다. 이 입체도형의 겉넓이와 부피를 각각 구하시오.

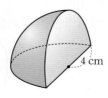
4 cm

구를 변형한 입체도형의 겉넓이와 부피

05 오른쪽 그림과 같은 입체도형의 겉넓이를 구하시오.

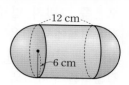
12 cm
6 cm

06 오른쪽 그림은 반지름의 길이가 6 cm인 반구 위에 반지름의 길이가 3 cm인 반구를 중심이 일치하도록 포개어 놓은 입체도형이다. 이 입체도형의 부피를 구하시오.

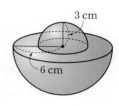
3 cm
6 cm

원기둥과 구의 부피 사이의 관계

07 오른쪽 그림과 같이 원기둥 안에 구가 꼭 맞게 들어 있다. 구의 부피가 288π cm³일 때, 원기둥의 부피를 구하시오.

08 오른쪽 그림과 같이 원기둥 안에 2개의 구가 꼭 맞게 들어 있다. 원기둥의 부피가 108π cm³일 때, 구 한 개의 부피를 구하시오.

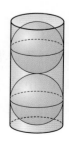

01

오른쪽 그림의 입체도형은 큰 직육면체에서 작은 직육면체를 잘라 낸 것이다. 이 입체도형의 겉넓이를 구하시오.

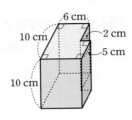

02

오른쪽 그림과 같은 입체도형의 겉넓이를 구하시오.

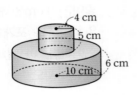

03

오른쪽 그림과 같은 직각삼각형을 직선 l을 회전축으로 하여 1회전 시킬 때 생기는 입체도형의 겉넓이와 부피를 각각 구하시오.

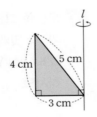

04

오른쪽 그림과 같이 반지름의 길이가 10 cm인 구의 $\frac{1}{8}$을 잘라 낸 입체도형의 겉넓이를 구하시오.

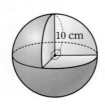

05

다음 그림과 같이 반지름의 길이가 6 cm인 쇠구슬을 녹여서 반지름의 길이가 1 cm인 쇠구슬을 여러 개 만들려고 한다. 이때 만들 수 있는 쇠구슬은 최대 몇 개인지 구하시오.

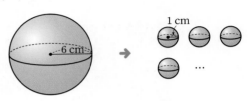

06

오른쪽 그림과 같이 밑면의 반지름의 길이가 r인 원기둥 안에 원뿔과 구가 꼭 맞게 들어 있을 때, 원뿔과 구와 원기둥의 부피를 각각 r을 사용한 식으로 나타내시오.

07

다음 그림과 같이 원기둥 모양의 통에 지름의 길이가 6 cm인 테니스공 3개가 꼭 맞게 들어 있다. 이 통에서 테니스공을 제외한 부분의 부피를 구하시오.

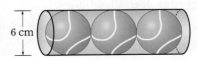

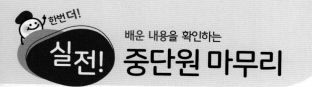
01

오른쪽 그림과 같은 사각기둥
의 부피를 구하시오.

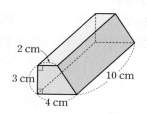

02

오른쪽 그림과 같은 원기둥의 겉넓
이를 구하시오.

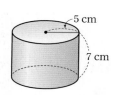

03

다음 그림과 같은 전개도로 만들어지는 입체도형의 부
피는?

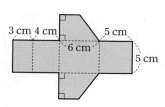

① 82 cm³   ② 84 cm³   ③ 86 cm³
④ 88 cm³   ⑤ 90 cm³

04

밑면의 반지름의 길이가 9 cm인 원기둥의 부피가
486π cm³일 때, 이 원기둥의 높이를 구하시오.

05

오른쪽 그림과 같이 밑면이 부채
꼴인 입체도형의 겉넓이를 구하
시오.

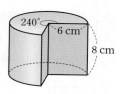

06

오른쪽 그림과 같은 사각뿔의 부피
를 구하시오.

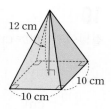

07

오른쪽 그림과 같은 사각뿔대의 겉
넓이를 구하시오.
　　(단, 옆면은 모두 합동이다.)

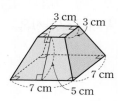

08

오른쪽 그림과 같은 원뿔대
의 겉넓이를 구하시오.

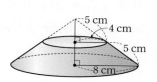

09

오른쪽 그림에서 색칠한 부분을
$\overline{\text{AC}}$를 회전축으로 하여 1회전 시킬
때 생기는 입체도형의 부피는?

① $20\pi \text{ cm}^3$ ② $25\pi \text{ cm}^3$

③ $30\pi \text{ cm}^3$ ④ $35\pi \text{ cm}^3$

⑤ $40\pi \text{ cm}^3$

A
3 cm
D
3 cm
B
5 cm
C

10

겉넓이가 $100\pi \text{ cm}^2$인 구의 부피는?

① $\dfrac{32}{3}\pi \text{ cm}^3$ ② $36\pi \text{ cm}^3$ ③ $\dfrac{256}{3}\pi \text{ cm}^3$

④ $\dfrac{500}{3}\pi \text{ cm}^3$ ⑤ $288\pi \text{ cm}^3$

11

오른쪽 그림과 같은 입체도형의
부피를 구하시오.

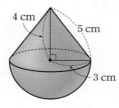

4 cm
5 cm
3 cm

12

오른쪽 그림과 같이 원기둥 안에 구가
꼭 맞게 들어 있다. 원기둥의 부피가
$30\pi \text{ cm}^3$일 때, 구의 부피를 구하시오.

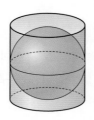

─┤ 서술형 문제 ├─

13

오른쪽 그림과 같은 전개도로 만들
어지는 원뿔의 겉넓이를 구하시오.

[6점]

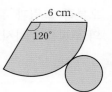

6 cm
120°

풀이

답

14

다음 그림과 같은 원뿔 모양의 그릇에 물을 가득 담아
원기둥 모양의 그릇에 부었더니 물의 높이가 $x \text{ cm}$가
되었다. 이때 x의 값을 구하시오.

(단, 그릇의 두께는 생각하지 않는다.) [6점]

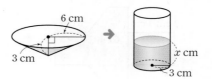

6 cm
3 cm
→
x cm
3 cm

풀이

답

01 대푯값

한번 더 **개념 확인문제**   개념북 ➡ 143쪽~144쪽 | 정답 및 풀이 ➡ 83쪽

01 다음 주어진 자료에 대하여 평균, 중앙값, 최빈값을 각각 구하시오.

(1)

| 1, 2, 5, 6, 6 |

평균 : _____

중앙값 : _____

최빈값 : _____

(2)

| 22, 24, 24, 24, 25, 25 |

평균 : _____

중앙값 : _____

최빈값 : _____

(3)

| 1, 49, 51, 52, 55, 57, 57 |

평균 : _____

중앙값 : _____

최빈값 : _____

(4)

| 6, 1, 2, 7, 3, 2, 7 |

평균 : _____

중앙값 : _____

최빈값 : _____

(5)

| 11, 18, 16, 13, 12, 18, 14, 18 |

평균 : _____

중앙값 : _____

최빈값 : _____

(6)

| 100, 105, 110, 100, 105,
105, 100, 105, 100, 130 |

평균 : _____

중앙값 : _____

최빈값 : _____

(7)

| 11, 5, 8, 3, 24,
19, 17, 19, 21, 13 |

평균 : _____

중앙값 : _____

최빈값 : _____

표에서 평균, 중앙값, 최빈값 구하기

01 다음은 학생 10명의 영어 수행 평가 점수를 조사하여 나타낸 표이다. 점수의 평균, 중앙값, 최빈값을 각각 구하시오.

점수(점)	6	7	8	9	10
학생 수(명)	1	2	2	4	1

02 다음은 효정이네 반 학생 20명이 일주일 동안 구입한 과자 수를 조사하여 나타낸 표이다. 과자 수의 평균, 중앙값, 최빈값을 각각 구하시오.

과자 수(개)	1	2	3	4	5
학생 수(명)	3	4	1	4	8

평균이 주어질 때 변량 구하기

03 다음은 7개 도시에서 일주일 동안 미세 먼지가 '주의'인 날수를 조사하여 나타낸 표이다. 일주일 동안 미세 먼지가 '주의'인 날수의 평균이 4일일 때, 대구의 미세 먼지가 '주의'인 날수를 구하시오.

도시	서울	부산	대구	대전	인천	울산	광주
날수(일)	5	4		3	2	6	3

04 다음은 학생 5명의 몸무게를 조사하여 나타낸 것이다. 몸무게의 평균이 52 kg일 때, x의 값과 중앙값을 각각 구하시오.

(단위 : kg)

$$49, \quad x, \quad 55, \quad 47, \quad 52$$

중앙값이 주어질 때 변량 구하기 (1)

05 다음은 6개의 변량을 작은 값부터 크기순으로 나열한 것이다. 이 자료의 중앙값이 19일 때, x의 값은?

$$9, \quad 15, \quad x, \quad 21, \quad 27, \quad 30$$

① 15 　　② 16 　　③ 17
④ 18 　　⑤ 19

06 다음은 5개의 변량을 작은 값부터 크기순으로 나열한 것이다. 이 자료의 평균과 중앙값이 같을 때, x의 값을 구하시오.

$$18, \quad 20, \quad 22, \quad x, \quad 27$$

07 다음은 학생 8명의 왼쪽 눈의 시력 중 7명의 왼쪽 눈의 시력을 작은 값부터 크기순으로 나열한 것이다. 8명의 왼쪽 눈의 시력의 중앙값이 0.9일 때, 나머지 한 명의 왼쪽 눈의 시력을 구하시오.

> 0.1, 0.2, 0.6, 0.8, 1.2, 1.5, 2.0

중앙값이 주어질 때 변량 구하기 (2)

08 다음 자료의 중앙값이 15일 때, a의 값을 구하시오.

> 12, 20, 8, a

09 다음은 진우네 반 학생 6명의 오래 매달리기 기록을 조사하여 나타낸 것이다. 이 자료의 중앙값이 14초일 때, x의 값을 구하시오.

(단위 : 초)

> 21, 5, 12, 8, x, 18

최빈값이 주어질 때 변량 구하기

10 다음은 어느 날 우리나라 9개 지역의 평균 기온을 조사하여 나타낸 것이다. 이 자료의 최빈값이 24 ℃일 때, a의 값을 구하시오.

(단위 : ℃)

> 24, 25, 22, 26, 23, 21, a, 27, 20

11 다음 자료의 최빈값이 14일 때, 중앙값을 구하시오.

> 14, 18, 16, x, 11, 18, 14, 17

12 다음 자료의 평균과 최빈값이 같을 때, 중앙값을 구하시오.

> 8, 8, a, 11, 12, 4, 8, 7

그래프에서 평균, 중앙값, 최빈값 구하기

13 오른쪽 그림은 윤지네 반 학생 15명의 제기차기 기록을 조사하여 나타낸 막대그래프이다. 이 자료의 평균, 중앙값, 최빈값을 각각 a회, b회, c회라 할 때, $a+b+c$의 값을 구하시오.

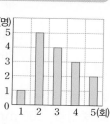

14 오른쪽 그림은 현수네 반 학생 20명의 팔 굽혀 펴기 횟수를 조사하여 나타낸 꺾은선그래프이다. 이 자료의 중앙값을 a회, 최빈값을 b회라 할 때, ab의 값을 구하시오.

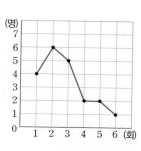

01

다음은 유찬이가 다트를 10회 던져서 과녁을 맞힌 점수를 조사하여 나타낸 것이다. 평균, 중앙값, 최빈값을 각각 A점, B점, C점이라 할 때, A, B, C의 대소를 비교하시오.

(단위 : 점)

9, 8, 7, 7, 9, 10, 8, 9, 8, 9

02

다음은 어느 운동화 가게에서 오후 동안 팔린 운동화의 크기를 조사하여 나타낸 것이다. 이 자료를 이용하여 운동화를 대량 주문하려고 할 때, 대푯값으로 가장 적절한 것과 그 값을 구한 것은?

(단위 : mm)

245, 245, 245, 245, 245, 245,
255, 260, 260, 265, 275, 275

① 평균, 255 mm
② 중앙값, 250 mm
③ 중앙값, 255 mm
④ 최빈값, 245 mm
⑤ 최빈값, 275 mm

03

다음은 학생 20명이 1년 동안 관람한 문화 예술 공연 횟수를 조사하여 나타낸 표이다. 문화 예술 공연 관람 횟수의 평균, 중앙값, 최빈값을 각각 구하시오.

관람 횟수(회)	0	1	2	3	4	5	6	7
학생 수(명)	3	5	3	1	4	1	2	1

04

다음 자료에서 $x<y<10$일 때, 중앙값은?

7, x, 14, 12, 5, y, 13, 11, 10

① 10
② 11
③ 12
④ 13
⑤ 14

05

다음은 8개의 변량을 작은 값부터 크기순으로 나열한 것이다. 이 자료의 평균이 6이고 최빈값이 5일 때, a, b의 값을 각각 구하시오.

3, 4, 5, 5, a, 8, 8, b

06

오른쪽 그림은 1반과 2반 학생들의 체육복의 크기를 조사하여 나타낸 꺾은선그래프이다. 다음 **보기**에서 이 그래프에 대한 설명으로 옳은 것을 모두 고르시오.

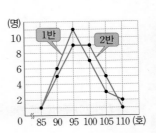

• 보기 •
ㄱ. 1반의 중앙값은 95호이다.
ㄴ. 1반의 중앙값이 2반의 중앙값보다 작다.
ㄷ. 2반의 최빈값은 95호이다.
ㄹ. 1반의 최빈값은 2개이다.

한번 더 개념 확인문제

개념북 149쪽~150쪽 | 정답 및 풀이 85쪽

01 아래는 민영이네 반 학생들의 통학 시간을 조사하여 나타낸 줄기와 잎 그림이다. 다음 물음에 답하시오.

(단위 : 분)

10	16	21	25
32	43	20	41
35	20	24	25
12	17	28	34
15	16	27	30

통학 시간 (1 | 0은 10분)

줄기	잎
1	0
2	
3	
4	

(1) 위의 줄기와 잎 그림을 완성하시오.

(2) 잎이 가장 많은 줄기를 구하시오.

(3) 잎이 가장 적은 줄기를 구하시오.

(4) 줄기가 1인 잎을 모두 구하시오.

02 다음은 재민이네 반 학생들의 윗몸 일으키기 횟수를 조사하여 나타낸 줄기와 잎 그림이다. □ 안에 알맞은 수를 써넣으시오.

윗몸 일으키기 횟수 (1 | 2는 12회)

줄기	잎
1	2 5 6
2	1 3 4 6 8 8 8
3	3 4 6 6 7 9
4	1 4 5 8

(1) 윗몸 일으키기 횟수가 가장 적은 학생의 기록은 □ 회이다.

(2) 윗몸 일으키기 횟수가 28회인 학생은 □ 명이다.

(3) 윗몸 일으키기 횟수가 40회 이상인 학생은 □ 명이다.

03 아래는 현준이네 반 학생들의 과학 점수를 조사하여 나타낸 도수분포표이다. 다음 물음에 답하시오.

(단위 : 점)

78	75	56	64
72	89	67	71
81	74	85	73
87	65	91	57
98	80	92	63

과학 점수(점)	학생 수(명)	
50 이상 ~ 60 미만		2
60 ~ 70	////	
70 ~ 80	////// /	6
80 ~ 90		
90 ~100		3
합계		

(1) 위의 도수분포표를 완성하시오.

(2) 계급의 크기를 구하시오.

(3) 계급의 개수를 구하시오.

(4) 도수가 가장 큰 계급을 구하시오.

04 다음은 형원이네 반 학생들이 모은 캐릭터 모형의 수를 조사하여 나타낸 도수분포표이다. □ 안에 알맞은 수를 써넣으시오.

모형의 수(개)	학생 수(명)
0 이상 ~ 4 미만	3
4 ~ 8	5
8 ~12	7
12 ~16	4
16 ~20	1
합계	20

(1) 계급의 크기는 □ 개이다.

(2) 도수가 가장 작은 계급은 □ 개 이상 □ 개 미만이다.

(3) 모은 캐릭터 모형이 8개 미만인 학생은 □ 명이다.

줄기와 잎 그림의 이해

01 아래는 정현이네 반 학생들의 오래 매달리기 기록을 조사하여 나타낸 줄기와 잎 그림이다. 다음 물음에 답하시오.

오래 매달리기 기록   (0 | 3은 3초)

줄기	잎
0	3 5 6 8
1	0 2 3 5 7 8 9
2	1 2 3 4 4 5 6 6 6 7 7 8 9
3	0 1 2 2 5 9

(1) 오래 매달리기 기록이 가장 좋은 학생의 기록을 구하시오.

(2) 기록이 26초인 학생은 몇 명인지 구하시오.

(3) 기록이 20초 미만인 학생은 몇 명인지 구하시오.

02 아래는 승호네 중학교 농구팀 학생들의 키를 조사하여 나타낸 줄기와 잎 그림이다. 다음 물음에 답하시오.

농구팀 학생들의 키   (15 | 1은 151 cm)

줄기	잎
15	1 3 7
16	0 2 6 7 8
17	1 4 4 5 7 9
18	2 9

(1) 농구팀의 전체 학생은 몇 명인지 구하시오.

(2) 키가 160 cm 이상 170 cm 미만인 학생은 몇 명인지 구하시오.

(3) 키가 175 cm 이상인 학생은 몇 명인지 구하시오.

(4) 키가 작은 쪽에서 4번째인 학생의 키를 구하시오.

도수분포표의 이해 (1)

03 아래는 민주네 반 학생들의 멀리뛰기 기록을 조사하여 나타낸 도수분포표이다. 다음 물음에 답하시오.

멀리뛰기 기록(cm)	학생 수(명)
120 이상 ~ 130 미만	3
130 ~ 140	9
140 ~ 150	6
150 ~ 160	4
합계	22

(1) 멀리뛰기 기록이 150 cm 이상인 학생은 몇 명인지 구하시오.

(2) 도수가 가장 큰 계급을 구하시오.

(3) 도수가 가장 작은 계급의 도수를 구하시오.

04 아래는 나영이네 반 학생들의 음악 수행 평가 점수를 조사하여 나타낸 도수분포표이다. 다음 물음에 답하시오.

수행 평가 점수(점)	학생 수(명)
10 이상 ~ 20 미만	3
20 ~ 30	8
30 ~ 40	6
40 ~ 50	2
합계	19

(1) 점수가 20점 미만인 학생은 몇 명인지 구하시오.

(2) 도수가 가장 작은 계급을 구하시오.

(3) 점수가 32점인 학생이 속하는 계급을 구하시오.

(4) 도수가 가장 큰 계급의 도수를 구하시오.

도수분포표의 이해 (2)

05 오른쪽은 성준이네 반 학생들의 하루 동안의 운동 시간을 조사하여 나타낸 도수분포표이다. 다음 물음에 답하시오.

운동 시간(분)	학생 수(명)
0 이상 ~ 20 미만	2
20 ~ 40	A
40 ~ 60	13
60 ~ 80	6
80 ~100	3
합계	36

(1) A의 값을 구하시오.

(2) 운동 시간이 40분 미만인 학생은 몇 명인지 구하시오.

(3) 도수가 가장 큰 계급을 구하시오.

(4) 운동 시간이 긴 쪽에서 20번째인 학생이 속하는 계급을 구하시오.

06 오른쪽은 예빈이네 반 학생들의 1학기 동안의 도서관 방문 횟수를 조사하여 나타낸 도수분포표이다. 다음 물음에 답하시오.

방문 횟수(회)	학생 수(명)
5 이상 ~10 미만	2
10 ~15	7
15 ~20	13
20 ~25	A
25 ~30	4
합계	35

(1) A의 값을 구하시오.

(2) 방문 횟수가 20회 이상인 학생은 몇 명인지 구하시오.

(3) 도수가 가장 큰 계급을 구하시오.

(4) 방문 횟수가 적은 쪽에서 10번째인 학생이 속하는 계급을 구하시오.

도수분포표에서 특정 계급의 백분율

07 오른쪽은 미연이네 반 학생들의 여름 방학 동안의 봉사 활동 시간을 조사하여 나타낸 도수분포표이다. 다음 물음에 답하시오.

봉사 활동 시간(시간)	학생 수(명)
0 이상 ~ 5 미만	3
5 ~10	6
10 ~15	7
15 ~20	11
20 ~25	A
25 ~30	5
합계	40

(1) A의 값을 구하시오.

(2) 봉사 활동 시간이 20시간 이상 25시간 미만인 학생은 전체의 몇 %인지 구하시오.

08 오른쪽은 혜성이네 반 학생들의 턱걸이 횟수를 조사하여 나타낸 도수분포표이다. 다음 물음에 답하시오.

턱걸이 횟수(회)	학생 수(명)
0 이상 ~ 2 미만	4
2 ~ 4	9
4 ~ 6	A
6 ~ 8	2
8 ~10	3
합계	25

(1) A의 값을 구하시오.

(2) 턱걸이 횟수가 6회 미만인 학생은 전체의 몇 %인지 구하시오.

09 오른쪽은 희서네 반 학생들의 오래 매달리기 기록을 조사하여 나타낸 도수분포표이다. 기록이 30초 이상인 학생은 전체의 몇 %인지 구하시오.

오래 매달리기 기록(초)	학생 수(명)
0 이상 ~10 미만	8
10 ~20	5
20 ~30	6
30 ~40	
40 ~50	2
합계	25

한번 더 개념 확인문제

개념북 → 154쪽~155쪽 | 정답 및풀이 → 86쪽

01 아래 도수분포표는 윤성이네 반 학생들이 일주일 동안 매점을 이용한 횟수를 조사하여 나타낸 것이다. 이 도수분포표를 이용하여 히스토그램을 그리고, 다음을 구하시오.

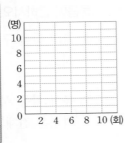

이용 횟수(회)	학생 수(명)
0 이상 ~ 2 미만	3
2 ~ 4	5
4 ~ 6	11
6 ~ 8	7
8 ~ 10	4
합계	30

(1) 계급의 크기

(2) 도수가 가장 큰 계급

(3) 이용 횟수가 4회 미만인 학생 수

(4) 위에 그린 히스토그램에서 직사각형의 넓이의 합

02 오른쪽 그림은 민준이네 반 학생들의 사회 점수를 조사하여 나타낸 히스토그램이다. □ 안에 알맞은 수를 써넣으시오.

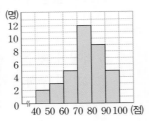

(1) 계급의 크기는 □점이다.

(2) 전체 학생은 □명이다.

(3) 도수가 가장 작은 계급은 □점 이상 □점 미만이다.

(4) 히스토그램에서 직사각형의 넓이의 합은 □이다.

03 아래 도수분포표는 수영이네 반 학생들의 하루 수면 시간을 조사하여 나타낸 것이다. 이 도수분포표를 이용하여 도수분포다각형을 그리고, 다음을 구하시오.

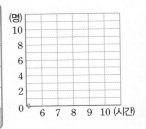

수면 시간(시간)	학생 수(명)
6 이상 ~ 7 미만	2
7 ~ 8	11
8 ~ 9	8
9 ~ 10	4
합계	25

(1) 계급의 크기

(2) 계급의 개수

(3) 도수가 가장 작은 계급

(4) 수면 시간이 8시간 이상인 학생 수

(5) 위에 그린 도수분포다각형과 가로축으로 둘러싸인 부분의 넓이

04 오른쪽 그림은 어느 해 프로 야구 선수들이 친 홈런 수를 조사하여 나타낸 도수분포다각형이다. □ 안에 알맞은 수를 써넣으시오.

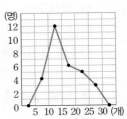

(1) 계급의 크기는 □개이다.

(2) 전체 프로 야구 선수는 □명이다.

(3) 도수가 가장 큰 계급은 □개 이상 □개 미만이다.

(4) 도수분포다각형과 가로축으로 둘러싸인 부분의 넓이는 □이다.

개념 완성하기

히스토그램의 이해

01 오른쪽 그림은 정우네 반 학생들의 몸무게를 조사하여 나타낸 히스토그램이다. 다음 중 옳지 <u>않은</u> 것은?

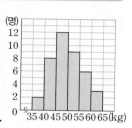

① 계급의 크기는 5 kg이다.

② 전체 학생은 40명이다.

③ 가장 가벼운 학생의 몸무게는 35 kg이다.

④ 히스토그램에서 직사각형의 넓이의 합은 200이다.

⑤ 몸무게가 5번째로 무거운 학생이 속하는 계급은 55 kg 이상 60 kg 미만이다.

02 오른쪽 그림은 한나네 반 학생들의 공 던지기 기록을 조사하여 나타낸 히스토그램이다. 공 던지기 기록이 30 m 이상인 학생은 전체의 몇 %인지 구하시오.

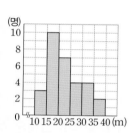

도수분포다각형의 이해

03 오른쪽 그림은 경주네 반 학생들이 한 학기 동안 읽은 책의 수를 조사하여 나타낸 도수분포다각형이다. 다음 중 옳지 <u>않은</u> 것은?

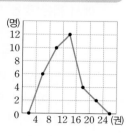

① 계급의 개수는 5이다.

② 전체 학생은 34명이다.

③ 읽은 책이 10권인 학생이 속하는 계급의 도수는 10명이다.

④ 읽은 책이 12권 이상인 학생은 18명이다.

⑤ 도수분포다각형과 가로축으로 둘러싸인 부분의 넓이는 170이다.

04 오른쪽 그림은 성미네 반 학생들의 키를 조사하여 나타낸 도수분포다각형이다. 다음 **보기**에서 옳지 <u>않은</u> 것을 고르시오.

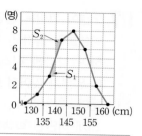

┌ 보기 ┐

ㄱ. 도수가 6명인 계급은 150 cm 이상 155 cm 미만이다.

ㄴ. 색칠한 두 삼각형의 넓이를 각각 S_1, S_2라 할 때, $S_1 = S_2$이다.

ㄷ. 키가 150 cm 이상인 학생은 16명이다.

05 오른쪽 그림은 진영이네 반 학생들을 대상으로 하루 동안 집안일을 도운 시간을 조사하여 나타낸 도수분포다각형이다. 집안일을 도운 시간이 5번째로 적은 학생이 속하는 계급을 구하시오.

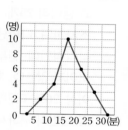

찢어진 히스토그램 또는 도수분포다각형

06 오른쪽 그림은 어느 중학교 1학년 학생 40명의 수학 점수를 조사하여 나타낸 히스토그램인데 일부가 찢어져 보이지 않는다. 수학 점수가 70점 이상 80점 미만인 학생은 몇 명인지 구하시오.

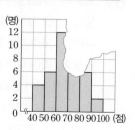

교과서 대표 문제로
개념 완성하기

07 오른쪽 그림은 형민이네 반 학생들의 필기구 수를 조사하여 나타낸 히스토그램인데 일부가 찢어져 보이지 않는다. 필기구가 12개 이상 15개 미만인 학생이 전체의 20 %일 때, 필기구가 9개 이상 12개 미만인 학생은 몇 명인지 구하시오.

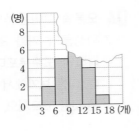

08 오른쪽 그림은 현서네 중학교 동아리 25개의 회원 수를 조사하여 나타낸 도수분포다각형인데 일부가 찢어져 보이지 않는다. 회원이 15명 이상 20명 미만인 동아리는 몇 개인지 구하시오.

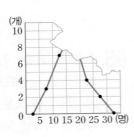

09 오른쪽 그림은 주호네 반 학생들의 발 길이를 조사하여 나타낸 도수분포다각형인데 일부가 찢어져 보이지 않는다. 발 길이가 245 mm 이상 250 mm 미만인 학생이 전체의 10 %일 때, 발 길이가 240 mm 이상 245 mm 미만인 학생은 몇 명인지 구하시오.

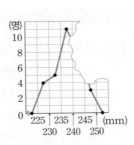

두 도수분포다각형의 비교

10 오른쪽 그림은 어느 중학교 남학생과 여학생의 윗몸 앞으로 굽히기 기록을 조사하여 나타낸 도수분포다각형이다. 다음 **보기**에서 옳지 않은 것을 모두 고르시오.

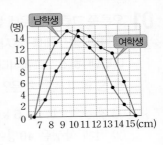

• 보기 •

ㄱ. 남학생 수가 여학생 수보다 많다.

ㄴ. 기록이 가장 좋은 학생은 여학생이다.

ㄷ. 여학생이 남학생보다 기록이 더 좋은 편이다.

ㄹ. 각각의 그래프와 가로축으로 둘러싸인 부분의 넓이는 서로 같다.

11 오른쪽 그림은 어느 중학교 남학생과 여학생의 주말 동안의 TV 시청 시간을 조사하여 나타낸 도수분포다각형이다. 다음 **보기**에서 옳은 것을 모두 고른 것은?

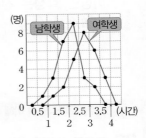

• 보기 •

ㄱ. 남학생 수와 여학생 수는 같다.

ㄴ. 남학생이 여학생보다 TV 시청 시간이 더 긴 편이다.

ㄷ. 각각의 그래프와 가로축으로 둘러싸인 부분의 넓이는 남학생의 그래프가 더 넓다.

ㄹ. 여학생의 그래프에서 도수가 가장 큰 계급은 2.5시간 이상 3시간 미만이다.

① ㄱ, ㄴ　　② ㄱ, ㄹ　　③ ㄴ, ㄷ
④ ㄴ, ㄹ　　⑤ ㄷ, ㄹ

[01~03] 아래는 예진이네 반 남학생과 여학생의 왕복 달리기 횟수를 조사하여 나타낸 줄기와 잎 그림이다. 다음 물음에 답하시오.

왕복 달리기 횟수　　　　(1 | 1은 11회)

잎(남학생)	줄기	잎(여학생)
4 3	1	1 5 6
5 3 2	2	1 2 4
9 7 6 2	3	0 1 3 6
5 3	4	0 2
8 6	5	3

01

왕복 달리기 횟수가 30회 미만인 학생은 몇 명인지 구하시오.

02

남학생의 최고 기록과 최저 기록의 차를 구하시오.

03

예진이는 여학생 중 2번째로 기록이 좋다고 할 때, 전체 학생 중에서는 몇 번째로 기록이 좋은지 구하시오.

04

오른쪽은 수현이네 중학교 1학년 학생들의 몸무게를 조사하여 나타낸 도수분포표이다. 다음 중 옳지 <u>않은</u> 것을 모두 고르면? (정답 2개)

몸무게(kg)	학생 수(명)
40 ^{이상}～45 ^{미만}	8
45 ～50	21
50 ～55	A
55 ～60	16
60 ～65	7
합계	80

① 계급의 개수는 5이다.
② A의 값은 25이다.
③ 몸무게가 55 kg 이상인 학생은 23명이다.
④ 도수가 가장 큰 계급은 50 kg 이상 55 kg 미만이다.
⑤ 몸무게가 60 kg인 학생이 속하는 계급의 도수는 16명이다.

[05~06] 오른쪽 그림은 어느 반 학생들의 일주일 동안의 인터넷 사용 시간을 조사하여 나타낸 도수분포다각형이다. 다음 물음에 답하시오.

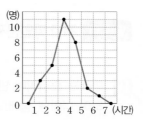

05

인터넷 사용 시간이 5시간 이상인 학생은 전체의 몇 %인지 구하시오.

06

인터넷 사용 시간이 적은 쪽에서 8번째인 학생이 속하는 계급의 도수를 구하시오.

[07~08] 오른쪽 그림은 정인이네 반 학생들의 100 m 달리기 기록을 조사하여 나타낸 히스토그램인데 일부가 찢어져 보이지 않는다. 기록이 16초 미만인 학생이 전체의 15 %일 때, 다음 물음에 답하시오.

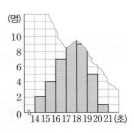

07

전체 학생은 몇 명인지 구하시오.

08

기록이 17초 이상 18초 미만인 학생은 전체의 몇 %인지 구하시오.

04 상대도수

한번 더 개념 확인문제　　　개념북 → 161쪽~163쪽 | 정답 및 풀이 → 88쪽

01 아래는 준석이네 반 학생들의 하루 여가 시간을 조사하여 나타낸 상대도수의 분포표이다. 다음 물음에 답하시오.

여가 시간(분)	도수(명)	상대도수
30 이상 ~ 40 미만	2	
40　~50	8	
50　~60	5	
60　~70	4	
70　~80	1	
합계	20	

(1) 위의 상대도수의 분포표를 완성하시오.

(2) 상대도수가 가장 큰 계급을 구하시오.

(3) 여가 시간이 40분 미만인 학생은 전체의 몇 %인지 구하시오.

02 아래는 선미네 반 학생들의 공 던지기 기록을 조사하여 나타낸 상대도수의 분포표이다. 다음 물음에 답하시오.

공 던지기 기록(m)	도수(명)	상대도수
20 이상 ~ 24 미만		0.08
24　~28		0.16
28　~32		0.44
32　~36		0.2
36　~40		0.12
합계	25	1

(1) 위의 상대도수의 분포표를 완성하시오.

(2) 상대도수가 가장 작은 계급을 구하시오.

(3) 공 던지기 기록이 28 m 이상 32 m 미만인 학생은 전체의 몇 %인지 구하시오.

03 아래 상대도수의 분포표는 수현이네 학교 학생 50명의 하루 TV 시청 시간을 조사하여 나타낸 것이다. 이 상대도수의 분포표를 이용하여 도수분포다각형 모양의 그래프를 그리고, 다음을 구하시오.

시청 시간(분)	상대도수
10 이상 ~ 30 미만	0.1
30　~　50	0.2
50　~　70	0.3
70　~　90	0.26
90　~110	0.14
합계	1

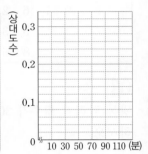

(1) TV 시청 시간이 70분 이상 90분 미만인 계급의 상대도수

(2) 도수가 가장 큰 계급

(3) TV 시청 시간이 30분 이상 50분 미만인 학생 수

04 오른쪽 그림은 유민이네 반 학생 25명이 한 학기 동안 관람한 영화 수에 대한 상대도수의 분포를 나타낸 그래프이다. □ 안에 알맞은 수를 써넣으시오.

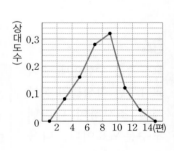

(1) 도수가 가장 작은 계급은 □편 이상 □편 미만이다.

(2) 관람한 영화가 6편 이상 8편 미만인 학생은 전체의 □ %이다.

(3) 관람한 영화가 10편 이상인 학생은 □명이다.

01 다음은 한 상자에 들어 있는 사과 1개의 무게를 조사하여 나타낸 도수분포표이다. 사과 1개의 무게가 210 g 이상 220 g 미만인 계급의 상대도수를 구하시오.

무게(g)	개수(개)
180 이상 ~ 190 미만	3
190 ~ 200	10
200 ~ 210	18
210 ~ 220	
220 ~ 230	5
합계	50

02 오른쪽 그림은 수영이네 중학교 학생들의 수학 점수를 조사하여 나타낸 히스토그램이다. 도수가 가장 큰 계급의 상대도수를 구하시오.

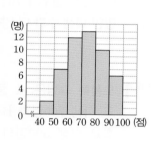

03 오른쪽 그림은 미진이네 반 학생들의 줄넘기 기록을 조사하여 나타낸 도수분포다각형이다. 미진이의 줄넘기 기록이 87회일 때, 미진이가 속하는 계급의 상대도수를 구하시오.

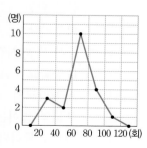

04 아래는 현성이네 반 학생들의 일주일 동안의 동영상 강의 시청 시간을 조사하여 나타낸 상대도수의 분포표이다. 다음 물음에 답하시오.

시청 시간(시간)	도수(명)	상대도수
3 이상 ~ 4 미만	4	0.16
4 ~ 5	6	A
5 ~ 6	B	0.32
6 ~ 7	5	C
7 ~ 8	D	0.08
합계	25	E

(1) A, B, C, D, E의 값을 각각 구하시오.

(2) 강의 시청 시간이 5시간 미만인 학생은 전체의 몇 %인지 구하시오.

(3) 강의 시청 시간이 5번째로 긴 학생이 속하는 계급의 상대도수를 구하시오.

05 다음은 상호네 반 학생들이 하루 동안 보낸 문자 메시지의 수를 조사하여 나타낸 상대도수의 분포표이다. 상호네 반 전체 학생이 25명일 때, 문자 메시지를 5번째로 많이 보낸 학생이 속하는 계급을 구하시오.

문자 메시지의 수(개)	상대도수
0 이상 ~ 10 미만	0.2
10 ~ 20	0.28
20 ~ 30	0.32
30 ~ 40	0.12
40 ~ 50	0.08
합계	1

06 다음은 어느 중학교 과학 동아리 학생들의 과학 성적을 조사하여 나타낸 상대도수의 분포표인데 일부가 찢어져 보이지 않는다. 전체 학생은 몇 명인지 구하시오.

과학 성적(점)	도수(명)	상대도수
40 이상 ~ 50 미만	3	0.05
50 ~ 60	6	
60 ~ 70		

상대도수의 분포를 나타낸 그래프의 이해

07 오른쪽 그림은 영주네 중학교 학생 40명의 1분 동안의 윗몸 일으키기 횟수에 대한 상대도수의 분포를 나타낸 그래프이다. 다음 물음에 답하시오.

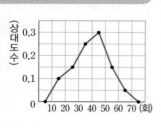

(1) 도수가 가장 큰 계급의 상대도수를 구하시오.

(2) 영주의 윗몸 일으키기 횟수가 20회일 때, 영주가 속하는 계급의 도수를 구하시오.

08 오른쪽 그림은 은솔이네 중학교 학생들의 키에 대한 상대도수의 분포를 나타낸 그래프이다. 키가 170 cm 이상 175 cm 미만인 학생이 27명일 때, 전체 학생은 몇 명인지 구하시오.

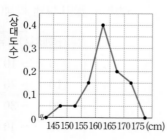

09 오른쪽 그림은 어느 반 학생들의 일주일 동안의 운동 시간에 대한 상대도수의 분포를 나타낸 그래프인데 일부가 찢어져 보이지 않는다. 운동 시간이 6시간 이상 8시간 미만인 학생은 전체의 몇 %인지 구하시오.

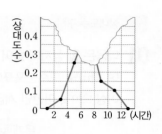

도수의 총합이 다른 두 집단의 분포 비교

10 오른쪽 그림은 어느 중학교의 1학년 학생 300명과 2학년 학생 200명의 영어 점수에 대한 상대도수의 분포를 나타낸 그래프이다. 영어 점수가 70점 미만인 학생 수가 더 많은 학년을 구하시오.

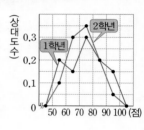

11 오른쪽 그림은 A 중학교 학생 700명과 B 중학교 학생 500명의 일 년 동안의 봉사 활동 시간에 대한 상대도수의 분포를 나타낸 그래프이다. 다음 **보기**에서 옳은 것을 모두 고르시오.

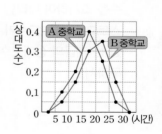

━• 보기

ㄱ. B 중학교 학생들이 A 중학교 학생들보다 봉사 활동을 더 많이 한 편이다.

ㄴ. 봉사 활동 시간이 가장 긴 학생은 B 중학교 학생이다.

ㄷ. 봉사 활동 시간이 20시간 이상인 학생 수는 B 중학교가 A 중학교보다 더 많다.

ㄹ. A 중학교의 그래프와 가로축으로 둘러싸인 부분의 넓이는 B 중학교의 그래프와 가로축으로 둘러싸인 부분의 넓이보다 좁다.

01

미영이네 반 학생들의 교정 시력을 조사하여 나타낸 도수분포표에서 교정 시력이 1.0 이상 1.2 미만인 계급의 도수는 9명이다. 이 계급의 상대도수가 0.36일 때, 미영이네 반 전체 학생은 몇 명인지 구하시오.

02

다음은 어느 중학교 독서반 학생들이 특별활동 시간 동안 읽은 책의 쪽수를 조사하여 나타낸 상대도수의 분포표이다. $A \sim E$의 값으로 옳은 것은?

책의 쪽수(쪽)	도수(명)	상대도수
30 이상 ~40 미만	2	0.05
40 ~50	A	0.1
50 ~60	8	B
60 ~70	C	0.3
70 ~80	10	0.25
80 ~90	4	D
합계	E	1

① $A=6$
② $B=0.15$
③ $C=14$
④ $D=0.1$
⑤ $E=50$

03

오른쪽 그림은 어느 반 학생들의 하루 동안의 자기주도 학습 시간에 대한 상대도수의 분포를 나타낸 그래프이다. 학습 시간이 4시간 이상 5시간 미만인 학생이 5명일 때, 학습 시간이 1시간 이상 2시간 미만인 학생은 몇 명인지 구하시오.

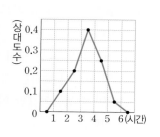

04

오른쪽 그림은 호영이네 반 학생 25명의 통학 시간에 대한 상대도수의 분포를 나타낸 그래프인데 일부가 지워져 보이지 않는다. 통학 시간이 40분 이상 50분 미만인 학생은 몇 명인지 구하시오.

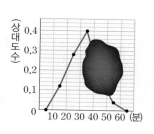

[05~06] 오른쪽 그림은 A 지역과 B 지역의 중학생들이 방문한 공연장 수에 대한 상대도수의 분포를 나타낸 그래프이다. A 지역의 중학생이 1200명, B 지역의 중학생이 800명일 때, 다음 물음에 답하시오.

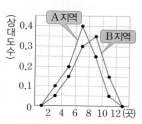

05

공연장을 4곳 이상 6곳 미만 방문한 A 지역의 중학생을 a명, 6곳 이상 8곳 미만 방문한 B 지역의 중학생을 b명이라 할 때, $a+b$의 값을 구하시오.

06

공연장을 6곳 이상 방문한 중학생의 비율은 A 지역과 B 지역이 각각 몇 %인지 구하시오.

01

다음은 기태네 모둠 학생 8명의 몸무게를 조사하여 나타낸 것이다. 이 모둠 학생들의 몸무게의 중앙값은?

(단위 : kg)

51, 59, 60, 38, 43, 70, 48, 53

① 50 kg   ② 50.5 kg   ③ 51 kg
④ 51.5 kg   ⑤ 52 kg

02

아래는 효범이네 반 학생들의 키를 조사하여 나타낸 줄기와 잎 그림이다. 다음 중 옳지 않은 것은?

키   (13 | 3은 133 cm)

줄기	잎
13	3 9
14	1 2 5 8
15	0 4 5 6 6 7
16	1 2 2 4 5 6 9 9

① 14 | 2는 142 cm를 나타낸다.
② 잎이 가장 많은 줄기는 16이다.
③ 효범이네 반 전체 학생은 20명이다.
④ 키가 작은 쪽에서 9번째인 학생의 키는 155 cm이다.
⑤ 키가 140 cm 이상 155 cm 이하인 학생은 6명이다.

03

오른쪽은 상우네 반 학생들이 여름방학 동안 봉사 활동을 한 시간을 조사하여 나타낸 도수분포표이다. 봉사 활동 시간이 5시간 미만인 학생이 전체의 10 %일 때, A, B의 값을 각각 구하시오.

봉사 활동 시간(시간)	학생 수 (명)
0 이상 ~ 5 미만	A
5 ~10	6
10 ~15	7
15 ~20	B
20 ~25	4
합계	30

04

오른쪽 그림은 수지네 반 학생들의 통학 시간을 조사하여 나타낸 히스토그램이다. 다음 중 옳지 않은 것은?

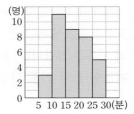

① 계급의 크기는 5분이다.
② 계급의 개수는 5이다.
③ 전체 학생은 36명이다.
④ 도수가 가장 작은 계급은 5분 이상 10분 미만이다.
⑤ 통학 시간이 10번째로 긴 학생이 속하는 계급의 도수는 11명이다.

05

오른쪽 그림은 동석이네 반 학생들의 1분간 맥박 수를 조사하여 나타낸 도수분포다각형이다. 맥박 수가 90회 이상인 학생은 전체의 몇 %인지 구하시오.

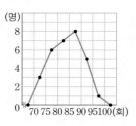

06

오른쪽 그림은 어느 중학교 1학년 1반과 2반 학생들의 100 m 달리기 기록을 조사하여 나타낸 도수분포다각형이다. 다음 보기에서 옳은 것을 모두 고르시오.

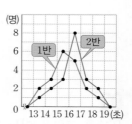

보기

ㄱ. 2반 학생들 중 달리기 기록이 빠른 쪽에서 6번째인 학생이 속하는 계급의 도수는 3명이다.
ㄴ. 2반 학생들이 1반 학생들보다 기록이 더 좋은 편이다.
ㄷ. 각각의 그래프와 가로축으로 둘러싸인 부분의 넓이는 서로 같다.

07

오른쪽은 A, B 두 학교의 영화 감상 동아리 학생들의 1년 동안의 영화 관람 횟수를 조사하여 나타낸 도수분포표이다. B 학교보다 A 학교의 상대도수가 더 큰 계급을 구하시오.

관람 횟수(회)	도수(명)	
	A 학교	B 학교
5 ^{이상}~10 ^{미만}	4	5
10 ~15	12	15
15 ~20	15	19
20 ~25	5	6
25 ~30	4	5
합계	40	50

08

오른쪽은 승주네 반 학생 40명의 주말 동안의 인터넷 사용 시간을 조사하여 나타낸 상대도수의 분포표이다. 인터넷 사용 시간이 120분 미만인 학생은 몇 명인지 구하시오.

사용 시간(분)	상대도수
60 ^{이상}~ 90 ^{미만}	0.2
90 ~120	0.25
120 ~150	0.3
150 ~180	0.25
합계	1

09

오른쪽 그림은 기영이네 반 학생 25명의 몸무게에 대한 상대도수의 분포를 나타낸 그래프이다. 다음 중 옳은 것을 모두 고르면? (정답 2개)

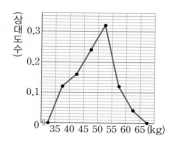

① 계급의 개수는 8이다.
② 도수가 가장 큰 계급은 50 kg 이상 55 kg 미만이다.
③ 상대도수가 가장 작은 계급의 도수는 2명이다.
④ 40 kg 이상 45 kg 미만인 계급의 상대도수는 0.15이다.
⑤ 몸무게가 55 kg 이상 65 kg 미만인 학생은 전체의 16 %이다.

서술형 문제

10

다음 중 자료 A, B, C에 대하여 바르게 설명한 사람을 모두 고르시오. [5점]

자료 A	2, 4, 3, 3, 3, 2, 4
자료 B	4, 6, 2, 1, 5, 4, 6
자료 C	2, 3, 6, 5, 3, 7, 100

> 서연 : 자료 A의 중앙값과 최빈값은 서로 같다.
> 혜민 : 자료 B의 최빈값은 4뿐이다.
> 유찬 : 자료 C는 평균을 대푯값으로 정하는 것이 적절하다.
> 지유 : 자료 A, B, C 중 중앙값이 가장 큰 것은 자료 C이다.

 풀이

 답

11

오른쪽 그림은 어느 중학교 학생 50명의 한 달 동안의 도서관 방문 횟수에 대한 상대도수의 분포를 나타낸 그래프인데 일부가 찢어져 보이지 않는다. 방문 횟수가 4회 이상 6회 미만인 학생은 몇 명인지 구하시오. [6점]

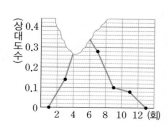

 풀이

 답

MEMO

한번 더
교과서에서 쏙 빼온 문제

01

오른쪽 그림과 같이 직선 l 위에 있는 세 점 A, B, C와 직선 l 위에 있지 않은 두 점 D, E가 있다. 이 중 두 점을 지나는 서로 다른 직선의 개수를 구하시오.

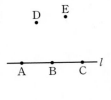

02

다음 지도에서 200 m가 아래에 있는 선분의 길이와 같다고 할 때, A, B 두 사람의 대화를 읽고, 물음에 답하시오.

A : 이곳에 동전 노래방을 내려고 해.

B : 근처에 중학교가 있는데 괜찮을까? 학교 경계선으로부터 200 m 이내에는 오락 업소를 낼 수 없어.

A : 그래서 중학교 정문에서 여기까지 걸어오면서 거리를 재어 보았더니 대략 220 m 정도 되더라고.

B : 그렇게 재면 안 돼.

(1) 중학교 정문과 동전 노래방을 이은 선분을 지도 위에 표시하시오.

(2) 동전 노래방을 낼 수 없는 이유를 설명하시오.

03

태양 전지판은 태양 광선과 직각을 이룰 때 전기 생산 효율이 가장 높다고 한다. 오른쪽 그림에서 ∠AOB의 크기를 구하시오.

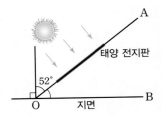

04

오른쪽 그림에서 세 직선 AD, BE, CF가 한 점 O에서 만나고 ∠AOF=90°이다. ∠AOE=3∠EOD일 때, ∠BOC의 크기를 구하시오.

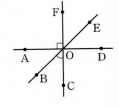

05

아래는 동요 '학교종' 악보의 일부이다. 음표 머리를 점으로 보았을 때, 선혁이는 직선 l과 직선 m 위에 있는 점을 부르고, 지웅이는 직선 l과 직선 m 위에 있지 않은 점을 부르기로 하였다. 다음 물음에 답하시오.

학 교 종
김메리 작사 · 작곡

(1) 선혁이가 부르는 글자를 차례로 쓰시오.

(2) 지웅이가 부르는 글자를 차례로 쓰시오.

06

다음 그림에서 $l /\!/ k$, $m /\!/ n$일 때, $\angle x$의 크기를 구하시오.

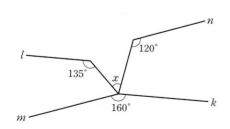

07

조정은 보트를 타고 노를 저어 목표 지점에 도착하는 순서에 따라 순위를 정하는 경기로, 같은 쪽에 있는 노가 모두 평행이 되어야 보트의 속력을 높일 수 있다고 한다. 다음 그림과 같이 노와 보트를 직선으로 생각하고 그 교각의 크기를 나타내었을 때, 서로 평행한 두 직선을 찾아 기호로 나타내시오.

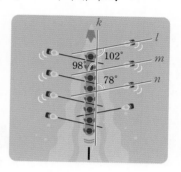

08

오른쪽 그림은 책상 등에서 각의 크기를 나타낸 것이다. $\overleftrightarrow{AE} /\!/ \overleftrightarrow{CD}$인지 확인하시오. (단, 책상 등의 두께는 무시한다.)

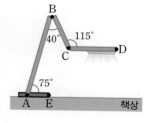

09

다음 지도에서 세 점 A, B, C는 기지국의 위치이다. 기지국과 휴대 전화 사이의 거리를 이용하여 휴대 전화의 위치를 추정하려고 한다. 세 점 A, B, C에서 휴대 전화의 위치까지의 거리가 차례로 600 m, 800 m, 1000 m일 때, 주어진 축척을 이용하여 휴대 전화의 위치를 컴퍼스로 작도하시오.

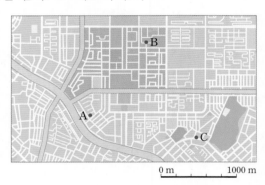

10

도로 규정에 따르면 장애인 전용 주차 구획은 너비 3.3 m 이상, 길이 5 m 이상이고, 일반 주차 구획은 너비 2.5 m 이상, 길이 5 m 이상이다. 아래 그림에서 장애인 전용 주차 구획 1개와 일반 주차 구획 3개를 그리려고 한다. 다음 물음에 답하시오.

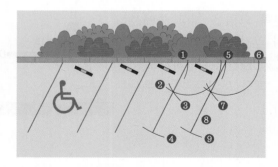

(1) 나머지 주차 구획선을 완성하려면 어떤 순서로 작도해야 하는지 나열하시오.

(2) 이 작도 과정에서 이용한 평행선의 성질을 쓰시오.

11

다음 그림과 같이 길이가 22 cm인 빨대를 접어 삼각형을 만들려고 한다. 각 변의 길이가 모두 4 cm보다 큰 자연수가 되도록 할 때, 만들 수 있는 삼각형은 모두 몇 개인지 구하시오. (단, 빨대의 두께는 무시한다.)

12

다음 그림과 같이 각의 크기와 선분의 길이가 주어졌을 때 삼각형을 작도할 수 있는지 알아보고, 그 이유를 설명하시오.

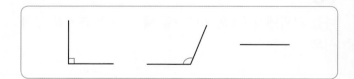

13

△ABC와 △DEF가 다음 조건을 만족시킬 때, ∠D 의 크기를 구하시오.

⑺ △ABC≡△DEF
⑼ $\overline{AB}=\overline{AC}$
⒀ ∠C=75°

15

오른쪽 그림과 같이 정육각형 ABCDEF의 세 꼭짓점 A, C, E를 연결했을 때, △ABC와 합동인 삼각형을 모두 찾고, △ACE는 어떤 삼각형인지 구하시오.

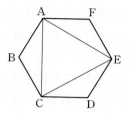

14

오른쪽 그림의 △ABC와 △DEF에서 $\overline{AB}=\overline{DE}$, ∠A=∠D일 때, 두 삼각형이 서로 합동이 되기 위해 추가로 필요한 나머지 한 조건이 아닌 것을 다음 **보기**에서 고르시오.

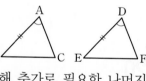

• 보기 •

ㄱ. $\overline{AC}=\overline{DF}$ ㄴ. ∠B=∠E

ㄷ. ∠C=∠F   ㄹ. $\overline{BC}=\overline{EF}$

16

다음 그림은 A 지점에서 배까지의 거리를 알아보기 위해 측정한 값을 나타낸 것이다. A 지점에서 배까지의 거리를 구하시오. (단, 점 O는 $\overline{AC}$와 $\overline{BD}$의 교점이다.)

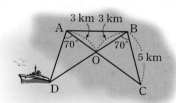

17

어떤 다각형에서 다음의 두 개수의 합이 15일 때, 이 다각형의 대각선의 개수를 구하시오.

⑺ 한 꼭짓점에서 그을 수 있는 대각선의 개수
⒨ 한 꼭짓점에서 대각선을 모두 그었을 때 생기는 삼각형의 개수

18

오른쪽 그림과 같이 6명의 학생들이 원탁에 둘러앉아 있다. 다음 각 상황에서 악수는 모두 몇 번 하게 되는지 구하시오.

(1) 이웃한 사람끼리만 서로 한 번씩 악수를 할 때

(2) 서로 한 번씩 악수를 하되 이웃한 사람끼리는 악수 하지 않을 때

(3) 모두 서로 한 번씩 악수를 할 때

19

아래 그림은 세 학생이 각자 칠각형의 내각의 크기의 합을 구한 방법을 나타낸 것이다. 다음 **보기**에서 세 학생이 이용한 식을 각각 고르시오.

[주혁]

[세연]

[민정]

┌ 보기 ┐
ㄱ. $180° \times 7 - 180°$ ㄴ. $180° \times 7 - 360°$
ㄷ. $180° \times 6$ ㄹ. $180° \times 6 - 180°$
ㅁ. $180° \times 5$

20

다음 그림에서 $\angle a + \angle b + \angle c + \angle d + \angle e + \angle f$의 크기를 구하시오.

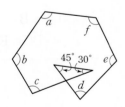

21

오른쪽 그림에서 ∠F=35°일 때,
∠A+∠B+∠C+∠D+∠E
의 크기를 구하시오.

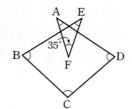

22

오른쪽 그림은 정n각형 모양의 그
릇의 일부이다. ∠BAC=15°일
때, n의 값을 구하시오.

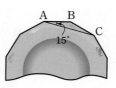

23

오른쪽 그림과 같은 정팔각형 모
양의 공원이 있다. 청소차가 공
원의 모서리를 따라 공원 주변을
한 바퀴 돌 때, 다음 물음에 답
하시오.

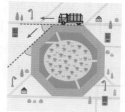

(1) 청소차가 한 모퉁이에서 회전
하는 각의 크기를 정팔각형의 내각의 크기를 이용
하여 구하시오.

(2) 청소차가 공원 주변을 한 바퀴 돌았을 때, 청소차가
모퉁이에서 회전한 각의 크기의 합을 구하시오.

24

오른쪽 그림과 같이 정오각형
ABCDE의 두 변 AE, CD
의 연장선의 교점을 F라 할
때, ∠x의 크기를 구하시오.

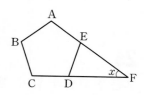

25

기원전 3세기 수학자 에라토스테네스
(Eratosthenes, B.C. 273?~B.C. 192?)는 고대
이집트의 수도 알렉산드리아와 신전이 있는 시에네와
관련된 다음 정보를 이용하여 지구의 둘레의 길이를
계산했다.

> (가) 시에네와 알렉산드리아 사이의 거리를 925 km로
>   계산했다.
> (나) 하짓날 태양이 정남쪽에 있을 때, 시에네에서는
>   똑바로 세운 막대의 그림자가 생기지 않지만, 알
>   렉산드리아에서는 그림자가 생기고 아래 그림과
>   같이 막대와 햇빛이 이루는 각의 크기는 7.2°이다.
>
>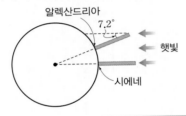

이 사실을 이용하여 지구의 둘레의 길이를 계산하시
오. (단, 지구는 완전한 구로 생각한다.)

26

오른쪽 그림과 같이 점 O에
매달린 추는 A 지점과 D 지
점 사이를 움직인다.

∠AOD=140°,

$\widehat{AB}$: $\widehat{BC}$=13 : 6,

$\widehat{BC}$: $\widehat{CD}$=3 : 1일 때, ∠BOC의 크기를 구하시오.

(단, 추의 크기는 생각하지 않는다.)

27

오른쪽 그림의 원 O를 이용하여 한
원에서 현의 길이는 중심각의 크기에
정비례하지 않음을 설명하시오.

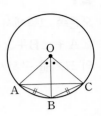

28

다음 그림과 같이 바퀴가 달린 측정 도구를 이용하면
곡선의 길이를 측정할 수 있다. 반지름의 길이가
24 cm인 바퀴를 굴려서 A 지점에서 B 지점까지 곡선
을 따라 이동하였더니 두 바퀴 반 회전하였을 때, A
지점에서 B 지점까지의 곡선의 길이를 구하시오.

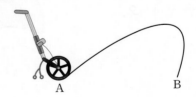

29

원처럼 어느 방향으로 재어도 그 폭이 모두 같은 도형을 정폭도형이라 한다. 독일의 기계 공학자 뢸로(Reuleaux, F., 1829~1905)는 오른쪽 그림과 같이 정삼각형 ABC의 각 꼭짓

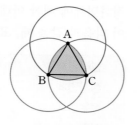

점에서 한 변의 길이를 반지름으로 하는 세 개의 원을 그려서 색칠한 부분과 같은 정폭도형을 만들었다. 이 정폭도형을 '뢸로 삼각형'이라 한다. $\overline{AB}=60\,cm$일 때, 다음 물음에 답하시오.

(1) $\overset{\frown}{AB}$의 길이를 구하시오.

(2) 이 뢸로 삼각형으로 자전거 바퀴를 만들었다. 자전거 바퀴가 한 바퀴 회전했을 때, 바퀴가 굴러간 거리를 구하시오.

30

오른쪽 그림과 같이 한 변의 길이가 3 cm인 정삼각형 모양의 블록에 한 변의 연장선 방향으로 길이가 9 cm인 실이 연결되어 있다. 실을 시계 반대 방향으로 팽팽하게 당겨 돌렸을 때, 실 전체가 지나간 부분의 넓이를 구하시오.

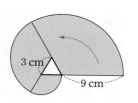

31

다음 그림과 같이 정오각형 ABCDE의 세 변에 꼭짓점 A, E, D를 각각 중심으로 하는 부채꼴 P, Q, R이 차례로 붙어 있다. 부채꼴 P의 호의 길이가 2π cm일 때, 두 부채꼴 Q, R의 넓이의 합을 구하시오.

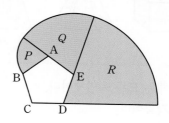

32

다음 **보기**의 그림은 한 변의 길이가 4 cm인 정사각형 4개로 이루어진 도형에 부채꼴을 이용하여 그린 것이다. **보기**에서 색칠한 부분의 넓이가 같은 것끼리 모두 찾아 짝 지으시오.

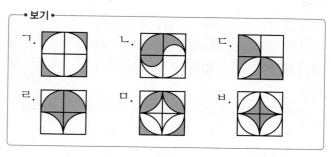

33

다음 **보기**에서 아래 그림과 같은 세 다면체 ㈎, ㈏, ㈐에 대한 설명으로 옳은 것을 모두 고르시오.

㈎ ㈏ ㈐

•보기•
ㄱ. 세 다면체는 모두 육면체이다.
ㄴ. ㈏는 오각뿔이다.
ㄷ. ㈐는 사각뿔대이다.
ㄹ. ㈎, ㈐는 각각 두 밑면이 서로 평행하고 합동이다.
ㅁ. ㈐는 ㈏를 밑면에 평행한 평면으로 잘라서 생긴 입체도형이다.
ㅂ. ㈎의 꼭짓점의 개수는 ㈐의 꼭짓점의 개수와 같다.

34

다음 **보기**에서 오른쪽 그림과 같은 정육면체를 한 평면으로 자를 때 생기는 단면의 모양이 될 수 없는 것을 모두 고르시오.

•보기•
ㄱ. 삼각형   ㄴ. 사각형   ㄷ. 오각형
ㄹ. 육각형   ㅁ. 칠각형   ㅂ. 팔각형

35

정다면체에 대한 아래 표에서 (1)~(4)에 해당하는 내용이 다음과 같을 때, 표를 완성하시오.

정다면체	(1)	(2)	(3)	(4)
정사면체				
정육면체				
정팔면체				
정십이면체				
정이십면체				

(1) 한 꼭짓점에 모인 면의 개수

(2) 면의 개수

(3) 꼭짓점의 개수

(4) 모서리의 개수

36

오른쪽 그림과 같은 직사각형을 직선 l을 회전축으로 하여 1회전 시킬 때 생기는 회전체를 회전축에 수직인 평면으로 자른 단면의 넓이를 구하시오.

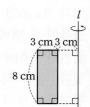

37

원기둥 모양의 음료수 캔 ㈎에 가득 담긴 음료수를 원기둥 모양의 컵 ㈏에 모두 부었을 때, ㈏에 담긴 음료수의 높이를 구하시오.

(단, 캔과 컵의 두께는 무시한다.)

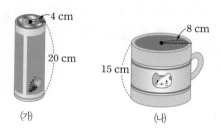

38

다음 그림과 같이 직육면체 모양의 어항에 칸막이가 설치되어 있고, 물의 높이가 다르게 물이 담겨 있다. 칸막이를 뺀 후의 물의 높이를 구하시오. (단, 칸막이는 어항의 옆면과 평행하게 설치되어 있고 어항과 칸막이의 두께는 무시한다.)

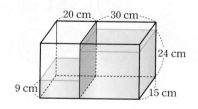

39

큐 드럼(Q−drum)은 가운데가 뚫린 원기둥 모양의 플라스틱 용기에 끈을 달아서 많은 양의 물을 쉽고 빠르게 운반할 수 있도록 만든 것이다. 오른쪽 그림과 같은 큐 드럼을 보고, 다음 물음에 답하시오. (단, 큐 드럼의 두께는 무시한다.)

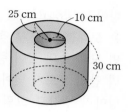

⑴ 이 큐 드럼의 부피는 몇 cm³인지 구하시오.

⑵ 이 큐 드럼을 이용하여 한 번에 몇 L의 물을 나를 수 있는지 소수 첫째 자리에서 반올림하여 구하시오.

(단, 1 L=1000 cm³이고, π=3으로 계산한다.)

40

직육면체 모양의 그릇에 물을 가득 채운 후, 그릇을 기울여 물을 흘려보냈더니 다음 그림과 같이 물이 남았다. 흘려보낸 물의 양을 구하시오.

(단, 그릇의 두께는 무시한다.)

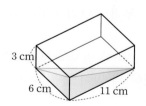

41

항아리 냉장고는 큰 항아리와 작은 항아리 사이에 젖은 모래를 채운 후 젖은 헝겊으로 작은 항아리를 덮으면 모래 속의 물이 증발하면서 열을 흡수해 작은 항아리 안의 온도가 낮아지는 원리를 이용한 것이다. 다음 항아리 냉장고 그림에서 음식을 담는 부분인 원뿔대 모양의 부피를 구하시오.

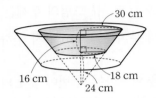

30 cm
16 cm   18 cm
24 cm

42

구 모양의 미세 먼지와 초미세 먼지의 지름의 길이가 각각 $10 \, \mu m$, $2 \, \mu m$일 때, 다음 물음에 답하시오.

(1) 미세 먼지 1개와 초미세 먼지 1개의 겉넓이를 각각 구하시오. (단, 겉넓이의 단위는 μm^2이다.)

(2) 미세 먼지 1개와 초미세 먼지 1개의 부피를 각각 구하시오. (단, 부피의 단위는 μm^3이다.)

(3) 미세 먼지와 초미세 먼지의 부피가 같을 때, 표면에 유해한 물질이 더 많이 붙을 수 있는 것은 어느 것인지 구하시오.

43

생텍쥐페리의 소설 《어린왕자》에 나오는 별들은 모두 구 모양이다. 이 중에서 다섯째 별이 반지름의 길이가 4 m로 가장 작고, 여섯째 별의 반지름의 길이는 다섯째 별의 반지름의 길이의 10배라 한다. 여섯째 별의 겉넓이와 부피를 각각 구하시오.

44

다음 그림은 반지름의 길이가 r인 구를 반지름의 길이가 $\dfrac{r}{2}$인 작은 구 8개로 나눈 것이다. 작은 구 8개의 부피의 합과 겉넓이의 합을 각각 구하여 큰 구의 부피, 겉넓이와 각각 비교하시오.

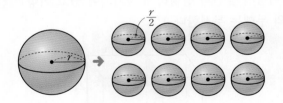

45

다음 그림은 학생 15명의 턱걸이 횟수를 조사하여 나타낸 막대그래프이다. 턱걸이 횟수의 평균, 중앙값, 최빈값의 대소 관계를 구하시오.

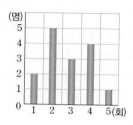

46

아래는 범서네 학교 체육 대회에서 1학년과 2학년의 반별 단체 줄넘기 기록을 조사하여 나타낸 줄기와 잎 그림이다. 다음 물음에 답하시오.

줄넘기 기록   (0 | 2는 2회)

잎(1학년)	줄기	잎(2학년)
5 4 2	0	8
8 3 1 0	1	3 6
6 4 3	2	2 4 7 8
	3	0 3 9

(1) 1학년 우승 반과 2학년 우승 반의 기록의 차는 몇 회인지 구하시오.

(2) 1학년과 2학년 중 어느 학년이 단체 줄넘기를 더 잘 하였는지 판단하고, 그 이유를 설명하시오.

47

지구에서 관측한 행성이나 별자리의 크기를 나타내는 단위는 msr(밀리스테라디안)이다. 다음은 별자리 35개의 크기를 조사하여 나타낸 도수분포표이다. 크기가 100 msr 미만인 별자리는 전체의 몇 %인지 구하시오.

크기(msr)		별자리 수(개)
0 이상 ~ 50 미만		6
50 ~100		8
100 ~150		7
150 ~200		7
200 ~250		4
250 ~300		2
300 ~350		1
합계		35

48

아래 그림은 키가 180 cm인 현정이가 입단하고 싶어 하는 농구단 선수들의 키를 조사하여 나타낸 히스토그램이다. 다음 물음에 답하시오.

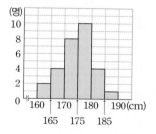

(1) 현정이가 입단한다면 농구단의 전체 선수는 몇 명 이 되는지 구하시오.

(2) 현정이가 속하는 계급을 구하시오.

(3) 입단 후 현정이는 상위 몇 %에 속하는지 구하시오.

49

오른쪽 그림은 정우네 학교에서 한 달 동안 점심 시간에 남긴 음식의 양을 학급별로 조사하여 나타낸 히스토그램이다. 정우네 학교 신문에 실린 기사가 다음과 같을 때, 밑줄 친 기사 내용 중 히스토그램을 통해 알 수 있는 내용으로 옳지 않은 것을 찾으시오.

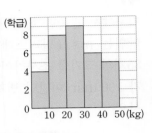

> 우리 학교 32학급에서 한 달 동안 점심 시간에 남긴 음식의 양은 ㉠ 20 kg 이상 30 kg 미만인 학급이 가장 많았고, ㉡ 10 kg 미만인 학급이 가장 적었다.
> ㉢ 음식을 가장 많이 남긴 학급은 49 kg의 음식을 남겼고, ㉣ 5번째로 적게 남긴 학급은 최소 10 kg 이상의 음식을 남겼다. ㉤ 우리 학교의 반 이상의 학급에서 20 kg 이상의 음식을 남긴 것으로 나타났다.

50

다음 그림은 민수네 반 학생들의 50 m 달리기 기록을 조사하여 나타낸 도수분포다각형이다. 50 m 달리기 기록이 상위 25 % 이내인 학생은 최소 몇 초 미만으로 달린 것인지 구하시오.

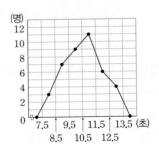

51

오른쪽 그림은 한 상자에 들어 있는 35개의 감귤의 당도를 조사하여 나타낸 도수분포다각형인데 일부가 찢어져 보이지 않는다. 8 Brix 이상 11 Brix 미만인 감귤이 전체의 60 %일 때, 11 Brix 이상 12 Brix 미만인 감귤은 몇 개인지 구하시오.

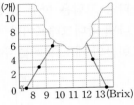

52

아래 그림은 용준이네 반 학생들의 1학기와 2학기의 윗몸 일으키기 횟수를 조사하여 나타낸 도수분포다각형이다. 다음 물음에 답하시오.

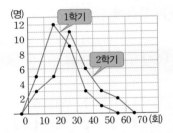

(1) 용준이네 반의 1학기와 2학기의 학생은 각각 몇 명인지 구하시오.

(2) 용준이네 반 학생들의 윗몸 일으키기 실력이 대체로 향상되었다고 볼 수 있는지 판단하고, 그 이유를 그래프를 이용하여 설명하시오.

53

아래 그림은 어느 기업의 2017년 이후 4년 동안의 자동차 판매 대수를 조사하여 두 그래프 A, B로 나타낸 도수분포다각형이다. 다음 물음에 답하시오.

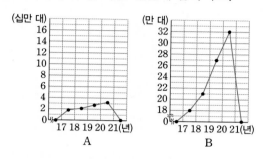

(1) 두 그래프의 차이점을 쓰시오.

(2) 기업 홍보를 할 때, 어떤 그래프를 사용하겠는가? 이때 소비자가 주의할 점은 무엇인지 쓰시오.

54

아래는 어느 반의 세 학생이 수학 수행 평가 점수에 대하여 나눈 대화이다. 다음 물음에 답하시오.

> 민준 : 우리 반에 수학 수행 평가 점수가 9점 이상인 학생이 6명이래!
>
> 승우 : 7점 이상 9점 미만인 계급의 상대도수는 0.4라고 하던데?
>
> 혜원 : 7점 미만인 학생의 전체 학생에 대한 비율은 0.36이래!

(1) 이 반의 전체 학생은 몇 명인지 구하시오.

(2) 수학 수행 평가 점수가 7점 미만인 학생은 몇 명인지 구하시오.

55

아래는 시중에서 판매하는 감자류 과자의 10 g당 들어 있는 나트륨의 함량을 조사하여 나타낸 상대도수의 분포표이다. 다음 물음에 답하시오.

나트륨 함량(mg)	도수(종)	상대도수
10 이상 ~ 30 미만	7	A
30 ~ 50	17	0.34
50 ~ 70	13	B
70 ~ 90	C	0.16
90 ~110	5	0.1
합계	D	E

(1) A, B, C, D, E의 값을 각각 구하시오.

(2) 나트륨 함량이 50 mg 이상인 과자는 전체의 몇 % 인지 구하시오.

56

오른쪽 그림은 어느 중학교 1학년과 2학년의 등교 시간에 대한 상대도수의 분포를 나타낸 그래프이다. 다음 **보기** 에서 옳은 것을 고르시오.

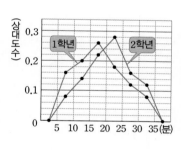

┌─ •보기•
│ ㄱ. 1학년보다 2학년의 등교 시간이 더 긴 편이라 할 수 있다.
│ ㄴ. 등교 시간이 15분 이상 25분 미만인 학생의 비율은 1학년이 더 높다.
│ ㄷ. 등교 시간이 30분 이상인 학생 수는 2학년이 더 많다.
└─

동아출판

과학 고수들의 필독서

HIGH TOP

#2015 개정 교육과정
#믿고 보는 과학 개념서
#통합과학
#물리학 #화학 #생명과학 #지구과학
#과학 #잘하고싶다 #중요 #개념 #열공
#포기하지마 #엄지척 #화이팅

01
기초부터 심화까지
자세하고 빈틈 없는 개념 설명

02
풍부한 그림 자료,
수준 높은 문제 수록

03
새 교육과정을 완벽 반영한
깊이 있는 내용

중학교 1~3학년 / **고등학교** 통합과학 / 물리학 I, II / 화학 I, II / 생명과학 I, II / 지구과학 I, II

수매씽 개념 중학 수학 1·2

내신과 등업을 위한 강력한 한 권!

개념 연산서 **수매씽 개념연산**
중등 : 1~3학년 1·2학기

개념 기본서 **수매씽 개념**
중등 : 1~3학년 1·2학기
고등 (22개정) : 공통수학1, 공통수학2

유형 기본서 **수매씽**
중등 : 1~3학년 1·2학기
고등 (15개정) : 수학(상), 수학(하), 수학Ⅰ, 수학Ⅱ, 확률과 통계, 미적분
고등 (22개정) : 공통수학1, 공통수학2

동아출판

Telephone 1644-0600
Homepage www.bookdonga.com
Address 서울시 영등포구 은행로 30 (우 07242)

• 정답 및 풀이는 동아출판 홈페이지 내 학습자료실에서 내려받을 수 있습니다.
• 교재에서 발견된 오류는 동아출판 홈페이지 내 정오표에서 확인 가능하며, 잘못 만들어진 책은 구입처에서 교환해 드립니다.
• 학습 상담, 제안 사항, 오류 신고 등 어떠한 이야기라도 들려주세요.

2022 개정
교육과정
2025년 중1부터 적용

모바일 빠른 정답

수

매씽

MATHING

개념

중학 수학

1·2

정답 및 풀이

동아출판

수매씽 MATHING σ 개념

모바일 빠른 정답
QR 코드를 찍으면 정답 및 풀이를
쉽고 빠르게 확인할 수 있습니다.

I. 기본 도형과 작도

1 | 기본 도형

01 점, 선, 면

|7쪽~9쪽|

1	(1) ㄱ, ㄹ, ㅂ	(2) ㄴ, ㄷ, ㅁ	
1-1	(1) ○ (2) ○	(3) ×	(4) ×
2	7		
2-1	(1) 8	(2) 12	
3	(1) $\overline{PQ}$	(2) $\overrightarrow{PQ}$	(3) $\overrightarrow{QP}$ (4) $\overleftrightarrow{PQ}$
3-1	(1) $\overrightarrow{CA}$, $\overrightarrow{BC}$	(2) $\overleftrightarrow{AC}$	(3) $\overline{CA}$ (4) $\overrightarrow{CA}$
4	(1) 4 cm	(2) 5 cm	(3) 6 cm
4-1	(1) 6 cm	(2) 11 cm	
5	5 cm	5-1	8 cm
6	$\overline{AM}$=6 cm, $\overline{NB}$=3 cm	6-1	28 cm
7	9 cm	7-1	10 cm

1-1 (3) 사각기둥, 원뿔은 입체도형이다.
　　 (4) 오각형, 반원은 평면도형이다.

2 교점의 개수는 꼭짓점의 개수와 같으므로 7이다.

2-1 (1) 교점의 개수는 꼭짓점의 개수와 같으므로 8이다.
　　 (2) 교선의 개수는 모서리의 개수와 같으므로 12이다.

> **Self 코칭**
>
> 입체도형에서
> (교점의 개수)=(꼭짓점의 개수)
> (교선의 개수)=(모서리의 개수)

5 $\overline{MB}=\dfrac{1}{2}\overline{AB}=\dfrac{1}{2}\times10=5(\text{cm})$

5-1 $\overline{AB}=2\overline{MB}=2\times4=8(\text{cm})$

6 $\overline{AM}=\overline{MB}=\dfrac{1}{2}\overline{AB}=\dfrac{1}{2}\times12=6(\text{cm})$

　 $\overline{NB}=\dfrac{1}{2}\overline{MB}=\dfrac{1}{2}\times6=3(\text{cm})$

6-1 $\overline{MB}=2\overline{MN}=2\times7=14(\text{cm})$
　　 $\overline{AB}=2\overline{MB}=2\times14=28(\text{cm})$

7 $\overline{AM}=\overline{MC}=\dfrac{1}{2}\overline{AC}$, $\overline{CN}=\overline{NB}=\dfrac{1}{2}\overline{CB}$이므로

　 $\overline{MN}=\overline{MC}+\overline{CN}=\dfrac{1}{2}\overline{AC}+\dfrac{1}{2}\overline{CB}$

　　　 $=\dfrac{1}{2}(\overline{AC}+\overline{CB})=\dfrac{1}{2}\overline{AB}$

　　　 $=\dfrac{1}{2}\times18=9(\text{cm})$

7-1 $\overline{MN}=\overline{MC}+\overline{CN}=\dfrac{1}{2}\overline{AC}+\dfrac{1}{2}\overline{CB}$

　　　 $=\dfrac{1}{2}\times14+\dfrac{1}{2}\times6=7+3=10(\text{cm})$

> **개념 완성하기** ────────|10쪽~11쪽|
>
> | | | | |
> |---|---|---|---|
> | 01 ④ | 02 ⑤ | 03 20 | 04 4 |
> | 05 ②, ④ | 06 2개 | 07 18 | 08 10 |
> | 09 ⑤ | 10 ㄱ, ㄷ | 11 ② | 12 18 cm |
> | 13 ⑤ | 14 5 cm | | |

01 ④ 시작점과 방향이 같은 두 반직선이 서로 같다.

02 ① 점이 연속적으로 움직이면 선이 된다.
　 ② 교점은 선과 선 또는 선과 면이 만나는 경우에 생긴다.
　 ③ 서로 다른 두 점을 지나는 직선은 1개이다.
　 ④ 시작점과 방향이 같은 두 반직선이 서로 같다.
　 따라서 옳은 것은 ⑤이다.

03 삼각기둥의 꼭짓점의 개수는 6이므로 $a=6$
　 삼각기둥의 모서리의 개수는 9이므로 $b=9$
　 삼각기둥의 면의 개수는 5이므로 $c=5$
　 ∴ $a+b+c=6+9+5=20$

04 오각뿔의 꼭짓점의 개수는 6이므로 $a=6$
　 오각뿔의 모서리의 개수는 10이므로 $b=10$
　 ∴ $b-a=10-6=4$

05 ② 시작점과 뻗는 방향이 모두 같지 않으므로 $\overrightarrow{BC}\neq\overrightarrow{CB}$
　 ④ 시작점은 같지만 뻗는 방향이 같지 않으므로 $\overrightarrow{BA}\neq\overrightarrow{BD}$

> **Self 코칭**
>
> 두 반직선이 같으려면 시작점과 뻗는 방향이 모두 같아야 한다.

06 $\overrightarrow{AD}$와 같은 것은 $\overrightarrow{AB}$, $\overrightarrow{AC}$의 2개이다.

07 두 점을 이어 만들 수 있는 서로 다른 직선은
　 $\overleftrightarrow{AB}$, $\overleftrightarrow{AC}$, $\overleftrightarrow{AD}$, $\overleftrightarrow{BC}$, $\overleftrightarrow{BD}$, $\overleftrightarrow{CD}$의 6개이므로 $a=6$
　 두 점을 이어 만들 수 있는 서로 다른 반직선은
　 $\overrightarrow{AB}$, $\overrightarrow{AC}$, $\overrightarrow{AD}$, $\overrightarrow{BA}$, $\overrightarrow{BC}$, $\overrightarrow{BD}$, $\overrightarrow{CA}$, $\overrightarrow{CB}$, $\overrightarrow{CD}$, $\overrightarrow{DA}$, $\overrightarrow{DB}$,
　 $\overrightarrow{DC}$의 12개이므로 $b=12$
　 ∴ $a+b=6+12=18$

> **다른 풀이**
>
> $a=(직선의 개수)=\dfrac{4\times(4-1)}{2}=6$
>
> $b=(반직선의 개수)=(직선의 개수)\times2=6\times2=12$
>
> **참고** 어느 세 점도 한 직선 위에 있지 않은 n개의 점 중 두 점을 이어 만들 수 있는 서로 다른 직선, 반직선, 선분의 개수는 다음과 같다.
>
> (1) (직선의 개수)$=\dfrac{n(n-1)}{2}$
>
> (2) (반직선의 개수)=(직선의 개수)$\times2=n(n-1)$
>
> (3) (선분의 개수)=(직선의 개수)$=\dfrac{n(n-1)}{2}$

08 $\overline{AB}$, $\overline{AC}$, $\overline{AD}$, $\overline{AE}$, $\overline{BC}$, $\overline{BD}$, $\overline{BE}$, $\overline{CD}$, $\overline{CE}$, $\overline{DE}$의 10개
이다.

09 ③ $\overline{NM}=\dfrac{1}{2}\overline{AM}=\dfrac{1}{2}\times\dfrac{1}{2}\overline{AB}=\dfrac{1}{4}\overline{AB}$

④ $\overline{AB}=2\overline{AM}=2\times2\overline{AN}=4\overline{AN}$

$\overline{NB}=\overline{NM}+\overline{MB}=\overline{AN}+2\overline{AN}=3\overline{AN}$

즉, $\overline{AN}=\dfrac{1}{3}\overline{NB}$

$\therefore \overline{AB}=4\overline{AN}=4\times\dfrac{1}{3}\overline{NB}=\dfrac{4}{3}\overline{NB}$

⑤ $\overline{AN}=\dfrac{1}{2}\overline{AM}=\dfrac{1}{2}\times\dfrac{1}{2}\overline{AB}=\dfrac{1}{4}\overline{AB}$

따라서 옳지 않은 것은 ⑤이다.

10 ㄴ. $\overline{AM}=\dfrac{1}{2}\overline{AB}$

ㄹ. $\overline{MN}=\dfrac{1}{2}\overline{MB}=\dfrac{1}{2}\times\dfrac{1}{2}\overline{AB}=\dfrac{1}{4}\overline{AB}$

따라서 옳은 것은 ㄱ, ㄷ이다.

11 $\overline{AB}=\overline{AC}+\overline{CB}=2\overline{MC}+2\overline{CN}=2(\overline{MC}+\overline{CN})$
$=2\overline{MN}=2\times7=14(cm)$

12 $\overline{AC}=\overline{AB}-\overline{BC}=28-8=20(cm)$이므로

$\overline{MC}=\dfrac{1}{2}\overline{AC}=\dfrac{1}{2}\times20=10(cm)$

$\therefore \overline{MB}=\overline{MC}+\overline{BC}=10+8=18(cm)$

13 $\overline{AB}=\overline{AC}+\overline{CB}=2\overline{MC}+2\overline{CN}=2(\overline{MC}+\overline{CN})$
$=2\overline{MN}=2\times6=12(cm)$

14 두 점 M, N은 $\overline{AB}$를 삼등분하는 점이므로
$\overline{AM}=\overline{MN}=\overline{NB}$ …… ㉠
두 점 P, Q는 각각 $\overline{AM}$, $\overline{NB}$의 중점이므로

$\overline{PM}=\dfrac{1}{2}\overline{AM}$, $\overline{NQ}=\dfrac{1}{2}\overline{NB}$ …… ㉡

㉠, ㉡에서 $\overline{PM}=\overline{NQ}=\dfrac{1}{2}\overline{MN}$이므로

$\overline{PQ}=\overline{PM}+\overline{MN}+\overline{NQ}=\dfrac{1}{2}\overline{MN}+\overline{MN}+\dfrac{1}{2}\overline{MN}$

$=2\overline{MN}=10(cm)$

$\therefore \overline{MN}=5(cm)$

02 각의 뜻과 성질

|⊢13쪽 ~ 14쪽⊣|

1 (1) 직각 (2) 둔각 (3) 평각 (4) 예각

1-1 (1) $50°$ (2) $40°$

2 (1) ∠DOE (2) ∠DOF (3) ∠FOA (4) ∠COE

2-1 (1) $\angle x=40°$, $\angle y=140°$ (2) $\angle x=50°$, $\angle y=100°$

3 (1) $\overrightarrow{CD}$ (2) $\overrightarrow{AB}\perp\overrightarrow{CD}$

3-1 (1) $\perp$, $=$ (2) 90 (3) 4

4 (1) 점 B (2) 7 cm

4-1 (1) 점 D (2) 3 cm

1-1 (1) $\angle x=90°-40°=50°$

(2) $\angle x=180°-(50°+90°)=40°$

2-1 (1) $\angle x=40°$ (맞꼭지각)

$\angle y=180°-40°=140°$

(2) $\angle x=50°$ (맞꼭지각)

$\angle y=180°-(30°+50°)=100°$

3-1 (3) $\overline{AO}=\overline{BO}=\dfrac{1}{2}\overline{AB}=\dfrac{1}{2}\times8=4(cm)$

4 (2) 점 D와 $\overline{AB}$ 사이의 거리는 점 D에서 $\overline{AB}$에 내린 수선의
발 A까지의 거리, 즉 $\overline{DA}$의 길이와 같으므로 7 cm이다.

4-1 (2) 점 B와 $\overline{AD}$ 사이의 거리는 점 B에서 $\overline{AD}$에 내린 수선의
발 A까지의 거리, 즉 $\overline{BA}$의 길이와 같으므로 3 cm이다.

개념 완성하기

⊢15쪽 ~ 16쪽⊣

01 $55°$	**02** ④	**03** $\angle x=30°$, $\angle y=60°$	
04 ②	**05** ⑤	**06** $70°$	**07** $10°$
08 $20°$	**09** $40°$	**10** ③	**11** ⑤
12 ①, ⑤			

01 $(\angle x-20°)+\angle x=90°$, $2\angle x-20°=90°$

$2\angle x=110°$ $\therefore \angle x=55°$

02 $(\angle x+10°)+(4\angle x-5°)=180°$

$5\angle x+5°=180°$, $5\angle x=175°$

$\therefore \angle x=35°$

> **Self 코칭**
> 평각의 크기는 180°이다.

03 $\angle x=90°-60°=30°$

$\angle y=90°-\angle x=90°-30°=60°$

04 $\angle x=90°-35°=55°$

$40°+90°+\angle y=180°$ $\therefore \angle y=50°$

$\therefore \angle x-\angle y=55°-50°=5°$

05 $2\angle COD+2\angle DOE=180°$이므로

$\angle COD+\angle DOE=90°$

$\therefore \angle COE=\angle COD+\angle DOE=90°$

06 $40°+2\angle COD+2\angle DOE=180°$이므로

$2(\angle COD+\angle DOE)=140°$

$\therefore \angle COE=\angle COD+\angle DOE=70°$

07 $\angle x=50°$ (맞꼭지각)

$3\angle y+10°=180°-50°$

$3\angle y=120°$ $\therefore \angle y=40°$

$\therefore \angle x-\angle y=50°-40°=10°$

> **Self 코칭**
> 맞꼭지각의 크기는 서로 같다.

08 맞꼭지각의 크기는 서로 같으므로

$70° - \angle x = 4\angle x - 30°$

$5\angle x = 100°$ ∴ $\angle x = 20°$

09 오른쪽 그림과 같이 맞꼭지각의 크기
는 서로 같고 평각의 크기는 180°이
므로

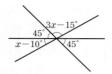

$(\angle x - 10°) + 45° + (3\angle x - 15°)$
$= 180°$

$4\angle x + 20° = 180°,\ 4\angle x = 160°$ ∴ $\angle x = 40°$

10 오른쪽 그림과 같이 맞꼭지각의 크기
는 서로 같고 평각의 크기는 180°이므로

$3\angle x + 2\angle x + 4\angle x = 180°$

$9\angle x = 180°$ ∴ $\angle x = 20°$

11 ⑤ 점 A와 $\overleftrightarrow{CD}$ 사이의 거리는 $\overline{AH}$의 길이와 같다.

12 ① $\overline{BC}$와 $\overline{CD}$는 직교하지 않는다.

⑤ 오른쪽 그림과 같이 점 D에서
$\overline{BC}$에 내린 수선의 발을 H라 하
면 점 D와 $\overline{BC}$ 사이의 거리는
$\overline{DH} = \overline{AB} = 4\,cm$

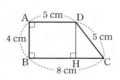

실력 확인하기 ├─────────── 17쪽 ~ 18쪽 ┤

01 ②, ③	02 ㄱ, ㅁ	03 4	04 18 cm
05 ②	06 2	07 ①	08 55°
09 60°	10 100°	11 10	12 8
13 18 cm	14 6쌍		

01 ② 서로 다른 두 선이 만나면 교점이 생긴다.

③ 시작점과 방향이 모두 같아야 같은 반직선이다.

02 ㄴ. 뻗는 방향은 같지만 시작점이 같지 않으므로
$\overrightarrow{AB} \neq \overrightarrow{BC}$

ㄷ, ㄹ. 선분의 양 끝 점이 같지 않으므로
$\overline{AB} \neq \overline{AC},\ \overline{AC} \neq \overline{BC}$

따라서 옳은 것은 ㄱ, ㅁ이다.

03 네 점 A, B, C, D 중 두 점을 이어 만들 수 있는 서로 다른
직선은 $\overleftrightarrow{AB}(=\overleftrightarrow{AC}=\overleftrightarrow{BC}),\ \overleftrightarrow{AD},\ \overleftrightarrow{BD},\ \overleftrightarrow{CD}$의 4개이다.

> **Self 코칭**
>
> 세 점 A, B, C가 한 직선 위에 있으면
> $\overleftrightarrow{AB} = \overleftrightarrow{AC} = \overleftrightarrow{BC}$이므로 세 점 A, B, C 중
> 두 점을 이어 만들 수 있는 서로 다른 직선
> 의 개수는 1이다.
>
>

04 $\overline{AM} = \frac{1}{2}\overline{AB} = \frac{1}{2} \times 24 = 12\,(cm)$

$\overline{AN} = \frac{1}{2}\overline{AM} = \frac{1}{2} \times 12 = 6\,(cm)$

∴ $\overline{NB} = \overline{AB} - \overline{AN} = 24 - 6 = 18\,(cm)$

다른풀이

$\overline{AM} = \overline{MB} = \frac{1}{2}\overline{AB} = \frac{1}{2} \times 24 = 12\,(cm)$

$\overline{NM} = \frac{1}{2}\overline{AM} = \frac{1}{2} \times 12 = 6\,(cm)$

∴ $\overline{NB} = \overline{NM} + \overline{MB} = 6 + 12 = 18\,(cm)$

05 $\overline{AB} = 2\overline{AM} = 2 \times 9 = 18\,(cm)$

$\overline{AB} = 3\overline{BC}$이므로

$\overline{BC} = \frac{1}{3}\overline{AB} = \frac{1}{3} \times 18 = 6\,(cm)$

∴ $\overline{MN} = \overline{MB} + \overline{BN} = \overline{AM} + \frac{1}{2}\overline{BC}$

$= 9 + \frac{1}{2} \times 6 = 12\,(cm)$

06 $0° < (예각) < 90°$이므로 예각은 5°, 30°, 85°, 45°의 4개이다.

∴ $a = 4$

$90° < (둔각) < 180°$이므로 둔각은 110°, 150°의 2개이다.

∴ $b = 2$

∴ $a - b = 4 - 2 = 2$

07 $(3\angle x + 10°) + (2\angle x + 40°) + (\angle x + 10°) = 180°$

$6\angle x + 60° = 180°,\ 6\angle x = 120°$

∴ $\angle x = 20°$

08 $\angle AOB + \angle BOC = 90°$, $\angle BOC + \angle COD = 90°$이므로

$\angle AOB = \angle COD$

이때 $\angle AOB + \angle COD = 70°$이므로

$\angle AOB = \angle COD = 35°$

∴ $\angle BOC = 90° - \angle COD = 90° - 35° = 55°$

09 $90° + \angle BOC + \angle COD = 180°$에서

$\angle BOC + \angle COD = 90°$

이때 $\angle BOC : \angle COD = 1 : 2$이므로

$\angle COD = 90° \times \frac{2}{1+2} = 90° \times \frac{2}{3} = 60°$

10 $\angle x = 30° + 90° = 120°$ (맞꼭지각)

$120° + \angle y + 40° = 180°$ ∴ $\angle y = 20°$

∴ $\angle x - \angle y = 120° - 20° = 100°$

11 점 A와 $\overline{BC}$ 사이의 거리는 $\overline{AB}$의 길이와 같으므로 3 cm이다.

∴ $a = 3$

점 C와 $\overline{AB}$ 사이의 거리는 $\overline{BC}$의 길이와 같으므로 7 cm이다.

∴ $b = 7$

∴ $a + b = 3 + 7 = 10$

12

> **전략 코칭**
>
> 세 점 A, B, C는 한 직선 위의 점이므로 $\overrightarrow{AB}$, $\overrightarrow{AC}$, $\overrightarrow{BC}$는 같
> 은 직선이다.

만들 수 있는 서로 다른 직선은
$\overleftrightarrow{AB}(=\overleftrightarrow{AC}=\overleftrightarrow{BC}),\ \overleftrightarrow{AD},\ \overleftrightarrow{AE},\ \overleftrightarrow{BD},\ \overleftrightarrow{BE},\ \overleftrightarrow{CD},\ \overleftrightarrow{CE},\ \overleftrightarrow{DE}$
의 8개이다.

주어진 조건을 이용하여 선분의 길이 사이의 관계를 파악하여 그림으로 나타낸다.

주어진 조건을 만족시키도록 네 점 A, B, C, D를 나타내면 다음 그림과 같다.

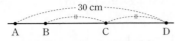

(개)에서 $\overline{AD}=5\overline{AB}$, (대)에서 $\overline{AD}=30$ cm이므로

$5\overline{AB}=30$ ∴ $\overline{AB}=6(cm)$

$\overline{BD}=\overline{AD}-\overline{AB}=30-6=24(cm)$이고

(내)에서 점 C가 $\overline{BD}$의 중점이므로

$\overline{BC}=\dfrac{1}{2}\overline{BD}=\dfrac{1}{2}\times24=12(cm)$

∴ $\overline{AC}=\overline{AB}+\overline{BC}=6+12=18(cm)$

14 **전략 코칭**

세 직선 중 두 직선을 선택하여 이때 생기는 맞꼭지각을 생각해 본다.

맞꼭지각은
두 직선 l과 m이 만나서 2쌍,
두 직선 m과 n이 만나서 2쌍,
두 직선 l과 n이 만나서 2쌍
이 생기므로 모두 6쌍이 생긴다.
즉, ∠AOC와 ∠BOD, ∠BOC와 ∠AOD,
∠COE와 ∠DOF, ∠DOE와 ∠COF,
∠AOE와 ∠BOF, ∠BOE와 ∠AOF
의 6쌍이다.

다른 풀이

서로 다른 세 직선이 한 점에서 만날 때 생기는 맞꼭지각은
$3\times(3-1)=6(쌍)$

참고 n개의 서로 다른 직선이 한 점에서 만날 때 생기는 맞꼭지각
➡ $n(n-1)$쌍

03 위치 관계

|20쪽~24쪽|

1 (1) 점 C, 점 D (2) 점 A, 점 B

1-1 (1) 점 B, 점 C (2) 점 B, 점 D (3) 점 C

2 (1) $\overline{AB}$, $\overline{DC}$ (2) $\overline{DC}$

2-1 (1) $\overline{AB}$, $\overline{DC}$ (2) $\overline{AD}$

3 (1) $\overline{AB}$, $\overline{AE}$, $\overline{CD}$, $\overline{DH}$ (2) $\overline{BC}$, $\overline{EH}$, $\overline{FG}$

(3) $\overline{BF}$, $\overline{CG}$, $\overline{EF}$, $\overline{HG}$

3-1 (1) $\overline{AC}$, $\overline{AD}$, $\overline{BC}$, $\overline{BE}$ (2) $\overline{DE}$

(3) $\overline{CF}$, $\overline{DF}$, $\overline{EF}$

4 (1) $\overline{AC}$, $\overline{AD}$, $\overline{BC}$, $\overline{BD}$ (2) $\overline{CD}$

4-1 (1) $\overline{AD}$, $\overline{CD}$, $\overline{AE}$, $\overline{BE}$ (2) $\overline{BC}$ (3) $\overline{AB}$, $\overline{AC}$

5 (1) 면 ABCD, 면 AEHD

(2) 면 ABFE, 면 CGHD

(3) 면 BFGC, 면 EFGH

5-1 (1) $\overline{AB}$, $\overline{BC}$, $\overline{CD}$, $\overline{DA}$ (2) $\overline{AE}$, $\overline{BF}$, $\overline{CG}$, $\overline{DH}$

(3) $\overline{EF}$, $\overline{FG}$, $\overline{GH}$, $\overline{HE}$

6 (1) 면 AFJE, 면 ABGF, 면 BGHC

(2) 면 BGHC, 면 CHID

(3) $\overline{AF}$, $\overline{BG}$, $\overline{CH}$, $\overline{DI}$, $\overline{EJ}$

6-1 (1) $\overline{AB}$, $\overline{BC}$, $\overline{CA}$ (2) $\overline{AD}$, $\overline{DE}$, $\overline{EB}$, $\overline{AB}$

(3) 점 F

7 (1) 면 ABCD, 면 BFGC, 면 EFGH, 면 AEHD

(2) 면 CGHD

(3) 면 ABCD, 면 BFGC, 면 EFGH, 면 AEHD

7-1 (1) $\overline{CD}$

(2) 면 ABFE, 면 EFGH

(3) 면 ABFE, 면 BFGC, 면 CGHD, 면 AEHD

8 (1) 면 ABFE, 면 ABCD, 면 DHGC, 면 EFGH

(2) 면 ABCD

(3) 면 ABCD, 면 EFGH

8-1 (1) 면 ABC, 면 DEF, 면 BEFC, 면 ADFC

(2) 면 DEF

(3) 면 ABC, 면 DEF, 면 ABED

9 (1) ○ (2) × (3) ○

9-1 (1) × (2) ○ (3) ×

9 (2) 직선 l에 수직인 서로 다른 두 평면은 오른쪽 그림과 같이 평행하다.

9-1 (1) 직선 l에 평행한 직선과 수직인 직선은 오른쪽 그림과 같이 수직이거나 꼬인 위치에 있다.

(3) 평면 P에 평행한 평면과 수직인 평면은 오른쪽 그림과 같이 수직이다.

개념 완성하기

|25쪽~26쪽|

01 ④	**02** ③	**03** ④	**04** 3
05 6	**06** 8	**07** ④	**08** 6
09 ③	**10** ①, ⑤	**11** ②, ④	**12** ③

01 ④ $\overleftrightarrow{AB}$와 $\overleftrightarrow{CD}$는 한 점에서 만난다.

⑤ 점 B와 $\overleftrightarrow{AD}$ 사이의 거리는 $\overline{CD}$의 길이와 같으므로 4 cm이다.

따라서 옳지 않은 것은 ④이다.

02 $l /\!/ m$, $l \perp n$이면 $m \perp n$이다.

03 ① $\overline{AB}$와 $\overline{BC}$는 점 B에서 만난다.
④ $\overline{BC}$와 $\overline{DH}$는 꼬인 위치에 있다.
따라서 옳지 않은 것은 ④이다.

> **Self 코칭**
>
> 공간에서 두 직선이 만나지도 않고 평행하지도 않을 때, 두 직선은 꼬인 위치에 있다고 한다.

04 $\overline{AB}$와 평행한 모서리는 $\overline{FG}$의 1개이므로 $a=1$
$\overline{AB}$와 수직으로 만나는 모서리는 $\overline{AF}$, $\overline{BG}$의 2개이므로 $b=2$
$\therefore a+b=1+2=3$

05 $\overline{BD}$와 꼬인 위치에 있는 모서리는 $\overline{AE}$, $\overline{CG}$, $\overline{EF}$, $\overline{FG}$, $\overline{GH}$, $\overline{HE}$의 6개이다.

> **Self 코칭**
>
> 입체도형에서 꼬인 위치에 있는 모서리 찾기
> → 한 점에서 만나는 모서리, 평행한 모서리를 제외시킨다.

06 $\overline{BH}$와 꼬인 위치에 있는 모서리는 $\overline{AF}$, $\overline{CD}$, $\overline{DE}$, $\overline{EF}$, $\overline{IJ}$, $\overline{JK}$, $\overline{KL}$, $\overline{LG}$의 8개이다.

07 ④ 모서리 BC와 수직인 면은 면 ABFE, 면 CGHD의 2개이다.
⑤ 면 ABCD와 수직인 모서리는 $\overline{AE}$, $\overline{BF}$, $\overline{CG}$, $\overline{DH}$의 4개이다.
따라서 옳지 않은 것은 ④이다.

08 모서리 AD와 평행한 면은 면 BFGC, 면 EFGH의 2개이므로 $a=2$
면 ABCD와 평행한 모서리는 $\overline{EF}$, $\overline{FG}$, $\overline{GH}$, $\overline{HE}$의 4개이므로 $b=4$
$\therefore a+b=2+4=6$

09 ① 면 ABC와 평행한 면은 면 DEF의 1개이다.
③ 면 DEF와 수직인 면은 면 ADEB, 면 BEFC, 면 ADFC의 3개이다.
④ 면 ADEB와 수직인 면은 면 ABC, 면 BEFC, 면 DEF의 3개이다.
따라서 옳지 않은 것은 ③이다.

10 면 AEGC와 수직인 면은 면 ABCD, 면 EFGH이다.

11 ① 직선 l에 평행한 서로 다른 두 직선은 오른쪽 그림과 같이 평행하다.

② 직선 l에 수직인 서로 다른 두 직선은 다음 그림과 같이 평행하거나 한 점에서 만나거나 꼬인 위치에 있을 수 있다.

평행하다.　　　한 점에서 만난다.　　　꼬인 위치에 있다.

③ 직선 l에 수직인 서로 다른 두 평면은 오른쪽 그림과 같이 평행하다.

④ 한 평면에 평행한 서로 다른 두 직선은 다음 그림과 같이 평행하거나 한 점에서 만나거나 꼬인 위치에 있을 수 있다.

평행하다.　　　한 점에서 만난다.　　　꼬인 위치에 있다.

⑤ 한 평면에 수직인 서로 다른 두 직선은 오른쪽 그림과 같이 평행하다.

따라서 옳지 않은 것은 ②, ④이다.

12 $P /\!/ Q$이고 $P \perp R$이면 오른쪽 그림과 같이 두 평면 Q, R은 수직이다.
→ $Q \perp R$

---

04 평행선의 성질

|────────────────────────────| 28쪽 ~ 29쪽 |────|

1 (1) $\angle e$　(2) $\angle c$　(3) $\angle f$　(4) $\angle c$
1-1 (1) $\angle f$　(2) $\angle d$　(3) $\angle e$　(4) $\angle d$
2 (1) $80°$　(2) $110°$　(3) $100°$　(4) $110°$
2-1 (1) $100°$　(2) $80°$　(3) $100°$　(4) $120°$
3 $\angle x=70°$, $\angle y=65°$
3-1 (1) $55°$　(2) $125°$　(3) $55°$　(4) $55°$
4 (1) 평행하다.　(2) 평행하지 않다.
　　(3) 평행하다.　(4) 평행하지 않다.
4-1 ㄴ, ㄷ

2 (2) $\angle d$의 동위각은 $\angle b$이므로 $\angle b=110°$ (맞꼭지각)
(3) $\angle b$의 엇각은 $\angle f$이므로 $\angle f=180°-80°=100°$
(4) $\angle f$의 엇각은 $\angle b$이므로 $\angle b=110°$ (맞꼭지각)

2-1 (2) $\angle b$의 동위각은 $\angle e$이므로 $\angle e=180°-100°=80°$
(4) $\angle d$의 엇각은 $\angle b$이므로 $\angle b=120°$ (맞꼭지각)

3 $\angle x=70°$ (동위각), $\angle y=65°$ (엇각)

3-1 (1) $\angle a = 180° - 125° = 55°$

(2) $\angle b = 125°$ (동위각)

(3) $\angle c = \angle a = 55°$ (동위각)

(4) $\angle d = \angle a = 55°$ (엇각)

4 (1) 동위각의 크기가 같으므로 두 직선 l, m은 평행하다.

(2) 엇각의 크기가 같지 않으므로 두 직선 l, m은 평행하지 않다.

(3) 동위각의 크기가 같으므로 두 직선 l, m은 평행하다.

(4) 동위각의 크기가 같지 않으므로 두 직선 l, m은 평행하지 않다.

4-1 ㄱ. 엇각의 크기가 같지 않으므로 두 직선 l, m은 평행하지 않다.

ㄴ. 엇각의 크기가 같으므로 $l \parallel m$이다.

ㄷ. 동위각의 크기가 같으므로 $l \parallel m$이다.

ㄹ. 동위각의 크기가 같지 않으므로 두 직선 l, m은 평행하지 않다.

따라서 $l \parallel m$인 것은 ㄴ, ㄷ이다.

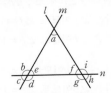
개념 완성하기 ┤30쪽~31쪽├

01 (1) $\angle d$, $\angle g$　(2) $\angle b$, $\angle i$　**02** ⑤

03 $50°$　**04** ④　**05** $65°$　**06** $30°$

07 $85°$　**08** $40°$　**09** $50°$　**10** $35°$

11 $80°$　**12** $75°$　**13** ④　**14** ⑤

01 다음 그림과 같이 세 직선을 각각 l, m, n이라 하자.

(1) 두 직선 l, n이 직선 m과 만나서 생기는 각 중에서 $\angle a$와 같은 위치에 있는 각은 $\angle d$이다.

또, 두 직선 m, n이 직선 l과 만나서 생기는 각 중에서 $\angle a$와 같은 위치에 있는 각은 $\angle g$이다.

따라서 $\angle a$의 동위각은 $\angle d$, $\angle g$이다.

(2) 두 직선 l, n이 직선 m과 만나서 생기는 각 중에서 $\angle a$와 엇갈린 위치에 있는 각은 $\angle b$이다.

또, 두 직선 m, n이 직선 l과 만나서 생기는 각 중에서 $\angle a$와 엇갈린 위치에 있는 각은 $\angle i$이다.

따라서 $\angle a$의 엇각은 $\angle b$, $\angle i$이다.

02 엇각인 것은 $\angle c$와 $\angle e$, $\angle d$와 $\angle f$이다.

03 오른쪽 그림에서

$(2\angle x + 15°) + (\angle x + 15°) = 180°$

$3\angle x + 30° = 180°$, $3\angle x = 150°$

$\therefore \angle x = 50°$

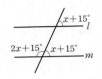

04 $l \parallel n$이므로 $\angle x = 110°$ (엇각)

$m \parallel n$이므로 $\angle y = 180° - 110° = 70°$

$\therefore \angle x - \angle y = 110° - 70° = 40°$

05 오른쪽 그림과 같이 엇각의 크기는 같고 삼각형의 세 각의 크기의 합은 $180°$이므로

$65° + \angle x + 50° = 180°$

$\therefore \angle x = 65°$

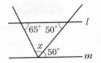

Self 코칭

삼각형의 세 각의 크기의 합은 $180°$이다.

06 오른쪽 그림과 같이 엇각의 크기는 같고 삼각형의 세 각의 크기의 합은 $180°$이므로

$35° + 3\angle x + (2\angle x - 5°) = 180°$

$5\angle x + 30° = 180°$, $5\angle x = 150°$

$\therefore \angle x = 30°$

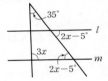

07 오른쪽 그림과 같이 두 직선 l, m에 평행한 직선을 그으면

$\angle x = 60° + 25° = 85°$

08 오른쪽 그림과 같이 두 직선 l, m에 평행한 직선을 그으면

$\angle x = 70° - 30° = 40°$

09 오른쪽 그림과 같이 두 직선 l, m에 평행한 두 직선을 그으면

$\angle x = 15° + 35° = 50°$

10 오른쪽 그림과 같이 두 직선 l, m에 평행한 두 직선을 그으면

$\angle x = 35°$ (엇각)

11 $\overline{DG} /\!/ \overline{EF}$이므로 $\angle ACB = \angle CBF = 50°$ (엇각)

$\angle ABC = \angle CBF = 50°$ (접은 각)

따라서 삼각형 ABC에서

$\angle BAC + 50° + 50° = 180°$ $\therefore \angle BAC = 80°$

12 $\overline{AD} /\!/ \overline{BC}$이므로 $\angle DEG = \angle EGF = \angle x$ (엇각)

$\angle FEG = \angle DEG = \angle x$ (접은 각)

따라서 평각의 크기는 $180°$이므로

$30° + \angle x + \angle x = 180°$, $2\angle x = 150°$

$\therefore \angle x = 75°$

13 $\angle d = \angle e = 180° - 50° = 130°$

①, ②, ③ 동위각의 크기가 같으므로 $l /\!/ m$이다.

④ 맞꼭지각의 크기는 항상 같다.

⑤ $\angle d = 130°$이므로 $\angle c + \angle d = 180°$이면 $\angle c = 50°$이다.

즉, 동위각의 크기가 같으므로 $l /\!/ m$이다.

따라서 옳지 않은 것은 ④이다.

> **Self 코칭**
>
> 서로 다른 두 직선이 한 직선과 만날 때
> (ⅰ) 동위각의 크기가 같으면 두 직선은 서로 평행하다.
> (ⅱ) 엇각의 크기가 같으면 두 직선은 서로 평행하다.

14 ① 동위각의 크기가 같으므로 $l /\!/ m$이다.

② 동위각의 크기가 같으므로 $l /\!/ m$이다.

③ 동위각의 크기가 같으므로 $l /\!/ m$이다.

④ 엇각의 크기가 같으므로 $l /\!/ m$이다.

⑤ 동위각의 크기가 같지 않으므로 두 직선 l, m은 평행하지 않다.

따라서 두 직선 l, m이 평행하지 않은 것은 ⑤이다.

> **실력 확인하기** ──── 32쪽 ~ 33쪽
>
> | 01 ⑤ | 02 ⑤ | 03 2 | 04 ③ |
> | 05 ⑤ | 06 ㄷ, ㅁ | 07 ④ | 08 30° |
> | 09 $\angle x = 135°$, $\angle y = 85°$ | | 10 ③ | 11 65° |
> | 12 3 | 13 $\overline{DF}$ | 14 135° | |

01 ⑤ 점 D는 두 직선 l, m 위에 있지 않다.

02 ⑤ $\overrightarrow{BO}$와 $\overrightarrow{DE}$는 한 점 E에서 만난다.

03 $\overline{BD}$와 꼬인 위치에 있는 모서리는 $\overline{AC}$, $\overline{AE}$의 2개이다.

> **Self 코칭**
>
> 공간에서 두 직선이 만나지도 않고 평행하지도 않을 때, 두 직선은 꼬인 위치에 있다고 한다.

04 ① $\overline{AB}$와 평행한 모서리는 $\overline{DE}$의 1개이다.

② $\overline{AB}$와 수직인 모서리는 $\overline{AD}$, $\overline{BE}$의 2개이다.

③ $\overline{AB}$와 만나는 모서리는 $\overline{AC}$, $\overline{AD}$, $\overline{BC}$, $\overline{BE}$의 4개이다.

④ 면 ABC와 평행한 면은 면 DEF의 1개이다.

⑤ 면 ABC와 만나는 면은 면 ADFC, 면 ABED, 면 BEFC의 3개이다.

따라서 개수가 가장 많은 것은 ③이다.

05 ① 모서리 CG와 평행한 모서리는 $\overline{DH}$의 1개이다.

③ 모서리 BC를 포함하는 면은 면 ABCD, 면 BFGC의 2개이다.

④ 면 BFGC와 평행한 모서리는 $\overline{AD}$, $\overline{AE}$, $\overline{DH}$, $\overline{EH}$의 4개이다.

⑤ 면 ABFE와 평행한 면은 없다.

따라서 옳지 않은 것은 ⑤이다.

06 ㄱ, ㄴ. $l /\!/ P$, $m /\!/ P$이면 다음 그림과 같이 두 직선 l, m은 평행하거나 한 점에서 만나거나 꼬인 위치에 있을 수 있다.

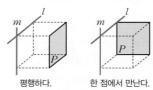

평행하다.   한 점에서 만난다.   꼬인 위치에 있다.

ㄷ. $l /\!/ m$, $l \perp P$이면 오른쪽 그림과 같이 직선 m과 평면 P는 수직이다.

➡ $m \perp P$

ㄹ. $l \perp m$, $m /\!/ P$이면 다음 그림과 같이 직선 l과 평면 P는 평행하거나 한 점에서 만날 수 있다.

평행하다.   한 점에서 만난다.

ㅁ. $l \perp P$, $m \perp P$이면 오른쪽 그림과 같이 두 직선 l, m은 평행하다.

➡ $l /\!/ m$

따라서 항상 옳은 것은 ㄷ, ㅁ이다.

> **참고** 항상 평행한 위치 관계
> ① 한 직선에 평행한 모든 직선
> ② 한 직선에 수직인 모든 평면
> ③ 한 평면에 평행한 모든 평면
> ④ 한 평면에 수직인 모든 직선

07 ④ 두 직선이 평행하지 않으면 엇각의 크기는 같지 않다.

08 $\angle a = 70°$ (엇각)

$\angle b = 180° - 70° = 110°$

$\angle c = 70°$ (동위각)

$\therefore \angle a - \angle b + \angle c = 70° - 110° + 70° = 30°$

09 오른쪽 그림에서

$\angle x + 45° = 180°$ $\therefore \angle x = 135°$

$45° + \angle y = 130°$ $\therefore \angle y = 85°$

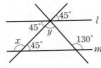

10 오른쪽 그림과 같이 두 직선 l, m에 평행한 직선을 그으면

$\angle x = 30° + 40° = 70°$

> **Self 코칭**
>
> 평행선 사이에 꺾인 선이 있는 경우
> ➜ 꺾인 부분을 지나면서 평행선에 평행한 직선을 긋는다.

11 $\angle FEG = \angle AEI = 50°$ (맞꼭지각)

$\overline{AD} /\!/ \overline{BC}$ 이므로

$\angle GFC = \angle EGF = \angle x$ (엇각)

$\angle EFG = \angle GFC = \angle x$ (접은 각)

따라서 삼각형 EFG에서

$50° + \angle x + \angle x = 180°$, $2\angle x = 130°$

$\therefore \angle x = 65°$

12
> **전략 코칭**
>
> 다각형의 각 변을 연장한 직선의 위치 관계
> ➜ 각 변을 연장하여 그림으로 나타내어 본다.

오른쪽 그림과 같이 정육각형의 각 변을 연장해 보면

$\overleftrightarrow{AB}$와 평행한 직선은 $\overleftrightarrow{DE}$의 1개이므로

$a = 1$

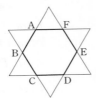

$\overleftrightarrow{AB}$와 한 점에서 만나는 직선은

$\overleftrightarrow{BC}$, $\overleftrightarrow{CD}$, $\overleftrightarrow{EF}$, $\overleftrightarrow{FA}$의 4개이므로 $b = 4$

$\therefore b - a = 4 - 1 = 3$

13
> **전략 코칭**
>
> 전개도가 주어졌을 때의 위치 관계
> ➜ 주어진 전개도로 만들어지는 입체도형의 겨냥도를 그린다.
>   이때 겹치는 꼭짓점은 모두 적는다.

주어진 전개도를 접으면 오른쪽 그림과 같은 삼각뿔이 된다.

따라서 모서리 BC와 꼬인 위치에 있는 모서리는 $\overline{DF}$이다.

14
> **전략 코칭**
>
> 평행선 사이에 꺾인 선이 여러 개 있는 경우
> ➜ 꺾인 부분을 지나면서 평행선에 평행한 직선을 꺾인 개수만큼 긋는다.

오른쪽 그림과 같이 두 직선 l, m에 평행한 두 직선을 그으면

$\angle x = 35° + 100° = 135°$

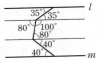

1 $\overline{AM} = 8$ cm, $\overline{BN} = 6$ cm   **1-1** 5 cm

2 40°   **3** 7

4 35°   **4-1** 45°

5 (1) $l /\!/ n$, $p /\!/ q$ (2) 89°   **6** 35°

1 채점 기준 1 $\overline{AB}$의 길이 구하기 … 2점

$\overline{AB} = \dfrac{4}{7}\overline{AC} = \dfrac{4}{7} \times 28 = 16$ (cm)

채점 기준 2 $\overline{AM}$의 길이 구하기 … 1점

$\overline{AM} = \dfrac{1}{2}\overline{AB} = \dfrac{1}{2} \times 16 = 8$ (cm)

채점 기준 3 $\overline{BC}$의 길이 구하기 … 2점

$\overline{BC} = \overline{AC} - \overline{AB} = 28 - 16 = 12$ (cm)

채점 기준 4 $\overline{BN}$의 길이 구하기 … 1점

$\overline{BN} = \dfrac{1}{2}\overline{BC} = \dfrac{1}{2} \times 12 = 6$ (cm)

1-1 채점 기준 1 $\overline{AB}$의 길이 구하기 … 1점

$\overline{AB} = 2\overline{AM} = 2 \times 3 = 6$ (cm)

채점 기준 2 $\overline{BC}$의 길이 구하기 … 2점

$2\overline{AB} = 3\overline{BC}$ 이므로

$\overline{BC} = \dfrac{2}{3}\overline{AB} = \dfrac{2}{3} \times 6 = 4$ (cm)

채점 기준 3 $\overline{BN}$의 길이 구하기 … 1점

$\overline{BN} = \dfrac{1}{2}\overline{BC} = \dfrac{1}{2} \times 4 = 2$ (cm)

채점 기준 4 $\overline{MN}$의 길이 구하기 … 2점

$\overline{MN} = \overline{MB} + \overline{BN} = \overline{AM} + \overline{BN} = 3 + 2 = 5$ (cm)

2 $\angle AOB = 6\angle BOC$에서 $\angle AOB = 90°$이므로

$\angle BOC = \dfrac{1}{6}\angle AOB = \dfrac{1}{6} \times 90° = 15°$ ······ ❶

$\angle COE = 90° - \angle BOC = 90° - 15° = 75°$이고

$\angle DOE = 2\angle COD$이므로

$\angle COD = \dfrac{1}{3}\angle COE = \dfrac{1}{3} \times 75° = 25°$ ······ ❷

$\therefore \angle BOD = \angle BOC + \angle COD$

$\qquad = 15° + 25° = 40°$ ······ ❸

채점 기준	배점
❶ $\angle BOC$의 크기 구하기	3점
❷ $\angle COD$의 크기 구하기	3점
❸ $\angle BOD$의 크기 구하기	1점

3 $\overline{BF}$와 꼬인 위치에 있는 모서리는

$\overline{AC}$, $\overline{AD}$, $\overline{CG}$, $\overline{DE}$, $\overline{DG}$의 5개이므로

$x = 5$ ······ ❶

$\overline{AC}$와 평행한 모서리는 $\overline{DG}$, $\overline{EF}$의 2개이므로

$y=2$ ······ ❷

$\therefore x+y=5+2=7$ ······ ❸

채점 기준	배점
❶ x의 값 구하기	3점
❷ y의 값 구하기	3점
❸ $x+y$의 값 구하기	1점

4 채점기준1 두 직선 l, m에 평행한 직선을 긋고 평행선의 성질을 이용
하여 크기가 같은 각 표시하기 ··· 4점

$\angle x$와 크기가 85°인 각의 꼭짓점을
각각 지나고 두 직선 l, m에 평행
한 두 직선을 그은 후, 크기가 같은
각을 표시하면 오른쪽 그림과 같다.

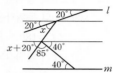

채점기준2 $\angle x$의 크기 구하기 ··· 3점

$(\angle x+20°)+85°+40°=180°$

$\therefore \angle x=35°$

4-1 채점기준1 두 직선 l, m에 평행한 직선을 긋고 평행선의 성질을 이용
하여 크기가 같은 각 표시하기 ··· 4점

크기가 45°, 120°인 각의 꼭짓점을 각각
지나고 두 직선 l, m에 평행한 두 직
선을 그은 후, 크기가 같은 각을 표시
하면 오른쪽 그림과 같다.

채점기준2 $\angle x$의 크기 구하기 ··· 3점

$\angle x+75°=120°$ $\therefore \angle x=45°$

5 (1) 두 직선 l, n과 직선 p에서

엇각의 크기가 91°로 같으므로

$l /\!/ n$ ······ ❶

두 직선 p, q와 직선 n에서

동위각의 크기가 $180°-91°=89°$로 같으므로

$p /\!/ q$ ······ ❷

(2) $p /\!/ q$이므로 두 직선 p, q와 직선 m이 만나 생기는 동위
각의 크기가 같다.

$\therefore \angle x=89°$ ······ ❸

채점 기준	배점
❶ $l /\!/ n$임을 알기	2점
❷ $p /\!/ q$임을 알기	2점
❸ $\angle x$의 크기 구하기	2점

6 $\overline{AD} /\!/ \overline{BC}$이므로

$\angle EFC=\angle AEF=70°$ (엇각) ······ ❶

$\angle GFC=\angle EFG$

$=\dfrac{1}{2}\times 70°=35°$ (접은 각) ······ ❷

$\therefore \angle EGF=\angle GFC=35°$ (엇각) ······ ❸

채점 기준	배점
❶ $\angle EFC$의 크기 구하기	2점
❷ $\angle GFC$의 크기 구하기	2점
❸ $\angle EGF$의 크기 구하기	2점

01 15	**02** ①, ②	**03** 8 cm	**04** ②
05 ③, ⑤	**06** ②	**07** 45°	**08** 30°
09 ⑤	**10** ④	**11** ④	**12** 4
13 ①	**14** ②, ⑤	**15** 50°	**16** 50°
17 ④	**18** ④	**19** 점 H	

01 주어진 입체도형의 꼭짓점의 개수는 6이므로 $a=6$

모서리의 개수는 9이므로 $b=9$

$\therefore a+b=6+9=15$

> **Self 코칭**
> 입체도형에서 교점은 꼭짓점을, 교선은 모서리를 뜻한다.

03 점 M은 $\overline{AB}$의 중점이므로 $\overline{AM}=\overline{MB}$

점 N은 $\overline{MB}$의 중점이므로 $\overline{MN}=\dfrac{1}{2}\overline{MB}$

$\overline{AN}=\overline{AM}+\overline{MN}=\overline{MB}+\dfrac{1}{2}\overline{MB}=\dfrac{3}{2}\overline{MB}$

$\therefore \overline{MB}=\dfrac{2}{3}\overline{AN}=\dfrac{2}{3}\times 12=8\,(\text{cm})$

04 $\overline{AB}=\overline{BC}=\overline{CD}$에서

② $\overline{AC}=2\overline{AB}$이므로 $\overline{AB}=\dfrac{1}{2}\overline{AC}$

$\therefore \overline{AD}=3\overline{AB}=3\times\dfrac{1}{2}\overline{AC}=\dfrac{3}{2}\overline{AC}$

③ $\overline{AC}=2\overline{AB}$, $\overline{BD}=2\overline{AB}$이므로

$\overline{AC}=\overline{BD}$

④ $\overline{AD}=3\overline{AB}$이므로 $\overline{AB}=\dfrac{1}{3}\overline{AD}$

$\therefore \overline{BD}=2\overline{AB}=2\times\dfrac{1}{3}\overline{AD}=\dfrac{2}{3}\overline{AD}$

⑤ $\overline{AC}=2\overline{AB}=2\times\dfrac{1}{3}\overline{AD}=\dfrac{2}{3}\overline{AD}$이므로

$\overline{AD}=15$ cm이면

$\overline{AC}=\dfrac{2}{3}\times 15=10\,(\text{cm})$

따라서 옳지 않은 것은 ②이다.

05 ① $0°<(\text{예각})+(\text{예각})<180°$이므로

$(\text{예각})+(\text{예각})$ ➡ 예각 또는 직각 또는 둔각

② $90°<(\text{직각})+(\text{예각})<180°$이므로

$(\text{직각})+(\text{예각})$ ➡ 둔각

③ $0°<(\text{직각})-(\text{예각})<90°$이므로

$(\text{직각})-(\text{예각})$ ➡ 예각

④ $90°<(\text{평각})-(\text{예각})<180°$이므로

$(\text{평각})-(\text{예각})$ ➡ 둔각

⑤ $0°<(\text{평각})-(\text{둔각})<90°$이므로

$(\text{평각})-(\text{둔각})$ ➡ 예각

따라서 항상 예각인 것은 ③, ⑤이다.

> **Self 코칭**
> $0°<(\text{예각})<90°$, $90°<(\text{둔각})<180°$

06 $40° + \angle x + (5\angle x + 20°) = 180°$
$6\angle x + 60° = 180°, \ 6\angle x = 120° \quad \therefore \angle x = 20°$

07 오른쪽 그림과 같이 맞꼭지각의 크기는
서로 같고 평각의 크기는 $180°$이므로
$(\angle x + 5°) + (100° - \angle x)$
$\qquad\qquad + (2\angle x - 15°) = 180°$
$2\angle x + 90° = 180°, \ 2\angle x = 90°$
$\therefore \angle x = 45°$

08 맞꼭지각의 크기는 서로 같으므로
$\angle x + 20° = 40° + 90° \quad \therefore \angle x = 110°$
평각의 크기는 $180°$이므로
$40° + 90° + (\angle y - 30°) = 180° \quad \therefore \angle y = 80°$
$\therefore \angle x - \angle y = 110° - 80° = 30°$

09 ④ $\overline{AO} = \overline{BO}$이므로 점 A와 $\overleftrightarrow{CD}$ 사이의 거리 $\overline{AO}$는 $\overline{BO}$의
길이와 같다.
⑤ 점 D에서 $\overline{AB}$에 내린 수선의 발은 점 O이다.
따라서 옳지 않은 것은 ⑤이다.

10 ③ $\overline{AD}$와 평행한 모서리는 $\overline{BC}, \overline{EH}, \overline{FG}$의 3개이다.
④ $\overline{BF}$와 꼬인 위치에 있는 모서리는 $\overline{AD}, \overline{CD}, \overline{EH}, \overline{GH}$의
4개이다.
⑤ $\overline{CD}$와 수직으로 만나는 모서리는 $\overline{AD}, \overline{BC}, \overline{CG}, \overline{DH}$의
4개이다.
따라서 옳지 않은 것은 ④이다.

11 ④ 직선 m과 직선 n은 수직인지 아닌지 알 수 없다.
⑤ 직선 l이 평면 P 위의 두 직선 m, n과 모두 수직이므로
직선 l과 평면 P는 수직이다.
따라서 옳지 않은 것은 ④이다.

> **Self 코칭**
> 직선 l과 평면 P의 교점을 H라 할 때, 점 H를 지나는 평면 P
> 위의 서로 다른 두 직선 m, n이 직선 l과 수직이면 직선 l과
> 평면 P는 수직이다.

12 면 ABFE와 수직인 면은 면 AED, 면 BFC, 면 EFCD의
3개이므로 $a = 3$
면 BFC와 평행한 면은 면 AED의 1개이므로 $b = 1$
$\therefore a + b = 3 + 1 = 4$

13 ㄱ. $l /\!/ m, \ l /\!/ n$이면 오른쪽 그림과 같이
두 직선 m, n은 평행하다.
$\quad \Rightarrow m /\!/ n$

ㄴ. $l /\!/ m, \ l \perp n$이면 다음 그림과 같이 두 직선 m, n은 한
점에서 만나거나 꼬인 위치에 있을 수 있다.

한 점에서 만난다.   꼬인 위치에 있다.

ㄷ. $l \perp m, \ l \perp n$이면 다음 그림과 같이 두 직선 m, n은 평
행하거나 한 점에서 만나거나 꼬인 위치에 있을 수 있다.

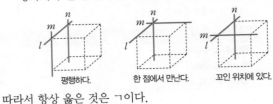

평행하다.   한 점에서 만난다.   꼬인 위치에 있다.

따라서 항상 옳은 것은 ㄱ이다.

14 ① $\angle a$의 동위각은 $\angle d$이다.
③ $\angle c$의 동위각은 $\angle f$이므로
$\angle f = 180° - 80° = 100°$
④ $\angle e$의 동위각의 크기는 $95°$이다.
⑤ $\angle d$의 엇각은 $\angle b$이므로
$\angle b = 180° - 95° = 85°$
따라서 옳은 것은 ②, ⑤이다.

15 오른쪽 그림과 같이 엇각의 크기는 같
고 삼각형의 세 각의 크기의 합은 $180°$
이므로
$\angle x + 60° + 70° = 180°$
$\therefore \angle x = 50°$

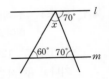

16 오른쪽 그림과 같이 두 직선 l, m에 평
행한 직선을 그으면
$(2\angle x - 40°) + (\angle x + 20°) = 130°$
$3\angle x - 20° = 130°$
$3\angle x = 150° \quad \therefore \angle x = 50°$

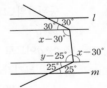

17 오른쪽 그림과 같이 두 직선 l, m에
평행한 두 직선을 그으면
$(\angle y - 25°) + (\angle x - 30°) = 180°$
$\angle x + \angle y - 55° = 180°$
$\therefore \angle x + \angle y = 235°$

18 ① 동위각의 크기가 같으므로 $l /\!/ m$이다.
② 엇각의 크기가 같으므로 $l /\!/ m$이다.
③ 엇각의 크기가 같으므로 $l /\!/ m$이다.

④ 엇각의 크기가 같지 않으므로 두 직선
l, m은 평행하지 않다.

⑤ 동위각의 크기가 같으므로 $l /\!/ m$이다.

따라서 두 직선 l, m이 평행하지 않은 것은 ④이다.

19 점 A를 지나면서 $\overline{CH}$와 평행한 모서리는 $\overline{AF}$이므로
점 A에서 점 F로 이동한다.
점 F를 지나면서 $\overline{BG}$와 수직으로 만나는 모서리는 $\overline{FG}$이므
로 점 F에서 점 G로 이동한다.
점 G를 지나면서 $\overline{DI}$와 꼬인 위치에 있는 모서리는 $\overline{GF}$, $\overline{GH}$
이다. 이때 한 번 지나간 길은 되돌아가지 않으므로 점 G에
서 점 H로 이동한다.
따라서 개미가 마지막에 도착하는 점은 점 H이다.

━━ 교과서에서 쏙 빼온 **문제** ━━━━━━━━━━━┤39쪽├

1 B

2 (1) 직선 m　　(2) 직선 n　　(3) 풀이 참조

3 (1) ⑤　　(2) $\angle a = 50°$, $\angle b = 100°$, $\angle c = 40°$

1 주어진 조건을 만족시키도록 직선 CD 위의 네 점 A, B, C,
D의 위치를 그림으로 나타내면 다음과 같다.

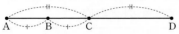

㈎에서 성제네 집은 건물 A, B, C, D 중 하나이다.
㈏에서 $\overline{AC} = \overline{CD}$, $\overline{AB} = \overline{BC}$이고
㈐에서 $\overline{CD} = \overline{AC} = 2\overline{BC}$이므로 성제네 집을 나타내는 기호
는 B이다.

2 (3) 지하철 환승역에서 두 노선의 방향이 다르고 두 노선이
서로 부딪히지 않게 설계되어야 하므로 꼬인 위치로 설계
하였다.

3 (1) 당구대는 직사각형 모양이므로 서로 마주 보는 변이 평행
하고, 평행선이 다른 한 직선과 만날 때 생기는 엇각의 크
기가 같으므로 공의 경로와 $\angle x$와 크기가 같은 각을 표시
하면 다음과 같다.

따라서 공은 위의 그림과 같이 구멍 ⑤로 들어간다.
(2) 당구대의 네 각은 모두 직각이고, 삼각형의 세 각의 크기
의 합이 180°임을 이용하면 다음과 같다.

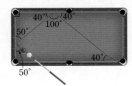

∴ $\angle a = 50°$, $\angle b = 100°$, $\angle c = 40°$

---

2 │ 작도와 합동

01 작도

┤41쪽~42쪽├

1　ㄴ → ㄱ → ㄷ
1-1　ㄷ → ㄱ → ㄴ
2　ㄱ → ㄷ → ㄴ → ㄹ → ㅁ
2-1　(1) $\overline{OB}$, $\overline{PD}$　(2) $\overline{CD}$　(3) $\angle CPD$
3　ㄱ → ㅂ → ㄷ → ㅁ → ㄴ → ㄹ
3-1　(1) $\overline{AC}$, $\overline{PR}$, $\overline{QR}$　(2) $\angle BAC$, $\overrightarrow{PR}$　(3) 동위각
4　ㄱ → ㅂ → ㄷ → ㅁ → ㄴ → ㄹ
4-1　(1) $\overline{AC}$, $\overline{PR}$, $\overline{BC}$　(2) $\angle QPR$, $\overrightarrow{RP}$　(3) 엇각

3-1 (3) 이 작도 과정은 '서로 다른 두 직선이 다른 한 직선과 만
날 때, 동위각의 크기가 같으면($\angle BAC = \angle QPR$) 두
직선은 평행하다.($l /\!/ \overrightarrow{PR}$)'를 이용한 것이다.

4-1 (3) 이 작도 과정은 '서로 다른 두 직선이 다른 한 직선과 만
날 때, 엇각의 크기가 같으면($\angle BAC = \angle QPR$) 두 직
선은 평행하다.($l /\!/ \overrightarrow{RP}$)'를 이용한 것이다.

개념 완성하기 ━━━━━━━━━━━━━┤43쪽├

01 ③, ⑤　　　**02** ④
03 ㄱ → ㄹ → ㄴ → ㅁ → ㄷ　**04** ②　　　**05** ③
06 ②, ④

01 ③ 선분의 길이를 비교할 때는 컴퍼스를 사용한다.
⑤ 두 점을 지나는 직선을 그릴 때는 눈금 없는 자를 사용한다.

02 주어진 선분과 길이가 같은 선분을 작도할 때는 컴퍼스를 사
용한다.

04 ② $\overline{OY} = \overline{PQ}$인지는 알 수 없다.

05 ③ $\overline{PR} = \overline{QR}$인지는 알 수 없다.

06 ① $\overline{QA} = \overline{AB}$인지는 알 수 없다.
③ $\angle ABQ = \angle CPD$인지는 알 수 없다.
⑤ '엇각의 크기가 같으면($\angle AQB = \angle CPD$) 두 직선은 평
행하다.($l /\!/ \overrightarrow{DP}$)'를 이용한 것이다.
따라서 옳은 것은 ②, ④이다.

─ 45쪽 ~ 48쪽 ─

1	(1) $\overline{AC}$	(2) $\angle A$	**1-1** (1) 8 cm	(2) 120°
2	(1) <	(2) <	(3) <	
2-1	(1) ○	(2) ○	(3) ×	
3	$\overline{AB}$		**3-1** a, b, A	
4	$\overline{AC}$, $\overline{BC}$		**4-1** $\angle XBY$, a, A	
5	$\angle A$, $\overline{BC}$		**5-1** a, $\angle XBC$, $\angle C$	
6	(1) ×	(2) ○	(3) ×	
6-1	(1) ○	(2) ×	(3) ○	

1-1 (1) $\angle C$의 대변은 $\overline{AB}$이므로 $\overline{AB}=8$ cm
(2) 변 AC의 대각은 $\angle B$이므로 $\angle B=120°$

2-1 (1) 가장 긴 변의 길이가 5 cm이고, $5<2+4$이므로 삼각형을 만들 수 있다.
(2) 가장 긴 변의 길이가 6 cm이고, $6<6+6$이므로 삼각형을 만들 수 있다.
(3) 가장 긴 변의 길이가 8 cm이고, $8>3+4$이므로 삼각형을 만들 수 없다.

6 (1) $7=5+2$이므로 삼각형이 그려지지 않는다.
(2) 두 변의 길이와 그 끼인각의 크기가 주어졌으므로 △ABC가 하나로 정해진다.
(3) 모양이 같고 크기가 다른 삼각형을 무수히 많이 그릴 수 있으므로 △ABC가 하나로 정해지지 않는다.

6-1 (1) 세 변의 길이가 주어진 경우이므로 △ABC가 하나로 정해진다.
(2) $\angle A$는 $\overline{AB}$와 $\overline{BC}$의 끼인각이 아니므로 △ABC가 하나로 정해지지 않는다.
(3) $\angle C=180°-(\angle A+\angle B)$
한 변의 길이와 그 양 끝 각의 크기가 주어진 경우와 같으므로 △ABC가 하나로 정해진다.

개념 완성하기 ─ 49쪽 ~ 50쪽 ─

01 (1) 5 cm	(2) 75°	**02** ③	**03** ②
04 ㄱ, ㄷ	**05** 6	**06** 4, 5	**07** ②
08 ⓒ → ⓐ → ⓑ		**09** ⑤	**10** ②, ⑤
11 ③, ④	**12** ③, ⑤		

01 (1) $\angle A$의 대변은 $\overline{BC}$이므로
$\overline{BC}=5$ cm
(2) $\overline{AB}$의 대각은 $\angle C$이므로
$\angle C=180°-(45°+60°)=75°$

02 ③ $\angle B$의 대변의 길이는 b이다.

03 ① $3<2+2$이므로 삼각형의 세 변의 길이가 될 수 있다.
② $7=3+4$이므로 삼각형의 세 변의 길이가 될 수 없다.
③ $6<4+5$이므로 삼각형의 세 변의 길이가 될 수 있다.
④ $5<5+5$이므로 삼각형의 세 변의 길이가 될 수 있다.
⑤ $8<5+5$이므로 삼각형의 세 변의 길이가 될 수 있다.
따라서 삼각형의 세 변의 길이가 될 수 없는 것은 ②이다.

> **Self 코칭**
> 세 변의 길이가 주어질 때, 삼각형을 만들 수 있는 조건
> → (가장 긴 변의 길이)<(나머지 두 변의 길이의 합)

04 ㄱ. $3<1+3$이므로 삼각형의 세 변의 길이가 될 수 있다.
ㄴ. $6=2+4$이므로 삼각형의 세 변의 길이가 될 수 없다.
ㄷ. $8<5+6$이므로 삼각형의 세 변의 길이가 될 수 있다.
ㄹ. $15>7+7$이므로 삼각형의 세 변의 길이가 될 수 없다.
따라서 삼각형의 세 변의 길이가 될 수 있는 것은 ㄱ, ㄷ이다.

05 가장 긴 변의 길이가 x cm이므로 $x<2+5$ ∴ $x<7$
이때 $x>5$이므로 자연수 x가 될 수 있는 값은 6이다.

> **Self 코칭**
> 가장 긴 변의 길이가 x cm인 경우와 x cm가 아닌 경우에 따라 x의 값의 범위가 달라진다.

06 가장 긴 변의 길이가 6 cm이므로 $6<3+x$
이때 $x=3$이면 $6<3+3$이 되어 부등호가 성립하지 않으므로 x는 3보다 큰 자연수이다.
또한, $x<6$이므로 자연수 x가 될 수 있는 값은 4, 5이다.

07 두 변의 길이와 그 끼인각의 크기가 주어진 경우이므로 삼각형의 작도는 다음과 같은 순서로 한다.
(i) 한 변의 길이 옮기기 → 끼인각의 크기 옮기기
→ 다른 한 변의 길이 옮기기 (①, ⑤)
(ii) 끼인각의 크기 옮기기 → 한 변의 길이 옮기기
→ 다른 한 변의 길이 옮기기 (③, ④)
따라서 작도하는 순서로 옳지 않은 것은 ②이다.

> **Self 코칭**
> 두 변의 길이와 그 끼인각의 크기가 주어진 삼각형의 작도는 다음과 같은 순서로 한다.
> (i) 각을 작도한 후 두 변을 차례로 작도한다.
> (ii) 한 변을 작도하고 각을 작도한 후 나머지 한 변을 작도한다.

09 ㄱ. 세 변의 길이가 주어진 경우이고 $7<3+5$이므로 △ABC가 하나로 정해진다.
ㄴ. 두 변의 길이와 그 끼인각의 크기가 주어진 경우이므로 △ABC가 하나로 정해진다.
ㄷ. $\angle C$는 $\overline{AB}$와 $\overline{BC}$의 끼인각이 아니므로 △ABC가 하나로 정해지지 않는다.

ㄹ. ∠C=180°−(60°+55°)=65°

한 변의 길이와 그 양 끝 각의 크기가 주어진 경우와 같으므로 △ABC가 하나로 정해진다.

따라서 △ABC가 하나로 정해지는 것은 ㄱ, ㄴ, ㄹ이다.

Self 코칭

삼각형이 하나로 정해지는지 알아보려면
(ⅰ) 세 변의 길이가 주어질 때
→ (가장 긴 변의 길이)<(나머지 두 변의 길이의 합)인
지 확인한다.
(ⅱ) 두 변의 길이와 한 각의 크기가 주어질 때
→ 주어진 각이 두 변의 끼인각인지 확인한다.
(ⅲ) 한 변의 길이와 두 각의 크기가 주어질 때
→ (두 각의 크기의 합)<180°인지 확인한다.

10 ① 모양이 같고 크기가 다른 삼각형을 무수히 많이 그릴 수 있으므로 △ABC가 하나로 정해지지 않는다.
② 한 변의 길이와 그 양 끝 각의 크기가 주어진 경우이므로 △ABC가 하나로 정해진다.
③ ∠A는 $\overline{AB}$와 $\overline{BC}$의 끼인각이 아니므로 △ABC가 하나로 정해지지 않는다.
④ 11=5+6이므로 삼각형이 그려지지 않는다.
⑤ 두 변의 길이와 그 끼인각의 크기가 주어진 경우이므로 △ABC가 하나로 정해진다.

따라서 △ABC가 하나로 정해지는 것은 ②, ⑤이다.

11 ① 세 변의 길이가 주어진 경우이므로 △ABC가 하나로 정해진다.
② 두 변의 길이와 그 끼인각의 크기가 주어진 경우이므로 △ABC가 하나로 정해진다.
③ ∠B는 $\overline{AB}$와 $\overline{AC}$의 끼인각이 아니므로 △ABC가 하나로 정해지지 않는다.
④ ∠A는 $\overline{AB}$와 $\overline{BC}$의 끼인각이 아니므로 △ABC가 하나로 정해지지 않는다.
⑤ 한 변의 길이와 그 양 끝 각의 크기가 주어진 경우이므로 △ABC가 하나로 정해진다.

따라서 △ABC가 하나로 정해지지 않는 것은 ③, ④이다.

12 ① 한 변의 길이와 그 양 끝 각의 크기가 주어진 경우이므로 △ABC가 하나로 정해진다.
② ∠B=180°−(60°+100°)=20°
한 변의 길이와 그 양 끝 각의 크기가 주어진 경우와 같으므로 △ABC가 하나로 정해진다.
③ ∠A+∠B=180°이므로 삼각형이 그려지지 않는다.
④ 두 변의 길이와 그 끼인각의 크기가 주어진 경우이므로 △ABC가 하나로 정해진다.
⑤ ∠A는 $\overline{AB}$와 $\overline{BC}$의 끼인각이 아니므로 △ABC가 하나로 정해지지 않는다.

따라서 더 필요한 조건이 될 수 없는 것은 ③, ⑤이다.

03 삼각형의 합동

| 52쪽~53쪽 |

1 (1) 점 E (2) $\overline{EF}$ (3) ∠F
1-1 (1) 점 H (2) $\overline{EF}$ (3) ∠G
2 (1) 6 cm (2) 70° (3) 50°
2-1 (1) 7 cm (2) 75° (3) 140°
3 (1) $\overline{DE}$, $\overline{EF}$, $\overline{AC}$, SSS
(2) $\overline{DE}$, ∠D, $\overline{AC}$, SAS
(3) ∠D, $\overline{DF}$, ∠C, ASA
3-1 (1) △RPQ, SSS (2) △NMO, SAS
(3) △JLK, ASA

2 (1) $\overline{EF}=\overline{BC}=6$ cm
(2) ∠A=∠D=70°
(3) ∠C=∠F=180°−(70°+60°)=50°

2-1 (1) $\overline{AB}=\overline{EF}=7$ cm
(2) ∠C=∠G=75°
(3) ∠C=75°이므로
∠H=∠D=360°−(80°+65°+75°)=140°

Self 코칭

(3) 사각형의 네 각의 크기의 합은 360°이다.

3-1 (1) △ABC와 △RPQ에서
$\overline{AB}=\overline{RP}=5$ cm, $\overline{BC}=\overline{PQ}=4$ cm, $\overline{CA}=\overline{QR}=6$ cm
∴ △ABC≡△RPQ (SSS 합동)
(2) △DEF와 △NMO에서
$\overline{EF}=\overline{MO}=6$ cm, ∠F=∠O=30°, $\overline{DF}=\overline{NO}=5$ cm
∴ △DEF≡△NMO (SAS 합동)
(3) △GHI와 △JLK에서
∠L=180°−(70°+80°)=30°이므로 ∠H=∠L
$\overline{HI}=\overline{LK}=6$ cm, ∠I=∠K=80°
∴ △GHI≡△JLK (ASA 합동)

개념 완성하기

| 54쪽~55쪽 |

01 ㄷ, ㄹ **02** ③, ⑤ **03** 8 **04** ①, ⑤
05 ⑤ **06** ㄱ
07 (가) $\overline{PC}$ (나) $\overline{PD}$ (다) $\overline{CD}$ (라) SSS
08 △ABD≡△CBD, SSS 합동
09 (가) $\overline{OC}$ (나) $\overline{OD}$ (다) ∠COD (라) SAS
10 △PAM≡△PBM, SAS 합동
11 (가) ∠CDB (나) ∠CBD (다) ASA
12 △ABM≡△DCM, ASA 합동

01 ㄷ. 오른쪽 그림의 두 삼각형은 둘레의 길이는 같지만 서로 합동은 아니다.

ㄹ. 오른쪽 그림의 두 마름모는 한 변의 길이는 같지만 서로 합동은 아니다.

따라서 두 도형이 항상 합동이라고 할 수 없는 것은 ㄷ, ㄹ이다.

02 ① 모양과 크기가 모두 같아야 서로 합동이다.
② 오른쪽 그림의 두 사각형은 둘레의 길이는 같지만 서로 합동은 아니다.

④ 오른쪽 그림의 두 직사각형은 넓이는 같지만 서로 합동은 아니다.

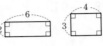

따라서 옳은 것은 ③, ⑤이다.

03 $\overline{AC}=\overline{DF}=5$ cm이므로 $x=5$
$\overline{EF}=\overline{BC}=3$ cm이므로 $y=3$
$\therefore x+y=5+3=8$

04 ② $\overline{BC}$의 대응변은 $\overline{EF}$이다.
③ $\angle E=\angle B=65°$
④ $\angle D=\angle A=75°$
⑤ $\overline{EF}=\overline{BC}=10$ cm
따라서 옳은 것은 ①, ⑤이다.

05 ① 대응하는 세 변의 길이가 각각 같으므로
$\triangle ABC\equiv\triangle DEF$ (SSS 합동)
② 대응하는 한 변의 길이가 같고, 그 양 끝 각의 크기가 각각 같으므로 $\triangle ABC\equiv\triangle DEF$ (ASA 합동)
③ 대응하는 두 변의 길이가 각각 같고, 그 끼인각의 크기가 같으므로 $\triangle ABC\equiv\triangle DEF$ (SAS 합동)
④ 대응하는 한 변의 길이가 같고, 그 양 끝 각의 크기가 각각 같으므로 $\triangle ABC\equiv\triangle DEF$ (ASA 합동)
⑤ $\angle A$와 $\angle D$는 끼인각이 아니므로 $\triangle ABC$와 $\triangle DEF$는 서로 합동이 아니다.
따라서 서로 합동이 될 조건이 아닌 것은 ⑤이다.

06 ㄱ. $\angle B$와 $\angle E$는 끼인각이 아니므로 $\triangle ABC$와 $\triangle DEF$는 서로 합동이 아니다.
ㄴ. 대응하는 두 변의 길이가 각각 같고, 그 끼인각의 크기가 같으므로 $\triangle ABC\equiv\triangle DEF$ (SAS 합동)
ㄷ. $\angle A=\angle D=75°$이면
$\angle C=\angle F=180°-(75°+45°)=60°$
즉, 대응하는 한 변의 길이가 같고, 그 양 끝 각의 크기가 각각 같으므로 $\triangle ABC\equiv\triangle DEF$ (ASA 합동)
ㄹ. 대응하는 한 변의 길이가 같고, 그 양 끝 각의 크기가 각각 같으므로 $\triangle ABC\equiv\triangle DEF$ (ASA 합동)
따라서 더 필요한 조건이 될 수 없는 것은 ㄱ이다.

08 $\triangle ABD$와 $\triangle CBD$에서
$\overline{AB}=\overline{CB}$, $\overline{AD}=\overline{CD}$, $\overline{BD}$는 공통
$\therefore \triangle ABD\equiv\triangle CBD$ (SSS 합동)

10 $\triangle PAM$과 $\triangle PBM$에서
$\overline{AM}=\overline{BM}$, $\angle PMA=\angle PMB=90°$, $\overline{PM}$은 공통
$\therefore \triangle PAM\equiv\triangle PBM$ (SAS 합동)

12 $\triangle ABM$과 $\triangle DCM$에서
$\overline{AB}=\overline{DC}$, $\angle B=\angle C$
$\angle AMB=\angle DMC$ (맞꼭지각)이므로 $\angle A=\angle D$
$\therefore \triangle ABM\equiv\triangle DCM$ (ASA 합동)

실력 확인하기 ──────── 56쪽~57쪽

01 (1) ㄷ, ㄹ	(2) ㄱ, ㄴ, ㅁ	**02** ④	**03** ①
04 ③	**05** ③	**06** ⑤	**07** ④
08 $\triangle$ACD, SAS 합동		**09** ②, ④	**10** 9
11 3		**12** $\triangle$AFD$\equiv$$\triangle$DEC, SAS 합동	

01 (1) 눈금 없는 자는 두 점을 연결하여 선분을 긋거나 선분을 연장하는 데 사용한다.
(2) 컴퍼스는 원을 그리거나 선분의 길이를 옮기거나 두 선분의 길이를 비교할 때 사용한다.

02 ④ $\overline{RP}=\overline{RQ}$인지는 알 수 없다.

03 (i) 가장 긴 변의 길이가 8 cm일 때
$8<5+x$
이때 $x=3$이면 $8<5+3$이 되어 부등호가 성립하지 않으므로 x는 3보다 큰 자연수이다.
(ii) 가장 긴 변의 길이가 x cm일 때
$x<5+8$ $\therefore x<13$
(i), (ii)에서 x의 값이 될 수 없는 것은 ①이다.

[다른 풀이]
① $x=2$일 때, $8>5+2$
② $x=5$일 때, $8<5+5$
③ $x=7$일 때, $8<5+7$
④ $x=9$일 때, $9<5+8$
⑤ $x=12$일 때, $12<5+8$
따라서 x의 값이 될 수 없는 것은 ①이다.

04 한 변의 길이와 그 양 끝 각의 크기가 주어진 경우이므로 삼각형의 작도는 다음과 같은 순서로 한다.
(i) 한 변의 길이 옮기기 → 한 각의 크기 옮기기
→ 다른 한 각의 크기 옮기기 (①, ④)
(ii) 한 각의 크기 옮기기 → 한 변의 길이 옮기기
→ 다른 한 각의 크기 옮기기 (②, ⑤)
따라서 작도하는 순서로 옳지 않은 것은 ③이다.

05 ① $11>4+6$이므로 삼각형이 그려지지 않는다.

② $\angle A$는 $\overline{AB}$와 $\overline{BC}$의 끼인각이 아니므로 $\triangle ABC$가 하나로 정해지지 않는다.

③ $\angle C=180°-(55°+60°)=65°$

한 변의 길이와 그 양 끝 각의 크기가 주어진 경우와 같으므로 $\triangle ABC$가 하나로 정해진다.

④ $\angle B+\angle C=40°+140°=180°$이므로 삼각형이 그려지지 않는다.

⑤ 모양이 같고 크기가 다른 삼각형을 무수히 많이 그릴 수 있으므로 $\triangle ABC$가 하나로 정해지지 않는다.

따라서 $\triangle ABC$가 하나로 정해지는 것은 ③이다.

06 ① $\overline{AB}=\overline{EF}=5\ cm$ ② $\overline{DC}=\overline{HG}=8\ cm$

③ $\angle E=\angle A=120°$ ④ $\angle G=\angle C=70°$

⑤ $\angle H=\angle D=360°-(120°+90°+70°)=80°$

따라서 옳지 않은 것은 ⑤이다.

07 주어진 삼각형에서

(나머지 한 각의 크기)$=180°-(60°+70°)=50°$

④ (나머지 한 각의 크기)$=180°-(50°+60°)=70°$

즉, 주어진 삼각형과 대응하는 한 변의 길이가 같고, 그 양 끝 각의 크기가 각각 같으므로 ASA 합동이다.

> **Self 코칭**
> 삼각형에서 한 변의 길이와 그 양 끝 각이 아닌 두 각의 크기가 주어진 경우에는 삼각형의 세 각의 크기의 합이 $180°$임을 이용하여 나머지 한 각의 크기를 구한 후 합동인지 아닌지 확인한다.

08 $\triangle ABE$와 $\triangle ACD$에서

$\overline{AB}=\overline{AC}$, $\overline{AE}=\overline{AD}$, $\angle A$는 공통

$\therefore \triangle ABE \equiv \triangle ACD$ (SAS 합동)

09 $\angle B=\angle E$, $\angle C=\angle F$이므로 $\angle A=\angle D$

두 삼각형이 ASA 합동이기 위해서는 대응하는 한 변의 길이가 같고, 그 양 끝 각의 크기가 각각 같아야 하므로 더 필요한 조건은 $\overline{AB}=\overline{DE}$ 또는 $\overline{BC}=\overline{EF}$ 또는 $\overline{AC}=\overline{DF}$이다.

> **Self 코칭**
> 삼각형의 세 각의 크기의 합은 $180°$이므로
> $\angle B=\angle E$, $\angle C=\angle F$이면
> $\angle A=180°-(\angle B+\angle C)=180°-(\angle E+\angle F)=\angle D$

10
> **전략 코칭**
> 세 변의 길이가 주어질 때, 삼각형을 만들 수 있는 조건
> ➡ (가장 긴 변의 길이)<(나머지 두 변의 길이의 합)

삼각형에서 가장 긴 변의 길이는 나머지 두 변의 길이의 합보다 작아야 하므로 만들 수 있는 삼각형은

$(3\ cm,\ 4\ cm,\ 5\ cm)$, $(3\ cm,\ 4\ cm,\ 6\ cm)$,

$(3\ cm,\ 5\ cm,\ 6\ cm)$, $(3\ cm,\ 5\ cm,\ 7\ cm)$,

$(3\ cm,\ 6\ cm,\ 7\ cm)$, $(4\ cm,\ 5\ cm,\ 6\ cm)$,

$(4\ cm,\ 5\ cm,\ 7\ cm)$, $(4\ cm,\ 6\ cm,\ 7\ cm)$,

$(5\ cm,\ 6\ cm,\ 7\ cm)$

의 9개이다.

11
> **전략 코칭**
> 한 변의 길이와 두 각의 크기가 주어지면
> (1) 주어진 두 각이 양 끝 각인지 반드시 확인한다.
> (2) 삼각형의 세 각의 크기의 합은 $180°$임을 이용하여 나머지 한 각의 크기를 구한다.

나머지 한 각의 크기는 $180°-(40°+60°)=80°$

따라서 만들 수 있는 삼각형은 한 변의 길이가 $6\ cm$이고, 그 양 끝 각의 크기가 각각 $(40°,\ 60°)$, $(40°,\ 80°)$, $(60°,\ 80°)$인 삼각형으로 3개이다.

12
> **전략 코칭**
> (1) 정사각형 ABCD는 네 변의 길이와 네 각의 크기가 모두 같다.
> ➡ $\overline{AD}=\overline{DC}$, $\angle ADF=\angle DCE=90°$
> (2) 주어진 조건을 이용하여 삼각형의 합동 조건을 찾는다.

$\triangle AFD$와 $\triangle DEC$에서

$\overline{AD}=\overline{DC}$, $\overline{FD}=\overline{EC}$, $\angle ADF=\angle DCE=90°$

$\therefore \triangle AFD \equiv \triangle DEC$ (SAS 합동)

서술형 문제   ┤58쪽├

1 $7\ cm$	**1-1** $19\ cm$
2 $3,\ 4,\ 5,\ 6,\ 7$	**3** $105°$

1   채점 기준1 $\triangle ABD \equiv \triangle CAE$임을 알기 ⋯ 3점

$\triangle ABD$와 $\triangle CAE$에서

$\overline{AB}=\overline{CA}$

$\angle ABD=90°-\angle DAB=\angle CAE$

$\angle DAB=90°-\angle CAE=\angle ECA$

$\therefore \triangle ABD \equiv \triangle CAE$ (ASA 합동)

채점 기준2 $\overline{DE}$의 길이 구하기 ⋯ 3점

$\overline{AE}=\overline{BD}=5\ cm$, $\overline{DA}=\overline{EC}=2\ cm$이므로

$\overline{DE}=\overline{DA}+\overline{AE}=2+5=7(cm)$

1-1   채점 기준1 $\triangle ABD \equiv \triangle CAE$임을 알기 ⋯ 3점

$\triangle ABD$와 $\triangle CAE$에서

$\overline{AB}=\overline{CA}$

$\angle ABD=90°-\angle DAB=\angle CAE$

$\angle DAB=90°-\angle CAE=\angle ECA$

$\therefore \triangle ABD \equiv \triangle CAE$ (ASA 합동)

채점 기준2 $\overline{DE}$의 길이 구하기 ⋯ 3점

$\overline{AE}=\overline{BD}=13\ cm$, $\overline{DA}=\overline{EC}=6\ cm$이므로

$\overline{DE}=\overline{DA}+\overline{AE}=6+13=19(cm)$

2 (i) 가장 긴 변의 길이가 x cm일 때
$x < 3+5$ ∴ $x < 8$ ······ ❶
(ii) 가장 긴 변의 길이가 5 cm일 때
$5 < 3+x$
이때 $x=2$이면 $5 < 3+2$가 되어 부등호가 성립하지 않으므로 x는 2보다 큰 자연수이다. ······ ❷
(i), (ii)에서 x의 값이 될 수 있는 자연수는 3, 4, 5, 6, 7이다. ······ ❸

채점 기준	배점
❶ 가장 긴 변의 길이가 x cm일 때 x의 값의 범위 구하기	2점
❷ 가장 긴 변의 길이가 5 cm일 때 x의 값의 범위 구하기	2점
❸ x의 값이 될 수 있는 자연수 구하기	2점

3 △OAD와 △OBC에서
$\overline{OA}=\overline{OB}$
$\overline{OD}=\overline{OB}+\overline{BD}=\overline{OA}+\overline{AC}=\overline{OC}$
∠O는 공통
∴ △OAD≡△OBC (SAS 합동) ······ ❶
따라서 ∠OAD=∠OBC이고
△OBC에서 ∠OBC$=180°-(40°+35°)=105°$이므로
∠OAD=∠OBC=105° ······ ❷

채점 기준	배점
❶ △OAD≡△OBC임을 알기	3점
❷ ∠OAD의 크기 구하기	3점

실전! 중단원 마무리 |59쪽~61쪽|

01 ⑤	02 ③, ⑤	03 ⑤	04 ⑤
05 ①	06 ⑤	07 ②, ④	08 ②
09 ①	10 ④	11 ⑤	12 ①, ④
13 ②	14 ⑤	15 △EDC, SAS 합동	
16 ③	17 25 cm	18 11 m	

01 ⑤ 주어진 선분의 길이를 다른 직선 위에 옮길 때는 컴퍼스를 사용한다.

02 ③ $\overline{AO}=\overline{XY}$인지는 알 수 없다.
⑤ 작도 순서는 ㉠ → ㉢ → ㉡ → ㉤ → ㉣이다.

03 ① $\overline{QA}=\overline{AB}$인지는 알 수 없다.
② $\overline{AB}=\overline{PC}$인지는 알 수 없다.
③, ④ ∠AQB=∠CPD
따라서 옳은 것은 ⑤이다.

04 ⑤ $12=6+6$이므로 삼각형의 세 변의 길이가 될 수 없다.

Self 코칭
삼각형에서 한 변의 길이는 나머지 두 변의 길이의 합보다 작아야 한다.

05 ① $x=4$일 때, $4+6=4+(4+2)$
② $x=5$일 때, $5+6 < 5+(5+2)$
③ $x=6$일 때, $6+6 < 6+(6+2)$
④ $x=7$일 때, $7+6 < 7+(7+2)$
⑤ $x=8$일 때, $8+6 < 8+(8+2)$
따라서 x의 값이 될 수 없는 것은 ①이다.

06 ㄱ. ∠A$+$∠C$=85°+95°=180°$이므로 삼각형이 그려지지 않는다.
ㄴ. ∠B는 $\overline{AB}$와 $\overline{AC}$의 끼인각이 아니므로 △ABC가 하나로 정해지지 않는다.
ㄷ. 세 변의 길이가 주어진 경우이고 $8 < 6+4$이므로 △ABC가 하나로 정해진다.
ㄹ. 모양이 같고 크기가 다른 삼각형을 무수히 많이 그릴 수 있으므로 △ABC가 하나로 정해지지 않는다.
ㅁ. 두 변의 길이와 그 끼인각의 크기가 주어진 경우이므로 △ABC가 하나로 정해진다.
따라서 △ABC가 하나로 정해지는 것은 ㄷ, ㅁ이다.

07 ① ∠B는 $\overline{AB}$와 $\overline{AC}$의 끼인각이 아니므로 △ABC가 하나로 정해지지 않는다.
② 두 변의 길이와 그 끼인각의 크기가 주어진 경우이므로 △ABC가 하나로 정해진다.
③ ∠B는 $\overline{BC}$와 $\overline{CA}$의 끼인각이 아니므로 △ABC가 하나로 정해지지 않는다.
④ ∠A$=180°-($∠B$+$∠C$)$
한 변의 길이와 그 양 끝 각의 크기가 주어진 경우와 같으므로 △ABC가 하나로 정해진다.
⑤ 모양이 같고 크기가 다른 삼각형을 무수히 많이 그릴 수 있으므로 △ABC가 하나로 정해지지 않는다.
따라서 더 필요한 조건은 ②, ④이다.

08 ② 오른쪽 그림의 두 삼각형은 넓이는 같지만 서로 합동은 아니다.

09 $\overline{BC}=\overline{FG}=8$ cm
∠H$=$∠D$=125°$이므로 사각형 EFGH에서
∠G$=360°-(125°+85°+90°)=60°$

Self 코칭
합동인 두 도형에서 대응변의 길이와 대응각의 크기는 각각 같다.

10 ㄹ에서 나머지 한 각의 크기는 $180°-(40°+80°)=60°$이므로 ㄷ과 ㄹ의 두 삼각형은 ASA 합동이다.

11 ⑤ $\overline{AC}=\overline{DF}$이면 대응하는 두 변의 길이가 각각 같고, 그 끼인각의 크기가 같으므로 $\triangle ABC\equiv\triangle DEF$ (SAS 합동)이다.

12 $\triangle ABD$와 $\triangle CDB$에서
$\overline{AB}=\overline{CD}$, $\overline{AD}=\overline{CB}$, $\overline{BD}$는 공통
$\therefore \triangle ABD\equiv\triangle CDB$ (SSS 합동)
즉, $\angle ABD=\angle CDB$, $\angle ADB=\angle CBD$이고
$\triangle ABD=\triangle CDB$이다.
따라서 옳지 않은 것은 ①, ④이다.

14 $\triangle POA$와 $\triangle POB$에서
$\overline{OP}$는 공통, $\angle AOP=\angle BOP$,
$\angle OAP=\angle OBP=90°$이므로 $\angle APO=\angle BPO$
$\therefore \triangle POA\equiv\triangle POB$ (ASA 합동)
따라서 필요한 조건을 바르게 나열한 것은 ⑤이다.

15 $\triangle EAB$와 $\triangle EDC$에서
$\overline{AB}=\overline{DC}$, $\overline{BE}=\overline{CE}$, $\angle ABE=\angle DCE=90°-60°=30°$
$\therefore \triangle EAB\equiv\triangle EDC$ (SAS 합동)

16 $\triangle AQB$와 $\triangle APC$에서
$\triangle ABC$와 $\triangle AQP$가 정삼각형이므로
$\overline{AB}=\overline{AC}$, $\overline{AQ}=\overline{AP}$
$\angle QAB=60°+\angle PAB=\angle PAC$
따라서 $\triangle AQB\equiv\triangle APC$ (SAS 합동)이므로
$\overline{BQ}=\overline{CP}=\overline{CB}+\overline{BP}=8+5=13\,(cm)$

17 $\triangle BCE$와 $\triangle DCF$에서
사각형 ABCD와 사각형 ECFG가 정사각형이므로
$\overline{BC}=\overline{DC}$, $\overline{EC}=\overline{FC}$, $\angle BCE=\angle DCF=90°$
따라서 $\triangle BCE\equiv\triangle DCF$ (SAS 합동)이므로
$\overline{DF}=\overline{BE}=25\ cm$

18 $\triangle PAB$와 $\triangle PDC$에서
$\overline{PA}=\overline{PD}$, $\overline{PB}=\overline{PC}$, $\angle APB=\angle DPC$ (맞꼭지각)
$\therefore \triangle PAB\equiv\triangle PDC$ (SAS 합동)
따라서 $\overline{AB}=\overline{DC}=11\ m$이므로 연못의 폭은 11 m이다.

교과서에서 쏙 빼온 문제 ─── 62쪽 ─

1 (1) 눈금 없는 자, 컴퍼스

(2) 가장 가까운 거리 : 바이킹

　 가장 먼 거리 : 롤러코스터

2 풀이 참조

3 $\overline{AB}$의 길이 또는 $\angle C$의 크기 또는 $\angle A$의 크기

4 풀이 참조

---

1 (2) 눈금 없는 자를 사용하여 광장 – 마법의 성, 광장 – 바이킹, 광장 – 회전목마, 광장 – 범퍼카, 광장 – 롤러코스터를 잇는 선분을 그은 후, 컴퍼스를 사용하여 선분의 길이를 비교하면 광장으로부터 가장 가까운 거리에 있는 놀이 기구는 바이킹이고, 가장 먼 거리에 있는 놀이 기구는 롤러코스터이다.

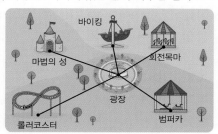

2 ❶ 눈금 없는 자를 사용하여 $\overline{AB}$를 연장하여 $\overrightarrow{AB}$를 긋는다.
❷ 컴퍼스를 사용하여 $\overline{AB}$의 길이를 재어 그 길이를 반지름으로 하고 점 B를 중심으로 하는 원을 그려 $\overrightarrow{AB}$와의 교점을 표시한다.
❸~❻ ❷와 같은 방법으로 원의 중심을 옮겨 가며 점을 찍고, ❶에서 그은 연장선과 ❻에서 그린 원과의 교점을 C라 하면 $5\overline{AB}=\overline{BC}$이다. 이때 점 C가 북극성의 위치를 나타낸다.

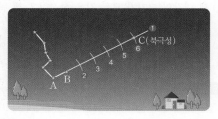

Self 코칭

점 B를 중심으로 하고, $\overline{AB}$의 길이를 반지름의 길이로 하는 원을 그려 반직선 AB와의 교점을 표시해 본다.

3 $\overline{BC}$의 길이와 $\angle B$의 크기를 알고 있으므로
(ⅰ) $\overline{AB}$의 길이를 알면 두 변의 길이와 그 끼인각의 크기를 알고 있는 경우이다.
(ⅱ) $\angle C$의 크기를 알면 한 변의 길이와 그 양 끝 각의 크기를 알고 있는 경우이다.
(ⅲ) $\angle A$의 크기를 알면 $\angle C=180°-(\angle A+\angle B)$이므로 (ⅱ)와 같이 한 변의 길이와 그 양 끝 각의 크기를 알고 있는 경우이다.
따라서 $\overline{AB}$의 길이 또는 $\angle C$의 크기 또는 $\angle A$의 크기를 알아야 한다.

4 $\triangle ACB$와 $\triangle ADB$에서
$\overline{AB}$는 공통,
$\angle ABC=\angle ABD=90°$
점 C와 점 D는 기울인 모자의 챙과 일직선을 이루는 점들이므로 $\angle CAB=\angle DAB$
따라서 한 변의 길이가 같고, 그 양 끝 각의 크기가 각각 같으므로 $\triangle ACB\equiv\triangle ADB$ (ASA 합동)이고 강의 폭 $\overline{BC}$는 $\overline{BD}$의 길이와 같다.

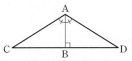

1 | 다각형

01 다각형의 대각선의 개수

├─65쪽～66쪽┤

1	(1) 내각	(2) 외각	**1-1**	(1) 70°	(2) 90°
2	(1) ○	(2) ×	(3) ×		
2-1	(1) ○	(2) ○	(3) ×		
3	(1) 8	(2) 5	(3) 20		
3-1	(1) 7	(2) 4	(3) 14		
4	12, 3, 54		**4-1**	(1) 35	(2) 65

1-1 오른쪽 그림과 같이 $\overline{AB}$와 $\overline{DE}$의
연장선을 그으면

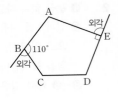

(1) (∠B의 외각의 크기)
$= 180° - ∠ABC$
$= 180° - 110° = 70°$

(2) (∠E의 외각의 크기) $= 180° - ∠AED$
$\qquad\qquad\qquad\qquad = 180° - 90° = 90°$

2 (1) 세 내각의 크기가 모두 같은 삼각형은 세 변의 길이도 모두 같으므로 정삼각형이다.
(2) 네 변의 길이가 모두 같은 사각형은 마름모이다.
(3) 네 내각의 크기가 모두 같은 사각형은 직사각형이다.

> **Self 코칭**
> (2), (3) 네 변의 길이가 모두 같고 네 내각의 크기가 모두 같은 사각형이 정사각형이다.

2-1 (3) 모든 내각의 크기가 같고 모든 변의 길이가 같은 다각형이 정다각형이다.

3 (1) 주어진 다각형은 팔각형이므로 꼭짓점의 개수는 8이다.
(2) $8 - 3 = 5$

(3) $\dfrac{8 \times 5}{2} = 20$

3-1 (2) $7 - 3 = 4$ (3) $\dfrac{7 \times 4}{2} = 14$

4-1 (1) $\dfrac{10 \times (10 - 3)}{2} = 35$ (2) $\dfrac{13 \times (13 - 3)}{2} = 65$

> **개념 완성하기** ├─67쪽┤
>
> **01** 145° **02** 200° **03** (1) 구각형 (2) 27
> **04** (1) 십일각형 (2) 44 **05** ⑤ **06** 정십오각형

01 오른쪽 그림과 같이 $\overline{AB}$의 연장선을 그으면

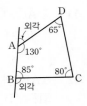

(∠A의 외각의 크기) $= 180° - 130° = 50°$
(∠B의 외각의 크기) $= 180° - 85° = 95°$
따라서 구하는 외각의 크기의 합은
$50° + 95° = 145°$

> **Self 코칭**
> 다각형의 한 꼭짓점에서
> (내각의 크기) + (외각의 크기) $= 180°$

02 $∠x = 180° - 120° = 60°$
$∠y = 180° - 95° = 85°$
$∠z = 180° - 125° = 55°$
$∴ ∠x + ∠y + ∠z = 60° + 85° + 55° = 200°$

03 (1) 구하는 다각형을 n각형이라 하면
$n - 3 = 6$ $∴ n = 9$
따라서 구하는 다각형은 구각형이다.
(2) (구각형의 대각선의 개수) $= \dfrac{9 \times (9 - 3)}{2} = 27$

04 (1) 구하는 다각형을 n각형이라 하면
$n - 2 = 9$ $∴ n = 11$
따라서 구하는 다각형은 십일각형이다.
(2) (십일각형의 대각선의 개수) $= \dfrac{11 \times (11 - 3)}{2} = 44$

05 주어진 다각형을 n각형이라 하면
$\dfrac{n(n-3)}{2} = 35$에서 $n(n-3) = 70$
$n(n-3) = 10 \times 7$ $∴ n = 10$
따라서 십각형의 꼭짓점의 개수는 10이다.

06 ㈎를 만족시키는 다각형을 n각형이라 하면
$\dfrac{n(n-3)}{2} = 90$에서 $n(n-3) = 180$
$n(n-3) = 15 \times 12$ $∴ n = 15$
㈏를 만족시키는 다각형은 정다각형이므로 구하는 다각형은
정십오각형이다.

02 다각형의 내각과 외각

├─69쪽～71쪽┤

1	65°		**1-1**	(1) 30°	(2) 25°
2	(1) 85°	(2) 70°	**2-1**	(1) 145°	(2) 130°
3	(1) 5	(2) 900°	**3-1**	(1) 10	(2) 1800°
4	80°		**4-1**	100°	
5	(1) 720°	(2) 120°	**5-1**	(1) 1080°	(2) 135°
6	50°		**6-1**	40°	
7	(1) 360°	(2) 45°	**7-1**	(1) 360°	(2) 30°
8	정오각형		**8-1**	정육각형	

1 $\angle x = 180° - (55° + 60°) = 65°$

> **Self 코칭**
>
> 삼각형의 세 내각의 크기의 합은 180°이다.

1-1 (1) $\angle x = 180° - (35° + 115°) = 30°$
(2) $\angle x = 180° - (65° + 90°) = 25°$

2 (1) $\angle x = \angle B + \angle C = 40° + 45° = 85°$
(2) $55° + \angle x = 125°$이므로
$\angle x = 125° - 55° = 70°$

> **Self 코칭**
>
> 삼각형의 한 외각의 크기는 그와 이웃하지 않는 두 내각의 크기의 합과 같다.

2-1 (1) $\angle x = \angle B + \angle C = 80° + 65° = 145°$
(2) $\angle BAC = 180° - 100° = 80°$
$\therefore \angle x = \angle C + \angle BAC$
$= 50° + 80° = 130°$

> **다른풀이**
>
> (2) $\angle ABC + 50° = 100°$이므로 $\angle ABC = 100° - 50° = 50°$
> $\therefore \angle x = 180° - \angle ABC$
> $= 180° - 50° = 130°$

3 (1) $7 - 2 = 5$
(2) $180° \times 5 = 900°$

> **Self 코칭**
>
> (1) n각형의 한 꼭짓점에서 대각선을 모두 그었을 때 생기는 삼각형의 개수 : $n-2$
> (2) n각형의 내각의 크기의 합 : $180° \times (n-2)$

3-1 (1) $12 - 2 = 10$
(2) $180° \times 10 = 1800°$

4 사각형의 내각의 크기의 합은 360°이므로
$\angle x = 360° - (115° + 75° + 90°)$
$= 360° - 280° = 80°$

4-1 오각형의 내각의 크기의 합은 $180° \times (5-2) = 540°$이므로
$\angle x = 540° - (100° + 110° + 105° + 125°)$
$= 540° - 440° = 100°$

5 (1) $180° \times (6-2) = 720°$
(2) $\dfrac{720°}{6} = 120°$

> **Self 코칭**
>
> (2) 정n각형의 한 내각의 크기 : $\dfrac{180° \times (n-2)}{n}$

5-1 (1) $180° \times (8-2) = 1080°$
(2) $\dfrac{1080°}{8} = 135°$

6 다각형의 외각의 크기의 합은 360°이므로
$\angle x = 360° - (80° + 85° + 95° + 50°)$
$= 360° - 310° = 50°$

6-1 다각형의 외각의 크기의 합은 360°이므로
$\angle x = 360° - (70° + 65° + 55° + 60° + 70°)$
$= 360° - 320° = 40°$

7 (2) $\dfrac{360°}{8} = 45°$

> **Self 코칭**
>
> (2) 정n각형의 한 외각의 크기 : $\dfrac{360°}{n}$

7-1 (2) $\dfrac{360°}{12} = 30°$

8 구하는 정다각형을 정n각형이라 하면
$\dfrac{360°}{n} = 72°$, $72n = 360$
$\therefore n = 5$
따라서 구하는 정다각형은 정오각형이다.

8-1 구하는 정다각형을 정n각형이라 하면
$\dfrac{360°}{n} = 60°$, $60n = 360$
$\therefore n = 6$
따라서 구하는 정다각형은 정육각형이다.

개념 완성하기 ┤72쪽~74쪽├

01 40°	**02** 30°	**03** 50°	**04** 55°
05 ④	**06** 35°	**07** 70°	**08** 140°
09 25°	**10** 130°	**11** 105°	**12** 36°
13 1260°	**14** 12	**15** 110°	**16** 160°
17 75°	**18** 155°	**19** 1080°	**20** 36°
21 (1) 72°	(2) 정오각형	**22** ②	

01 $2\angle x + (\angle x + 5°) + 55° = 180°$이므로
$3\angle x + 60° = 180°$, $3\angle x = 120°$
$\therefore \angle x = 40°$

02 $\angle A + \angle B + \angle C = 180°$이므로
$\angle A + (\angle A + 50°) + 70° = 180°$
$2\angle A + 120° = 180°$, $2\angle A = 60°$
$\therefore \angle A = 30°$

03 $(\angle x + 25°) + \angle x = 3\angle x - 25°$이므로
$2\angle x + 25° = 3\angle x - 25°$
$\therefore \angle x = 50°$

04 $(180°-135°)+∠x=2∠x-10°$이므로

$45°+∠x=2∠x-10°$　∴ $∠x=55°$

[다른풀이]

다각형의 외각의 크기의 합은 360°이므로

$135°+(180°-∠x)+(2∠x-10°)=360°$

$∠x+305°=360°$　∴ $∠x=55°$

05 오른쪽 그림에서

$∠x+25°=60°+35°$

∴ $∠x=70°$

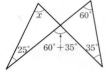

[다른풀이]

두 삼각형의 나머지 한 내각은 맞꼭지각이므로 그 크기가 같다.

$180°-(∠x+25°)=180°-(60°+35°)$

$155°-∠x=85°$　∴ $∠x=70°$

06 오른쪽 그림에서

$∠x+40°=30°+45°$

∴ $∠x=35°$

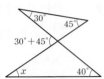

[다른풀이]

두 삼각형의 나머지 한 내각은 맞꼭지각이므로 그 크기가 같다.

$180°-(∠x+40°)=180°-(30°+45°)$

$140°-∠x=105°$

∴ $∠x=35°$

07 △ABC에서

$∠BAC+70°=150°$　∴ $∠BAC=80°$

∴ $∠DAC=\frac{1}{2}∠BAC=\frac{1}{2}×80°=40°$

따라서 △ADC에서

$∠x=180°-(40°+70°)=70°$

[다른풀이]

△ABC에서

$∠BAC+70°=150°$　∴ $∠BAC=80°$

$∠BAD=\frac{1}{2}∠BAC=\frac{1}{2}×80°=40°$

$∠ABD=180°-150°=30°$이므로

△ABD에서

$∠x=30°+40°=70°$

08 △ABD에서

$60°+∠ABD=100°$　∴ $∠ABD=40°$

∴ $∠DBC=∠ABD=40°$

따라서 △DBC에서

$∠x=100°+40°=140°$

[다른풀이]

△ABD에서

$60°+∠ABD=100°$　∴ $∠ABD=40°$

∴ $∠ABC=2∠ABD=2×40°=80°$

따라서 △ABC에서

$∠x=60°+80°=140°$

09 △DBC에서

$∠DBC+∠DCB=180°-130°=50°$

△ABC에서

$∠x=180°-(70°+∠DBC+∠DCB+35°)$

$=180°-(70°+50°+35°)$

$=25°$

10 △ABC에서

$∠ABC+∠ACB=180°-80°=100°$

△DBC에서

$∠x=180°-(∠DBC+∠DCB)$

$=180°-\frac{1}{2}(∠ABC+∠ACB)$

$=180°-\frac{1}{2}×100°$

$=130°$

11 △DBC에서

$∠DCB=∠DBC=35°$이므로

$∠CDA=35°+35°=70°$

△CDA에서

$∠CAD=∠CDA=70°$

따라서 △ABC에서

$∠x=70°+35°=105°$

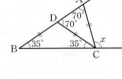

12 △DBC에서

$∠DCB=∠DBC=∠x$이므로

$∠CDA=∠x+∠x=2∠x$

△CDA에서

$∠CAD=∠CDA=2∠x$

따라서 △ABC에서

$∠x+2∠x=108°$, $3∠x=108°$

∴ $∠x=36°$

13 주어진 다각형을 n각형이라 하면

$n-3=6$　∴ $n=9$

따라서 구각형의 내각의 크기의 합은

$180°×(9-2)=1260°$

14 주어진 다각형을 n각형이라 하면

$180°×(n-2)=1800°$

$n-2=10$　∴ $n=12$

따라서 십이각형의 꼭짓점의 개수는 12이다.

15 오각형의 내각의 크기의 합은 $180°×(5-2)=540°$이므로

$∠x+55°+145°+120°+∠x=540°$

$2∠x+320°=540°$, $2∠x=220°$

∴ $∠x=110°$

16 육각형의 내각의 크기의 합은 $180°×(6-2)=720°$이므로

$125°+(∠x-30°)+90°+95°+∠x+120°=720°$

$2∠x+400°=720°$, $2∠x=320°$

∴ $∠x=160°$

17 다각형의 외각의 크기의 합은 $360°$이므로
$(180° - \angle x) + 85° + 60° + 110° = 360°$
$435° - \angle x = 360°$
$\therefore \angle x = 75°$

18 다각형의 외각의 크기의 합은 $360°$이므로
$\angle x + 75° + \angle y + 70° + (180° - 120°) = 360°$
$\angle x + \angle y + 205° = 360°$
$\therefore \angle x + \angle y = 155°$

19 주어진 정다각형을 정n각형이라 하면
$\dfrac{360°}{n} = 45°$, $45n = 360$
$\therefore n = 8$
따라서 정팔각형의 내각의 크기의 합은
$180° \times (8 - 2) = 1080°$

20 주어진 정다각형을 정n각형이라 하면
$180° \times (n - 2) = 1440°$, $n - 2 = 8$
$\therefore n = 10$
따라서 정십각형의 한 외각의 크기는
$\dfrac{360°}{10} = 36°$

21 (1) (한 외각의 크기) $= 180° \times \dfrac{2}{3+2} = 180° \times \dfrac{2}{5} = 72°$
(2) 구하는 정다각형을 정n각형이라 하면
$\dfrac{360°}{n} = 72°$, $72n = 360$ $\therefore n = 5$
따라서 구하는 정다각형은 정오각형이다.

22 (한 외각의 크기) $= 180° \times \dfrac{1}{2+1} = 180° \times \dfrac{1}{3} = 60°$
구하는 정다각형을 정n각형이라 하면
$\dfrac{360°}{n} = 60°$, $60n = 360$ $\therefore n = 6$
따라서 구하는 정다각형은 정육각형이다.

실력 확인하기 ———————|75쪽|

| 01 ④ | 02 92 | 03 45° | 04 30° |
| 05 ④ | 06 120° | 07 9번 | 08 180° |

01 ④ 오른쪽 그림과 같이 정팔각형의 대각선
중 그 길이가 같지 않은 것도 있다.

02 $a = 9 - 3 = 6$, $b = 11 - 2 = 9$, $c = \dfrac{14 \times (14 - 3)}{2} = 77$
$\therefore a + b + c = 6 + 9 + 77 = 92$

---

03 삼각형의 세 내각의 크기의 합은 $180°$이므로
가장 작은 내각의 크기는
$180° \times \dfrac{3}{3+4+5} = 180° \times \dfrac{3}{12} = 45°$

> **Self 코칭**
>
> $\triangle ABC$에서 $\angle A : \angle B : \angle C = x : y : z$일 때,
> $\angle A = 180° \times \dfrac{x}{x+y+z}$
> $\angle B = 180° \times \dfrac{y}{x+y+z}$
> $\angle C = 180° \times \dfrac{z}{x+y+z}$

04 오른쪽 그림과 같이 $\overline{BD}$를 그으면
$\triangle CBD$에서
$\angle CBD + \angle CDB = 180° - 120°$
$\qquad\qquad\qquad\quad = 60°$
$\triangle ABD$에서
$75° + (15° + \angle CBD) + (\angle CDB + \angle x) = 180°$
$75° + 15° + 60° + \angle x = 180°$, $150° + \angle x = 180°$
$\therefore \angle x = 30°$

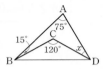

다른풀이
오른쪽 그림과 같이 두 점 A, C를 지
나도록 $\overrightarrow{AE}$를 긋고
$\angle BAC = \angle a$, $\angle DAC = \angle b$라 하면
$\angle a + \angle b = 75°$
$\triangle ABC$에서 $\angle BCE = \angle a + 15°$
$\triangle ADC$에서 $\angle DCE = \angle b + \angle x$
이때 $\angle BCD = \angle BCE + \angle DCE$이므로
$120° = (\angle a + 15°) + (\angle b + \angle x)$
$120° = 75° + 15° + \angle x$ $\therefore \angle x = 30°$

05 주어진 다각형을 n각형이라 하면
$180° \times (n - 2) = 1620°$, $n - 2 = 9$ $\therefore n = 11$
따라서 십일각형의 대각선의 개수는
$\dfrac{11 \times (11 - 3)}{2} = 44$

06 다각형의 외각의 크기의 합은 $360°$이므로
$(180° - \angle x) + (180° - 90°) + 45° + 80° + 85° = 360°$
$480° - \angle x = 360°$ $\therefore \angle x = 120°$

07 **전략 코칭**

> 원탁에 둘러앉은 n명의 사람들이 이웃한 사람을 제외한 모든
> 사람과 서로 한 번씩 악수를 할 때, 악수를 하는 횟수
> → n각형의 대각선의 개수

악수를 하는 횟수는 육각형의 대각선의 개수와 같으므로
$\dfrac{6 \times (6 - 3)}{2} = 9$(번)

전략 코칭

보조선을 그어 삼각형을 만든 후 삼각형의 한 외각의 크기는 그와 이웃하지 않는 두 내각의 크기의 합과 같음을 이용하여 크기가 같은 각을 찾는다.

오른쪽 그림과 같이 보조선을 그으면
$\angle d + \angle e = \angle x + \angle y$이므로
$\angle a + \angle b + \angle c + \angle d + \angle e$
$= \angle a + \angle b + \angle c + \angle x + \angle y = 180°$

Self 코칭

$\triangle ABE$와 $\triangle CDE$에서
$\angle AEB = \angle CED$ (맞꼭지각)이므로
→ $\angle A + \angle B = \angle C + \angle D$

서술형 문제 ———————————— 76쪽

1 120°   1-1 40°
2 38°   3 20

1 채점 기준 1 $\angle ABC + \angle ACB$의 크기 구하기 … 2점

$\triangle ABC$에서
$\angle ABC + \angle ACB = 180° - 60° = 120°$

채점 기준 2 $\angle DBC + \angle DCB$의 크기 구하기 … 2점

$\angle DBC + \angle DCB = \dfrac{1}{2}(\angle ABC + \angle ACB)$
$\qquad\qquad\qquad = \dfrac{1}{2} \times 120° = 60°$

채점 기준 3 $\angle x$의 크기 구하기 … 2점

$\triangle DBC$에서
$\angle x = 180° - (\angle DBC + \angle DCB)$
$\quad = 180° - 60° = 120°$

1-1 채점 기준 1 $\angle DBC + \angle DCB$의 크기 구하기 … 2점

$\triangle DBC$에서
$\angle DBC + \angle DCB = 180° - 110° = 70°$

채점 기준 2 $\angle ABC + \angle ACB$의 크기 구하기 … 2점

$\angle ABC + \angle ACB = 2(\angle DBC + \angle DCB)$
$\qquad\qquad\qquad = 2 \times 70° = 140°$

채점 기준 3 $\angle x$의 크기 구하기 … 2점

$\triangle ABC$에서
$\angle x = 180° - (\angle ABC + \angle ACB)$
$\quad = 180° - 140° = 40°$

2 $\triangle DBC$에서
$\angle DCB = \angle DBC = \angle x$이므로
$\angle CDA = \angle x + \angle x = 2\angle x$
$\triangle ADC$에서
$\angle CAD = \angle CDA = 2\angle x$ ...... ❶

$\triangle ABC$에서
$\angle ABC + \angle BAC = 114°$이므로
$\angle x + 2\angle x = 114°, \ 3\angle x = 114°$
$\therefore \angle x = 38°$ ...... ❷

채점 기준	배점
❶ $\angle CAD$의 크기를 $\angle x$를 사용하여 나타내기	3점
❷ $\angle x$의 크기 구하기	3점

3 다각형의 외각의 크기의 합은 360°이므로 이 다각형의 내각의 크기의 합은
$1440° - 360° = 1080°$
주어진 다각형을 n각형이라 하면
$180° \times (n-2) = 1080°$
$n - 2 = 6 \quad \therefore n = 8$ ...... ❶
따라서 팔각형의 대각선의 개수는
$\dfrac{8 \times (8-3)}{2} = 20$ ...... ❷

다른풀이

다각형의 한 꼭짓점에서 내각과 외각의 크기의 합은 180°이므로 주어진 다각형을 n각형이라 하면
$180° \times n = 1440° \qquad \therefore n = 8$ ...... ❶
따라서 팔각형의 대각선의 개수는
$\dfrac{8 \times (8-3)}{2} = 20$ ...... ❷

채점 기준	배점
❶ 주어진 다각형 구하기	4점
❷ 다각형의 대각선의 개수 구하기	2점

실전! 중단원 마무리 ———————————— 77쪽 ~ 79쪽

01 ㄱ, ㄴ, ㅁ	02 ⑤	03 ②	04 9
05 정구각형	06 ②	07 30°	08 ④
09 40°	10 115°	11 60°	12 180°
13 1440°	14 40°	15 120°	16 ④
17 ③	18 ④	19 1800°	20 ⑤
21 105°	22 108°		

01 다각형은 3개 이상의 선분으로 둘러싸인 평면도형이므로
ㄱ, ㄴ, ㅁ이다.

02 ① 3개 이상의 선분으로 둘러싸인 평면도형을 다각형이라 한다.
② 다각형에서 한 내각에 대한 외각은 2개이다.
③ n각형의 한 꼭짓점에서 그을 수 있는 대각선의 개수는 $n-3$이다.
④ 모든 변의 길이가 같고 모든 내각의 크기가 같은 다각형을 정다각형이라 한다.
따라서 옳은 것은 ⑤이다.

03 오각형의 대각선의 개수는
$$\frac{5 \times (5-3)}{2} = 5$$
구하는 다각형을 n각형이라 하면
$n-3=5$ ∴ $n=8$
따라서 구하는 다각형은 팔각형이다.

04 주어진 다각형을 n각형이라 하면
$n-2=4$ ∴ $n=6$
따라서 육각형의 대각선의 개수는
$$\frac{6 \times (6-3)}{2} = 9$$

05 ㈎를 만족시키는 다각형을 n각형이라 하면
$$\frac{n(n-3)}{2} = 27, \quad n(n-3) = 54$$
$n(n-3) = 9 \times 6$ ∴ $n=9$
㈏를 만족시키는 다각형은 정다각형이므로 구하는 다각형은
정구각형이다.

06 $\angle A + \angle B + \angle C = 180°$이므로
$2\angle B + \angle B + 90° = 180°$
$3\angle B = 90°$ ∴ $\angle B = 30°$

07 $4\angle x - 20° = (\angle x + 10°) + 2\angle x$이므로
$4\angle x - 20° = 3\angle x + 10°$ ∴ $\angle x = 30°$

08 $\triangle ABE$에서 $\angle y = 45° + 30° = 75°$
$\triangle CDE$에서
$\angle x = \angle y - 50° = 75° - 50° = 25°$
∴ $\angle x + \angle y = 25° + 75° = 100°$

09 $\triangle ABD$에서 $\angle BAD = 85° - 30° = 55°$
∴ $\angle DAC = \angle BAD = 55°$
따라서 $\triangle ADC$에서
$\angle x = 180° - (55° + 85°) = 40°$

10 $\triangle DBC$에서 $\angle ADB = 25° + 50° = 75°$
따라서 $\triangle AED$에서
$\angle x = 40° + 75° = 115°$

11 $\triangle DBC$에서 $\angle DCE = 30° + \angle DBC$이므로
$2\angle DCE = 60° + 2\angle DBC$
∴ $\angle ACE = 60° + \angle ABC$ ……… ㉠
$\triangle ABC$에서 $\angle ACE = \angle x + \angle ABC$ ……… ㉡
㉠, ㉡에서 $60° + \angle ABC = \angle x + \angle ABC$
∴ $\angle x = 60°$

12 오른쪽 그림의 $\triangle BEI$에서
$\angle ABJ = \angle c + \angle e$
$\triangle JCG$에서
$\angle AJB = \angle b + \angle d$
$\triangle ABJ$에서
$\angle A + \angle ABJ + \angle AJB = 180°$이므로
$\angle a + (\angle c + \angle e) + (\angle b + \angle d)$
$= \angle a + \angle b + \angle c + \angle d + \angle e = 180°$

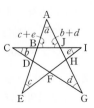

Self 코칭
주어진 도형이 복잡할 때, 주어진 도형에서 적당한 삼각형을
찾아 삼각형의 내각과 외각 사이의 관계를 이용하여 크기가
같은 각을 찾는다.

다른풀이
오른쪽 그림과 같이 $\overline{EG}$를 그으면
$\triangle FCI$와 $\triangle FEG$에서
$\angle b + \angle e = \angle x + \angle y$ ……… ㉠
$\triangle AEG$에서
$\angle a + \angle c + \angle x + \angle y + \angle d = 180°$
……… ㉡

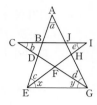

㉠, ㉡에서
$\angle a + \angle b + \angle c + \angle d + \angle e$
$= \angle a + \angle c + \angle d + \angle x + \angle y = 180°$

다른풀이
$\angle a + \angle b + \angle c + \angle d + \angle e$
$=$ (삼각형 5개의 내각의 크기의 총합)
$\qquad\qquad -$ (오각형의 외각의 크기의 합) $\times 2$
$= 180° \times 5 - 360° \times 2 = 180°$

13 주어진 다각형을 n각형이라 하면
$n-3=7$ ∴ $n=10$
따라서 십각형의 내각의 크기의 합은
$180° \times (10-2) = 1440°$

14 오각형의 내각의 크기의 합은 $180° \times (5-2) = 540°$이므로
$90° + 120° + 3\angle x + 130° + 2\angle x = 540°$
$5\angle x + 340° = 540°, \quad 5\angle x = 200°$ ∴ $\angle x = 40°$

15 사각형 ABCD의 내각의 크기의 합은 $360°$이므로
$\angle ABC + \angle DCB = 360° - (125° + 115°) = 120°$
따라서 $\triangle EBC$에서
$\angle x = 180° - (\angle EBC + \angle ECB)$
$\quad = 180° - \frac{1}{2}(\angle ABC + \angle DCB)$
$\quad = 180° - \frac{1}{2} \times 120° = 120°$

16 다각형의 외각의 크기의 합은 $360°$이
므로
$(180° - 100°) + \angle x + (180° - 115°)$
$\qquad\qquad + \angle y + 90° = 360°$
$\angle x + \angle y + 235° = 360°$
∴ $\angle x + \angle y = 125°$

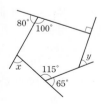

17 오른쪽 그림의 각각의 삼각형에서
$\angle a + \angle b = \angle x, \ \angle c + \angle d = \angle y,$
$\angle e + \angle f = \angle z, \ \angle g + \angle h = \angle w$
이므로 구하는 각의 크기는
$\angle x + \angle y + \angle z + \angle w$의 크기와 같다.
즉, 가운데 사각형의 외각의 크기의 합과 같으므로 $360°$
이다.

18 ① 정오각형의 한 내각의 크기는

$$\frac{180° \times (5-2)}{5} = 108°$$

정오각형의 한 외각의 크기는 $\frac{360°}{5} = 72°$

즉, 정오각형의 한 내각의 크기와 한 외각의 크기는 서로 같지 않다.

② 오른쪽 그림과 같이 정육각형의 대각선 중 그 길이가 같지 않은 것도 있다.

③ $\frac{180° \times (9-2)}{9} = 140°$

④ $\frac{360°}{8} = 45°$

⑤ 정십각형의 내각의 크기의 합은

$$180° \times (10-2) = 1440°$$

정십각형의 외각의 크기의 합은 360°이므로 구하는 합은

$$1440° + 360° = 1800°$$

따라서 옳은 것은 ④이다.

다른풀이

⑤ 정다각형의 한 내각의 크기와 한 외각의 크기의 합은 180°이므로 정십각형의 내각의 크기의 합과 외각의 크기의 합을 더하면 $180° \times 10 = 1800°$

19 주어진 정다각형을 정n각형이라 하면

$$\frac{360°}{n} = 30°, \quad 30n = 360 \qquad \therefore n = 12$$

따라서 정십이각형의 내각의 크기의 합은

$$180° \times (12-2) = 1800°$$

20 정다각형의 한 내각의 크기와 한 외각의 크기의 합은 180°이므로 이 정다각형의 한 외각의 크기는

$$180° \times \frac{1}{4+1} = 180° \times \frac{1}{5} = 36°$$

구하는 정다각형을 정n각형이라 하면

$$\frac{360°}{n} = 36°, \quad 36n = 360 \qquad \therefore n = 10$$

따라서 구하는 정다각형은 정십각형이다.

21 오른쪽 그림에서
정육각형의 한 내각의 크기는

$$\frac{180° \times (6-2)}{6} = 120°$$

정팔각형의 한 내각의 크기는

$$\frac{180° \times (8-2)}{8} = 135°$$

$$\therefore \angle x = 360° - (120° + 135°) = 105°$$

다른풀이

오른쪽 그림에서

정육각형의 한 외각의 크기는 $\frac{360°}{6} = 60°$

정팔각형의 한 외각의 크기는 $\frac{360°}{8} = 45°$

$$\therefore \angle x = 60° + 45° = 105°$$

22 정오각형의 한 내각의 크기는

$$\frac{180° \times (5-2)}{5} = 108°$$

△ABC에서 $\overline{BA} = \overline{BC}$이고 ∠ABC=108°이므로

$$\angle BAC = \frac{1}{2} \times (180° - 108°) = 36°$$

같은 방법으로 △ABE에서 ∠ABE=36°

△ABF에서

$$\angle AFB = 180° - (36° + 36°) = 108°$$

$$\therefore \angle x = \angle AFB = 108° \text{ (맞꼭지각)}$$

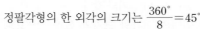
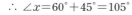

1 사거리 : 2, 오거리 : 5　　　　**2** 2°

3 12°　　　　　　　　　　　　**4** 반복 5 (가자 10, 돌자 72)

1 사거리에 대각선으로 설치할 수 있는 횡단보도의 수는 사각형의 대각선의 개수와 같으므로

$$\frac{4 \times (4-3)}{2} = 2$$

오거리에 대각선으로 설치할 수 있는 횡단보도의 수는 오각형의 대각선의 개수와 같으므로

$$\frac{5 \times (5-3)}{2} = 5$$

2 햇빛이 평행하게 들어오므로 오른쪽 그림에서 ∠a=42°(동위각)

삼각형에서 한 외각의 크기는 그와 이웃하지 않는 두 내각의 크기의 합과 같으므로

∠a=∠x+40°에서

$$42° = \angle x + 40° \qquad \therefore \angle x = 2°$$

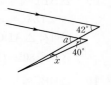

3 정오각형의 한 내각의 크기는

$$\frac{180° \times (5-2)}{5} = 108°$$

정육각형의 한 내각의 크기는

$$\frac{180° \times (6-2)}{6} = 120°$$

따라서 1개의 정오각형과 2개의 정육각형이 한 꼭짓점에 모여서 이루는 각의 크기는 $108° + 120° + 120° = 348°$이므로

$$\angle x = 360° - 348° = 12°$$

4 정오각형을 그리는 것이므로 정오각형의 한 꼭짓점에서 한 외각의 크기만큼 왼쪽으로 회전해야 한다. 한 변의 길이가 10 cm이고, 정오각형의 한 외각의 크기는 $\frac{360°}{5} = 72°$, 변의 개수는 5이므로 명령어는 '반복 5 (가자 10, 돌자 72)'이다.

01 원과 부채꼴

1 (1) A D B C (2) A D B C (3) A D B C
(4) A D B C (5) A D B C

1-1 ㉠ $\widehat{AB}$ ㉡ 할선 ㉢ 부채꼴 AOB ㉣ 활꼴

2 (1) 10 (2) 70 **2-1** (1) 8 (2) 75

3 (1) 6 (2) 100 **3-1** (1) 18 (2) 70

4 (1) 8 (2) 90 **4-1** (1) 70 (2) 120

2 (1) 호의 길이는 중심각의 크기에 정비례하므로
$30° : 60° = 5 : x$
$1 : 2 = 5 : x$ ∴ $x = 10$
(2) 중심각의 크기는 호의 길이에 정비례하므로
$x° : 140° = 9 : 18$
$x : 140 = 1 : 2$, $2x = 140$ ∴ $x = 70$

2-1 (1) 호의 길이는 중심각의 크기에 정비례하므로
$40° : 120° = x : 24$
$1 : 3 = x : 24$, $3x = 24$ ∴ $x = 8$
(2) 중심각의 크기는 호의 길이에 정비례하므로
$x° : 30° = 10 : 4$
$x : 30 = 5 : 2$, $2x = 150$ ∴ $x = 75$

3 (1) 부채꼴의 넓이는 중심각의 크기에 정비례하므로
$120° : 30° = 24 : x$
$4 : 1 = 24 : x$, $4x = 24$ ∴ $x = 6$
(2) 중심각의 크기는 부채꼴의 넓이에 정비례하므로
$x° : 50° = 10 : 5$
$x : 50 = 2 : 1$ ∴ $x = 100$

3-1 (1) 부채꼴의 넓이는 중심각의 크기에 정비례하므로
$30° : 90° = 6 : x$
$1 : 3 = 6 : x$ ∴ $x = 18$
(2) 중심각의 크기는 부채꼴의 넓이에 정비례하므로
$105° : x° = 18 : 12$
$105 : x = 3 : 2$, $3x = 210$ ∴ $x = 70$

4 (1) 크기가 같은 중심각에 대한 현의 길이는 같으므로 $x = 8$
(2) $\overline{AB} = \overline{BC} = \overline{DE}$이므로
$\angle AOB = \angle BOC = \angle DOE = 45°$
따라서 $\angle AOC = 2 \times 45° = 90°$이므로 $x = 90$

4-1 (1) 길이가 같은 현에 대한 중심각의 크기는 같으므로 $x = 70$
(2) $\overline{AB} = \overline{CD} = \overline{DE} = \overline{EF}$이므로
$\angle COD = \angle DOE = \angle EOF = \angle AOB = 40°$
따라서 $\angle COF = 3 \times 40° = 120°$이므로 $x = 120$

개념 완성하기

01 ①, ③ **02** ㄱ, ㄴ **03** (1) 30 (2) 7
04 64 cm **05** ③ **06** 45 cm² **07** 108°
08 120° **09** 42 cm **10** 20 cm **11** ④
12 ㄱ, ㄹ

01 ① 호는 원 위의 두 점을 양 끝 점으로 하는 원의 일부분이다.
③ 중심각의 크기가 360° 미만인 부채꼴을 만들 수 있으므로 반원보다 넓이가 더 넓은 부채꼴이 있다.
따라서 옳지 않은 것은 ①, ③이다.

02 ㄷ. $\overline{BC}$와 $\widehat{BC}$로 둘러싸인 도형은 활꼴이다.
ㄹ. $\overline{AB}$는 현이지만 $\overline{OC}$는 반지름이다.
따라서 옳은 것은 ㄱ, ㄴ이다.

03 (1) $(x+30)° : x° = 8 : 4$이므로
$(x+30) : x = 2 : 1$
$2x = x+30$ ∴ $x = 30$
(2) $135° : 45° = (2x+1) : (x-2)$이므로
$3 : 1 = (2x+1) : (x-2)$
$2x+1 = 3x-6$ ∴ $x = 7$

04 원 O의 둘레의 길이를 x cm라 하면
$45° : 360° = 8 : x$
$1 : 8 = 8 : x$ ∴ $x = 64$
따라서 원 O의 둘레의 길이는 64 cm이다.

05 $x° : (2x-10)° = 8 : 14$이므로
$x : (2x-10) = 4 : 7$
$8x-40 = 7x$ ∴ $x = 40$

06 $\angle AOB : \angle COD = \widehat{AB} : \widehat{CD} = 18 : 9 = 2 : 1$
부채꼴 COD의 넓이를 x cm²라 하면
$2 : 1 = 90 : x$, $2x = 90$ ∴ $x = 45$
따라서 부채꼴 COD의 넓이는 45 cm²이다.

07 $\widehat{AC} : \widehat{BC} = 2 : 3$이므로 $\angle AOC : \angle BOC = 2 : 3$
$\angle AOC + \angle BOC = 180°$이므로
$\angle BOC = 180° \times \dfrac{3}{2+3} = 180° \times \dfrac{3}{5} = 108°$

08 $\widehat{AC} : \widehat{BC} = 5 : 4$이므로 $\angle AOC : \angle BOC = 5 : 4$
$\angle AOC + \angle BOC = 360° - 90° = 270°$이므로
$\angle BOC = 270° \times \dfrac{4}{5+4} = 270° \times \dfrac{4}{9} = 120°$

09 $\overline{AC} /\!/ \overline{OD}$이므로
$\angle OAC = \angle BOD = 20°$ (동위각)
오른쪽 그림과 같이 $\overline{OC}$를 그으면
△OAC에서 $\overline{OA} = \overline{OC}$이므로
$\angle OCA = \angle OAC = 20°$
∴ $\angle AOC = 180° - (20° + 20°) = 140°$
따라서 $140° : 20° = \widehat{AC} : 6$이므로
$7 : 1 = \widehat{AC} : 6$ ∴ $\widehat{AC} = 42$(cm)

10 $\overline{AB} \parallel \overline{CO}$이므로

$\angle OAB = \angle AOC = 30°$ (엇각)

$\triangle OAB$에서 $\overline{OA} = \overline{OB}$이므로

$\angle OBA = \angle OAB = 30°$

$\therefore \angle AOB = 180° - (30° + 30°) = 120°$

따라서 $30° : 120° = 5 : \widehat{AB}$이므로

$1 : 4 = 5 : \widehat{AB}$ $\therefore \widehat{AB} = 20$ (cm)

11 ① 크기가 같은 중심각에 대한 호의 길이는 같으므로

$\widehat{AB} = \widehat{CD}$

② 호의 길이는 중심각의 크기에 정비례하므로

$\widehat{CE} = 2\widehat{AB}$

③ 크기가 같은 중심각에 대한 현의 길이는 같으므로

$\overline{AB} = \overline{DE}$

④ 현의 길이는 중심각의 크기에 정비례하지 않으므로

$\overline{CE} \neq 2\overline{AB}$

⑤ 부채꼴의 넓이는 중심각의 크기에 정비례하므로

(부채꼴 COE의 넓이) = (부채꼴 AOB의 넓이) × 2

따라서 옳지 않은 것은 ④이다.

12 ㄱ, ㄹ. 한 원에서 크기가 같은 중심각에 대한 현의 길이는

같으므로 $\overline{BC} = \overline{DE}$, $\overline{AE} = \overline{BE}$

ㄴ, ㄷ. 현의 길이는 중심각의 크기에 정비례하지 않으므로

$\overline{BD} \neq \dfrac{2}{3}\overline{BE}$, $3\overline{DE} \neq \overline{AE}$

따라서 옳은 것은 ㄱ, ㄹ이다.

---

02 부채꼴의 호의 길이와 넓이

87쪽 ~ 89쪽

1 (1) 4, 8π, 4, 16π (2) 5, 5, 10π, 5, 25π

1-1 (1) 둘레의 길이 : 6π cm, 넓이 : 9π cm²

(2) 둘레의 길이 : 12π cm, 넓이 : 36π cm²

2 7, 7, $7\pi + 14$, 7, $\dfrac{49}{2}\pi$

2-1 둘레의 길이 : $(10\pi + 20)$ cm, 넓이 : 50π cm²

3 (1) π cm   (2) 2π cm²

3-1 (1) 2π cm   (2) 3π cm²

4 18π cm²

4-1 27π cm²

5 (1) $\left(\dfrac{5}{2}\pi + 6\right)$ cm   (2) $\dfrac{15}{4}\pi$ cm²

6 (1) 8π cm   (2) 8π cm²

7 (1) $(6\pi + 6)$ cm   (2) $\dfrac{9}{2}\pi$ cm²

8 (1) 12π cm   (2) 24 cm²

1-1 (1) 원의 둘레의 길이를 l, 넓이를 S라 하면

$l = 2\pi \times 3 = 6\pi$ (cm)

$S = \pi \times 3^2 = 9\pi$ (cm²)

(2) 지름의 길이가 12 cm이므로 반지름의 길이는 6 cm이다.

원의 둘레의 길이를 l, 넓이를 S라 하면

$l = 2\pi \times 6 = 12\pi$ (cm)

$S = \pi \times 6^2 = 36\pi$ (cm²)

2-1 지름의 길이가 20 cm이므로 반지름의 길이는 10 cm이다.

반원의 둘레의 길이를 l, 넓이를 S라 하면

$l = (2\pi \times 10) \times \dfrac{1}{2} + 20 = 10\pi + 20$ (cm)

$S = (\pi \times 10^2) \times \dfrac{1}{2} = 50\pi$ (cm²)

3 (1) (호의 길이) $= 2\pi \times 4 \times \dfrac{45}{360} = \pi$ (cm)

(2) (넓이) $= \pi \times 4^2 \times \dfrac{45}{360} = 2\pi$ (cm²)

3-1 (1) (호의 길이) $= 2\pi \times 3 \times \dfrac{120}{360} = 2\pi$ (cm)

(2) (넓이) $= \pi \times 3^2 \times \dfrac{120}{360} = 3\pi$ (cm²)

4 (넓이) $= \dfrac{1}{2} \times 12 \times 3\pi = 18\pi$ (cm²)

4-1 (넓이) $= \dfrac{1}{2} \times 9 \times 6\pi = 27\pi$ (cm²)

5 (1) (색칠한 부분의 둘레의 길이)

$= 2\pi \times 9 \times \dfrac{30}{360} + 2\pi \times 6 \times \dfrac{30}{360} + 3 \times 2$

$= \dfrac{3}{2}\pi + \pi + 6 = \dfrac{5}{2}\pi + 6$ (cm)

(2) (색칠한 부분의 넓이)

$= \pi \times 9^2 \times \dfrac{30}{360} - \pi \times 6^2 \times \dfrac{30}{360}$

$= \dfrac{27}{4}\pi - 3\pi = \dfrac{15}{4}\pi$ (cm²)

6 (1) (색칠한 부분의 둘레의 길이)

$= 2\pi \times 4 \times \dfrac{1}{2} + \left(2\pi \times 2 \times \dfrac{1}{2}\right) \times 2$

$= 4\pi + 4\pi = 8\pi$ (cm)

(2) (색칠한 부분의 넓이) $= \pi \times 4^2 \times \dfrac{1}{2} = 8\pi$ (cm²)

7 (1) (색칠한 부분의 둘레의 길이)

$= 2\pi \times 6 \times \dfrac{90}{360} + 2\pi \times 3 \times \dfrac{1}{2} + 6$

$= 3\pi + 3\pi + 6 = 6\pi + 6$ (cm)

(2) (색칠한 부분의 넓이)

$= \pi \times 6^2 \times \dfrac{90}{360} - \pi \times 3^2 \times \dfrac{1}{2}$

$= 9\pi - \dfrac{9}{2}\pi = \dfrac{9}{2}\pi$ (cm²)

8 (1) (색칠한 부분의 둘레의 길이)

$$= 2\pi \times 4 \times \frac{1}{2} + 2\pi \times 3 \times \frac{1}{2} + 2\pi \times 5 \times \frac{1}{2}$$

$$= 4\pi + 3\pi + 5\pi = 12\pi \, (\text{cm})$$

(2) (색칠한 부분의 넓이)

$$= \pi \times 4^2 \times \frac{1}{2} + \pi \times 3^2 \times \frac{1}{2} + \frac{1}{2} \times 6 \times 8 - \pi \times 5^2 \times \frac{1}{2}$$

$$= 8\pi + \frac{9}{2}\pi + 24 - \frac{25}{2}\pi = 24 \, (\text{cm}^2)$$

개념 완성하기 ┤90쪽 ~ 91쪽├

01 (1) 5 cm　　(2) 6 cm　　**02** ③

03 둘레의 길이 : $(8\pi + 16)$ cm, 넓이 : 32π cm²

04 둘레의 길이 : $(6\pi + 4)$ cm, 넓이 : 6π cm²

05 둘레의 길이 : 24π cm, 넓이 : 48π cm²

06 둘레의 길이 : 48π cm, 넓이 : 72π cm²

07 (1) 216°　　(2) 72°

08 (1) 중심각의 크기 : 60°, 넓이 : 24π cm²

　　(2) 중심각의 크기 : 270°, 호의 길이 : 9π cm

09 (1) 5 cm　　(2) 6π cm

10 반지름의 길이 : 12 cm, 중심각의 크기 : 240°

11 둘레의 길이 : 4π cm, 넓이 : $(8\pi - 16)$ cm²

12 ②

---

01 (1) 원의 반지름의 길이를 r cm라 하면

$2\pi r = 10\pi$　　$\therefore r = 5$

따라서 반지름의 길이는 5 cm이다.

(2) 원의 반지름의 길이를 r cm라 하면

$\pi r^2 = 36\pi$

$r^2 = 36 = 6^2$에서 $r = 6$

따라서 반지름의 길이는 6 cm이다.

02 원의 반지름의 길이를 r cm라 하면

$2\pi r = 18\pi$　　$\therefore r = 9$

따라서 반지름의 길이가 9 cm이므로 원의 넓이는

$\pi \times 9^2 = 81\pi \, (\text{cm}^2)$

03 반원의 둘레의 길이를 l, 넓이를 S라 하면

$l = (2\pi \times 8) \times \frac{1}{2} + 16 = 8\pi + 16 \, (\text{cm})$

$S = (\pi \times 8^2) \times \frac{1}{2} = 32\pi \, (\text{cm}^2)$

04 색칠한 부분의 둘레의 길이를 l, 넓이를 S라 하면

$l = (2\pi \times 4) \times \frac{1}{2} + (2\pi \times 2) \times \frac{1}{2} + 4$

$\quad = 4\pi + 2\pi + 4 = 6\pi + 4 \, (\text{cm})$

$S = (\pi \times 4^2) \times \frac{1}{2} - (\pi \times 2^2) \times \frac{1}{2}$

$\quad = 8\pi - 2\pi = 6\pi \, (\text{cm}^2)$

Self 코칭

$l = $ (큰 반원의 호의 길이) + (작은 반원의 호의 길이)

　　　 + (큰 반원의 반지름의 길이)

$S = $ (큰 반원의 넓이) − (작은 반원의 넓이)

---

05 색칠한 부분의 둘레의 길이를 l, 넓이를 S라 하면

$l = 2\pi \times 8 + 2\pi \times 4$

$\quad = 16\pi + 8\pi = 24\pi \, (\text{cm})$

$S = \pi \times 8^2 - \pi \times 4^2$

$\quad = 64\pi - 16\pi = 48\pi \, (\text{cm}^2)$

06 색칠한 부분의 둘레의 길이를 l, 넓이를 S라 하면

$l = 2\pi \times 12 + (2\pi \times 6) \times 2$

$\quad = 24\pi + 24\pi = 48\pi \, (\text{cm})$

$S = \pi \times 12^2 - (\pi \times 6^2) \times 2$

$\quad = 144\pi - 72\pi = 72\pi \, (\text{cm}^2)$

Self 코칭

$l = $ (큰 원의 둘레의 길이) + (작은 원의 둘레의 길이) × 2

$S = $ (큰 원의 넓이) − (작은 원의 넓이) × 2

---

07 (1) 부채꼴의 중심각의 크기를 $x°$라 하면

$2\pi \times 5 \times \frac{x}{360} = 6\pi$　　$\therefore x = 216$

따라서 부채꼴의 중심각의 크기는 216°이다.

(2) 부채꼴의 중심각의 크기를 $x°$라 하면

$\pi \times 10^2 \times \frac{x}{360} = 20\pi$　　$\therefore x = 72$

따라서 부채꼴의 중심각의 크기는 72°이다.

08 (1) 부채꼴의 중심각의 크기를 $x°$라 하면

$2\pi \times 12 \times \frac{x}{360} = 4\pi$　　$\therefore x = 60$

따라서 중심각의 크기는 60°이므로 부채꼴의 넓이는

$\pi \times 12^2 \times \frac{60}{360} = 24\pi \, (\text{cm}^2)$

(2) 부채꼴의 중심각의 크기를 $x°$라 하면

$\pi \times 6^2 \times \frac{x}{360} = 27\pi$　　$\therefore x = 270$

따라서 중심각의 크기는 270°이므로 부채꼴의 호의 길이는

$2\pi \times 6 \times \frac{270}{360} = 9\pi \, (\text{cm})$

09 (1) 부채꼴의 반지름의 길이를 r cm라 하면

$\frac{1}{2} \times r \times 6\pi = 15\pi$　　$\therefore r = 5$

따라서 부채꼴의 반지름의 길이는 5 cm이다.

(2) 부채꼴의 호의 길이를 l cm라 하면

$\frac{1}{2} \times 4 \times l = 12\pi$　　$\therefore l = 6\pi$

따라서 부채꼴의 호의 길이는 6π cm이다.

Self 코칭

반지름의 길이가 r, 호의 길이가 l인 부채꼴의 넓이를 S라 하면

$\rightarrow S = \frac{1}{2}rl$

---

10 부채꼴의 반지름의 길이를 r cm라 하면

$$\frac{1}{2} \times r \times 16\pi = 96\pi \qquad \therefore r = 12$$

반지름의 길이가 12 cm이므로 부채꼴의 중심각의 크기를 $x°$라 하면

$$2\pi \times 12 \times \frac{x}{360} = 16\pi \qquad \therefore x = 240$$

따라서 부채꼴의 중심각의 크기는 240°이다.

11 색칠한 부분의 둘레의 길이를 l, 넓이를 S라 하면

$$l = \left(2\pi \times 4 \times \frac{90}{360}\right) \times 2 = 4\pi \text{(cm)}$$

$$S = \left(\pi \times 4^2 \times \frac{90}{360} - \frac{1}{2} \times 4 \times 4\right) \times 2$$

$$= (4\pi - 8) \times 2 = 8\pi - 16 \text{(cm}^2)$$

12 오른쪽 그림과 같이 색칠한 일부분을 빗금 친 부분으로 이동하면

(색칠한 부분의 넓이)

= (삼각형 ABC의 넓이)

$$= \frac{1}{2} \times 6 \times 6 = 18 \text{(cm}^2)$$

실력 확인하기 ─────────── ⊢92쪽⊣

01 108° **02** 4 cm **03** ④, ⑤ **04** ④

05 12π cm **06** 60 cm^2 **07** $\dfrac{15}{2}\pi$ cm^2

08 $(12\pi + 36)$ cm

01 $\overset{\frown}{AB} : \overset{\frown}{BC} = 3 : 2$이므로

$$\angle AOB : \angle BOC = 3 : 2$$

이때 $\angle AOB + \angle BOC = 360° - 90° = 270°$이므로

$$\angle BOC = 270° \times \frac{2}{3+2} = 270° \times \frac{2}{5} = 108°$$

> **Self 코칭**
>
> 원 O 위의 세 점 A, B, C에 대하여
>
> $\overset{\frown}{AB} : \overset{\frown}{BC} : \overset{\frown}{CA} = l : m : n$이면
>
> $\angle AOB = 360° \times \dfrac{l}{l+m+n}$
>
>

02 △COP에서 $\overline{CO} = \overline{CP}$이므로

$$\angle COP = \angle CPO = 20°$$

$$\therefore \angle OCD = 20° + 20° = 40°$$

△OCD에서 $\overline{OC} = \overline{OD}$이므로

$$\angle ODC = \angle OCD = 40°$$

△PDO에서 $\angle BOD = 20° + 40° = 60°$

따라서 $20° : 60° = \overset{\frown}{AC} : \overset{\frown}{BD}$이고 $\overset{\frown}{BD} = 12$ cm이므로

$$1 : 3 = \overset{\frown}{AC} : 12, \ 3\overset{\frown}{AC} = 12 \qquad \therefore \overset{\frown}{AC} = 4 \text{(cm)}$$

---

03 ④ 현의 길이는 중심각의 크기에 정비례하지 않으므로

$$\overline{AB} \neq 3\overline{CD}$$

⑤ 삼각형의 넓이는 중심각의 크기에 정비례하지 않으므로

$$\triangle AOB \neq 3\triangle COD$$

따라서 옳지 않은 것은 ④, ⑤이다.

04 부채꼴의 반지름의 길이를 r cm라 하면

$$\frac{1}{2} \times r \times 3\pi = 9\pi \qquad \therefore r = 6$$

부채꼴의 중심각의 크기를 $x°$라 하면

$$2\pi \times 6 \times \frac{x}{360} = 3\pi \qquad \therefore x = 90$$

따라서 부채꼴의 중심각의 크기는 90°이다.

05 (색칠한 부분의 둘레의 길이)

$$= 2\pi \times 6 \times \frac{1}{2} + 2\pi \times 2 \times \frac{1}{2} + 2\pi \times 4 \times \frac{1}{2}$$

$$= 6\pi + 2\pi + 4\pi = 12\pi \text{(cm)}$$

06 (색칠한 부분의 넓이)

= (지름이 $\overline{AB}$인 반원의 넓이) + (지름이 $\overline{AC}$인 반원의 넓이)

  + (삼각형 ABC의 넓이) − (지름이 $\overline{BC}$인 반원의 넓이)

$$= \pi \times 4^2 \times \frac{1}{2} + \pi \times \left(\frac{15}{2}\right)^2 \times \frac{1}{2} + \frac{1}{2} \times 8 \times 15 - \pi \times \left(\frac{17}{2}\right)^2 \times \frac{1}{2}$$

$$= 8\pi + \frac{225}{8}\pi + 60 - \frac{289}{8}\pi = 60 \text{(cm}^2)$$

> **Self 코칭**
>
>

07

> **전략 코칭**
>
> 정n각형의 한 내각의 크기는 $\dfrac{180° \times (n-2)}{n}$임을 이용하여 부채꼴의 중심각의 크기를 구한다.

정오각형의 한 내각의 크기는

$$\frac{180° \times (5-2)}{5} = 108°$$

따라서 색칠한 부채꼴의 넓이는

$$\pi \times 5^2 \times \frac{108}{360} = \frac{15}{2}\pi \text{(cm}^2)$$

08

> **전략 코칭**
>
> 중심각의 크기가 120°인 부채꼴 3개가 모이면 원이 됨을 이용하여 원의 둘레의 길이와 선분의 길이의 합으로 끈의 길이를 구한다.

오른쪽 그림에서

(곡선 부분의 끈의 길이)

$$= 2\pi \times 6 = 12\pi \text{(cm)}$$

(직선 부분의 끈의 길이)

$$= 12 \times 3 = 36 \text{(cm)}$$

$$\therefore (\text{필요한 끈의 최소 길이}) = 12\pi + 36 \text{(cm)}$$

서술형 문제

93쪽~94쪽

1 108°

1-1 135°

2 35 cm

3 (1) 12배 (2) 48배

4 18π cm, 36π cm²

4-1 16π cm, 16π cm²

5 3π

6 20π m²

---

1 채점 기준 1 ∠AOB : ∠BOC : ∠COA 구하기 … 3점

$\overset{\frown}{AB} : \overset{\frown}{BC} : \overset{\frown}{CA} = 2 : 3 : 5$이므로

∠AOB : ∠BOC : ∠COA = 2 : 3 : 5

채점 기준 2 ∠BOC의 크기 구하기 … 3점

∠AOB + ∠BOC + ∠COA = 360°이므로

$\angle BOC = 360° \times \dfrac{3}{2+3+5} = 360° \times \dfrac{3}{10} = 108°$

1-1 채점 기준 1 ∠AOB : ∠BOC : ∠COA 구하기 … 3점

$\overset{\frown}{AB} : \overset{\frown}{BC} : \overset{\frown}{CA} = 3 : 1 : 4$이므로

∠AOB : ∠BOC : ∠COA = 3 : 1 : 4

채점 기준 2 $\overset{\frown}{AB}$에 대한 중심각의 크기 구하기 … 3점

∠AOB + ∠BOC + ∠COA = 360°이고

$\overset{\frown}{AB}$에 대한 중심각은 ∠AOB이므로

$\angle AOB = 360° \times \dfrac{3}{3+1+4} = 360° \times \dfrac{3}{8} = 135°$

2 $\overline{AE} /\!/ \overline{CD}$이므로

∠OAE = ∠BOD = 20° (동위각)

오른쪽 그림과 같이 $\overline{OE}$를 그으면

△OAE에서

$\overline{OA} = \overline{OE}$이므로

∠OEA = ∠OAE = 20°

∴ ∠AOE = 180° − (20° + 20°)

　　　　 = 140°　　　　　　　…… ❶

또, ∠AOC = ∠BOD = 20° (맞꼭지각)이므로 …… ❷

$5 : \overset{\frown}{AE} = 20° : 140°$, $5 : \overset{\frown}{AE} = 1 : 7$

∴ $\overset{\frown}{AE} = 35$ (cm)　　　　　　…… ❸

채점 기준	배점
❶ ∠AOE의 크기 구하기	4점
❷ ∠AOC의 크기 구하기	1점
❸ $\overset{\frown}{AE}$의 길이 구하기	2점

3 처음 부채꼴의 반지름의 길이를 r, 중심각의 크기를 $x°$라 하면 늘린 부채꼴의 반지름의 길이는 $4r$, 중심각의 크기는 $3x°$이므로

(1) 처음 부채꼴의 호의 길이 l은

$$l = 2\pi r \times \dfrac{x}{360}\ \ \ \ \ \ \ …… ❶$$

늘린 부채꼴의 호의 길이는

$$2\pi \times 4r \times \dfrac{3x}{360} = 12 \times \left(2\pi r \times \dfrac{x}{360}\right) = 12l$$

따라서 처음 부채꼴의 호의 길이의 12배가 된다. …… ❷

(2) 처음 부채꼴의 넓이 S는

$$S = \pi r^2 \times \dfrac{x}{360}\ \ \ \ \ \ \ …… ❸$$

늘린 부채꼴의 넓이는

$$\pi \times (4r)^2 \times \dfrac{3x}{360} = 48 \times \left(\pi r^2 \times \dfrac{x}{360}\right) = 48S$$

따라서 처음 부채꼴의 넓이의 48배가 된다. …… ❹

채점 기준	배점
❶ 처음 부채꼴의 호의 길이 구하기	1점
❷ 처음 부채꼴의 호의 길이의 몇 배 되는지 구하기	2점
❸ 처음 부채꼴의 넓이 구하기	1점
❹ 처음 부채꼴의 넓이의 몇 배가 되는지 구하기	2점

4 채점 기준 1 색칠한 부분의 둘레의 길이 구하기 … 3점

(색칠한 부분의 둘레의 길이)

$$= 2\pi \times 9 \times \dfrac{1}{2} + 2\pi \times 5 \times \dfrac{1}{2} + 2\pi \times 4 \times \dfrac{1}{2}$$

$$= 9\pi + 5\pi + 4\pi = 18\pi\ (\text{cm})$$

채점 기준 2 색칠한 부분의 넓이 구하기 … 3점

$$(\text{색칠한 부분의 넓이}) = \pi \times 9^2 \times \dfrac{1}{2} - \pi \times 5^2 \times \dfrac{1}{2} + \pi \times 4^2 \times \dfrac{1}{2}$$

$$= \dfrac{81}{2}\pi - \dfrac{25}{2}\pi + 8\pi = 36\pi\ (\text{cm}^2)$$

4-1 채점 기준 1 색칠한 부분의 둘레의 길이 구하기 … 3점

(색칠한 부분의 둘레의 길이)

$$= 2\pi \times 8 \times \dfrac{1}{2} + 2\pi \times 6 \times \dfrac{1}{2} + 2\pi \times 2 \times \dfrac{1}{2}$$

$$= 8\pi + 6\pi + 2\pi = 16\pi\ (\text{cm})$$

채점 기준 2 색칠한 부분의 넓이 구하기 … 3점

$$(\text{색칠한 부분의 넓이}) = \pi \times 8^2 \times \dfrac{1}{2} - \pi \times 6^2 \times \dfrac{1}{2} + \pi \times 2^2 \times \dfrac{1}{2}$$

$$= 32\pi - 18\pi + 2\pi = 16\pi\ (\text{cm}^2)$$

5 색칠한 두 부분의 넓이가 같으므로 직사각형 ABCD의 넓이와 부채꼴 ABE의 넓이가 같다. …… ❶

즉, $12 \times x = \pi \times 12^2 \times \dfrac{90}{360}$이므로

$12x = 36\pi$ ∴ $x = 3\pi$ …… ❷

채점 기준	배점
❶ 직사각형과 부채꼴의 넓이가 같음을 알기	3점
❷ x의 값 구하기	3점

6 염소가 움직일 수 있는 영역은 오른쪽 그림의 색칠한 부분과 같다.

　　　　　　　　　　　…… ❶

따라서 구하는 넓이는

$$\pi \times 5^2 \times \dfrac{270}{360} + \pi \times 1^2 \times \dfrac{90}{360} + \pi \times 2^2 \times \dfrac{90}{360}$$

$$= \dfrac{75}{4}\pi + \dfrac{1}{4}\pi + \pi = 20\pi\ (\text{m}^2)$$

　　　　　　　　　　　…… ❷

채점 기준	배점
❶ 염소가 움직일 수 있는 영역을 그림으로 나타내기	4점
❷ 염소가 움직일 수 있는 영역의 최대 넓이 구하기	3점

01 ⑤	**02** 14 cm	**03** 7
04 $x=30$, $y=9$	**05** 50°	**06** ③
07 ③	**08** 35°	**09** ②	**10** ①
11 조각 피자 B		**12** 9π cm²	**13** 17π cm
14 72π cm²	**15** $(8\pi+8)$ cm		**16** 20π cm
17 ②	**18** $(32\pi-64)$ cm²		**19** 24π cm²
20 3π cm	**21** 21π cm²		

01 ⑤ 반원일 때, 부채꼴과 활꼴은 같아진다.

02 원에서 가장 긴 현은 지름이므로 그 길이는
$2\times7=14$(cm)

03 크기가 같은 중심각에 대한 호의 길이는 같으므로
$3x-7=2x$ ∴ $x=7$

04 $x°:60°=6:12$이므로
$x:60=1:2$, $2x=60$ ∴ $x=30$
$60°:45°=12:y$이므로
$4:3=12:y$, $4y=36$ ∴ $y=9$

05 $\angle AOB=x°$라 하면 $x°:120°=60:144$이므로
$x:120=5:12$, $12x=600$ ∴ $x=50$
∴ $\angle AOB=50°$

06 원 O의 넓이를 x cm²라 하면
$45°:360°=6:x$이므로 $1:8=6:x$ ∴ $x=48$
따라서 원 O의 넓이는 48 cm²이다.

07 오른쪽 그림과 같이 $\angle AOC=x°$라 하면 $\overline{CO}\,/\!/\,\overline{DB}$이므로
$\angle OBD=\angle AOC=x°$ (동위각)
$\triangle OBD$에서 $\overline{OB}=\overline{OD}$이므로
$\angle ODB=\angle OBD=x°$ ∴ $\angle BOD=180°-2x°$
따라서 $\widehat{AC}:\widehat{BD}=\angle AOC:\angle BOD$이므로
$3:12=x°:(180°-2x°)$, $1:4=x:(180-2x)$
$4x=180-2x$, $6x=180$ ∴ $x=30$
∴ $\angle AOC=30°$

[다른 풀이]
위의 그림에서 $\angle COD=\angle ODB=x°$(엇각)이므로
$\widehat{CD}=\widehat{AC}=3$ cm
∴ $\widehat{AB}=3+3+12=18$(cm)
$\widehat{AB}:\widehat{AC}=180°:x°$이므로
$18:3=180°:x°$, $6:1=180:x$, $6x=180$ ∴ $x=30$
∴ $\angle AOC=30°$

[다른 풀이]
위의 그림에서 $\widehat{AC}:\widehat{BD}=3:12=1:4$이므로
$\angle AOC:\angle BOD=1:4$ ∴ $\angle BOD=4x°$
$\triangle BOD$에서 $x°+4x°+x°=180°$, $6x=180$ ∴ $x=30$
∴ $\angle AOC=30°$

08 $\overline{AB}=\overline{CD}=\overline{DE}=\overline{EF}$이므로
$\angle x=\angle COD=\angle DOE=\angle EOF$
$=\dfrac{1}{3}\angle COF=\dfrac{1}{3}\times105°=35°$

09 ② 현의 길이는 중심각의 크기에 정비례하지 않으므로
$\overline{AC}\neq2\overline{CD}$
④ 크기가 같은 중심각에 대한 현의 길이는 같으므로
$\triangle OAC=\triangle OBD$
따라서 옳지 않은 것은 ②이다.

10 (색칠한 부분의 둘레의 길이)$=2\pi\times6+2\pi\times3$
$=12\pi+6\pi=18\pi$(cm)

11 (조각 피자 A의 넓이)$=\pi\times12^2\times\dfrac{45}{360}=18\pi$(cm²)
(조각 피자 B의 넓이)$=\pi\times16^2\times\dfrac{30}{360}=\dfrac{64}{3}\pi$(cm²)
따라서 조각 피자 B의 양이 더 많다.

12 부채꼴의 반지름의 길이를 r cm라 하면
$2\pi r\times\dfrac{90}{360}=3\pi$ ∴ $r=6$
따라서 반지름의 길이가 6 cm이므로 부채꼴의 넓이는
$\pi\times6^2\times\dfrac{90}{360}=9\pi$(cm²)

13 부채꼴의 호의 길이를 l cm라 하면
$\dfrac{1}{2}\times10\times l=85\pi$ ∴ $l=17\pi$
따라서 부채꼴의 호의 길이는 17π cm이다.

14 부채꼴 AOB와 부채꼴 COD의 중심각의 크기는
$360°-120°=240°$이므로
(부채꼴 AOB의 넓이)$=\pi\times12^2\times\dfrac{240}{360}=96\pi$(cm²)
(부채꼴 COD의 넓이)$=\pi\times6^2\times\dfrac{240}{360}=24\pi$(cm²)
∴ (색칠한 부분의 넓이)$=96\pi-24\pi=72\pi$(cm²)

15 (색칠한 부분의 둘레의 길이)
$=2\pi\times8\times\dfrac{90}{360}+2\pi\times4\times\dfrac{1}{2}+8$
$=4\pi+4\pi+8$
$=8\pi+8$(cm)

16 (색칠한 부분의 둘레의 길이)$=\left(2\pi\times5\times\dfrac{90}{360}\right)\times8$
$=20\pi$(cm)

17 오른쪽 그림과 같이 색칠한 일부분을 빗금 친 부분으로 이동하면
(색칠한 부분의 넓이)
$=\left(\pi\times12^2\times\dfrac{90}{360}\right)\times2$
$=72\pi$(cm²)

18 구하는 넓이는 오른쪽 그림의 색칠한 부분의 넓이의 8배와 같으므로

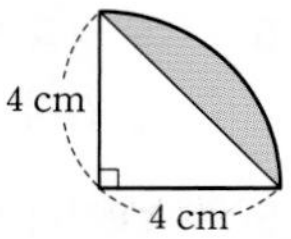

$$\left(\pi \times 4^2 \times \frac{90}{360} - \frac{1}{2} \times 4 \times 4\right) \times 8$$
$$= (4\pi - 8) \times 8 = 32\pi - 64\,(\text{cm}^2)$$

19 (색칠한 부분의 넓이)

= (지름이 $\overline{AC}$인 반원의 넓이) + (부채꼴 CAB의 넓이)
　　　　　　　　　　　 − (지름이 $\overline{AB}$인 반원의 넓이)

= (부채꼴 CAB의 넓이)

$$= \pi \times 12^2 \times \frac{60}{360} = 24\pi\,(\text{cm}^2)$$

> **Self 코칭**
>
>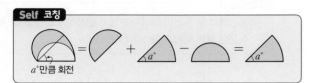

20 오른쪽 그림에서 점 A가 움직인 거리는 $\widehat{AA'}$의 길이와 같다.

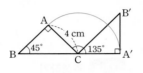

$$\angle ACB = 180^\circ - (90^\circ + 45^\circ)$$
$$= 45^\circ$$

이므로

$$\angle ACA' = 180^\circ - 45^\circ = 135^\circ$$

따라서 점 A가 움직인 거리는

$$2\pi \times 4 \times \frac{135}{360} = 3\pi\,(\text{cm})$$

21 부채꼴의 넓이는 중심각의 크기에 정비례하므로 플라스틱의 배출량을 나타내는 부채꼴의 넓이를 x cm^{2}라 하면

$$54^\circ : 144^\circ = x : 56\pi$$
$$3 : 8 = x : 56\pi, \quad 8x = 168\pi$$
$$\therefore x = 21\pi$$

따라서 플라스틱의 배출량을 나타내는 부채꼴의 넓이는 21π cm^{2}이다.

교과서에서 **쏙 빼온 문제** ┤98쪽├

1 (1) 30°　　(2) 30 m

2 (1) 큰 반원 : $(a+b)\pi$

　　반지름의 길이가 a인 반원 : $a\pi$

　　반지름의 길이가 b인 반원 : $b\pi$

(2) 큰 반원의 호의 길이는 작은 두 반원의 호의 길이의 합과 같다.

3 (1) [그림 1] : 7680 cm^2

　　[그림 2] : 10800 cm^2

　　[그림 3] : 11010 cm^2

(2) [그림 3]

---

1 (1) 24개의 관람차가 원 모양의 대관람차에 같은 간격으로 매달려 있으므로 한 칸 움직일 때마다 $\dfrac{360^\circ}{24} = 15^\circ$씩 회전한다.

이때 A 지점에서 B 지점으로 가는 동안 두 칸을 움직이므로 $15^\circ \times 2 = 30^\circ$ 회전한다.

(2) B 지점에서 C 지점으로 가는 동안 다섯 칸을 움직이므로 $15^\circ \times 5 = 75^\circ$ 회전한다.

부채꼴의 호의 길이는 중심각의 크기에 정비례하므로

$$\widehat{AB} : \widehat{BC} = 30^\circ : 75^\circ, \quad 12 : \widehat{BC} = 2 : 5$$
$$\therefore \widehat{BC} = 30\,(\text{m})$$

따라서 B 지점에서 C 지점으로 가는 동안 이동한 거리는 30 m이다.

2 (1) 작은 두 반원의 반지름의 길이가 각각 a, b이므로 큰 반원의 반지름의 길이는 $a+b$이다.

큰 반원의 호의 길이는

$$2\pi \times (a+b) \times \frac{1}{2} = (a+b)\pi$$

반지름의 길이가 a인 반원의 호의 길이는

$$2\pi \times a \times \frac{1}{2} = a\pi$$

반지름의 길이가 b인 반원의 호의 길이는

$$2\pi \times b \times \frac{1}{2} = b\pi$$

3 (1) [그림 1]의 와이퍼가 닦는 부분의 넓이는

$$\left(\pi \times 90^2 \times \frac{60}{360} - \pi \times 30^2 \times \frac{60}{360}\right) \times 2$$
$$= (1350\pi - 150\pi) \times 2 = 2400\pi$$
$$= 2400 \times 3.2 = 7680\,(\text{cm}^2)$$

[그림 2]의 와이퍼가 닦는 부분의 넓이는 직사각형의 넓이와 같으므로

$$(60 \times 90) \times 2 = 10800\,(\text{cm}^2)$$

[그림 3]에서

(중심각의 크기가 60°인 큰 부채꼴 2개의 넓이)

$$= \left(\pi \times 90^2 \times \frac{60}{360}\right) \times 2 = 2700\pi\,(\text{cm}^2)$$

(직각삼각형의 넓이) $= \dfrac{1}{2} \times 90 \times 90 = 4050\,(\text{cm}^2)$

(중심각의 크기가 105°인 작은 부채꼴 2개의 넓이)

$$= \left(\pi \times 30^2 \times \frac{105}{360}\right) \times 2 = 525\pi\,(\text{cm}^2)$$

따라서 [그림 3]의 와이퍼가 닦는 부분의 넓이는

$$2700\pi + 4050 - 525\pi = 2175\pi + 4050$$
$$= 2175 \times 3.2 + 4050$$
$$= 11010\,(\text{cm}^2)$$

> **Self 코칭**
>
> (1) ([그림 3]의 와이퍼가 닦는 부분의 넓이)
>
> = (중심각의 크기가 60°인 큰 부채꼴 2개의 넓이)
>
> 　　　　　　　　　　 + (직각삼각형의 넓이)
>
> 　　 − (중심각의 크기가 105°인 작은 부채꼴 2개의 넓이)

1 │ 다면체와 회전체

01 다면체

├─ 101쪽 ~ 104쪽 ┤

1	(1) 육각형	(2) 직사각형
1-1	칠각기둥, 칠각뿔	
2	(1) 구각형	(2) 사다리꼴
2-1	(1) ○	(2) ×
3	ㄴ, ㄷ	
3-1	(1) 6, 육 (2) 7, 칠 (3) 5, 오	
4	풀이 참조	
4-1	풀이 참조	
5	(1) ○ (2) ○ (3) ×	
5-1	(1) × (2) ○ (3) ○	
6	(1) ㄱ, ㄷ, ㅁ (2) ㄹ (3) ㄷ	
6-1	(1) ㄴ (2) ㄱ, ㄴ, ㄹ (3) ㅁ	
7	(1) ㄷ (2) ㅁ (3) ㄴ (4) ㄱ (5) ㄹ	
7-1	(1) 풀이 참조 (2) 정사면체 (3) $\overline{\text{ED}}$ (4) $\overline{\text{CF}}$	

1 (2) 각기둥의 옆면의 모양은 직사각형이다.

1-1 각기둥, 각뿔의 이름은 밑면의 모양에 따라 정해지므로 밑면의 모양이 칠각형인 각기둥은 칠각기둥이고, 밑면의 모양이 칠각형인 각뿔은 칠각뿔이다.

2 (2) 각뿔대의 옆면의 모양은 사다리꼴이다.

2-1 (2) 각뿔대의 두 밑면은 모양은 같지만 크기는 다르다.

3 다면체는 다각형인 면으로만 둘러싸인 입체도형이므로 ㄴ, ㄷ이다.

4

다면체			
이름	삼각기둥	사각뿔	오각뿔대
면의 개수	5	5	7
몇 면체인가?	오면체	오면체	칠면체
모서리의 개수	9	8	15
꼭짓점의 개수	6	5	10

4-1

다면체			
이름	육각기둥	육각뿔	육각뿔대
면의 개수	8	7	8
몇 면체인가?	팔면체	칠면체	팔면체
모서리의 개수	18	12	18
꼭짓점의 개수	12	7	12

5 (3) 정육면체의 면의 개수는 6이고 꼭짓점의 개수는 8이므로 같지 않다.

5-1 (1) 정다면체의 종류는 정사면체, 정육면체, 정팔면체, 정십이면체, 정이십면체의 5가지뿐이다.

7-1 (1)

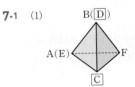

B(D), A(E), F, C

(4) $\overline{\text{AB}}$와 꼬인 위치에 있는 모서리는 $\overline{\text{CF}}$이다.

> **Self 코칭**
>
> (4) 공간에서 두 직선이 만나지도 않고 평행하지도 않을 때, 두 직선은 꼬인 위치에 있다고 한다.

개념 완성하기

├─ 105쪽~106쪽 ┤

01 ②	**02** ㄴ, ㅁ, ㅂ	**03** ④, ⑤	**04** 18
05 ②	**06** ④	**07** ③	**08** 팔각기둥
09 ③, ⑤	**10** ③	**11** 정육면체	**12** 12
13 ③, ④	**14** ㄴ, ㄷ		

01 ② 원기둥은 원과 곡면으로 둘러싸여 있으므로 다면체가 아니다.

02 ㄱ. 평면도형이므로 다면체가 아니다.
ㄷ, ㄹ. 원 또는 곡면으로 둘러싸여 있으므로 다면체가 아니다.
따라서 다면체인 것은 ㄴ, ㅁ, ㅂ이다.

03 주어진 그림의 다면체는 면의 개수가 7이므로 칠면체이다.
각 다면체의 면의 개수를 구하면 다음과 같다.
① $4+2=6$ ② $4+2=6$ ③ $5+1=6$
④ $5+2=7$ ⑤ $6+1=7$
따라서 주어진 그림의 다면체와 면의 개수가 같은 것은 ④, ⑤이다.

> **Self 코칭**
>
> | 다면체 | n각기둥 | n각뿔 | n각뿔대 |
> |---|---|---|---|
> | 면의 개수 | $n+2$ | $n+1$ | $n+2$ |
> | 모서리의 개수 | $3n$ | $2n$ | $3n$ |
> | 꼭짓점의 개수 | $2n$ | $n+1$ | $2n$ |

04 육각기둥의 면의 개수는
$6+2=8$이므로 $a=8$
오각뿔의 모서리의 개수는
$2\times5=10$이므로 $b=10$
$\therefore a+b=8+10=18$

05 옆면의 모양은 다음과 같다.
① 사다리꼴　　② 삼각형　　③ 직사각형
④ 직사각형　　⑤ 사다리꼴
따라서 옆면의 모양이 사각형이 아닌 것은 ②이다.

06 ① 삼각뿔 – 삼각형
② 사각뿔대 – 사다리꼴
③ 오각기둥 – 직사각형
⑤ 칠각기둥 – 직사각형
따라서 바르게 짝 지은 것은 ④이다.

07 ① 팔면체이다.
② 꼭짓점의 개수는 $2 \times 6 = 12$
③ 모서리의 개수는 $3 \times 6 = 18$
④ 옆면의 모양은 모두 사다리꼴이다.
⑤ 각뿔대의 두 밑면은 모양은 같지만 크기가 다르므로 합동은 아니다.
따라서 옳은 것은 ③이다.

08 (내), (대)를 만족시키는 입체도형은 각기둥이다.
각기둥의 밑면은 2개이므로 (개)를 만족시키는 밑면의 모양은 팔각형이다.
따라서 조건을 만족시키는 입체도형은 팔각기둥이다.

09 ③ 정십이면체의 각 면의 모양은 정오각형이다.
⑤ 면의 모양이 정삼각형인 정다면체는 정사면체, 정팔면체, 정이십면체의 3가지이다.

10 ① 정사면체 – 정삼각형
② 정육면체 – 정사각형
④ 정십이면체 – 정오각형
⑤ 정이십면체 – 정삼각형
따라서 바르게 짝 지은 것은 ③이다.

11 한 꼭짓점에 모인 면의 개수가 3인 정다면체는 정사면체, 정육면체, 정십이면체이고, 이 중 모서리의 개수가 12인 정다면체는 정육면체이다.

12 각 면이 합동인 정삼각형으로 이루어진 정다면체는 정사면체, 정팔면체, 정이십면체이고, 이 중 꼭짓점의 개수가 6인 정다면체는 정팔면체이다.
따라서 정팔면체의 모서리의 개수는 12이다.

13 ① 정팔면체이다.
② 꼭짓점의 개수는 6이다.
⑤ 한 꼭짓점에 모인 면의 개수는 4이다.
따라서 옳은 것은 ③, ④이다.

14 주어진 전개도로 정다면체를 만들면 오른쪽 그림과 같다.
ㄱ. 정육면체이다.
ㄹ. $\overline{EF}$와 겹치는 선분은 $\overline{IH}$이다.
따라서 옳은 것은 ㄴ, ㄷ이다.

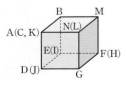

02 회전체

108쪽 ～ 111쪽

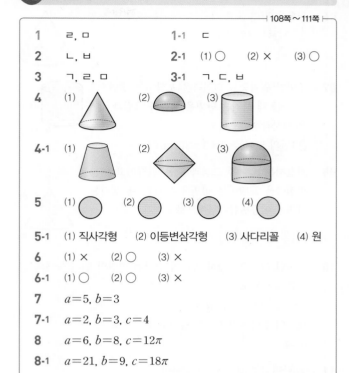

1	ㄹ, ㅁ	**1-1**	ㄷ
2	ㄴ, ㅂ	**2-1**	(1) ○　(2) ×　(3) ○
3	ㄱ, ㄹ, ㅁ	**3-1**	ㄱ, ㄷ, ㅂ

4 (1) (2) (3)

4-1 (1) (2) (3)

5 (1) (2) (3) (4)

5-1 (1) 직사각형　(2) 이등변삼각형　(3) 사다리꼴　(4) 원

6 (1) ×　(2) ○　(3) ×

6-1 (1) ○　(2) ○　(3) ×

7 $a=5,\ b=3$

7-1 $a=2,\ b=3,\ c=4$

8 $a=6,\ b=8,\ c=12\pi$

8-1 $a=21,\ b=9,\ c=18\pi$

2-1 (2) 원뿔대는 원뿔을 밑면에 평행한 평면으로 자를 때 생기는 두 입체도형 중 원뿔이 아닌 쪽의 입체도형이므로 꼭짓점은 없다.

6 (1) 원기둥을 회전축을 포함하는 평면으로 자른 단면은 직사각형이다.
(3) 구를 회전축에 수직인 평면으로 자른 단면은 모두 원이지만 합동은 아니다.

6-1 (3) 구를 회전축을 포함하는 평면으로 자른 단면은 모두 원으로 선대칭도형이고 합동이다.

8 $c=2\pi \times 6 = 12\pi$

8-1 $c=2\pi \times 9 = 18\pi$

개념 완성하기

112쪽～113쪽

01 ③, ⑤	**02** ㄷ, ㅁ, ㅅ, ㅈ	**03** ③
04 ②	**05** ③	**06** ④　**07** 30 cm²
08 24 cm²	**09** ④	**10** $a=3,\ b=7$
11 ②, ③	**12** ㄱ, ㄹ	

01 ③ 정육면체, ⑤ 오각뿔대는 다면체이다.

> **Self 코칭**
> 다면체는 회전체가 아니다.

05 ③ 원뿔대 – 사다리꼴

06 원뿔을 평면 ④로 자를 때 생기는 단면의 모양은 오른쪽 그림과 같다.

07 주어진 원기둥을 회전축을 포함하는 평면으로 자를 때 생기는 단면은 오른쪽 그림과 같은 직사각형이므로
(단면의 넓이)$=6×5=30(cm^2)$

08 회전체는 오른쪽 그림과 같은 원뿔이고 이를 회전축을 포함하는 평면으로 자를 때 생기는 단면은 이등변삼각형이므로
(단면의 넓이)$=\dfrac{1}{2}×8×6=24(cm^2)$

10 옆면인 직사각형에서 가로의 길이는 밑면인 원의 둘레의 길이와 같으므로
$2π×a=6π$ ∴ $a=3$
세로의 길이는 원기둥의 높이와 같으므로
$b=7$

11 ② 단면이 항상 원인 것은 구이다.
③ 다음 그림과 같이 직각삼각형의 빗변(직각의 대변)을 회전축으로 하여 1회전 시킬 때 생기는 회전체는 원뿔이 아니다.

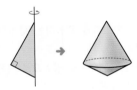

12 ㄴ. 회전체를 어떻게 자르는지에 따라 단면의 모양은 원이 아닐 수도 있다.
ㄷ. 원뿔을 회전축에 수직인 평면으로 자른 단면은 원이다.
따라서 옳은 것은 ㄱ, ㄹ이다.

실력 확인하기 ├114쪽~115쪽┤

01 ④	**02** 22	**03** ③, ⑤	**04** ①
05 정십이면체	**06** ②, ④	**07** ④	**08** ①
09 ③	**10** ④	**11** ②	**12** ④
13 ㄴ, ㄷ, ㄹ			

01 주어진 다면체의 면의 개수를 구하면 다음과 같다.
① $4+2=6$ ② $5+1=6$ ③ $6+2=8$
④ $7+2=9$ ⑤ 8
따라서 면의 개수가 가장 많은 다면체는 ④이다.

02 삼각뿔의 모서리의 개수는 $2×3=6$이므로 $a=6$
사각기둥의 면의 개수는 $4+2=6$이므로 $b=6$
오각뿔대의 꼭짓점의 개수는 $2×5=10$이므로 $c=10$
∴ $a+b+c=6+6+10=22$

03 ① 사각뿔 – 삼각형
② 육각기둥 – 직사각형
④ 팔각뿔 – 삼각형
따라서 바르게 짝 지은 것은 ③, ⑤이다.

04 ① 정사면체는 모든 면이 정삼각형인 삼각뿔이다.
④ 정다면체 중 면의 모양이 삼각형인 것은 정사면체, 정팔면체, 정이십면체의 3가지이다.
따라서 옳지 않은 것은 ①이다.

05 한 꼭짓점에 모인 면의 개수가 3인 정다면체는 정사면체, 정육면체, 정십이면체이고, 이 중 모서리의 개수가 30인 정다면체는 정십이면체이다.

06 회전체는 회전축을 중심으로 좌우가 대칭이므로 회전체가 아닌 것은 ②, ④이다.

07 튜브 모양의 회전체는 원을 회전축에서 떨어뜨려 1회전 시키면 만들어진다.

08 구는 어떤 평면으로 잘라도 그 단면이 항상 원이다.

09 각 단면의 모양은 원기둥을 오른쪽 그림과 같이 자를 때 생긴다.
따라서 원기둥을 한 평면으로 자를 때 생기는 단면의 모양이 아닌 것은 ③이다.

10 회전체는 오른쪽 그림과 같은 원뿔대이고 이를 회전축을 포함하는 평면으로 자를 때 생기는 단면은 사다리꼴이므로
(단면의 넓이)$=\dfrac{1}{2}×(4+8)×6=36(cm^2)$

11 주어진 직각삼각형을 직선 l을 회전축으로 하여 1회전 시킬 때 생기는 입체도형은 원뿔이다.
② 원뿔을 밑면에 평행한 평면으로 자른 단면은 모두 원이지만 그 크기는 다르므로 합동이 아니다.

> **Self 코칭**
> 밑면에 평행한 평면으로 자른 단면은 회전축에 수직인 평면으로 자른 단면과 같다.

12
> **전략 코칭**
> 주어진 전개도로 만들어지는 정팔면체의 겨냥도를 그린다.

주어진 전개도로 정팔면체를 만들면 오른쪽 그림과 같다.
①, ②, ⑤ 한 점에서 만난다.
③ 평행하다.
따라서 $\overline{AB}$와 꼬인 위치에 있는 모서리는 ④이다.

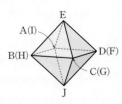

13

각 직선을 회전축으로 하여 직각삼각형을 1회전 시킨 회전체의 겨낭도를 생각한다.

각 직선을 회전축으로 하는 회전체는 다음 그림과 같다.

ㄱ. 　ㄴ.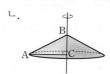

ㄷ. 　ㄹ.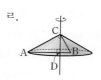

따라서 회전체가 원뿔이 되는 것은 ㄴ, ㄷ, ㄹ이다.

 서술형 문제 ─────────────────116쪽

1 28　　　　　　　　　　**1-1** 18
2 풀이 참조　　　　　　**3** (1) 풀이 참조　(2) 32π cm²

1　채점 기준 1　각뿔 구하기 … 2점
주어진 각뿔을 n각뿔이라 하면 $n+1=10$　∴ $n=9$
즉, 주어진 각뿔은 구각뿔이다.

채점 기준 2　x, y의 값을 각각 구하기 … 3점
구각뿔의 모서리의 개수는 $2\times9=18$이므로 $x=18$
구각뿔의 꼭짓점의 개수는 $9+1=10$이므로 $y=10$

채점 기준 3　$x+y$의 값 구하기 … 1점
$x+y=18+10=28$

1-1　채점 기준 1　각기둥 구하기 … 2점
주어진 각기둥을 n각기둥이라 하면 $2n=20$　∴ $n=10$
즉, 주어진 각기둥은 십각기둥이다.

채점 기준 2　x, y의 값을 각각 구하기 … 3점
십각기둥의 모서리의 개수는 $3\times10=30$이므로 $x=30$
십각기둥의 면의 개수는 $10+2=12$이므로 $y=12$

채점 기준 3　$x-y$의 값 구하기 … 1점
$x-y=30-12=18$

2　오른쪽 그림과 같이 두 꼭짓점 A, B를 잡으면 꼭짓점 A에 모인 면의 개수는 3이고, 꼭짓점 B에 모인 면의 개수는 4이다. …… ❶
즉, 주어진 입체도형은 각 꼭짓점에 모인 면의 개수가 다르다.
따라서 정다면체가 아니다. …… ❷

채점 기준	배점
❶ 각 꼭짓점에 모인 면 개수 확인하기	3점
❷ 정다면체가 아님을 판단하고, 그 이유 설명하기	3점

3　(1) 회전체를 회전축에 수직인 평면으로 자른 단면의 모양은 오른쪽 그림과 같다. …… ❶

(2) (단면의 넓이)$=\pi\times6^2-\pi\times2^2$
$\qquad\qquad\quad =36\pi-4\pi=32\pi$ (cm²) …… ❷

채점 기준	배점
❶ 단면의 모양 그리기	3점
❷ 단면의 넓이 구하기	3점

중단원 마무리 ─────────117쪽 ~ 118쪽

01 2　　**02** ③, ⑤　　**03** 29　　**04** ③
05 14　　**06** ③　　**07** ③　　**08** ②
09 ②　　**10** ④　　**11** ①　　**12** 81π cm²
13 54π　　**14** ㄴ, ㄹ

01　다면체는 삼각기둥, 오각기둥, 사각뿔, 사각뿔대, 오각뿔대, 정십이면체의 6개이므로 $a=6$
회전체는 원기둥, 원뿔, 원뿔대, 구의 4개이므로 $b=4$
∴ $a-b=6-4=2$

02　① 사면체　② 오면체　③ 육면체　④ 칠면체　⑤ 육면체

03　주어진 각뿔대를 n각뿔대라 하면 $3n=27$　∴ $n=9$
구각뿔대의 면의 개수는 $9+2=11$이므로 $x=11$
구각뿔대의 꼭짓점의 개수는 $2\times9=18$이므로 $y=18$
∴ $x+y=11+18=29$

05　㈏, ㈐를 만족시키는 입체도형은 각기둥이다.
각기둥의 밑면은 2개이므로 ㈎를 만족시키는 입체도형은 칠각기둥이다.
따라서 칠각기둥의 꼭짓점의 개수는 $2\times7=14$

06　③ 정팔면체 – 정삼각형

07　각 면이 합동인 정삼각형으로 이루어진 정다면체는 정사면체, 정팔면체, 정이십면체이고, 이 중 한 꼭짓점에 모인 면의 개수가 4인 정다면체는 정팔면체이다.

08　주어진 전개도로 만들어지는 정다면체는 정이십면체이다.
② 정이십면체의 꼭짓점의 개수는 12이다.

10　④

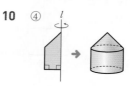

11　각 단면의 모양은 원뿔대를 오른쪽 그림과 같이 자를 때 생긴다.
따라서 원뿔대를 한 평면으로 자를 때 생기는 단면의 모양이 아닌 것은 ①이다.

12 단면의 넓이가 가장 넓을 때는 구의 중심을 지나는 평면으로 자르는 경우이고, 이때의 단면은 반지름의 길이가 9 cm인 원이므로 구하는 넓이는 $\pi \times 9^2 = 81\pi\,(cm^2)$

13 $a=$ (밑면인 원의 둘레의 길이)$=2\pi \times 3 = 6\pi$
$b=$ (원기둥의 높이)$=9$
$\therefore ab = 6\pi \times 9 = 54\pi$

14 ㄱ. 구의 회전축은 무수히 많다.
ㄷ. 원뿔대의 두 밑면은 평행하지만 합동은 아니다.
따라서 옳은 것은 ㄴ, ㄹ이다.

교과서에서 **쏙** 배운 **문제** ────────────────────| 119쪽 |

1 16

2 정육각형, 정육각형, 정오각형, 20, 12

3 4π cm

4 (1) 102 cm² (2) 36π cm²

---

1 주어진 각뿔대를 n각뿔대라 하면
면의 개수는 $n+2$, 모서리의 개수는 $3n$이고
$n \geq 3$에서 $n+2 < 3n$이므로
$3n-(n+2)=14$, $2n=16$ $\therefore n=8$
따라서 팔각뿔대의 꼭짓점의 개수는 $2 \times 8 = 16$

> **Self 코칭**
> n각뿔대에서 면의 개수는 $n+2$, 모서리의 개수는 $3n$, 꼭짓점의 개수는 $2n$이다.

3 원기둥의 높이를 h cm라 하면 원기둥을 회전축에 수직인 평면으로 자른 단면은 반지름의 길이가 8 cm인 원이고, 회전축을 포함하는 평면으로 자른 단면은 가로의 길이가 $8 \times 2 = 16\,(cm)$, 세로의 길이가 h cm인 직사각형이다.

두 도형의 넓이가 같으므로
$\pi \times 8^2 = 16 \times h$ $\therefore h = 4\pi$
따라서 원기둥의 높이는 4π cm이다.

4 (1) 회전축을 포함하는 평면으로 자른 단면은 오른쪽 그림과 같으므로 구하는 넓이는

$\frac{1}{2} \times 12 \times 8 + \frac{1}{2} \times (12+6) \times 6$
$= 48 + 54 = 102\,(cm^2)$

(2) 회전축에 수직인 평면으로 자른 단면은 원이고, 넓이가 최대인 경우는 반지름의 길이가 가장 긴 6 cm일 때이므로 구하는 넓이는
$\pi \times 6^2 = 36\pi\,(cm^2)$

---

2 | 입체도형의 겉넓이와 부피

01 기둥의 겉넓이와 부피

────────────| 121쪽 ~ 122쪽 |

1	(1) $a=3$, $b=4$, $c=6$		(2) 84 cm²
1-1	(1) 30 cm²	(2) 66 cm²	(3) 126 cm²
2	(1) $a=4$, $b=8\pi$, $c=9$		(2) 104π cm²
2-1	(1) 25π cm²	(2) 90π cm²	(3) 140π cm²
3	(1) 14 cm²	(2) 6 cm	(3) 84 cm³
3-1	(1) 30 cm²	(2) 9 cm	(3) 270 cm³
4	(1) 25π cm²	(2) 10 cm	(3) 250π cm³
4-1	(1) 16π cm²	(2) 6 cm	(3) 96π cm³

1 (2) (밑넓이)$=\frac{1}{2} \times 3 \times 4 = 6\,(cm^2)$
(옆넓이)$=(3+5+4) \times 6 = 72\,(cm^2)$
$\therefore$ (겉넓이)$=$(밑넓이)$\times 2 +$(옆넓이)
$= 6 \times 2 + 72 = 84\,(cm^2)$

1-1 (1) (밑넓이)$=6 \times 5 = 30\,(cm^2)$
(2) (옆넓이)$=(6+5+6+5) \times 3 = 66\,(cm^2)$
(3) (겉넓이)$=$(밑넓이)$\times 2 +$(옆넓이)
$= 30 \times 2 + 66 = 126\,(cm^2)$

2 (2) (밑넓이)$=\pi \times 4^2 = 16\pi\,(cm^2)$
(옆넓이)$=(2\pi \times 4) \times 9 = 72\pi\,(cm^2)$
$\therefore$ (겉넓이)$=$(밑넓이)$\times 2 +$(옆넓이)
$= 16\pi \times 2 + 72\pi = 104\pi\,(cm^2)$

2-1 (1) (밑넓이)$=\pi \times 5^2 = 25\pi\,(cm^2)$
(2) (옆넓이)$=(2\pi \times 5) \times 9 = 90\pi\,(cm^2)$
(3) (겉넓이)$=$(밑넓이)$\times 2 +$(옆넓이)
$= 25\pi \times 2 + 90\pi = 140\pi\,(cm^2)$

3 (1) (밑넓이)$=\frac{1}{2} \times 7 \times 4 = 14\,(cm^2)$
(3) (부피)$=$(밑넓이)$\times$(높이)$=14 \times 6 = 84\,(cm^3)$

3-1 (1) (밑넓이)$=\frac{1}{2} \times (8+4) \times 5 = 30\,(cm^2)$
(3) (부피)$=$(밑넓이)$\times$(높이)$=30 \times 9 = 270\,(cm^3)$

> **Self 코칭**
> (사다리꼴의 넓이)
> $=\frac{1}{2} \times \{$(윗변의 길이)$+$(아랫변의 길이)$\} \times$(높이)

4 (1) (밑넓이)$=\pi \times 5^2 = 25\pi\,(cm^2)$
(3) (부피)$=$(밑넓이)$\times$(높이)$=25\pi \times 10 = 250\pi\,(cm^3)$

4-1 (1) 밑면의 반지름의 길이가 4 cm이므로
(밑넓이)$=\pi \times 4^2 = 16\pi\,(cm^2)$
(3) (부피)$=$(밑넓이)$\times$(높이)$=16\pi \times 6 = 96\pi\,(cm^3)$

01 겉넓이 : 96 cm², 부피 : 42 cm³

02 겉넓이 : 536 cm², 부피 : 560 cm³

03 겉넓이 : 54π cm², 부피 : 54π cm³

04 겉넓이 : 36π cm², 부피 : 28π cm³

05 겉넓이 : 288 cm², 부피 : 240 cm³

06 겉넓이 : 48π cm², 부피 : 45π cm³

07 8 cm

08 9 cm

09 겉넓이 : $(26\pi+80)$ cm², 부피 : 40π cm³

10 겉넓이 : $(99\pi+60)$ cm², 부피 : 135π cm³

11 겉넓이 : 288 cm², 부피 : 224 cm³

12 겉넓이 : 160π cm², 부피 : 192π cm³

13 겉넓이 : 42π cm², 부피 : 36π cm³

14 243π cm³

---

01 $(밑넓이)=\dfrac{1}{2}\times 3\times 4=6(cm^2)$

$(옆넓이)=(3+4+5)\times 7=84(cm^2)$

$\therefore (겉넓이)=6\times 2+84=96(cm^2)$

$(부피)=6\times 7=42(cm^3)$

02 $(밑넓이)=\dfrac{1}{2}\times(4+10)\times 4=28(cm^2)$

$(옆넓이)=(4+5+10+5)\times 20=480(cm^2)$

$\therefore (겉넓이)=28\times 2+480=536(cm^2)$

$(부피)=28\times 20=560(cm^3)$

03 $(밑넓이)=\pi\times 3^2=9\pi(cm^2)$

$(옆넓이)=(2\pi\times 3)\times 6=36\pi(cm^2)$

$\therefore (겉넓이)=9\pi\times 2+36\pi=54\pi(cm^2)$

$(부피)=9\pi\times 6=54\pi(cm^3)$

04 밑면의 반지름의 길이가 2 cm이므로

$(밑넓이)=\pi\times 2^2=4\pi(cm^2)$

$(옆넓이)=(2\pi\times 2)\times 7=28\pi(cm^2)$

$\therefore (겉넓이)=4\pi\times 2+28\pi=36\pi(cm^2)$

$(부피)=4\pi\times 7=28\pi(cm^3)$

05 $(밑넓이)=\dfrac{1}{2}\times 6\times 8=24(cm^2)$

$(옆넓이)=(6+8+10)\times 10=240(cm^2)$

$\therefore (겉넓이)=24\times 2+240=288(cm^2)$

$(부피)=24\times 10=240(cm^3)$

06 밑면의 반지름의 길이를 r cm라 하면

$2\pi r=6\pi$ $\therefore r=3$

$(밑넓이)=\pi\times 3^2=9\pi(cm^2)$

$(옆넓이)=6\pi\times 5=30\pi(cm^2)$

$\therefore (겉넓이)=9\pi\times 2+30\pi=48\pi(cm^2)$

$(부피)=9\pi\times 5=45\pi(cm^3)$

Self 코칭

원기둥의 전개도에서

(직사각형의 가로의 길이)＝(밑면의 둘레의 길이)

07 사각기둥의 높이를 h cm라 하면

$(부피)=\left\{\dfrac{1}{2}\times(6+12)\times 4\right\}\times h=36h(cm^3)$

즉, $36h=288$이므로 $h=8$

따라서 사각기둥의 높이는 8 cm이다.

08 원기둥의 높이를 h cm라 하면

$(밑넓이)=\pi\times 6^2=36\pi(cm^2)$

$(옆넓이)=(2\pi\times 6)\times h=12\pi h(cm^2)$

$\therefore (겉넓이)=36\pi\times 2+12\pi h$

$=72\pi+12\pi h(cm^2)$

즉, $72\pi+12\pi h=180\pi$이므로

$12\pi h=108\pi$ $\therefore h=9$

따라서 원기둥의 높이는 9 cm이다.

09 $(밑넓이)=\pi\times 5^2\times\dfrac{72}{360}=5\pi(cm^2)$

$(옆넓이)=\left(2\pi\times 5\times\dfrac{72}{360}+5+5\right)\times 8=16\pi+80(cm^2)$

$\therefore (겉넓이)=5\pi\times 2+(16\pi+80)=26\pi+80(cm^2)$

$(부피)=5\pi\times 8=40\pi(cm^3)$

10 $(밑넓이)=\pi\times 6^2\times\dfrac{270}{360}=27\pi(cm^2)$

$(옆넓이)=\left(2\pi\times 6\times\dfrac{270}{360}+6+6\right)\times 5$

$=45\pi+60(cm^2)$

$\therefore (겉넓이)=27\pi\times 2+(45\pi+60)$

$=99\pi+60(cm^2)$

$(부피)=27\pi\times 5=135\pi(cm^3)$

11 $(밑넓이)=6\times 6-2\times 2=32(cm^2)$

$(옆넓이)=(6+6+6+6)\times 7+(2+2+2+2)\times 7$

$=168+56=224(cm^2)$

$\therefore (겉넓이)=32\times 2+224=288(cm^2)$

$(부피)=(6\times 6)\times 7-(2\times 2)\times 7$

$=252-28=224(cm^3)$

[다른풀이]

밑넓이가 32 cm²이므로

$(부피)=32\times 7=224(cm^3)$

12 $(밑넓이)=\pi\times 6^2-\pi\times 2^2=32\pi(cm^2)$

$(옆넓이)=(2\pi\times 6)\times 6+(2\pi\times 2)\times 6$

$=72\pi+24\pi=96\pi(cm^2)$

$\therefore (겉넓이)=32\pi\times 2+96\pi=160\pi(cm^2)$

$(부피)=(\pi\times 6^2)\times 6-(\pi\times 2^2)\times 6$

$=216\pi-24\pi=192\pi(cm^3)$

[다른풀이]

밑넓이가 32π cm²이므로

$(부피)=32\pi\times 6=192\pi(cm^3)$

13 주어진 직사각형을 직선 l을 회전축으로 하여 1회전 시킬 때 생기는 회전체는 오른쪽 그림과 같다.

∴ (겉넓이)$=(\pi\times3^2)\times2$
$\qquad\qquad\qquad +(2\pi\times3)\times4$
$\qquad\quad =18\pi+24\pi=42\pi(\text{cm}^2)$
(부피)$=(\pi\times3^2)\times4=36\pi(\text{cm}^3)$

14 주어진 직사각형을 직선 l을 회전축으로 하여 1회전 시킬 때 생기는 회전체는 오른쪽 그림과 같다.

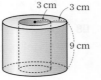

∴ (부피)$=(\pi\times6^2)\times9-(\pi\times3^2)\times9$
$\qquad\quad =324\pi-81\pi=243\pi(\text{cm}^3)$

02 뿔의 겉넓이와 부피

─ 126쪽~128쪽 ─

1	(1) $a=5$, $b=7$	(2) $95\ \text{cm}^2$	
1-1	(1) $144\ \text{cm}^2$	(2) $240\ \text{cm}^2$	(3) $384\ \text{cm}^2$
2	(1) $a=10$, $b=6$	(2) $96\pi\ \text{cm}^2$	
2-1	(1) $16\pi\ \text{cm}^2$	(2) $36\pi\ \text{cm}^2$	(3) $52\pi\ \text{cm}^2$
3	(1) $36\ \text{cm}^2$	(2) $7\ \text{cm}$	(3) $84\ \text{cm}^3$
3-1	(1) $12\ \text{cm}^2$	(2) $5\ \text{cm}$	(3) $20\ \text{cm}^3$
4	(1) $16\pi\ \text{cm}^2$	(2) $6\ \text{cm}$	(3) $32\pi\ \text{cm}^3$
4-1	(1) $25\pi\ \text{cm}^2$	(2) $9\ \text{cm}$	(3) $75\pi\ \text{cm}^3$
5	$468\ \text{cm}^2$	**5-1**	$152\pi\ \text{cm}^2$
6	$2800\ \text{cm}^3$	**6-1**	$312\pi\ \text{cm}^3$

1 (2) (밑넓이)$=5\times5=25(\text{cm}^2)$

(옆넓이)$=\left(\dfrac{1}{2}\times5\times7\right)\times4=70(\text{cm}^2)$

∴ (겉넓이)$=$(밑넓이)$+$(옆넓이)$=25+70=95(\text{cm}^2)$

1-1 (1) (밑넓이)$=12\times12=144(\text{cm}^2)$

(2) (옆넓이)$=\left(\dfrac{1}{2}\times12\times10\right)\times4=240(\text{cm}^2)$

(3) (겉넓이)$=$(밑넓이)$+$(옆넓이)$=144+240=384(\text{cm}^2)$

2 (2) (밑넓이)$=\pi\times6^2=36\pi(\text{cm}^2)$

(옆넓이)$=\pi\times6\times10=60\pi(\text{cm}^2)$

∴ (겉넓이)$=$(밑넓이)$+$(옆넓이)$=36\pi+60\pi$
$\qquad\qquad\qquad =96\pi(\text{cm}^2)$

2-1 (1) (밑넓이)$=\pi\times4^2=16\pi(\text{cm}^2)$

(2) (옆넓이)$=\pi\times4\times9=36\pi(\text{cm}^2)$

(3) (겉넓이)$=$(밑넓이)$+$(옆넓이)
$\qquad\qquad =16\pi+36\pi=52\pi(\text{cm}^2)$

3 (1) (밑넓이)$=6\times6=36(\text{cm}^2)$

(3) (부피)$=\dfrac{1}{3}\times36\times7=84(\text{cm}^3)$

3-1 (1) (밑넓이)$=\dfrac{1}{2}\times4\times6=12(\text{cm}^2)$

(3) (부피)$=\dfrac{1}{3}\times12\times5=20(\text{cm}^3)$

4 (1) (밑넓이)$=\pi\times4^2=16\pi(\text{cm}^2)$

(3) (부피)$=\dfrac{1}{3}\times16\pi\times6=32\pi(\text{cm}^3)$

4-1 (1) 밑면의 반지름의 길이가 $5\ \text{cm}$이므로
$\qquad$(밑넓이)$=\pi\times5^2=25\pi(\text{cm}^2)$

(3) (부피)$=\dfrac{1}{3}\times25\pi\times9=75\pi(\text{cm}^3)$

5 (두 밑넓이의 합)$=6\times6+12\times12$
$\qquad\qquad\qquad\quad =36+144=180(\text{cm}^2)$

(옆넓이)$=\left\{\dfrac{1}{2}\times(6+12)\times8\right\}\times4=288(\text{cm}^2)$

∴ (겉넓이)$=$(두 밑넓이의 합)$+$(옆넓이)
$\qquad\qquad =180+288=468(\text{cm}^2)$

5-1 (두 밑넓이의 합)$=\pi\times4^2+\pi\times8^2$
$\qquad\qquad\qquad\quad =16\pi+64\pi=80\pi(\text{cm}^2)$

(옆넓이)$=\pi\times8\times12-\pi\times4\times6$
$\qquad\quad =96\pi-24\pi=72\pi(\text{cm}^2)$

∴ (겉넓이)$=$(두 밑넓이의 합)$+$(옆넓이)
$\qquad\qquad =80\pi+72\pi=152\pi(\text{cm}^2)$

6 (부피)$=\dfrac{1}{3}\times(20\times20)\times24-\dfrac{1}{3}\times(10\times10)\times12$
$\qquad\quad =3200-400=2800(\text{cm}^3)$

6-1 (부피)$=\dfrac{1}{3}\times(\pi\times9^2)\times12-\dfrac{1}{3}\times(\pi\times3^2)\times4$
$\qquad\quad =324\pi-12\pi=312\pi(\text{cm}^3)$

개념 완성하기

─ 129쪽~130쪽 ─

01 $56\ \text{cm}^2$	**02** $20\ \text{cm}^3$	**03** $27\pi\ \text{cm}^2$	**04** $96\pi\ \text{cm}^3$
05 $\dfrac{316}{3}\ \text{cm}^3$	**06** $140\pi\ \text{cm}^2$	**07** $64\pi\ \text{cm}^2$	**08** $50\ \text{cm}^3$
09 8	**10** $9\ \text{cm}$	**11** $90\pi\ \text{cm}^2$	**12** $84\pi\ \text{cm}^3$
13 (1) $12\ \text{cm}^2$	(2) $5\ \text{cm}$	(3) $20\ \text{cm}^3$	**14** $36\ \text{cm}^3$

01 (겉넓이)$=4\times4+\left(\dfrac{1}{2}\times4\times5\right)\times4$
$\qquad\qquad =16+40=56(\text{cm}^2)$

02 (부피)$=\dfrac{1}{3}\times\left(\dfrac{1}{2}\times6\times4\right)\times5=20(\text{cm}^3)$

03 (겉넓이)$=\pi\times3^2+\pi\times3\times6$
$\qquad\qquad =9\pi+18\pi=27\pi(\text{cm}^2)$

04 밑면의 반지름의 길이가 $6\ \text{cm}$이므로
$\qquad$(부피)$=\dfrac{1}{3}\times(\pi\times6^2)\times8=96\pi(\text{cm}^3)$

05 $(부피)=\dfrac{1}{3}\times(7\times7)\times7-\dfrac{1}{3}\times(3\times3)\times3$

$\qquad\quad=\dfrac{343}{3}-9=\dfrac{316}{3}(\text{cm}^3)$

06 $(두\ 밑넓이의\ 합)=\pi\times4^2+\pi\times8^2$

$\qquad\qquad\qquad\quad=16\pi+64\pi=80\pi(\text{cm}^2)$

$(옆넓이)=\pi\times8\times10-\pi\times4\times5$

$\qquad\qquad=80\pi-20\pi=60\pi(\text{cm}^2)$

$\therefore(겉넓이)=80\pi+60\pi=140\pi(\text{cm}^2)$

> **Self 코칭**
>
> $(원뿔대의\ 겉넓이)$
>
> $=(두\ 밑넓이의\ 합)+(옆넓이)$
>
> $=(두\ 밑넓이의\ 합)$
>
> $\qquad+\{(큰\ 부채꼴의\ 넓이)-(작은\ 부채꼴의\ 넓이)\}$

07 밑면의 반지름의 길이를 r cm라 하면

$2\pi r=2\pi\times12\times\dfrac{120}{360},\ 2\pi r=8\pi\qquad\therefore r=4$

$\therefore(겉넓이)=\pi\times4^2+\pi\times4\times12$

$\qquad\qquad\quad=16\pi+48\pi=64\pi(\text{cm}^2)$

08 $(부피)=\dfrac{1}{3}\times(5\times5)\times6=50(\text{cm}^3)$

09 $(겉넓이)=5\times5+\left(\dfrac{1}{2}\times5\times x\right)\times4=25+10x(\text{cm}^2)$

즉, $25+10x=105$이므로

$10x=80\qquad\therefore x=8$

10 원뿔의 높이를 h cm라 하면

$(부피)=\dfrac{1}{3}\times(\pi\times4^2)\times h=\dfrac{16}{3}\pi h(\text{cm}^3)$

즉, $\dfrac{16}{3}\pi h=48\pi$이므로 $h=9$

따라서 원뿔의 높이는 9 cm이다.

11 주어진 직각삼각형을 직선 l을 회전축으로 하여 1회전 시킬 때 생기는 회전체는 오른쪽 그림과 같다.

$\therefore(겉넓이)=\pi\times5^2+\pi\times5\times13$

$\qquad\qquad\quad=25\pi+65\pi=90\pi(\text{cm}^2)$

12 주어진 사다리꼴을 직선 l을 회전축으로 하여 1회전 시킬 때 생기는 회전체는 오른쪽 그림과 같다.

$\therefore(부피)=\dfrac{1}{3}\times(\pi\times6^2)\times8$

$\qquad\qquad-\dfrac{1}{3}\times(\pi\times3^2)\times4$

$\qquad\quad=96\pi-12\pi=84\pi(\text{cm}^3)$

13 (1) $(넓이)=\dfrac{1}{2}\times6\times4=12(\text{cm}^2)$

(3) $(부피)=\dfrac{1}{3}\times12\times5=20(\text{cm}^3)$

14 $(부피)=\dfrac{1}{3}\times\left(\dfrac{1}{2}\times6\times6\right)\times6=36(\text{cm}^3)$

---

03 구의 겉넓이와 부피

132쪽

1	144π cm^2	**1-1**	100π cm^2
2	36π cm^3	**2-1**	288π cm^3

1 $(겉넓이)=4\pi\times6^2=144\pi(\text{cm}^2)$

1-1 구의 반지름의 길이가 5 cm이므로

$(겉넓이)=4\pi\times5^2=100\pi(\text{cm}^2)$

2 $(부피)=\dfrac{4}{3}\pi\times3^3=36\pi(\text{cm}^3)$

2-1 구의 반지름의 길이가 6 cm이므로

$(부피)=\dfrac{4}{3}\pi\times6^3=288\pi(\text{cm}^3)$

개념 완성하기

133쪽

01 겉넓이 : 324π cm^2, 부피 : 972π cm^3

02 겉넓이 : 64π cm^2, 부피 : $\dfrac{256}{3}\pi$ cm^3

03 겉넓이 : 300π cm^2, 부피 : $\dfrac{2000}{3}\pi$ cm^3

04 64π cm^3

05 겉넓이 : 132π cm^2, 부피 : 240π cm^3

06 겉넓이 : 57π cm^2, 부피 : 63π cm^3

07 36π cm^3

08 $\dfrac{32}{3}\pi$ cm^3

01 $(겉넓이)=4\pi\times9^2=324\pi(\text{cm}^2)$

$(부피)=\dfrac{4}{3}\pi\times9^3=972\pi(\text{cm}^3)$

02 구의 반지름의 길이가 4 cm이므로

$(겉넓이)=4\pi\times4^2=64\pi(\text{cm}^2)$

$(부피)=\dfrac{4}{3}\pi\times4^3=\dfrac{256}{3}\pi(\text{cm}^3)$

03 $(겉넓이)=(4\pi\times10^2)\times\dfrac{1}{2}+\pi\times10^2$

$\qquad\qquad=200\pi+100\pi=300\pi(\text{cm}^2)$

$(부피)=\left(\dfrac{4}{3}\pi\times10^3\right)\times\dfrac{1}{2}=\dfrac{2000}{3}\pi(\text{cm}^3)$

04 $(부피)=\left(\dfrac{4}{3}\pi\times4^3\right)\times\dfrac{3}{4}=64\pi(\text{cm}^3)$

05 $(겉넓이)=(4\pi\times6^2)\times\dfrac{1}{2}+\pi\times6\times10$

$\qquad\qquad=72\pi+60\pi=132\pi(\text{cm}^2)$

$(부피)=\left(\dfrac{4}{3}\pi\times6^3\right)\times\dfrac{1}{2}+\dfrac{1}{3}\times(\pi\times6^2)\times8$

$\qquad\quad=144\pi+96\pi=240\pi(\text{cm}^3)$

06 $(겉넓이)=(4\pi\times3^2)\times\dfrac{1}{2}+(2\pi\times3)\times5+\pi\times3^2$

$\qquad\qquad=18\pi+30\pi+9\pi=57\pi\,(\mathrm{cm}^2)$

$\quad(부피)=\left(\dfrac{4}{3}\pi\times3^3\right)\times\dfrac{1}{2}+(\pi\times3^2)\times5$

$\qquad\qquad=18\pi+45\pi=63\pi\,(\mathrm{cm}^3)$

> **Self 코칭**
> - (주어진 입체도형의 겉넓이)
> $=(구의 겉넓이)\times\dfrac{1}{2}+(원기둥의 옆넓이)$
> $\qquad\qquad\qquad\qquad\quad+(원기둥의 밑넓이)$
> - (주어진 입체도형의 부피)
> $=(반구의 부피)+(원기둥의 부피)$

07 구의 반지름의 길이를 $r\,\mathrm{cm}$라 하면

$\quad(원기둥의 부피)=\pi r^2\times2r=2\pi r^3\,(\mathrm{cm}^3)$

$\quad$즉, $2\pi r^3=54\pi$이므로 $r^3=27$

$\quad\therefore (구의 부피)=\dfrac{4}{3}\pi r^3=\dfrac{4}{3}\pi\times27=36\pi\,(\mathrm{cm}^3)$

> **다른풀이**

$(구의 부피):(원기둥의 부피)=2:3$이므로

구의 부피를 $V\,\mathrm{cm}^3$라 하면

$V:54\pi=2:3\qquad\therefore V=36\pi$

따라서 구의 부피는 $36\pi\,\mathrm{cm}^3$이다.

08 구의 반지름의 길이를 $r\,\mathrm{cm}$라 하면

$\quad(원기둥의 부피)=\pi r^2\times4r=4\pi r^3\,(\mathrm{cm}^3)$

$\quad$즉, $4\pi r^3=32\pi$이므로 $r^3=8$

$\quad\therefore (구 한 개의 부피)=\dfrac{4}{3}\pi r^3=\dfrac{4}{3}\pi\times8=\dfrac{32}{3}\pi\,(\mathrm{cm}^3)$

🫘 실력 확인하기 ├─134쪽 ~ 135쪽─┤

01 ⑤ **02** 겉넓이 : $96\pi\,\mathrm{cm}^2$, 부피 : $91\pi\,\mathrm{cm}^3$

03 $606\,\mathrm{cm}^2$ **04** $(42\pi+96)\,\mathrm{cm}^2$

05 $(18\pi+320)\,\mathrm{cm}^2$

06 겉넓이 : $48\pi\,\mathrm{cm}^2$, 부피 : $45\pi\,\mathrm{cm}^3$ **07** $30\pi\,\mathrm{cm}^3$

08 $96\,\mathrm{cm}^2$ **09** $92\pi\,\mathrm{cm}^2$ **10** $162\,\mathrm{cm}^3$ **11** ④

12 $84\pi\,\mathrm{cm}^2$ **13** $144\pi\,\mathrm{cm}^3$ **14** $200\,\mathrm{cm}^3$ **15** $192\pi\,\mathrm{cm}^2$

16 $8\,\mathrm{cm}$

01 $(밑넓이)=\dfrac{1}{2}\times8\times6+\dfrac{1}{2}\times8\times4$

$\qquad\qquad=24+16=40\,(\mathrm{cm}^2)$

$\quad\therefore (부피)=40\times5=200\,(\mathrm{cm}^3)$

02 $(겉넓이)=(\pi\times5^2)\times2+(2\pi\times5)\times3+(2\pi\times2)\times4$

$\qquad\qquad=50\pi+30\pi+16\pi=96\pi\,(\mathrm{cm}^2)$

$\quad(부피)=(\pi\times5^2)\times3+(\pi\times2^2)\times4$

$\qquad\qquad=75\pi+16\pi=91\pi\,(\mathrm{cm}^3)$

> **Self 코칭**
> $(겉넓이)=(큰 원기둥의 밑넓이)\times2+(큰 원기둥의 옆넓이)$
> $\qquad\qquad\qquad\qquad\qquad+(작은 원기둥의 옆넓이)$
> $(부피)=(큰 원기둥의 부피)+(작은 원기둥의 부피)$

03 $(겉넓이)=\left\{\dfrac{1}{2}\times(9+15)\times4\right\}\times2+(5+15+5+9)\times15$

$\qquad\qquad=96+510=606\,(\mathrm{cm}^2)$

04 $(겉넓이)=\left(\pi\times6^2\times\dfrac{90}{360}\right)\times2+\left(2\pi\times6\times\dfrac{90}{360}+6+6\right)\times8$

$\qquad\qquad=18\pi+(3\pi+12)\times8$

$\qquad\qquad=18\pi+24\pi+96$

$\qquad\qquad=42\pi+96\,(\mathrm{cm}^2)$

05 $(밑넓이)=8\times8-\pi\times3^2$

$\qquad\qquad=64-9\pi\,(\mathrm{cm}^2)$

$\quad(옆넓이)=(8+8+8+8)\times6+(2\pi\times3)\times6$

$\qquad\qquad=192+36\pi\,(\mathrm{cm}^2)$

$\quad\therefore (겉넓이)=(64-9\pi)\times2+192+36\pi$

$\qquad\qquad=18\pi+320\,(\mathrm{cm}^2)$

> **Self 코칭**
> $(겉넓이)=(구멍이 뚫린 두 밑넓이의 합)$
> $\qquad\qquad\qquad+(각기둥의 옆넓이)+(원기둥의 옆넓이)$

06 직사각형 ABCD를 $\overline{\mathrm{AD}}$를 회전축으로 하여 1회전 시킬 때 생기는 회전체는 오른쪽 그림과 같다.

$\quad\therefore (겉넓이)=(\pi\times3^2)\times2+(2\pi\times3)\times5$

$\qquad\qquad=18\pi+30\pi=48\pi\,(\mathrm{cm}^2)$

$\quad(부피)=(\pi\times3^2)\times5=45\pi\,(\mathrm{cm}^3)$

07 $(부피)=\dfrac{1}{3}\times(\pi\times3^2)\times4+\dfrac{1}{3}\times(\pi\times3^2)\times6$

$\qquad\qquad=12\pi+18\pi=30\pi\,(\mathrm{cm}^3)$

> **Self 코칭**
> $(부피)=(위쪽 원뿔의 부피)+(아래쪽 원뿔의 부피)$

08 정사각뿔의 밑면의 한 변의 길이를 $x\,\mathrm{cm}$라 하면

$\quad(부피)=\dfrac{1}{3}\times x^2\times4=\dfrac{4}{3}x^2\,(\mathrm{cm}^3)$

$\quad$즉, $\dfrac{4}{3}x^2=48$이므로

$\quad x^2=36=6^2$에서 $x=6$

$\quad\therefore (겉넓이)=6\times6+\left(\dfrac{1}{2}\times6\times5\right)\times4$

$\qquad\qquad=36+60=96\,(\mathrm{cm}^2)$

09 주어진 사다리꼴을 직선 l을 회전축으로 하여 1회전 시킬 때 생기는 회전체는 오른쪽 그림과 같다.

$$\therefore (겉넓이) = \pi \times 4^2 + \pi \times 6^2$$
$$+ (\pi \times 6 \times 12 - \pi \times 4 \times 8)$$
$$= 16\pi + 36\pi + (72\pi - 32\pi)$$
$$= 92\pi(\text{cm}^2)$$

10 $(부피) = \dfrac{1}{3} \times \left(\dfrac{1}{2} \times 18 \times 9\right) \times 6 = 162(\text{cm}^3)$

Self 코칭

직육면체의 한쪽 모퉁이를 잘라서 만든 오른쪽 그림과 같은 입체도형도 각뿔이므로
$(부피) = \dfrac{1}{3} \times (밑넓이) \times (높이) = \dfrac{1}{3}Sh$

11 $(부피) = \left(\dfrac{4}{3}\pi \times 6^3\right) \times \dfrac{7}{8} = 252\pi(\text{cm}^3)$

12 $(겉넓이)$

$= (원뿔의 옆넓이) + (원기둥의 옆넓이) + (구의 겉넓이) \times \dfrac{1}{2}$

$= \pi \times 3 \times 6 + (2\pi \times 3) \times 8 + (4\pi \times 3^2) \times \dfrac{1}{2}$

$= 18\pi + 48\pi + 18\pi$

$= 84\pi(\text{cm}^2)$

13 구의 반지름의 길이를 r cm라 하면
$(원기둥의 부피) = \pi r^2 \times 2r = 2\pi r^3 (\text{cm}^3)$
즉, $2\pi r^3 = 432\pi$이므로
$r^3 = 216 = 6^3$에서 $r = 6$
$\therefore (구의 부피) - (원뿔의 부피)$
$$= \dfrac{4}{3}\pi \times 6^3 - \dfrac{1}{3} \times (\pi \times 6^2) \times 12$$
$$= 288\pi - 144\pi = 144\pi(\text{cm}^3)$$

다른 풀이
$(원뿔의 부피) : (구의 부피) : (원기둥의 부피) = 1 : 2 : 3$
이므로
$(원뿔의 부피) : (구의 부피) : 432\pi = 1 : 2 : 3$
$\therefore (원뿔의 부피) = 144\pi(\text{cm}^3), (구의 부피) = 288\pi(\text{cm}^3)$
따라서 구와 원뿔의 부피의 차는
$288\pi - 144\pi = 144\pi(\text{cm}^3)$

14 **전략 코칭**

주어진 입체도형은 가로의 길이, 세로의 길이, 높이가 각각 8 cm, 7 cm, 4 cm인 직육면체에서 가로의 길이, 세로의 길이, 높이가 각각 2 cm, 3 cm, 4 cm인 직육면체를 잘라 낸 것과 같음을 이용하여 부피를 구한다.

$(부피) = (큰 직육면체의 부피)$
$\qquad - (잘라 낸 작은 직육면체의 부피)$
$= (6+2) \times (3+4) \times 4 - 2 \times 3 \times 4$
$= 224 - 24 = 200(\text{cm}^3)$

15 **전략 코칭**

주어진 입체도형을 부피를 구할 수 있는 입체도형으로 나누어 본다.

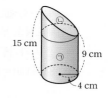

주어진 입체도형을 오른쪽 그림과 같이 ㉠, ㉡의 두 부분으로 나누면 ㉠의 부피는 밑면의 반지름의 길이가 4 cm, 높이가 9 cm인 원기둥의 부피와 같고 ㉡의 부피는 밑면의 반지름의 길이가 4 cm, 높이가 $15 - 9 = 6(\text{cm})$인 원기둥의 부피의 $\dfrac{1}{2}$과 같다.

$\therefore (부피) = (㉠의 부피) + (㉡의 부피)$
$$= (\pi \times 4^2) \times 9 + (\pi \times 4^2 \times 6) \times \dfrac{1}{2}$$
$$= 144\pi + 48\pi = 192\pi(\text{cm}^3)$$

다른 풀이
주어진 입체도형의 부피는 오른쪽 그림과 같이 밑면의 반지름의 길이가 4 cm, 높이가 $15 + 9 = 24(\text{cm})$인 원기둥의 부피의 $\dfrac{1}{2}$과 같다.

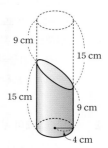

$\therefore (부피) = (\pi \times 4^2) \times 24 \times \dfrac{1}{2}$
$$= 192\pi(\text{cm}^3)$$

16 **전략 코칭**

옆면인 부채꼴의 호의 길이를 이용하여 원뿔의 밑면의 반지름의 길이를 먼저 구하고, 원뿔의 부피를 이용하여 원뿔의 높이를 구한다.

주어진 부채꼴을 옆면으로 하는 원뿔의 밑면의 반지름의 길이를 r cm라 하면
$2\pi r = 2\pi \times 10 \times \dfrac{216}{360}$
$\therefore r = 6$
원뿔의 높이를 h cm라 하면
$(부피) = \dfrac{1}{3} \times (\pi \times 6^2) \times h = 12\pi h(\text{cm}^3)$
즉, $12\pi h = 96\pi$이므로 $h = 8$
따라서 원뿔의 높이는 8 cm이다.

서술형 문제 ——136쪽

1 234 cm³   **1-1** 192π cm³

2 18 cm   **3** 108π cm²

1

1 채점 기준 1 | 큰 사각기둥의 부피 구하기 ··· 2점

(큰 사각기둥의 부피) $= (8 \times 8) \times 6 = 384(\text{cm}^3)$

채점 기준 2 | 작은 사각기둥의 부피 구하기 ··· 2점

(작은 사각기둥의 부피) $= (5 \times 5) \times 6 = 150(\text{cm}^3)$

채점 기준 3 | 입체도형의 부피 구하기 ··· 2점

(입체도형의 부피)

$=$ (큰 사각기둥의 부피) $-$ (작은 사각기둥의 부피)

$= 384 - 150 = 234(\text{cm}^3)$

1-1 채점 기준 1 | 큰 원기둥의 부피 구하기 ··· 2점

큰 원기둥의 밑면의 반지름의 길이는 5 cm이므로

(큰 원기둥의 부피) $= (\pi \times 5^2) \times 12 = 300\pi(\text{cm}^3)$

채점 기준 2 | 작은 원기둥의 부피 구하기 ··· 2점

작은 원기둥의 밑면의 반지름의 길이는 3 cm이므로

(작은 원기둥의 부피) $= (\pi \times 3^2) \times 12 = 108\pi(\text{cm}^3)$

채점 기준 3 | 입체도형의 부피 구하기 ··· 2점

(입체도형의 부피)

$=$ (큰 원기둥의 부피) $-$ (작은 원기둥의 부피)

$= 300\pi - 108\pi = 192\pi(\text{cm}^3)$

2 (구슬 1개의 부피) $= \frac{4}{3}\pi \times 3^3 = 36\pi(\text{cm}^3)$ ······ ❶

구슬을 3개 넣었을 때 더 올라간 물의 높이를 $h \text{ cm}$라 하면

$\pi \times 6^2 \times h = 36\pi \times 3,\ 36\pi h = 108\pi$

$\therefore h = 3$

따라서 더 올라간 물의 높이는 3 cm이므로 ······ ❷

물의 높이는 $15 + 3 = 18(\text{cm})$가 된다. ······ ❸

채점 기준	배점
❶ 구슬 1개의 부피 구하기	3점
❷ 구슬을 3개 넣었을 때 더 올라간 물의 높이 구하기	3점
❸ 구슬을 3개 넣었을 때 물의 높이는 몇 cm가 되는지 구하기	1점

3 원뿔을 3바퀴 굴렸을 때 원래의 자리로 돌아왔으므로 원 O의 둘레의 길이는 원뿔의 밑면의 둘레의 길이의 3배이다.

······ ❶

원뿔의 밑면의 둘레의 길이는

$2\pi \times 6 = 12\pi(\text{cm})$ ······ ❷

이때 원뿔의 모선의 길이를 $l \text{ cm}$라 하면 원 O의 반지름의 길이가 $l \text{ cm}$이므로

$2\pi l = 12\pi \times 3 \qquad \therefore l = 18$

따라서 모선의 길이는 18 cm이므로 ······ ❸

구하는 원뿔의 옆넓이는

$\pi \times 6 \times 18 = 108\pi(\text{cm}^2)$ ······ ❹

채점 기준	배점
❶ 원 O의 둘레의 길이와 원뿔의 밑면의 둘레의 길이 사이의 관계 알기	1점
❷ 원뿔의 밑면의 둘레의 길이 구하기	2점
❸ 원뿔의 모선의 길이 구하기	2점
❹ 원뿔의 옆넓이 구하기	2점

실전! 중단원 마무리 137쪽 ~ 139쪽

01 ③	**02** 300 cm³	**03** 20π cm²	**04** ③
05 ⑤	**06** ②	**07** ①	**08** 210π cm³
09 ②	**10** 75π cm³	**11** ③	**12** 40π cm²
13 7	**14** 200π cm³		
15 (1) 30 cm³	(2) 970 cm³	**16** 204π cm³	**17** 36분
18 ②	**19** 52π cm²	**20** 18π cm²	
21 원뿔 : 18π cm³, 구 : 36π cm³, 원기둥 : 54π cm³			

01 (겉넓이) $= \left\{ \frac{1}{2} \times (3+7) \times 3 \right\} \times 2 + (3+3+7+5) \times 9$

$= 30 + 162 = 192(\text{cm}^2)$

02 (부피) $= \left(\frac{1}{2} \times 12 \times 5 \right) \times 10 = 300(\text{cm}^3)$

03 (겉넓이) $= (\pi \times 2^2) \times 2 + (2\pi \times 2) \times 3$

$= 8\pi + 12\pi = 20\pi(\text{cm}^2)$

04 밑면의 반지름의 길이를 $r \text{ cm}$라 하면

$2\pi r = 8\pi \qquad \therefore r = 4$

$\therefore$ (부피) $= (\pi \times 4^2) \times 10 = 160\pi(\text{cm}^3)$

05 육각기둥의 높이를 $h \text{ cm}$라 하면

(부피) $= \left\{ 8 \times 8 + \left(\frac{1}{2} \times 8 \times 3 \right) \times 2 \right\} \times h = 88h(\text{cm}^3)$

즉, $88h = 880$이므로 $h = 10$

따라서 육각기둥의 높이는 10 cm이다.

06 원기둥의 높이를 $h \text{ cm}$라 하면

(겉넓이) $= (\pi \times 3^2) \times 2 + (2\pi \times 3) \times h = 18\pi + 6\pi h(\text{cm}^2)$

즉, $18\pi + 6\pi h = 48\pi$이므로 $6\pi h = 30\pi \qquad \therefore h = 5$

따라서 원기둥의 높이는 5 cm이다.

07 (부피) $= \left(\pi \times 3^2 \times \frac{60}{360} \right) \times 6 = 9\pi(\text{cm}^3)$

08 (부피) $= (\pi \times 5^2) \times 10 - (\pi \times 2^2) \times 10$

$= 250\pi - 40\pi = 210\pi(\text{cm}^3)$

Self 코칭

(구멍이 뚫린 입체도형의 부피)

$=$ (큰 기둥의 부피) $-$ (작은 기둥의 부피)

09 (겉넓이) $= 5 \times 5 + \left(\frac{1}{2} \times 5 \times 4 \right) \times 4$

$= 25 + 40 = 65(\text{cm}^2)$

10 (부피) $= \frac{1}{3} \times (\pi \times 5^2) \times 9 = 75\pi(\text{cm}^3)$

11 (큰 사각뿔의 부피) $= \frac{1}{3} \times (6 \times 6) \times 8 = 96(\text{cm}^3)$

(작은 사각뿔의 부피) $= \frac{1}{3} \times (3 \times 3) \times 4 = 12(\text{cm}^3)$

$\therefore$ (사각뿔대의 부피) $= 96 - 12 = 84(\text{cm}^3)$

따라서 위쪽 사각뿔과 아래쪽 사각뿔대의 부피의 비는

$12 : 84 = 1 : 7$

12 주어진 그림은 원뿔의 전개도이다.

밑면의 반지름의 길이를 r cm라 하면

부채꼴의 호의 길이는 밑면인 원의 둘레의 길이와 같으므로

$2\pi r = 2\pi \times 6 \times \dfrac{240}{360}$, $2\pi r = 8\pi$

$\therefore r = 4$

따라서 밑면의 반지름의 길이가 4 cm이므로

$(\text{겉넓이}) = \pi \times 4^2 + \pi \times 4 \times 6$

$\qquad\qquad = 16\pi + 24\pi = 40\pi(\text{cm}^2)$

13 $(\text{겉넓이}) = 8 \times 8 + \left(\dfrac{1}{2} \times 8 \times x\right) \times 4 = 64 + 16x(\text{cm}^2)$

즉, $64 + 16x = 176$이므로 $16x = 112$ $\quad \therefore x = 7$

14 주어진 직각삼각형을 직선 l을 회전축으로 하여 1회전 시킬 때 생기는 입체도형은 오른쪽 그림과 같다.

$\therefore (\text{부피}) = (\pi \times 5^2) \times 12 - \dfrac{1}{3} \times (\pi \times 5^2) \times 12$

$\qquad\qquad = 300\pi - 100\pi = 200\pi(\text{cm}^3)$

15 (1) 잘라 낸 입체도형은 오른쪽 그림과 같은 삼각뿔이므로

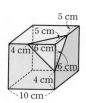

(잘라 낸 입체도형의 부피)

$= \dfrac{1}{3} \times \left(\dfrac{1}{2} \times 6 \times 5\right) \times 6 = 30(\text{cm}^3)$

(2) $(\text{잘라 내고 남은 입체도형의 부피})$

$= 10 \times 10 \times 10 - 30 = 970(\text{cm}^3)$

16 $(\text{부피}) = \left\{\dfrac{1}{3} \times (\pi \times 6^2) \times 8 - \dfrac{1}{3} \times (\pi \times 3^2) \times 4\right\}$

$\qquad\qquad\qquad\qquad\qquad + \dfrac{1}{3} \times (\pi \times 6^2) \times 10$

$\qquad = (96\pi - 12\pi) + 120\pi = 204\pi(\text{cm}^3)$

17 $(\text{그릇의 부피}) = \dfrac{1}{3} \times (\pi \times 6^2) \times 12 = 144\pi(\text{cm}^3)$

빈 그릇에 1분에 4π cm³씩 물을 넣을 때, 물을 가득 채우는 데 걸리는 시간은

$144\pi \div 4\pi = 36(\text{분})$

18 $(\text{구의 부피}) = \dfrac{4}{3}\pi \times 6^3 = 288\pi(\text{cm}^3)$

$(\text{원뿔의 부피}) = \dfrac{1}{3} \times (\pi \times 6^2) \times h = 12\pi h(\text{cm}^3)$

구의 부피가 원뿔의 부피의 $\dfrac{12}{5}$배이므로

$288\pi = 12\pi h \times \dfrac{12}{5}$, $288\pi = \dfrac{144}{5}\pi h$

$\therefore h = 10$

19 주어진 평면도형을 직선 l을 회전축으로 하여 1회전 시킬 때 생기는 입체도형은 오른쪽 그림과 같다.

$\therefore (\text{겉넓이})$

$= (4\pi \times 4^2) \times \dfrac{1}{2} + (4\pi \times 2^2) \times \dfrac{1}{2} + (\pi \times 4^2 - \pi \times 2^2)$

$= 32\pi + 8\pi + (16\pi - 4\pi) = 52\pi(\text{cm}^2)$

20 (쇠가죽 한 조각의 넓이)

$= (\text{반지름의 길이가 3 cm인 구의 겉넓이}) \times \dfrac{1}{2}$

$= (4\pi \times 3^2) \times \dfrac{1}{2} = 18\pi(\text{cm}^2)$

21 $(\text{원뿔의 부피}) = \dfrac{1}{3} \times (\pi \times 3^2) \times 6 = 18\pi(\text{cm}^3)$

$(\text{구의 부피}) = \dfrac{4}{3}\pi \times 3^3 = 36\pi(\text{cm}^3)$

$(\text{원기둥의 부피}) = (\pi \times 3^2) \times 6 = 54\pi(\text{cm}^3)$

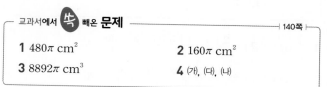

교과서에서 쏙 빼온 **문제** ——————————————————| 140쪽

1 480π cm²   **2** 160π cm²

3 8892π cm³   **4** (개), (대), (내)

1 반지름의 길이가 4 cm인 원의 둘레의 길이는

$2\pi \times 4 = 8\pi(\text{cm})$

따라서 롤러를 3바퀴 연속하여 굴렸을 때, 페인트가 칠해진 면은 가로의 길이가 20 cm, 세로의 길이가

$8\pi \times 3 = 24\pi(\text{cm})$인 직사각형이므로 구하는 넓이는

$20 \times 24\pi = 480\pi(\text{cm}^2)$

2 워터콘의 옆면은 반지름의 길이가 16 cm이고, 호의 길이가

$2\pi \times 10 = 20\pi(\text{cm})$인 부채꼴이므로 구하는 넓이는

$\dfrac{1}{2} \times 16 \times 20\pi = 160\pi(\text{cm}^2)$

3 구 모양의 지구 모형의 부피는

$\dfrac{4}{3}\pi \times 20^3 = \dfrac{32000}{3}\pi(\text{cm}^3)$

지구 모형에서 핵의 부피는

$\dfrac{4}{3}\pi \times 11^3 = \dfrac{5324}{3}\pi(\text{cm}^3)$

따라서 완성된 지구 모형에서 맨틀의 부피는

$\dfrac{32000}{3}\pi - \dfrac{5324}{3}\pi = 8892\pi(\text{cm}^3)$

4 (개)에서 음료를 담는 부분의 부피는

$\pi \times 5^2 \times 6 = 150\pi(\text{cm}^3)$

(내)에서 음료를 담는 부분의 부피는

$\left(\dfrac{4}{3}\pi \times 6^3\right) \times \dfrac{1}{2} = 144\pi(\text{cm}^3)$

(대)에서 음료를 담는 부분의 부피는

$\dfrac{1}{3} \times \pi \times 7^2 \times 9 = 147\pi(\text{cm}^3)$

따라서 음료가 많이 들어가는 유리잔부터 차례로 나열하면

(개), (대), (내)이다.

1 | 자료의 정리와 해석

01 대푯값

143쪽 ~ 144쪽

1 (1) 5　(2) 26　(3) 16
1-1 (1) 6　(2) 17　(3) 33
2 (1) 4　(2) 90　(3) 49
2-1 (1) 6　(2) 24　(3) 235
3 (1) 4　(2) 33, 34　(3) 2, 4, 5
3-1 (1) 7　(2) 100　(3) 5, 15
4 (1) 평균 : 16초, 중앙값 : 18초, 최빈값 : 24초
　　(2) 중앙값
4-1 (1) 평균 : 90호, 중앙값 : 87.5호, 최빈값 : 85호
　　(2) 최빈값

1 (1) $(평균)=\dfrac{2+4+4+5+7+8}{6}=\dfrac{30}{6}=5$

(2) $(평균)=\dfrac{20+25+28+31}{4}=\dfrac{104}{4}=26$

(3) $(평균)=\dfrac{12+15+16+17+20}{5}=\dfrac{80}{5}=16$

1-1 (1) $(평균)=\dfrac{2+5+6+8+9}{5}=\dfrac{30}{5}=6$

(2) $(평균)=\dfrac{13+14+18+18+19+20}{6}=\dfrac{102}{6}=17$

(3) $(평균)=\dfrac{30+32+34+36}{4}=\dfrac{132}{4}=33$

2 (1) 변량을 작은 값부터 크기순으로 나열하면
　2, 3, 4, 6, 9
　변량의 개수가 5로 홀수이므로 중앙값은 3번째 변량인 4이다.

(2) 변량을 작은 값부터 크기순으로 나열하면
　70, 70, 80, 90, 100, 120, 180
　변량의 개수가 7로 홀수이므로 중앙값은 4번째 변량인 90이다.

(3) 변량을 작은 값부터 크기순으로 나열하면
　28, 39, 47, 51, 56, 83
　변량의 개수가 6으로 짝수이므로 중앙값은 3번째와 4번째 변량 47과 51의 평균인 $\dfrac{47+51}{2}=\dfrac{98}{2}=49$

2-1 (1) 변량을 작은 값부터 크기순으로 나열하면
　1, 3, 6, 7, 9
　변량의 개수가 5로 홀수이므로 중앙값은 3번째 변량인 6이다.

(2) 변량을 작은 값부터 크기순으로 나열하면
　21, 22, 24, 24, 27, 28, 29
　변량의 개수가 7로 홀수이므로 중앙값은 4번째 변량인 24이다.

(3) 변량을 작은 값부터 크기순으로 나열하면
　210, 230, 240, 290
　변량의 개수가 4로 짝수이므로 중앙값은 2번째와 3번째 변량 230과 240의 평균인 $\dfrac{230+240}{2}=\dfrac{470}{2}=235$

3 (1) 4가 3개로 가장 많이 나타나므로 최빈값은 4이다.

(2) 33과 34가 모두 2개씩 가장 많이 나타나므로 최빈값은 33, 34이다.

(3) 2, 4, 5가 모두 2개씩 가장 많이 나타나므로 최빈값은 2, 4, 5이다.

3-1 (1) 7이 2개로 가장 많이 나타나므로 최빈값은 7이다.

(2) 100이 3개로 가장 많이 나타나므로 최빈값은 100이다.

(3) 5와 15가 모두 3개씩 가장 많이 나타나므로 최빈값은 5, 15이다.

4 (1) $(평균)=\dfrac{13+22+24+10+1+24+18}{7}$
$=\dfrac{112}{7}=16(초)$

변량을 작은 값부터 크기순으로 나열하면
1, 10, 13, 18, 22, 24, 24
변량이 7개이므로 중앙값은 4번째 변량인 18초이다.
또, 24초가 2개로 가장 많으므로 최빈값은 24초이다.

(2) 자료에 1초라는 극단적인 값이 있으므로 평균은 대푯값으로 적절하지 않으며, 최빈값인 24초도 자료에서 가장 좋은 기록으로 자료의 전체적인 특징을 나타내지 못하므로 중앙값이 이 자료의 대푯값으로 가장 적절하다.

4-1 (1) $(평균)=\dfrac{85+75+85+100+95+105+90+85}{8}$
$=\dfrac{720}{8}=90(호)$

변량을 작은 값부터 크기순으로 나열하면
75, 85, 85, 85, 90, 95, 100, 105
변량이 8개이므로 중앙값은 4번째와 5번째 변량 85호와 90호의 평균인 $\dfrac{85+90}{2}=\dfrac{175}{2}=87.5(호)$

또, 85호가 3개로 가장 많으므로 최빈값은 85호이다.

(2) 공장에 가장 많이 주문해야 할 티셔츠의 크기는 가장 많이 판매된 티셔츠의 크기를 선택해야 하므로 최빈값이 이 자료의 대푯값으로 가장 적절하다.

개념 완성하기

145쪽~146쪽

01 평균 : 3.1권, 중앙값 : 3권, 최빈값 : 3권
02 평균 : 8.2점, 중앙값 : 8점, 최빈값 : 8점
03 9　　**04** 11　　**05** 16　　**06** 7
07 10　　**08** 5　　**09** 1
10 $a=4$, $b=13$　　**11** 2　　**12** 14

01 $(평균)=\dfrac{1\times1+2\times5+3\times8+4\times3+5\times3}{20}$

$=\dfrac{62}{20}=3.1(권)$

중앙값은 20명의 학생 중 10번째와 11번째 학생이 구입한 책 수의 평균이므로 $\dfrac{3+3}{2}=3(권)$

또, 구입한 책 수가 3권인 학생이 8명으로 가장 많으므로 최빈값은 3권이다.

02 $(평균)=\dfrac{6\times1+7\times1+8\times4+9\times3+10\times1}{10}$

$=\dfrac{82}{10}=8.2(점)$

중앙값은 10명의 학생 중 5번째와 6번째 학생의 점수의 평균이므로 $\dfrac{8+8}{2}=8(점)$

또, 점수가 8점인 학생이 4명으로 가장 많으므로 최빈값은 8점이다.

03 $(평균)=\dfrac{1+2+2+5+6+x+10+13}{8}=6(시간)$이므로

$39+x=48$ $\quad\therefore x=9$

04 $(평균)=\dfrac{2+3+5+6+7+x+12+13+15+16}{10}=9(개)$

이므로

$79+x=90$ $\quad\therefore x=11$

05 변량이 6개이므로 중앙값은 3번째와 4번째 학생의 점수 12점과 x점의 평균이다.

중앙값이 14점이므로

$\dfrac{12+x}{2}=14,\ 12+x=28$ $\quad\therefore x=16$

06 변량이 8개이므로 중앙값은 4번째와 5번째 학생이 관람한 영화 수 x편과 9편의 평균이다.

중앙값이 8편이므로

$\dfrac{x+9}{2}=8,\ x+9=16$ $\quad\therefore x=7$

07 x를 제외하고 주어진 변량을 작은 값부터 크기순으로 나열하면

7, 10, 18

변량이 4개이므로 중앙값은 2번째와 3번째 변량의 평균이고 중앙값이 10이므로 $7<x<18$

$\dfrac{x+10}{2}=10,\ x+10=20$ $\quad\therefore x=10$

08 x를 제외하고 주어진 변량을 작은 값부터 크기순으로 나열하면

1, 2, 3, 9, 10

변량이 6개이므로 중앙값은 3번째와 4번째 변량의 평균이고 중앙값이 4회이므로 $3<x<9$

$\dfrac{3+x}{2}=4,\ 3+x=8$ $\quad\therefore x=5$

09 $(평균)=\dfrac{5+x+4+6+5+5+9}{7}=\dfrac{34+x}{7}$

주어진 자료에서 최빈값은 5이므로

$\dfrac{34+x}{7}=5,\ 34+x=35$ $\quad\therefore x=1$

10 자료에서 4가 2개, 7이 2개이므로 최빈값이 4가 되기 위해서는 $a=4$

평균이 6이므로

$\dfrac{2+4+4+4+5+7+7+8+b}{9}=6$

$41+b=54$ $\quad\therefore b=13$

Self 코칭

주어진 자료에서 가장 많이 나타나는 변량이 최빈값이 되도록 미지수 a의 값을 정한다.

11 $(평균)=\dfrac{1\times2+2\times3+3\times4+4\times5+5\times1}{15}=\dfrac{45}{15}=3(회)$

$\therefore a=3$

변량이 15개이므로 중앙값은 8번째 변량인 3회이다.

$\therefore b=3$

또, 4회가 5명으로 가장 많으므로 최빈값은 4회이다.

$\therefore c=4$

$\therefore a+b-c=3+3-4=2$

12 변량이 24개이므로 중앙값은 12번째와 13번째 변량의 평균인

$\dfrac{3+4}{2}=3.5(회)$

$\therefore a=3.5$

또, 4회가 7명으로 가장 많으므로 최빈값은 4회이다.

$\therefore b=4$

$\therefore ab=3.5\times4=14$

실력 확인하기 ────147쪽

01 $C<B<A$ 02 수혁, 미영 03 ③
04 $a=1,\ b=8$ 05 6 06 61 kg

01 $(평균)=\dfrac{100+500+200+100+100+500+100+400}{8}$

$=\dfrac{2000}{8}=250$

변량을 작은 값부터 크기순으로 나열하면

100, 100, 100, 100, 200, 400, 500, 500

변량이 8개이므로 중앙값은 4번째와 5번째 변량의 평균인

$\dfrac{100+200}{2}=\dfrac{300}{2}=150$

또, 100이 4개로 가장 많이 나타나므로 최빈값은 100이다.

따라서 $A=250,\ B=150,\ C=100$이므로

$C<B<A$

02 자료 A는 변량이 6개이므로 중앙값은 3번째와 4번째 변량

의 평균인 $\dfrac{5+5}{2}=5$

또, 자료 A에서 5가 3개로 가장 많으므로 최빈값은 5이다.

즉, 중앙값과 최빈값은 서로 같다.

자료 B에 극단적인 변량 100이 포함되어 있으므로 평균은

대푯값으로 적절하지 않다.

자료 C에서

$(평균)=\dfrac{1+2+3+4+5+6+7+8+9}{9}$

$\qquad\ =\dfrac{45}{9}=5$

변량이 9개이고 작은 값부터 크기순으로 나열되어 있으므로

중앙값은 5번째 변량인 5이다.

이때 변량이 규칙적이므로 평균이나 중앙값을 대푯값으로

정하는 것이 적절하다.

따라서 바르게 설명한 사람은 수혁, 미영이다.

03 $(평균)=\dfrac{5+(-4)+(-2)+a+8+4+9+0+(-1)}{9}=3$

이므로 $19+a=27$

$\therefore a=8$

따라서 변량을 작은 값부터 크기순으로 나열하면

$-4,\ -2,\ -1,\ 0,\ 4,\ 5,\ 8,\ 8,\ 9$

변량이 9개이므로 중앙값은 5번째 변량인 4이다.

04 $(평균)=\dfrac{a+4+5+b+9+10+12}{7}=7$이므로

$a+b+40=49$

$\therefore a+b=9$

이때 중앙값이 8이므로 4번째 변량 b가 8이 되어야 한다.

$\therefore b=8,\ a=1$

05 자료에서 2가 2개, 6이 2개이므로 최빈값이 6이 되기 위해서

는 $a=6$

변량을 작은 값부터 크기순으로 나열하면

$2,\ 2,\ 4,\ 6,\ 6,\ 6,\ 8$

변량이 7개이므로 중앙값은 4번째 변량인 6이다.

06 **전략 코칭**

> 학생이 10명일 때의 중앙값은 5번째와 6번째 변량의 평균이
> 고, 학생이 11명일 때의 중앙값은 6번째 변량이다.

처음 10개의 변량을 작은 값부터 크기순으로 나열할 때 6번

째 변량을 $x\ \mathrm{kg}$이라 하면 중앙값은 5번째와 6번째 변량의

평균이므로

$\dfrac{59+x}{2}=60,\ 59+x=120$

$\therefore x=61$

이 모둠에 몸무게가 $62\ \mathrm{kg}$인 학생이 들어와도 변량을 작은 값

부터 크기순으로 나열할 때 6번째 변량은 그대로 $61\ \mathrm{kg}$이므로

학생 11명의 몸무게의 중앙값은 6번째 변량인 $61\ \mathrm{kg}$이다.

---

02 줄기와 잎 그림, 도수분포표

149쪽 ~ 150쪽

> **1** (1) ㉠ 5 ㉡ 8 ㉢ 0 ㉣ 9
> (2) 8 (3) 16명 (4) 3명
> **1-1** (1) 풀이 참조 (2) 62 g, 98 g (3) 1, 2, 8
> (4) 7개 (5) 88 g
> **2** (1) ㉠ 1 ㉡ 4 ㉢ 5 ㉣ 16
> (2) 2시간 (3) 5 (4) 6시간 이상 8시간 미만
> **2-1** (1) 풀이 참조 (2) 10점 (3) 70점 이상 80점 미만
> (4) 2명

1 (3) $4+2+2+5+3=16$(명)

1-1 (1)

줄기	잎
굴의 무게	(6 | 2는 62 g)

줄기	잎
6	2 2 6
7	0 2 3 4 5 5 5 7
8	1 2 8
9	2 8

(4) $3+4=7$(개)

2-1 (1)

볼링 점수(점)	학생 수(명)
60 이상 ~ 70 미만	4
70 ~ 80	8
80 ~ 90	7
90 ~ 100	3
100 ~ 110	2
합계	24

(4) 도수가 가장 작은 계급은 100점 이상 110점 미만이고, 이
계급의 도수는 2명이다.

개념 완성하기

151쪽 ~ 152쪽

01 (1) 20명 (2) 1 (3) 10명 (4) 36회

02 (1) 25명 (2) 7 (3) 8명 (4) 48점

03 (1) 15명 (2) 5시간 이상 10시간 미만
(3) 10시간 이상 15시간 미만 (4) 2명

04 (1) 12명 (2) 100회 이상 120회 미만
(3) 140회 이상 160회 미만 (4) 8명

05 (1) 12 (2) 16명
(3) 15분 이상 20분 미만 (4) 20분 이상 25분 미만

06 (1) 8 (2) 9명
(3) 10분 이상 20분 미만 (4) 20분 이상 30분 미만

07 (1) 2 (2) 8 % (3) 28 %

08 (1) 13 (2) 14 % (3) 44 %

01 (1) $4+10+6=20$(명)
   (3) $4+6=10$(명)

Self 코칭
(1) 줄기와 잎 그림에서 전체 학생 수는 각 줄기의 잎의 개수의 합과 같다.

02 (1) $3+5+7+6+4=25$(명)
   (3) $3+5=8$(명)
   (4) 점수가 가장 높은 학생의 점수는 98점, 점수가 가장 낮은 학생의 점수는 50점이므로 구하는 차는 $98-50=48$(점)

03 (1) $2+13=15$(명)
   (4) 도수가 가장 작은 계급은 0시간 이상 5시간 미만이고, 이 계급의 도수는 2명이다.

04 (1) $7+5=12$(명)
   (4) 도수가 가장 큰 계급은 120회 이상 140회 미만이고, 이 계급의 도수는 8명이다.

05 (1) $A=35-(6+10+4+3)=12$
   (2) $6+10=16$(명)
   (4) 식사 시간이 30분 이상인 학생은 3명
   25분 이상인 학생은 $3+4=7$(명)
   20분 이상인 학생은 $3+4+12=19$(명)
   따라서 식사 시간이 긴 쪽에서 12번째인 학생이 속하는 계급은 20분 이상 25분 미만이다.

Self 코칭
(4) 식사 시간이 긴 계급부터 도수를 차례로 더하여 그 합이 처음으로 12명 이상이 되는 계급을 찾는다.

06 (1) $A=30-(4+5+12+1)=8$
   (2) $8+1=9$(명)
   (4) 통학 시간이 10분 미만인 학생은 4명
   20분 미만인 학생은 $4+5=9$(명)
   30분 미만인 학생은 $4+5+12=21$(명)
   따라서 통학 시간이 짧은 쪽에서 10번째인 학생이 속하는 계급은 20분 이상 30분 미만이다.

07 (1) $A=25-(3+4+5+10+1)=2$
   (2) 앉은키가 88 cm 이상 90 cm 미만인 학생은 2명이므로
   $\dfrac{2}{25}\times100=8$(%)
   (3) 앉은키가 84 cm 미만인 학생은 $3+4=7$(명)
   $\therefore \dfrac{7}{25}\times100=28$(%)

08 (1) $A=50-(4+7+17+9)=13$
   (2) 책을 2권 이상 4권 미만 읽은 학생은 7명이므로
   $\dfrac{7}{50}\times100=14$(%)
   (3) 책을 6권 이상 읽은 학생은 $13+9=22$(명)
   $\therefore \dfrac{22}{50}\times100=44$(%)

---

03 히스토그램과 도수분포다각형

154쪽 ~ 155쪽

1 그래프는 풀이 참조
   (1) 10점   (2) 4   (3) 60점 이상 70점 미만   (4) 250
1-1 (1) 1시간   (2) 6   (3) 50명
   (4) 1시간 이상 2시간 미만   (5) 28명   (6) 50
2 그래프는 풀이 참조
   (1) 10회   (2) 5   (3) 40회 이상 50회 미만
   (4) 17명   (5) 320
2-1 (1) 5 kg   (2) 6   (3) 25명
   (4) 40 kg 이상 45 kg 미만   (5) 5명   (6) 125

1

(1) $70-60=80-70=90-80=100-90=10$(점)
(3) 히스토그램에서 직사각형의 높이는 도수를 나타내므로 도수가 가장 큰 계급은 60점 이상 70점 미만이다.
(4) (직사각형의 넓이의 합)=(계급의 크기)×(도수의 총합)
   $=10\times25=250$

Self 코칭
(4) 히스토그램에서
(직사각형의 넓이의 합)
$={$(계급의 크기)×(그 계급의 도수)$}$의 총합
$=$(계급의 크기)×(도수의 총합)

1-1 (1) $2-1=3-2=\cdots=7-6=1$(시간)
   (3) $2+6+12+16+10+4=50$(명)
   (4) 히스토그램에서 직사각형의 높이는 도수를 나타내므로 도수가 가장 작은 계급은 1시간 이상 2시간 미만이다.
   (5) $12+16=28$(명)
   (6) (직사각형의 넓이의 합)=(계급의 크기)×(도수의 총합)
   $=1\times50=50$

2

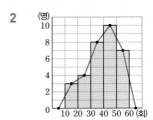

(1) $20-10=30-20=\cdots=60-50=10$(회)
(4) $10+7=17$(명)
(5) (도수분포다각형과 가로축으로 둘러싸인 부분의 넓이)
   $=$(계급의 크기)×(도수의 총합)
   $=10\times32=320$

2-1 (1) $35-30=40-35=\cdots=60-55=5(kg)$
(3) $2+3+7+8+4+1=25(명)$
(5) $2+3=5(명)$
(6) (도수분포다각형과 가로축으로 둘러싸인 부분의 넓이)
$=$(계급의 크기)×(도수의 총합)
$=5×25=125$

개념 완성하기 ──────── 156쪽~157쪽

01 (1) 50명 　(2) 50분 이상 60분 미만 　(3) 24명
(4) 40분 이상 50분 미만 　(5) 28 %

02 ②

03 (1) 2 m 　(2) 20명 　(3) 6 m 이상 8 m 미만
(4) 6 m 이상 8 m 미만 　(5) 35 %

04 ③, ④ 　**05** (1) 8명 　(2) 20 %

06 (1) 3명 　(2) 10 % 　**07** ㄴ, ㄷ 　**08** ㄱ, ㄹ

01 (1) $10+14+12+8+6=50(명)$
(3) $10+14=24(명)$
(4) 기다린 시간이 50분 이상인 학생은 6명
40분 이상인 학생은 $6+8=14(명)$
따라서 기다린 시간이 긴 쪽에서 10번째인 학생이 속하는
계급은 40분 이상 50분 미만이다.
(5) 기다린 시간이 40분 이상인 학생은 $8+6=14(명)$
$\therefore \dfrac{14}{50}×100=28(\%)$

02 ① $3+5+9+11+8+4=40(명)$
② 키가 가장 큰 학생은 170 cm 이상 175 cm 미만인 계급
에 속하지만 정확한 키는 알 수 없다.
③ $3+5=8(명)$
④ 키가 150 cm 미만인 학생은 3명
155 cm 미만인 학생은 $3+5=8(명)$
160 cm 미만인 학생은 $3+5+9=17(명)$
즉, 키가 작은 쪽에서 15번째인 학생이 속하는 계급은
155 cm 이상 160 cm 미만이고, 이 계급의 도수는 9명이다.
⑤ 키가 165 cm 이상인 학생은 $8+4=12(명)$
$\therefore \dfrac{12}{40}×100=30(\%)$
따라서 옳지 않은 것은 ②이다.

03 (1) $4-2=6-4=\cdots=12-10=2(m)$
(2) $2+5+7+4+2=20(명)$
(4) 물로켓이 날아간 거리가 10 m 이상인 학생은 2명,
8 m 이상인 학생은 $2+4=6(명)$
6 m 이상인 학생은 $2+4+7=13(명)$
따라서 물로켓이 날아간 거리가 긴 쪽에서 7번째인 학생
이 속하는 계급은 6 m 이상 8 m 미만이다.
(5) 물로켓이 날아간 거리가 6 m 미만인 학생은 $2+5=7(명)$
$\therefore \dfrac{7}{20}×100=35(\%)$

04 ① 계급의 개수는 6이다.
② 도수가 가장 작은 계급은 60분 이상 70분 미만이다.
③ $6+18=24(명)$
④ 통학 시간이 20분 미만인 학생은 6명
30분 미만인 학생은 $6+18=24(명)$
즉, 통학 시간이 짧은 쪽에서 20번째인 학생이 속하는 계급
은 20분 이상 30분 미만이고, 이 계급의 도수는 18명이다.
⑤ 통학 시간이 50분 이상인 학생은 $4+2=6(명)$
$\therefore \dfrac{6}{50}×100=12(\%)$
따라서 옳은 것은 ③, ④이다.

05 (1) 기록이 24 m 이상 28 m 미만인 학생은
$40-(6+11+10+5)=8(명)$
(2) 기록이 24 m 이상 28 m 미만인 학생은 8명이므로
$\dfrac{8}{40}×100=20(\%)$

06 (1) 신발 크기가 245 mm 이상 250 mm 미만인 학생은
$30-(3+6+10+6+2)=3(명)$
(2) 신발 크기가 245 mm 이상 250 mm 미만인 학생은 3명이
므로
$\dfrac{3}{30}×100=10(\%)$

07 ㄱ. 여학생은 $1+5+7+4+2+1=20(명)$
남학생은 $1+3+8+5+2+1=20(명)$
이므로 여학생 수와 남학생 수는 같다.
ㄴ. 남학생의 그래프가 여학생의 그래프보다 전체적으로 오른
쪽으로 치우쳐 있으므로 1년 동안 남학생이 여학생보다
키가 더 많이 자란 편이다.
ㄷ. 1년 동안 자란 키가 6 cm 이상 8 cm 미만인 여학생은
7명, 남학생은 3명이므로 여학생 수가 남학생 수보다 더
많다.
ㄹ. 여학생 수와 남학생 수가 같으므로 두 부분의 넓이는 서
로 같다.
따라서 옳은 것은 ㄴ, ㄷ이다.

08
ㄱ. 2반의 학생 중 성적이 70점 미만인 학생은
$1+5=6$(명)
ㄴ. 1반의 학생 중 성적이 3번째로 좋은 학생이 속하는 계급
은 80점 이상 90점 미만이고, 이 계급의 도수는 3명이다.
ㄷ. 2반의 그래프가 1반의 그래프보다 전체적으로 오른쪽으
로 치우쳐 있으므로 2반이 1반보다 성적이 더 좋은 편
이다.
ㄹ. 1반의 전체 학생은
$3+6+7+3+1=20$(명)
2반의 전체 학생은
$1+5+8+4+2=20$(명)
즉, 1반과 2반의 학생 수가 같으므로 두 부분의 넓이는
서로 같다.
따라서 옳은 것은 ㄱ, ㄹ이다.

실력 확인하기 ————————— |158쪽 ~ 159쪽|

01 지연	**02** 6월 26일	**03** 지연	**04** 7명
05 20 %	**06** ⑤	**07** 10명	**08** 55 %
09 ④	**10** 11명	**11** 2명	
12 $A=6$, $B=14$		**13** ㄱ, ㄹ	

01 지연이가 빌린 책은
$5+5+6+2+4=22$(권)
형우가 빌린 책은
$5+3+5+4+4=21$(권)
따라서 책을 더 많이 빌린 학생은 지연이다.

03 5월에 지연이는 6권, 형우는 5권의 책을 빌렸으므로 5월에
책을 더 많이 빌린 학생은 지연이다.

04 줄넘기 기록이 60회 이상 80회 미만인 학생은
$35-(2+10+15+1)=7$(명)

05 줄넘기 기록이 60회 이상 80회 미만인 학생은 7명이므로
$\dfrac{7}{35}\times100=20$(%)

06 ① $45-40=50-45=\cdots=70-65=5$(kg)
② $A=50-(5+8+14+9+4)=10$
④ 몸무게가 62 kg인 학생이 속하는 계급은 60 kg 이상
65 kg 미만이고, 이 계급의 도수는 9명이다.
⑤ 몸무게가 60 kg 이상인 학생은 $9+4=13$(명)
$\therefore \dfrac{13}{50}\times100=26$(%)
따라서 옳지 않은 것은 ⑤이다.

---

07 기록이 20분 미만인 학생은 2명
24분 미만인 학생은 $2+7=9$(명)
28분 미만인 학생은 $2+7+10=19$(명)
따라서 기록이 좋은 쪽에서 12번째인 학생이 속하는 계급은
24분 이상 28분 미만이고, 이 계급의 도수는 10명이다.

08 전체 학생은 $2+7+10+12+6+3=40$(명)
기록이 24분 이상 32분 미만인 학생은 $10+12=22$(명)
$\therefore \dfrac{22}{40}\times100=55$(%)

09 ③ $2+5+7+13+6+4+3=40$(명)
④ 관람 횟수가 21회인 학생이 속하는 계급은 20회 이상 24
회 미만이고, 이 계급의 도수는 6명이다.
⑤ 관람 횟수가 8회 미만인 학생은 2명
12회 미만인 학생은 $2+5=7$(명)
16회 미만인 학생은 $2+5+7=14$(명)
즉, 관람 횟수가 적은 쪽에서 8번째인 학생이 속하는 계급
은 12회 이상 16회 미만이고, 이 계급의 도수는 7명이다.
따라서 옳지 않은 것은 ④이다.

10 수면 시간이 7시간 미만인 학생은 $1+3+8=12$(명)
전체 학생을 x명이라 하면
$x\times\dfrac{30}{100}=12$에서 $\dfrac{3}{10}x=12$
$\therefore x=40$
따라서 수면 시간이 7시간 이상 8시간 미만인 학생은
$40-(1+3+8+11+6)=11$(명)

> **Self 코칭**
> 도수의 총합이 주어지지 않은 경우에는 도수의 총합을 x로 놓
> 고 주어진 조건을 이용하여 x의 값을 먼저 구한 다음 도수의
> 총합을 이용하여 찢어진 부분의 도수를 구한다.

11 나이가 50세 이상 60세 미만인 사람을 x명이라 하면
40세 이상 50세 미만인 사람은 $2x$명이므로
$4+8+6+2x+x+1=25$
$3x=6$ $\therefore x=2$
따라서 50세 이상 60세 미만인 사람은 2명이다.

12 **전략 코칭**
> 도수분포표에서
> (특정 계급의 백분율)$=\dfrac{(\text{해당 계급의 도수})}{(\text{도수의 총합})}\times100$(%)

여행 횟수가 6회 미만인 학생은 $(2+A)$명이므로
$\dfrac{2+A}{40}\times100=20$에서 $2+A=8$
$\therefore A=6$
$2+6+B+9+8+1=40$에서
$26+B=40$ $\therefore B=14$

IV. 자료의 정리와 해석 **49**

13

> **전략 코칭**
> 남학생과 여학생의 그래프에서 각 계급의 도수를 구하여 문제를 해결한다.

ㄱ. 여학생의 그래프가 남학생의 그래프보다 전체적으로 오른쪽으로 치우쳐 있으므로 여학생이 남학생보다 봉사 활동 시간이 더 긴 편이다.

ㄴ. 남학생의 그래프에서 도수가 가장 큰 계급은 15시간 이상 20시간 미만이다.

ㄷ. 봉사 활동 시간이 20시간 미만인 남학생은

$3+6+10=19$(명)

봉사 활동 시간이 20시간 미만인 여학생은

$1+4+7=12$(명)

이므로 남학생이 더 많다.

ㄹ. 전체 여학생은

$1+4+7+12=24$(명)

봉사 활동 시간이 20시간 이상인 여학생은 12명이므로

$\dfrac{12}{24}\times100=50(\%)$

따라서 옳은 것은 ㄱ, ㄹ이다.

04 상대도수

161쪽 ~ 163쪽

1 (1) A : 4, 20, 0.2 B : 20, 0.15, 3

      C : 2, 20, 0.1 D : 1

    (2) 10편   (3) 15 %

1-1 (1) 풀이 참조   (2) 70점 이상 80점 미만   (3) 2명

     (4) 8 %   (5) 40 %

2 그래프는 풀이 참조

    (1) 0.24   (2) 50 dB 이상 60 dB 미만

    (3) 26 %   (4) 10곳

2-1 (1) 80분 이상 100분 미만   (2) 140분 이상 160분 미만

     (3) 72 %   (4) 15명

3 (1) 풀이 참조   (2) 여학생

3-1 (1) 20분 이상 25분 미만   (2) B 병원

1 (2) 상대도수가 가장 큰 계급은 10만 명 이상 20만 명 미만이고, 이 계급의 도수는 10편이다.

    (3) $(0.1+0.05)\times100=0.15\times100=15(\%)$

> **Self 코칭**
> (3) (백분율)=(상대도수)×100(%)

1-1 (1)

수행 평가 점수(점)	도수(명)	상대도수
50 이상 ~ 60 미만	4	0.16
60 ~ 70	6	0.24
70 ~ 80	8	0.32
80 ~ 90	5	0.2
90 ~100	2	0.08
합계	25	1

(3) 상대도수가 가장 작은 계급은 90점 이상 100점 미만이고, 이 계급의 도수는 2명이다.

(4) $0.08\times100=8(\%)$

(5) $(0.16+0.24)\times100=0.4\times100$

                    $=40(\%)$

2

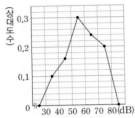

(2) 도수는 상대도수에 정비례하므로 도수가 가장 큰 계급은 상대도수가 가장 큰 계급으로 50 dB 이상 60 dB 미만이다.

(3) $(0.1+0.16)\times100=0.26\times100$

                    $=26(\%)$

(4) 소음도가 70 dB 이상 80 dB 미만인 계급의 상대도수는 0.2이므로 $50\times0.2=10$(곳)

2-1 (2) 도수는 상대도수에 정비례하므로 도수가 가장 작은 계급은 상대도수가 가장 작은 계급으로 140분 이상 160분 미만이다.

(3) $(0.24+0.32+0.16)\times100=0.72\times100$

                             $=72(\%)$

(4) $50\times(0.16+0.12+0.02)=50\times0.3$

                              $=15$(명)

3 (1)

발 길이(mm)	도수(명)		상대도수	
	남학생	여학생	남학생	여학생
225 이상 ~230 미만	1	2	0.04	0.1
230 ~235	2	6	0.08	0.3
235 ~240	5	8	0.2	0.4
240 ~245	9	3	0.36	0.15
245 ~250	8	1	0.32	0.05
합계	25	20	1	1

(2) 발 길이가 235 mm 이상 240 mm 미만인 계급의 상대도수는 여학생이 더 크므로 그 계급에 속하는 학생의 비율도 여학생이 더 높다.

3-1 (2) 대기 시간이 30분 이상 35분 미만인 계급의 상대도수는 B 병원이 더 작으므로 그 계급에 속하는 환자의 비율도 B 병원이 더 낮다.

01 (1) 0.2　(2) 0.08　**02** (1) 0.24　(2) 0.36

03 (1) $A=0.2$, $B=0.35$, $C=10$, $D=40$, $E=1$
　(2) 55 %　(3) 0.25

04 (1) $A=0.08$, $B=16$, $C=0.32$, $D=7$, $E=50$
　(2) 32 %　(3) 0.24

05 (1) 100명　(2) 0.08　(3) 26명
　(4) 16초 이상 18초 미만

06 (1) 40명　(2) 35 %　(3) 12명　(4) 0.25

07 (1) 0.06
　(2) 0분 이상 10분 미만, 10분 이상 20분 미만,
　　20분 이상 30분 미만, 30분 이상 40분 미만
　(3) A 중학교

08 (1) 0.5　(2) 80점 이상 90점 미만, 90점 이상 100점 미만
　(3) 2반

---

01 (1) 대기 시간이 15분 이상 20분 미만인 계급의 도수는 10명이므로 상대도수는 $\dfrac{10}{50}=0.2$

(2) 도수가 가장 작은 계급은 0분 이상 5분 미만이고, 이 계급의 도수는 4명이므로 상대도수는 $\dfrac{4}{50}=0.08$

02 전체 학생은 $1+5+6+9+4=25$(명)

(1) 책을 6권 읽은 학생이 속하는 계급은 6권 이상 8권 미만이고, 이 계급의 도수는 6명이므로 상대도수는 $\dfrac{6}{25}=0.24$

(2) 도수가 가장 큰 계급은 8권 이상 10권 미만이고, 이 계급의 도수는 9명이므로 상대도수는 $\dfrac{9}{25}=0.36$

03 (1) SNS 이용 시간이 0시간 이상 2시간 미만인 계급의 도수가 4명이고, 상대도수가 0.1이므로 도수의 총합은
$\dfrac{4}{0.1}=40$(명)　∴ $D=40$
$A=\dfrac{8}{40}=0.2$, $B=\dfrac{14}{40}=0.35$, $C=40\times0.25=10$
상대도수의 총합은 1이므로 $E=1$

(2) $(0.2+0.35)\times100=0.55\times100=55(\%)$

(3) SNS 이용 시간이 8시간 이상인 학생은 4명
6시간 이상인 학생은 $4+10=14$(명)
따라서 SNS 이용 시간이 10번째로 긴 학생이 속하는 계급은 6시간 이상 8시간 미만이고, 이 계급의 상대도수는 0.25이다.

> **Self 코칭**
> 상대도수의 분포표에서
> ・(도수의 총합)$=\dfrac{(그 계급의 도수)}{(어떤 계급의 상대도수)}$
> ・(어떤 계급의 도수)
> 　$=($도수의 총합$)\times($그 계급의 상대도수$)$

04 (1) 몸무게가 45 kg 이상 50 kg 미만인 계급의 도수가 12명이고, 상대도수가 0.24이므로 도수의 총합은
$\dfrac{12}{0.24}=50$(명)　∴ $E=50$
$A=\dfrac{4}{50}=0.08$, $D=50\times0.14=7$
$B=50-(4+12+11+7)=16$, $C=\dfrac{16}{50}=0.32$

(2) $(0.08+0.24)\times100=0.32\times100=32(\%)$

(3) 몸무게가 45 kg 미만인 학생은 4명
50 kg 미만인 학생은 $4+12=16$(명)
따라서 몸무게가 가벼운 쪽에서 5번째인 학생이 속하는 계급은 45 kg 이상 50 kg 미만이고, 이 계급의 상대도수는 0.24이다.

05 (1) 상대도수가 가장 큰 계급의 도수가 32명이고, 상대도수가 0.32이므로 전체 학생은 $\dfrac{32}{0.32}=100$(명)

(2) 도수는 상대도수에 정비례하므로 도수가 가장 작은 계급은 상대도수가 가장 작은 계급으로 22초 이상 24초 미만이고, 이 계급의 상대도수는 0.08이다.

(3) $100\times0.26=26$(명)

(4) 기록이 14초 이상 16초 미만인 학생은 $100\times0.1=10$(명)
기록이 16초 이상 18초 미만인 학생은 $100\times0.24=24$(명)
따라서 기록이 좋은 쪽에서 15번째인 학생이 속하는 계급은 16초 이상 18초 미만이다.

06 (1) 상대도수가 가장 작은 계급의 도수가 4명이고, 상대도수가 0.1이므로 전체 학생은 $\dfrac{4}{0.1}=40$(명)

(2) $(0.25+0.1)\times100=0.35\times100=35(\%)$

(3) $40\times0.3=12$(명)

(4) 안타가 70개 이상 80개 미만인 학생은
$40\times0.1=4$(명)
안타가 60개 이상 70개 미만인 학생은
$40\times0.25=10$(명)
따라서 안타 수가 많은 쪽에서 12번째인 학생이 속하는 계급은 60개 이상 70개 미만이고, 이 계급의 상대도수는 0.25이다.

07 (1) 도수는 상대도수에 정비례하므로 A 중학교에서 도수가 가장 작은 계급은 상대도수가 가장 작은 계급으로 60분 이상 70분 미만이고, 이 계급의 상대도수는 0.06이다.

(3) A 중학교의 그래프가 B 중학교의 그래프보다 전체적으로 왼쪽으로 치우쳐 있으므로 A 중학교 학생들의 통학 시간이 더 짧다고 할 수 있다.

08 (1) 도수는 상대도수에 정비례하므로 2반에서 도수가 가장 큰 계급은 상대도수가 가장 큰 계급으로 80점 이상 90점 미만이고, 이 계급의 상대도수는 0.5이다.

(3) 2반의 그래프가 1반의 그래프보다 전체적으로 오른쪽으로 치우쳐 있으므로 2반의 성적이 더 좋다고 할 수 있다.

실력 확인하기

01 36명 **02** ③ **03** 85점 이상 90점 미만

04 0.44 **05** 110명 **06** ㄱ, ㄷ

01 (도수의 총합)=$\dfrac{(그\ 계급의\ 도수)}{(어떤\ 계급의\ 상대도수)}$=$\dfrac{9}{0.25}$=36(명)

02 2만 원 이상 3만 원 미만인 계급의 도수가 2명이고, 상대도
수가 0.05이므로 $E=\dfrac{2}{0.05}=40$

$A=\dfrac{6}{40}=0.15$, $B=40\times0.5=20$

$C=\dfrac{8}{40}=0.2$, $D=\dfrac{4}{40}=0.1$

03 성적이 90점 이상 95점 미만인 학생은
$200\times0.04=8$(명)
성적이 85점 이상 90점 미만인 학생은
$200\times0.12=24$(명)
따라서 과학 성적이 좋은 쪽에서 10번째인 학생이 속하는 계
급은 85점 이상 90점 미만이다.

04 스마트폰 사용 시간이 2시간 이상 2.5시간 미만인 계급의 상
대도수는
$1-(0.06+0.1+0.28+0.12)=0.44$

05 0.5시간 이상 1시간 미만인 계급의 도수가 15명이고, 상대도
수가 0.06이므로 도수의 총합은 $\dfrac{15}{0.06}=250$(명)
따라서 스마트폰 사용 시간이 2시간 이상 2.5시간 미만인 학
생은 $250\times0.44=110$(명)

06
> **전략 코칭**
> 상대도수의 총합이 1이므로 상대도수의 분포를 나타낸 그래프
> 와 가로축으로 둘러싸인 부분의 넓이는 계급의 크기와 같다.

ㄱ. 남학생의 그래프가 여학생의 그래프보다 전체적으로 오
른쪽으로 치우쳐 있으므로 남학생이 여학생보다 컴퓨터
를 사용한 시간이 더 긴 편이라고 할 수 있다.

ㄴ. 컴퓨터 사용 시간이 7시간 이상 9시간 미만인 여학생은
$200\times0.2=40$(명)
컴퓨터 사용 시간이 7시간 이상 9시간 미만인 남학생은
$150\times0.24=36$(명)
이므로 여학생이 더 많다.

ㄷ. 계급의 크기가 같고, 상대도수의 총합도 1로 같으므로
두 그래프와 가로축으로 둘러싸인 부분의 넓이는 서로
같다.
따라서 옳은 것은 ㄱ, ㄷ이다.

> **Self 코칭**
> 도수의 총합이 다른 두 집단에서 상대도수가 크다고 해서 반
> 드시 도수가 더 큰 것은 아니다.

서술형 문제

1 0 **1-1** 6

2 $A=64$, $B=28$ **3** 14그루

4 10명 **4-1** 96명

5 0.24 **6** 10개

1 채점 기준 1 a의 값 구하기 ··· 2점

(평균)=$\dfrac{3+10+4+7+5+9+6+7+7+2}{10}$

$\qquad\quad=\dfrac{60}{10}=6$

∴ $a=6$

채점 기준 2 b의 값 구하기 ··· 2점
변량을 작은 값부터 크기순으로 나열하면
2, 3, 4, 5, 6, 7, 7, 7, 9, 10
변량이 10개이므로 중앙값은 5번째와 6번째 변량 6과 7의

평균인 $\dfrac{6+7}{2}=6.5$

∴ $b=6.5$

채점 기준 3 c의 값 구하기 ··· 1점
7이 3개로 가장 많으므로 최빈값은 7이다.

∴ $c=7$

채점 기준 4 $a-2b+c$의 값 구하기 ··· 1점
$a-2b+c=6-2\times6.5+7=0$

1-1 채점 기준 1 a의 값 구하기 ··· 2점

(평균)=$\dfrac{1\times6+2\times1+3\times3+4\times7+5\times3}{20}$

$\qquad\quad=\dfrac{60}{20}=3$(회)

∴ $a=3$

채점 기준 2 b의 값 구하기 ··· 2점
변량이 20개이므로 중앙값은 변량을 작은 값부터 크기순으
로 나열하였을 때 10번째와 11번째 변량의 평균인

$\dfrac{3+4}{2}=3.5$(회)

∴ $b=3.5$

채점 기준 3 c의 값 구하기 ··· 1점
4회가 7명으로 가장 많으므로 최빈값은 4회이다.

∴ $c=4$

채점 기준 4 $a+2b-c$의 값 구하기 ··· 1점
$a+2b-c=3+2\times3.5-4=6$

2 국어 점수가 70점 이상 80점 미만인 학생은 전체의 40 %이
므로

$\dfrac{A}{160}\times100=40$

∴ $A=64$ ······ ❶

∴ $B=160-(16+40+64+12)=28$ ······ ❷

채점 기준	배점
❶ A의 값 구하기	3점
❷ B의 값 구하기	3점

3 키가 12 m 이상 13 m 미만인 계급의 도수를 $4a$그루라 하고, 13 m 이상 14 m 미만인 계급의 도수를 $3a$그루라 하면

$3+7+4a+3a+5=36$, $7a=21$ $\therefore a=3$

즉, 키가 13 m 이상 14 m 미만인 계급의 도수는

$3\times3=9$(그루) ...... ❶

따라서 키가 13 m 이상인 나무는

$9+5=14$(그루) ...... ❷

채점 기준	배점
❶ 키가 13 m 이상 14 m 미만인 계급의 도수 구하기	4점
❷ 키가 13 m 이상인 나무는 몇 그루인지 구하기	3점

4 **채점 기준 1** 전체 학생 수 구하기 … 3점

점수가 30점 이상 40점 미만인 계급의 도수가 14명이고, 상대도수가 0.28이므로 전체 학생은

$\dfrac{14}{0.28}=50$(명)

채점 기준 2 점수가 30점 미만인 학생 수 구하기 … 3점

점수가 30점 미만인 계급의 상대도수의 합은

$0.06+0.14=0.2$

따라서 점수가 30점 미만인 학생은

$50\times0.2=10$(명)

4-1 **채점 기준 1** 전체 학생 수 구하기 … 3점

상대도수가 가장 큰 계급은 150 cm 이상 160 cm 미만이고, 이 계급의 도수가 60명, 상대도수가 0.4이므로 전체 학생은

$\dfrac{60}{0.4}=150$(명)

채점 기준 2 키가 160 cm 미만인 학생 수 구하기 … 3점

키가 160 cm 미만인 계급의 상대도수의 합은

$0.04+0.2+0.4=0.64$

따라서 키가 160 cm 미만인 학생은

$150\times0.64=96$(명)

5 전체 회원은 $2+6+9+7+1=25$(명) ...... ❶

20세 이상 30세 미만인 계급의 도수는 6명이므로 이 계급의 상대도수는

$\dfrac{6}{25}=0.24$ ...... ❷

채점 기준	배점
❶ 전체 회원 수 구하기	2점
❷ 20세 이상 30세 미만인 계급의 상대도수 구하기	3점

6 무게가 240 g 이상 250 g 미만인 계급의 도수가 7개이고, 상대도수가 0.14이므로

도수의 총합은 $\dfrac{7}{0.14}=50$(개) ...... ❶

무게가 250 g 이상 260 g 미만인 계급의 상대도수는 0.2이므로 이 계급의 도수는

$50\times0.2=10$(개) ...... ❷

채점 기준	배점
❶ 도수의 총합 구하기	3점
❷ 무게가 250 g 이상 260 g 미만인 계급의 도수 구하기	3점

실전! 중단원 마무리 ──── 169쪽 ~ 171쪽

01 ①	**02** 10	**03** 78점	**04** ⑤
05 64	**06** ③	**07** ⑤	**08** ⑤
09 7시간 이상 8시간 미만		**10** 12명	**11** 120개
12 14개	**13** 20 %	**14** ⑤	**15** 60 %
16 ②	**17** 0.3	**18** 52 %	**19** 7명
20 1학년	**21** 1학년 : 42명, 2학년 : 70명		

01 김밥이 7명, 라면이 4명, 떡볶이가 3명, 어묵이 2명, 순대가 2명이다.

따라서 김밥이 7명으로 가장 많으므로 이 자료의 최빈값은 김밥이다.

02 (평균)$=\dfrac{22+26+18+a+24+b+20}{7}=20$

$110+a+b=140$ $\therefore a+b=30$

최빈값이 20이므로 a, b 중 하나는 20이다.

이때 $a>b$이므로 $a=20$, $b=10$

$\therefore a-b=20-10=10$

03 학생 11명의 수학 점수를 작은 값부터 크기순으로

x_1, x_2, x_3, ..., x_{10}, x_{11}이라 하면 $x_7=80$

중앙값이 76점이므로 $x_6=76$

수학 점수가 82점인 학생 1명을 추가하면 변량이 12개가 되므로 중앙값은 $\dfrac{x_6+x_7}{2}=\dfrac{76+80}{2}=78$(점)

04 세 수 3, 9, a의 중앙값이 9가 되려면 $a\geq9$

네 수 14, 18, 20, a의 중앙값이 16이 되려면 $a\leq14$

따라서 두 조건을 모두 만족시키는 a의 값이 될 수 없는 것은 ⑤ 16이다.

05 최빈값이 22 ℃이므로 a, b, c 중 적어도 2개는 22이다.

나머지 한 변량을 제외한 9개의 변량을 크기순으로 나열하면

14, 15, 18, 19, 22, 22, 22, 23, 23

10개의 변량을 작은 값부터 크기순으로 나열할 때, 5번째와 6번째 변량의 평균이 중앙값인 21 ℃이므로 a, b, c 중 22가 아닌 값과 22의 평균이 21이다.

즉, a, b, c 중 22가 아닌 값은 20이다.

$\therefore a+b+c=64$

06 ③ 미술 성적이 80점 미만인 학생은 $4+5=9$(명)

④ $4+5+7+4=20$(명)

따라서 옳지 않은 것은 ③이다.

07 ⑤ 계급의 개수가 너무 많으면 자료의 분포 상태를 알기 어렵다.

08 ⑤ 수면 시간이 가장 적은 학생이 속하는 계급은 4시간 이상 5시간 미만이지만 정확한 수면 시간은 알 수 없다.

09 수면 시간이 6시간 이상 7시간 미만인 계급의 도수는

$35-(3+9+12+1)=10$(명)

따라서 도수가 가장 큰 계급은 7시간 이상 8시간 미만이다.

10 수면 시간이 6시간 미만인 학생은

$3+9=12$(명)

11 $4+10+20+36+26+14+10=120$(개)

12 $4+10=14$(개)

13 유통기한이 6개월 이상 남은 식료품은

$14+10=24$(개)

$\therefore \dfrac{24}{120} \times 100 = 20$(%)

14 ① $15-10=20-15=\cdots=40-35=5$(권)

② 계급의 개수는 6이다.

③ $1+3+6+14+10+6=40$(명)

④ 읽은 책이 21권인 학생이 속하는 계급은 20권 이상 25권 미만이고, 이 계급의 도수는 6명이다.

⑤ 읽은 책이 15권 미만인 학생은 1명

20권 미만인 학생은 $1+3=4$(명)

즉, 읽은 책의 수가 적은 쪽에서 4번째인 학생이 속하는 계급은 15권 이상 20권 미만이다.

따라서 옳은 것은 ⑤이다.

15 몸무게가 50 kg 이상 55 kg 미만인 학생은

$40-(2+7+9+7)=15$(명)

몸무게가 50 kg 이상 60 kg 미만인 학생은

$15+9=24$(명)

$\therefore \dfrac{24}{40} \times 100 = 60$(%)

16 ㄱ. A는 히스토그램이고, B는 도수분포다각형이다.

ㄴ. 도수분포다각형과 가로축으로 둘러싸인 부분의 넓이는 히스토그램의 직사각형의 넓이의 합과 같으므로 두 그래프에서 색칠한 부분의 넓이는 서로 같다.

ㄷ. $3+5+11+8+2+1=30$(명)

ㄹ. $50-40=60-50=\cdots=100-90=10$(점)

따라서 옳은 것은 ㄴ, ㄷ이다.

17 도수가 가장 큰 계급은 4시간 이상 8시간 미만이고, 이 계급의 도수는 9명이므로 구하는 상대도수는

$\dfrac{9}{30}=0.3$

18 $(0.24+0.28) \times 100 = 0.52 \times 100 = 52$(%)

19 $25 \times (0.2+0.08) = 25 \times 0.28 = 7$(명)

20 수학 점수가 50점 미만인 1학년 학생의 상대도수는

$0.09+0.18=0.27$

수학 점수가 50점 미만인 2학년 학생의 상대도수는

$0.02+0.14=0.16$

따라서 수학 점수가 50점 미만인 학생의 비율은 1학년이 더 높다.

21 수학 점수가 70점 이상 80점 미만인 1학년 학생은

$300 \times 0.14 = 42$(명)

수학 점수가 70점 이상 80점 미만인 2학년 학생은

$350 \times 0.2 = 70$(명)

교과서에서 **쏙 빼온 문제** ──172쪽─

1 ㉤

2 40명

3 풀이 참조

4 A 마트 : 40명, B 마트 : 48명

1 ㉤ 좋아하는 색은 자료에 같은 값인 변량이 많은 것으로 정하는 것이 적절하므로 최빈값이 대푯값으로 적절하다.

2 전체 학생을 n명이라 하면 왼쪽 시력이 0.4 미만인 학생은

$2+4=6$(명)이고 전체의 15 %이므로

$n \times \dfrac{15}{100} = 6$에서 $\dfrac{3}{20}n=6$ $\therefore n=40$

따라서 준희네 반 전체 학생은 40명이다.

Self 코칭

전체 학생을 n명으로 놓고 비율에 대한 식을 세운다.

3 세로축의 눈금 한 칸의 크기가 다르기 때문에 2015년의 그래프가 2014년의 그래프보다 높낮이의 차이가 큰 것처럼 보인다.

그러나 실제로는 2014년과 2015년에 서울을 찾은 외국인 관광객 중 20대와 30대의 수에 큰 차이가 없기 때문에 2014년보다 2015년에 20대와 30대의 수가 급격히 증가했다고 할 수 없다.

Self 코칭

두 자료를 정확하게 비교, 분석하기 위해서는 세로축의 눈금 한 칸의 크기를 같게 해야 한다.

4 A 마트에서 구매한 금액이 8만 원 이상인 계급의 상대도수의 합은

$0.1+0.06=0.16$

이므로 구하는 고객은

$250 \times 0.16 = 40$(명)

B 마트에서 구매한 금액이 8만 원 이상인 계급의 상대도수의 합은

$0.16+0.08=0.24$

이므로 구하는 고객은

$200 \times 0.24 = 48$(명)

정답 및 풀이

1 기본 도형

01 점, 선, 면

> **한번더** 개념 확인문제 ────────── 2쪽

01 (1) ○ (2) × (3) ○ (4) ○

02 (1) 점 A (2) $\overline{DH}$

03 (1) 4 (2) 6

04 (1) $\overline{AB}$ (2) $\overrightarrow{AB}$ (3) $\overrightarrow{BA}$ (4) $\overrightarrow{AB}$

05 (1) = (2) ≠ (3) =

06 (1) 8 cm (2) 7 cm

07 (1) 4 (2) 20

01 (2) 원은 평면도형이다.

07 (1) $\overline{AM} = \frac{1}{2}\overline{AB} = \frac{1}{2} \times 8 = 4\,(\text{cm})$

　 (2) $\overline{AB} = 2\overline{MB} = 2 \times 10 = 20\,(\text{cm})$

> **한번더!** 개념 완성하기 ────────── 3쪽~4쪽

01 ①, ④ 　02 3 　03 2 　04 ⑤

05 $\overrightarrow{AB}$와 $\overrightarrow{BC}$, $\overrightarrow{AB}$와 $\overrightarrow{AC}$ 　06 9 　07 18

08 7 　09 ④ 　10 5 cm 　11 20 cm

12 6 cm 　13 ④ 　14 (1) 6 cm (2) 9 cm

15 15 cm

01 ② 한 점을 지나는 직선은 무수히 많다.
　 ③ 면과 면이 만나서 생기는 교선은 직선 또는 곡선이다.
　 ⑤ 반직선과 직선의 길이는 생각할 수 없다.
　 따라서 옳은 것은 ①, ④이다.

02 사각뿔의 꼭짓점의 개수는 5이므로 $a=5$
　 사각뿔의 모서리의 개수는 8이므로 $b=8$
　 ∴ $b-a=8-5=3$

03 오각기둥의 꼭짓점의 개수는 10이므로 $x=10$
　 오각기둥의 모서리의 개수는 15이므로 $y=15$
　 오각기둥의 면의 개수는 7이므로 $z=7$
　 ∴ $x-y+z=10-15+7=2$

06 세 점 A, B, C 중 두 점을 이어 만들 수 있는 선분은
　 $\overline{AB}$, $\overline{AC}$, $\overline{BC}$의 3개이므로 $a=3$

반직선은 $\overrightarrow{AB}$, $\overrightarrow{AC}$, $\overrightarrow{BA}$, $\overrightarrow{BC}$, $\overrightarrow{CA}$, $\overrightarrow{CB}$의 6개이므로 $b=6$
　 ∴ $a+b=3+6=9$

07 네 점 A, B, C, D 중 두 점을 이어 만들 수 있는 직선은
　 $\overleftrightarrow{AB}$, $\overleftrightarrow{AC}$, $\overleftrightarrow{AD}$, $\overleftrightarrow{BC}$, $\overleftrightarrow{BD}$, $\overleftrightarrow{CD}$의 6개이므로 $a=6$
　 반직선은 $\overrightarrow{AB}$, $\overrightarrow{AC}$, $\overrightarrow{AD}$, $\overrightarrow{BA}$, $\overrightarrow{BC}$, $\overrightarrow{BD}$, $\overrightarrow{CA}$, $\overrightarrow{CB}$, $\overrightarrow{CD}$, $\overrightarrow{DA}$, $\overrightarrow{DB}$, $\overrightarrow{DC}$의 12개이므로 $b=12$
　 ∴ $a+b=6+12=18$

08 직선 l 위에 있는 네 점 A, B, C, D 중 두 점을 이어 만들 수 있는 서로 다른 직선은 직선 l의 1개이므로 $x=1$
　 서로 다른 선분은 $\overline{AB}$, $\overline{AC}$, $\overline{AD}$, $\overline{BC}$, $\overline{BD}$, $\overline{CD}$의 6개이므로 $y=6$
　 ∴ $x+y=1+6=7$

09 ④ $\overline{NM} = \frac{1}{2}\overline{AM} = \frac{1}{2} \times \frac{1}{2}\overline{AB} = \frac{1}{4}\overline{AB}$

10 $\overline{MB} = \frac{1}{2}\overline{AB} = \frac{1}{2} \times 6 = 3\,(\text{cm})$
　 $\overline{BN} = \frac{1}{2}\overline{BC} = \frac{1}{2} \times 4 = 2\,(\text{cm})$
　 ∴ $\overline{MN} = \overline{MB} + \overline{BN} = 3+2 = 5\,(\text{cm})$

11 $\overline{AC} = \overline{AB} + \overline{BC} = 2\overline{MB} + 2\overline{BN}$
　　　$= 2(\overline{MB} + \overline{BN}) = 2\overline{MN}$
　　　$= 2 \times 10 = 20\,(\text{cm})$

12 $\overline{AM} = \frac{1}{2}\overline{AB} = \frac{1}{2} \times 20 = 10\,(\text{cm})$
　 $\overline{AP} = \frac{1}{5}\overline{AB} = \frac{1}{5} \times 20 = 4\,(\text{cm})$
　 ∴ $\overline{PM} = \overline{AM} - \overline{AP} = 10 - 4 = 6\,(\text{cm})$

13 ④ $\overline{AN} = 2\overline{AM} = 2 \times 2\overline{PM} = 4\overline{PM}$

> **Self 코칭**
> $\overline{AM} = \overline{MN} = \overline{NB}$이므로 두 점 M, N은 $\overline{AB}$를 삼등분하는 점이다.

14 (1) $\overline{PM} = \overline{NQ} = \frac{1}{2}\overline{MN}$이므로
　　 $\overline{PQ} = \overline{PM} + \overline{MN} + \overline{NQ}$
　　　　$= \frac{1}{2}\overline{MN} + \overline{MN} + \frac{1}{2}\overline{MN}$
　　　　$= 2\overline{MN} = 12\,(\text{cm})$
　　 ∴ $\overline{MN} = 6\,(\text{cm})$
　 (2) $\overline{PM} = \frac{1}{2}\overline{MN} = \frac{1}{2} \times 6 = 3\,(\text{cm})$이므로
　　 $\overline{PN} = \overline{PM} + \overline{MN} = 3 + 6 = 9\,(\text{cm})$

15 $\overline{MN} = \overline{AM} = 10$ cm
　 $\overline{NP} = \frac{1}{2}\overline{NB} = \frac{1}{2}\overline{AM} = \frac{1}{2} \times 10 = 5\,(\text{cm})$
　 ∴ $\overline{MP} = \overline{MN} + \overline{NP} = 10 + 5 = 15\,(\text{cm})$

한번더 개념 확인문제 ─────────── 5쪽

01 (1) 직각　　(2) 예각　　(3) 둔각　　(4) 평각

02 (1) 45°　　(2) 60°

03 (1) ∠DOE　　(2) ∠EOA　　(3) ∠FOB　　(4) ∠DOF

04 (1) ∠x=150°, ∠y=30°　　(2) ∠x=65°, ∠y=45°

05 (1) 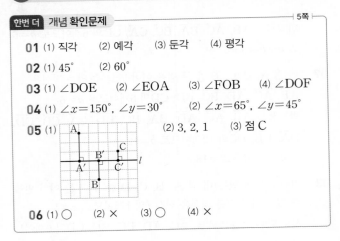　　(2) 3, 2, 1　　(3) 점 C

06 (1) ○　　(2) ×　　(3) ○　　(4) ×

02 (1) ∠x=90°−45°=45°
　　(2) ∠x=180°−120°=60°

04 (1) ∠x=180°−30°=150°
　　　∠y=30° (맞꼭지각)
　　(2) ∠x=65° (맞꼭지각)
　　　∠y=180°−(70°+65°)=45°

06 (2) $\overline{AB}$와 $\overline{AD}$는 수직으로 만나지 않는다.
　　(4) 점 B와 $\overline{AC}$ 사이의 거리는 12 cm이다.

한번더! **개념 완성하기** ─────────── 6쪽~7쪽

01 25°　　**02** 30°　　**03** 10°　　**04** 45°

05 65°　　**06** ④　　**07** 50°

08 ∠x=50°, ∠y=130°　　**09** 25°

10 ∠x=40°, ∠y=70°　　**11** 45°　　**12** 60°

13 30°　　**14** ㄴ, ㄹ　　**15** ③

01 (2∠x+15°)+∠x=90°, 3∠x+15°=90°
　　3∠x=75°　∴ ∠x=25°

02 (∠x−5°)+90°+(2∠x+5°)=180°
　　3∠x+90°=180°, 3∠x=90°
　　∴ ∠x=30°

03 ∠x=90°−40°=50°
　　∠y=90°−50°=40°
　　∴ ∠x−∠y=50°−40°=10°

04 ∠AOD=180°−90°=90°
　　∠COD=90°−45°=45°
　　∴ ∠x=90°−45°=45°

05 ∠AOB+∠BOC=90°, ∠BOC+∠COD=90°이므로
　　∠AOB=∠COD
　　이때 ∠AOB+∠COD=50°이므로
　　∠AOB=∠COD=25°
　　∴ ∠BOC=90°−∠COD
　　　　　=90°−25°=65°

06 3∠COD+3∠DOE=180°이므로
　　∠COD+∠DOE=60°
　　∴ ∠COE=∠COD+∠DOE=60°

07 80°+2∠DOE+2∠EOF=180°이므로
　　2(∠DOE+∠EOF)=100°
　　즉, ∠DOE+∠EOF=50°
　　∴ ∠DOF=∠DOE+∠EOF=50°

08 ∠x=180°−130°=50°
　　∠y=130° (맞꼭지각)

09 맞꼭지각의 크기는 서로 같으므로
　　3∠x−35°=∠x+15°, 2∠x=50°
　　∴ ∠x=25°

10 맞꼭지각의 크기는 서로 같으므로
　　2∠x=∠x+40°　∴ ∠x=40°
　　2∠x+(∠y+30°)=180°
　　2×40°+∠y+30°=180°
　　∴ ∠y=70°

11 맞꼭지각의 크기는 서로 같으므로
　　∠x+90°=135°　∴ ∠x=45°

12 오른쪽 그림과 같이 맞꼭지각의 크기는 서로 같고 평각의 크기는 180°이므로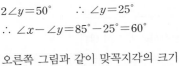
　　45°+∠x+50°=180°
　　∴ ∠x=85°
　　2∠y=50°　∴ ∠y=25°
　　∴ ∠x−∠y=85°−25°=60°

13 오른쪽 그림과 같이 맞꼭지각의 크기는 서로 같고 평각의 크기는 180°이므로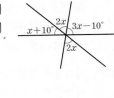
　　(∠x+10°)+2∠x+(3∠x−10°)
　　=180°
　　6∠x=180°　∴ ∠x=30°

14 ㄴ. $\overline{AC}$와 $\overline{BD}$는 수직으로 만나지 않는다.
　　ㄷ. $\overline{AB}$와 수직으로 만나는 선분은 $\overline{AD}$, $\overline{BC}$의 2개이다.
　　ㄹ. 점 O에서 $\overline{CD}$에 내린 수선의 발은 점 C가 아니다.
　　따라서 옳지 않은 것은 ㄴ, ㄹ이다.

15 점 P와 직선 l 사이의 거리는 점 P에서 직선 l에 내린 수선의 발 C까지의 거리, 즉 $\overline{PC}$의 길이와 같다.

실력 확인하기 ──────────────── 8쪽

01 ④   02 $\overrightarrow{PQ}$, $\overrightarrow{QR}$, $\overrightarrow{QR}$ 03 10

04 17 cm   05 42°   06 60°   07 155°

08 12.8

01 ①, ②, ③, ⑤ 점 A를 지나는 교선의 개수는 3이다.
④ 점 A를 지나는 교선의 개수는 4이다.

02 $\overrightarrow{PQ}$는 점 P에서 시작하여 점 Q쪽으로 한없이 뻗어나가는 반
직선이므로 $\overrightarrow{PQ}$에 포함되는 것은 $\overrightarrow{PQ}$, $\overrightarrow{QR}$, $\overrightarrow{QR}$이다.

03 두 점을 이어 만들 수 있는 서로 다른 반직선은
$\overrightarrow{AB}(=\overrightarrow{AC})$, $\overrightarrow{AD}$, $\overrightarrow{BA}$, $\overrightarrow{BC}$, $\overrightarrow{BD}$, $\overrightarrow{CA}(=\overrightarrow{CB})$, $\overrightarrow{CD}$, $\overrightarrow{DA}$,
$\overrightarrow{DB}$, $\overrightarrow{DC}$의 10개이다.

04 $\overline{MN}=\overline{MC}+\overline{CN}$
$=\dfrac{1}{2}\overline{AC}+\dfrac{1}{2}\overline{CB}$
$=\dfrac{1}{2}(\overline{AC}+\overline{CB})$
$=\dfrac{1}{2}\overline{AB}$
$=\dfrac{1}{2}\times34=17(cm)$

05 $\angle AOD=6\angle COD$, $\angle AOD=90°+\angle COD$이므로
$6\angle COD=90°+\angle COD$, $5\angle COD=90°$
$\therefore \angle COD=18°$
$\angle DOB=90°-\angle COD$
$=90°-18°=72°$
이때 $\angle DOB=3\angle DOE$이므로
$\angle DOE=\dfrac{1}{3}\angle DOB$
$=\dfrac{1}{3}\times72°=24°$
$\therefore \angle COE=\angle COD+\angle DOE$
$=18°+24°=42°$

06 $40°+\angle x+\angle y=180°$에서 $\angle x+\angle y=140°$
이때 $\angle x:\angle y=3:4$이므로
$\angle x=140°\times\dfrac{3}{3+4}$
$=140°\times\dfrac{3}{7}=60°$

07 오른쪽 그림과 같이 맞꼭지각의 크기는
서로 같고 평각의 크기는 180°이므로
$\angle a+25°+\angle b+\angle c=180°$
$\therefore \angle a+\angle b+\angle c=155°$

08 점 A와 $\overline{BC}$ 사이의 거리는 $\overline{AB}$의 길이와 같으므로 8 cm이다.
$\therefore a=8$
점 B와 $\overline{AC}$ 사이의 거리는 $\overline{BH}$의 길이와 같으므로 4.8 cm
이다. $\therefore b=4.8$
$\therefore a+b=8+4.8=12.8$

03 위치 관계

한번 더 개념 확인문제 ──────────── 9쪽

01 (1) 점 E, 점 F   (2) $\overline{AB}$, $\overline{BC}$, $\overline{BE}$ (3) 점 C, 점 F
(4) $\overline{EF}$ (5) $\overline{AB}$, $\overline{AC}$, $\overline{BE}$, $\overline{CF}$ (6) $\overline{BE}$, $\overline{CF}$
(7) $\overline{AD}$, $\overline{DE}$, $\overline{DF}$

02 (1) ◯   (2) ×   (3) ◯   (4) ◯   (5) ×

03 (1) 면 CGHD, 면 EFGH   (2) 면 ABCD, 면 EFGH
(3) 면 AEHD, 면 EFGH   (4) $\overline{AE}$, $\overline{BF}$, $\overline{CG}$, $\overline{DH}$
(5) 면 ABFE, 면 BFGC, 면 CGHD, 면 AEHD
(6) 면 EFGH   (7) 면 ABCD, 면 EFGH

04 (1) ◯   (2) ×   (3) ×   (4) ◯   (5) ×   (6) ◯

02 (1) $\overline{AD}$와 $\overline{DH}$는 점 D에서 만난다.
(2) $\overline{AB}$와 $\overline{FG}$는 꼬인 위치에 있다.
(5) $\overline{BC}$와 $\overline{EH}$는 평행하다.

04 (1) 면 ABC에 포함되는 모서리는 $\overline{AB}$, $\overline{BC}$, $\overline{CA}$의 3개이다.
(2) 면 ABC와 평행한 모서리는 $\overline{DE}$, $\overline{EF}$, $\overline{FD}$의 3개이다.
(3) 면 ABC와 수직인 모서리는 $\overline{AD}$, $\overline{BE}$, $\overline{CF}$의 3개이다.
(5) 면 ABC와 평행한 면은 면 DEF의 1개이다.

한번 더 개념 완성하기 ──────────── 10쪽~11쪽

01 ⑤   02 ⑤   03 ③   04 $\overline{AE}$, $\overline{CG}$

05 3   06 ②, ④   07 ④   08 ③

09 8   10 4   11 3쌍   12 ㄴ, ㄹ

13 ②

01 ⑤ 평면에서 두 직선이 꼬인 위치에 있는 경우는 없다.

02 ⑤ $\overleftrightarrow{BC}$와 $\overleftrightarrow{CD}$의 교점은 점 C이다.

03 ①, ②, ④, ⑤ $\overline{AE}$와 꼬인 위치에 있다.
③ $\overline{AE}$와 평행하다.

05 $\overline{DE}$와 꼬인 위치에 있는 모서리는 $\overline{AC}$, $\overline{BC}$, $\overline{CF}$의 3개이다.

06 $\overline{BH}$와 꼬인 위치에 있는 모서리는
$\overline{AD}$, $\overline{AE}$, $\overline{CD}$, $\overline{CG}$, $\overline{EF}$, $\overline{FG}$이다.

07 ④ 공간에서 직선과 평면이 꼬인 위치에 있는 경우는 없다.

08 ③ 면 ADEB와 수직인 모서리는 $\overline{BC}$, $\overline{EF}$의 2개이다.
④ 면 ABC와 평행한 모서리는 $\overline{DE}$, $\overline{EF}$, $\overline{FD}$의 3개이다.
⑤ 면 DEF와 수직인 모서리 $\overline{AD}$, $\overline{BE}$, $\overline{CF}$는 서로 평행하다.
따라서 옳지 않은 것은 ③이다.

09 면 ABCDE와 수직인 모서리는
$\overline{AF}$, $\overline{BG}$, $\overline{CH}$, $\overline{DI}$, $\overline{EJ}$의 5개이므로 $a=5$
모서리 CH와 평행한 면은
면 ABGF, 면 AFJE, 면 DIJE의 3개이므로 $b=3$
∴ $a+b=5+3=8$

10 면 BEFC와 한 직선에서 만나는 면은
면 ABC, 면 ADEB, 면 DEF, 면 ADFC의 4개이다.

11 서로 평행한 두 면은
면 ABCD와 면 EFGH, 면 ABFE와 면 DCGH,
면 BFGC와 면 AEHD의 3쌍이다.

12 ㄱ. 한 직선에 평행한 서로 다른 두 평면은 다음 그림과 같이
평행하거나 한 직선에서 만날 수 있다.

평행하다.　한 직선에서 만난다.

ㄴ. 한 직선에 수직인 서로 다른 두 평면은 오
른쪽 그림과 같이 평행하다.

ㄷ. 한 평면에 평행한 서로 다른 두 직선은 다음 그림과 같이
평행하거나 한 점에서 만나거나 꼬인 위치에 있을 수 있다.

평행하다.　한 점에서 만난다.　꼬인 위치에 있다.

ㄹ. 한 평면에 수직인 서로 다른 두 직선은 오
른쪽 그림과 같이 평행하다.

따라서 항상 평행한 것은 ㄴ, ㄹ이다.

13 $P/\!/Q$이고 $Q/\!/R$이면 오른쪽 그림과 같이 두
평면 P, R은 평행하다.
→ $P/\!/R$

04 평행선의 성질

한번더 개념 확인문제 ───────┤12쪽

01 (1) $\angle f$　(2) $\angle h$　(3) $\angle e$　(4) $\angle b$

02 (1) $105°$　(2) $75°$　(3) $100°$　(4) $80°$

03 (1) $110°$　(2) $140°$

04 (1) $\angle x=60°$, $\angle y=60°$　(2) $\angle x=125°$, $\angle y=125°$
(3) $\angle x=135°$, $\angle y=45°$　(4) $\angle x=130°$, $\angle y=50°$

05 (1) ×　(2) ○　(3) ○　(4) ×

02 (1) $\angle a$의 동위각은 $\angle d$이므로 $\angle d=105°$ (맞꼭지각)
(2) $\angle b$의 동위각은 $\angle e$이므로 $\angle e=180°-105°=75°$
(3) $\angle d$의 엇각은 $\angle c$이므로 $\angle c=180°-80°=100°$
(4) $\angle f$의 엇각은 $\angle b$이므로 $\angle b=80°$ (맞꼭지각)

03 (1) $\angle x=110°$ (동위각)
(2) $\angle x=140°$ (엇각)

04 (1) $\angle x=180°-120°=60°$
$\angle y=\angle x=60°$ (동위각)
(2) $\angle x=180°-55°=125°$
$\angle y=\angle x=125°$ (엇각)
(3) $\angle x=180°-45°=135°$
$\angle y=45°$ (엇각)
(4) $\angle x=130°$ (동위각)
$\angle y=180°-130°=50°$

05 (1) 동위각의 크기가 같지 않으므로 두
직선 l, m은 평행하지 않다.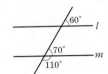

(2) 엇각의 크기가 같으므로 $l/\!/m$이다.

(3) 동위각의 크기가 같으므로 $l/\!/m$이
다.

(4) 엇각의 크기가 같지 않으므로 두 직
선 l, m은 평행하지 않다.

개념 완성하기 ───────┤13쪽~14쪽

01 $80°$　**02** ④　**03** ①, ④　**04** $140°$
05 $30°$　**06** $80°$　**07** $40°$　**08** $65°$
09 $55°$　**10** $60°$　**11** $15°$　**12** $50°$
13 $30°$　**14** ④, ⑤　**15** ②

01 오른쪽 그림에서 $\angle x$의 엇각은 $\angle a$이므로
$\angle a=180°-100°=80°$

02 ① $\angle a$의 동위각은 $\angle d$이므로

$\quad\angle d=180°-140°=40°$

② $\angle b$의 엇각은 $\angle f$이므로

$\quad\angle f=140°$ (맞꼭지각)

③ $\angle c$의 엇각은 $\angle d$이므로

$\quad\angle d=180°-140°=40°$

④ $\angle e$의 동위각은 $\angle c$이므로

$\quad\angle c=180°-120°=60°$

⑤ $\angle f$의 엇각은 $\angle b$이므로

$\quad\angle b=120°$ (맞꼭지각)

따라서 옳지 않은 것은 ④이다.

03 $\angle a=180°-85°=95°$, $\angle b=85°$ (맞꼭지각)

$l /\!/ m$이므로

$\angle c=85°$ (동위각), $\angle d=\angle a=95°$ (동위각)

$\angle e=\angle c=85°$ (맞꼭지각)

따라서 크기가 95°인 각은 ①, ④이다.

04 $l /\!/ m$이므로

$\angle x+100°=180°$ $\quad\therefore \angle x=80°$

$\angle y=60°$ (엇각)

$\therefore \angle x+\angle y=80°+60°=140°$

05 $l /\!/ m$이므로 $\angle x=180°-105°=75°$

$l /\!/ n$이므로 $\angle y=105°$ (동위각)

$\therefore \angle y-\angle x=105°-75°=30°$

06 오른쪽 그림과 같이 동위각의 크기는 같고 삼각형의 세 각의 크기의 합은 180°이므로

$\angle x+30°+70°=180°$

$\therefore \angle x=80°$

07 오른쪽 그림과 같이 동위각의 크기는 같고 삼각형의 세 각의 크기의 합은 180°이므로

$40°+(\angle x+20°)+2\angle x=180°$

$3\angle x+60°=180°$, $3\angle x=120°$

$\therefore \angle x=40°$

08 오른쪽 그림과 같이 두 직선 l, m에 평행한 직선을 그으면

$\angle x=20°+45°=65°$

09 오른쪽 그림과 같이 두 직선 l, m에 평행한 직선을 그으면

$(\angle x-20°)+\angle x=90°$

$2\angle x=110°$ $\quad\therefore \angle x=55°$

10 오른쪽 그림과 같이 두 직선 l, m에 평행한 두 직선을 그으면

$\angle x=35°+25°=60°$

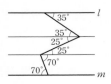

11 오른쪽 그림과 같이 두 직선 l, m에 평행한 두 직선을 그으면

$\angle x=15°$ (동위각)

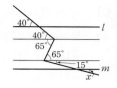

12 $\overline{AD} /\!/ \overline{BC}$이므로

$\angle DEH=\angle EHF=25°$ (엇각)

$\angle HEF=\angle DEH=25°$ (접은 각)

$\therefore \angle x=\angle DEF=\angle DEH+\angle HEF$

$\quad=25°+25°=50°$ (엇각)

13 $\angle EFG=180°-130°=50°$

$\overline{AB} /\!/ \overline{CD}$이므로

$\angle x=\angle EFG=50°$ (엇각)

$\angle EGF=\angle FGD=\angle x=50°$ (접은 각)

따라서 삼각형 EGF에서

$\angle y+50°+50°=180°$

$\angle y+100°=180°$ $\quad\therefore \angle y=80°$

$\therefore \angle y-\angle x=80°-50°=30°$

14 ④ 동위각의 크기가 60°로 같으므로

$m /\!/ n$

⑤ 엇각의 크기가 60°로 같으므로

$p /\!/ q$

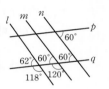

15 ① 엇각의 크기가 같으므로 $l /\!/ m$이다.

② 엇각의 크기가 같지 않으므로 두 직선 l, m은 평행하지 않다.

③ 동위각의 크기가 같으므로 $l /\!/ m$이다.

④ 엇각의 크기가 같으므로 $l /\!/ m$이다.

⑤ 동위각의 크기가 같으므로 $l /\!/ m$이다.

따라서 평행하지 않은 것은 ②이다.

한번 더!

실력 확인하기 ———————— 15쪽

01 ④	**02** 5	**03** 면 B, 면 C, 면 D, 면 F	
04 ㄴ, ㄷ	**05** 35°	**06** 90°	**07** 40°
08 ④			

01 ④ 두 점 B, D는 직선 l 위에 있다.

02 모서리 DE와 평행한 모서리는
$\overline{AB}$, $\overline{GH}$, $\overline{JK}$의 3개이므로 $x=3$
모서리 AG와 꼬인 위치에 있는 모서리는
$\overline{BC}$, $\overline{CD}$, $\overline{DE}$, $\overline{EF}$, $\overline{HI}$, $\overline{IJ}$, $\overline{JK}$, $\overline{KL}$의 8개이므로 $y=8$
$\therefore y-x=8-3=5$

03 정육면체에서 이웃한 두 면은 서로 수직이므로 면 A와 수직인 면은 면 B, 면 C, 면 D, 면 F이다.

04 ㄱ. $l /\!/ P$, $l /\!/ Q$이면 다음 그림과 같이 두 평면 P, Q는 평행하거나 한 직선에서 만날 수 있다.

평행하다.　한 직선에서 만난다.

ㄴ. $l \perp P$, $P /\!/ Q$이면 오른쪽 그림과 같이 $l \perp Q$이다.

ㄷ. $l /\!/ P$, $l \perp Q$이면 오른쪽 그림과 같이 $P \perp Q$이다.

따라서 항상 옳은 것은 ㄴ, ㄷ이다.

05 $\angle x=75°$ (동위각)
$\angle y=180°-70°=110°$
$\therefore \angle y - \angle x=110°-75°=35°$

06 오른쪽 그림과 같이 두 직선 l, m에 평행한 직선을 그으면
$\angle x=30°+60°=90°$

07 $\angle ACB=180°-140°=40°$
$\angle BAD=\angle CAB=\angle x$ (접은 각)
$\overline{AD} /\!/ \overline{CE}$이므로
$\angle ABC=\angle BAD=\angle x$ (엇각)
삼각형 ACB에서
$\angle x+40°+\angle x=180°$　$\therefore \angle x=70°$
$\angle y=180°-\angle x=180°-70°=110°$
$\therefore \angle y-\angle x=110°-70°=40°$

08 ① $l /\!/ m$이면 $\angle b=\angle f$ (동위각)
② $l /\!/ m$이면 $\angle d=\angle f$ (엇각)이므로
$\angle d+\angle e=\angle f+\angle e=180°$
③ $\angle a=\angle g$이면 $\angle a=\angle c$ (맞꼭지각)에서
$\angle c=\angle g$ (동위각)이므로 $l /\!/ m$
④ 맞꼭지각의 크기가 같다고 해서 $l /\!/ m$인 것은 아니다.
⑤ $\angle c+\angle f=180°$이면 $\angle b+\angle c=180°$에서
$\angle b=\angle f$ (동위각)이므로 $l /\!/ m$
따라서 옳지 않은 것은 ④이다.

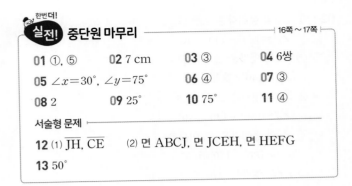

01 ①, ⑤　　**02** 7 cm　　**03** ③　　**04** 6쌍
05 $\angle x=30°$, $\angle y=75°$　　**06** ④　　**07** ③
08 2　　**09** 25°　　**10** 75°　　**11** ④

서술형 문제
12 (1) $\overline{JH}$, $\overline{CE}$　(2) 면 ABCJ, 면 JCEH, 면 HEFG
13 50°

01 ② 선분의 양 끝 점이 같지 않으므로
$\overline{BC} \neq \overline{CD}$
③ 뻗는 방향은 같지만 시작점이 같지 않으므로
$\overrightarrow{AC} \neq \overrightarrow{BC}$
④ 시작점과 뻗는 방향이 모두 같지 않으므로
$\overrightarrow{CD} \neq \overrightarrow{DC}$
따라서 옳은 것은 ①, ⑤이다.

02 $\overline{MB}=\dfrac{1}{2}\overline{AB}=\dfrac{1}{2}\times 6=3\,(\text{cm})$
$\overline{BN}=\dfrac{1}{2}\overline{BC}=\dfrac{1}{2}\times 8=4\,(\text{cm})$
$\therefore \overline{MN}=\overline{MB}+\overline{BN}$
$=3+4=7\,(\text{cm})$

03 $(\angle x+10°)+4\angle x+(5\angle x-30°)=180°$에서
$10\angle x-20°=180°$, $10\angle x=200°$
$\therefore \angle x=20°$

04 오른쪽 그림에서 맞꼭지각은
$\angle AGE$와 $\angle BGF$, $\angle AGF$와 $\angle BGE$,
$\angle CHE$와 $\angle DHF$, $\angle CHF$와 $\angle DHE$,
$\angle AID$와 $\angle BIC$, $\angle AIC$와 $\angle BID$
의 6쌍이다.

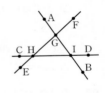

05 $(2\angle x+15°)+105°=180°$에서
$2\angle x+120°=180°$, $2\angle x=60°$
$\therefore \angle x=30°$
$\angle x+\angle y=105°$ (맞꼭지각)이므로
$30°+\angle y=105°$　$\therefore \angle y=75°$

06 ㄱ. 오른쪽 그림에서
$l /\!/ m$이고 $l /\!/ n$이면 $m /\!/ n$이다.

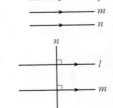

ㄴ. 오른쪽 그림에서
$l /\!/ m$이고 $l \perp n$이면 $m \perp n$이다.

ㄷ. 오른쪽 그림에서
$l \perp m$이고 $l \perp n$이면 $m /\!/ n$이다.

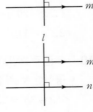

따라서 항상 옳은 것은 ㄱ, ㄴ이다.

07 ② 모서리 GH와 모서리 FJ는 한 평면 위에 있으므로 꼬인 위치에 있지 않다.
따라서 옳은 것은 ③이다.

08 모서리 AB와 꼬인 위치에 있는 모서리는
$\overline{\mathrm{CF}}$, $\overline{\mathrm{DF}}$, $\overline{\mathrm{EF}}$의 3개이므로 $a=3$
면 ABCD와 평행한 모서리는
$\overline{\mathrm{EF}}$의 1개이므로 $b=1$
∴ $a-b=3-1=2$

09 오른쪽 그림에서
$(\angle x+50°)+(5\angle x-20°)=180°$
$6\angle x+30°=180°$, $6\angle x=150°$
∴ $\angle x=25°$

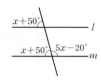

10 오른쪽 그림과 같이 두 직선 l, m에 평행한 두 직선을 그으면
$\angle x=30°+45°=75°$

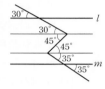

11 ① $\angle a=\angle c$ (맞꼭지각)이고, $\angle c=\angle a=60°$이면 동위각의 크기가 같으므로 $l /\!/ m$이다.
② $\angle f=180°-60°=120°$
$l /\!/ m$이면 $\angle b=\angle f=120°$ (동위각)
③ $l /\!/ m$이면 $\angle c=60°$ (동위각)
④ 맞꼭지각의 크기가 같다고 해서 $l /\!/ m$인 것은 아니다.
⑤ $l /\!/ m$이면 $\angle b=\angle g$ (엇각)
이때 $\angle e+\angle g=180°$이므로
$\angle b+\angle e=180°$
따라서 옳지 않은 것은 ④이다.

12 주어진 전개도를 접으면 오른쪽 그림과 같다.
(1) $\overline{\mathrm{AB}}$와 꼬인 위치에 있는 모서리는
$\overline{\mathrm{JH}}$, $\overline{\mathrm{CE}}$이다. …… ❶
(2) 면 CDE와 수직인 면은
면 ABCJ, 면 JCEH, 면 HEFG이다. …… ❷

채점 기준	배점
❶ $\overline{\mathrm{AB}}$와 꼬인 위치에 있는 모서리 구하기	3점
❷ 면 CDE와 수직인 면 구하기	3점

13 크기가 145°인 각의 꼭짓점을 지나고 두 직선 l, m에 평행한 직선을 그은 후, 크기가 같은 각을 표시하면 오른쪽 그림과 같다. …… ❶
$65°+65°+\angle x=180°$
∴ $\angle x=50°$ …… ❷

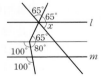

채점 기준	배점
❶ 두 직선 l, m에 평행한 직선을 긋고 평행선의 성질을 이용하여 크기가 같은 각 표시하기	4점
❷ $\angle x$의 크기 구하기	3점

01 작도

한번 더 **개념 확인문제** ─────── 18쪽

01 (1) ○ (2) ○ (3) × (4) ○ (5) ○ (6) ×
02 C, 컴퍼스, $\overline{\mathrm{CD}}$
03 $\overline{\mathrm{AB}}$, $\overline{\mathrm{AC}}$, 정삼각형
04 (1) ㉢, ㉡, ㉣ (2) $\overline{\mathrm{OA}}$, $\overline{\mathrm{PC}}$ (3) $\angle \mathrm{CPD}$

01 (3) 두 선분의 길이를 비교할 때는 컴퍼스를 사용한다.
(6) 선분을 연장할 때는 눈금 없는 자를 사용한다.

개념 완성하기 ─────── 19쪽

01 ④ **02** ㄱ, ㄹ
03 (1) ㉤ (2) $\overline{\mathrm{OD}}$, $\overline{\mathrm{AP}}$, $\overline{\mathrm{AQ}}$ (3) $\overline{\mathrm{PQ}}$ **04** ③
05 (1) $\overline{\mathrm{AC}}$, $\overline{\mathrm{PQ}}$, $\overline{\mathrm{PR}}$ (2) $\overline{\mathrm{QR}}$
(3) 서로 다른 두 직선이 다른 한 직선과 만날 때, 동위각의 크기가 같으면 두 직선은 평행하다.
06 ④

01 ④ 선분의 길이를 잴 때는 컴퍼스를 사용한다.
03 (1) 작도 순서는 ㉠ → ㉢ → ㉡ → ㉤ → ㉣이므로 ㉡ 다음에 작도해야 하는 것은 ㉤이다.
04 $\overline{\mathrm{OC}}=\overline{\mathrm{OD}}=\overline{\mathrm{PE}}=\overline{\mathrm{PF}}$이고 $\overline{\mathrm{CD}}=\overline{\mathrm{EF}}$이다.
따라서 길이가 나머지 넷과 다른 하나는 ③이다.

02 삼각형의 작도

한번 더 **개념 확인문제** ─────── 20쪽

01 (1) $\overline{\mathrm{BC}}$ (2) $\overline{\mathrm{AC}}$ (3) $\overline{\mathrm{AB}}$ (4) $\angle \mathrm{C}$ (5) $\angle \mathrm{A}$ (6) $\angle \mathrm{B}$
02 (1) 5 cm (2) 4 cm (3) 60°
03 (1) × (2) ○ (3) × (4) ○
04 (1) ○ (2) × (3) ○
05 (1) ○ (2) × (3) ○ (4) × (5) ○
06 (1) ○ (2) ○ (3) × (4) ○

02 (1) $\angle \mathrm{A}$의 대변은 $\overline{\mathrm{BC}}$이므로 $\overline{\mathrm{BC}}=5$ cm
(2) $\angle \mathrm{C}$의 대변은 $\overline{\mathrm{AB}}$이므로 $\overline{\mathrm{AB}}=4$ cm
(3) 변 AC의 대각은 $\angle \mathrm{B}$이므로 $\angle \mathrm{B}=60°$

03 (1) $5>1+3$이므로 삼각형을 만들 수 없다.

(2) $7<4+4$이므로 삼각형을 만들 수 있다.

(3) $14=6+8$이므로 삼각형을 만들 수 없다.

(4) $10<10+10$이므로 삼각형을 만들 수 있다.

04 (1) 세 변의 길이가 주어졌으므로 삼각형을 하나로 작도할 수 있다.

(2) ∠B는 $\overline{AB}$와 $\overline{AC}$의 끼인각이 아니므로 삼각형을 하나로 작도할 수 없다.

(3) 한 변의 길이와 그 양 끝 각의 크기가 주어졌으므로 삼각형을 하나로 작도할 수 있다.

05 (1) $8<5+7$이므로 △ABC가 하나로 정해진다.

(2) ∠A는 $\overline{AB}$와 $\overline{BC}$의 끼인각이 아니므로 △ABC가 하나로 정해지지 않는다.

(3) 한 변의 길이와 그 양 끝 각의 크기가 주어졌으므로 △ABC가 하나로 정해진다.

(4) 모양이 같고 크기가 다른 삼각형을 무수히 많이 그릴 수 있으므로 △ABC가 하나로 정해지지 않는다.

(5) ∠B$=180°-(25°+55°)=100°$
한 변의 길이와 그 양 끝 각의 크기가 주어진 경우와 같으므로 △ABC가 하나로 정해진다.

06 (1) 세 변의 길이가 주어진 경우이므로 △ABC가 하나로 정해진다.

(2) 두 변의 길이와 그 끼인각의 크기가 주어진 경우이므로 △ABC가 하나로 정해진다.

(3) ∠C는 $\overline{AB}$와 $\overline{BC}$의 끼인각이 아니므로 △ABC가 하나로 정해지지 않는다.

(4) ∠A$=180°-(∠B+∠C)$
한 변의 길이와 그 양 끝 각의 크기가 주어진 경우와 같으므로 △ABC가 하나로 정해진다.

한번데! 개념 완성하기 |21쪽~22쪽|

01 (1) 3 cm	(2) 30°	**02** ②	**03** ④
04 3	**05** ①	**06** 3	**07** ①
08 ④	**09** ②	**10** ㄴ, ㅁ	**11** ⑤
12 ㄱ, ㄴ, ㄹ	**13** ③		

01 (1) ∠B의 대변은 $\overline{AC}$이므로 $\overline{AC}=3\ cm$

(2) $\overline{AC}$의 대각은 ∠B이므로
∠B$=180°-(60°+90°)=30°$

02 ② ∠C의 대변은 $\overline{AB}$이다.

③ ∠A의 대변은 $\overline{BC}$이므로 $\overline{BC}=8\ cm$

④ $\overline{BC}$의 대각은 ∠A이므로
∠A$=180°-(50°+60°)=70°$
따라서 옳지 않은 것은 ②이다.

03 ① $7=2+5$이므로 삼각형의 세 변의 길이가 될 수 없다.

② $10>3+6$이므로 삼각형의 세 변의 길이가 될 수 없다.

③ $8=4+4$이므로 삼각형의 세 변의 길이가 될 수 없다.

④ $10<5+6$이므로 삼각형의 세 변의 길이가 될 수 있다.

⑤ $13>5+7$이므로 삼각형의 세 변의 길이가 될 수 없다.
따라서 삼각형의 세 변의 길이가 될 수 있는 것은 ④이다.

Self 코칭
세 변의 길이가 주어질 때, 삼각형을 만들 수 있는 조건
➡ (가장 긴 변의 길이)<(나머지 두 변의 길이의 합)

04 만들 수 있는 삼각형은 (2 cm, 3 cm, 4 cm),
(2 cm, 4 cm, 5 cm), (3 cm, 4 cm, 5 cm)의 3개이다.

05 (ⅰ) 가장 긴 변의 길이가 7 cm일 때
$7<4+x$
이때 $x=3$이면 $7<4+3$이 되어 부등호가 성립하지 않으므로 x는 3보다 큰 자연수이다.

(ⅱ) 가장 긴 변의 길이가 x cm일 때
$x<4+7$ ∴ $x<11$

(ⅰ), (ⅱ)에서 x의 값이 될 수 없는 것은 ①이다.

다른풀이

① $x=3$일 때, $7=4+3$ (×)

② $x=5$일 때, $7<4+5$ (○)

③ $x=7$일 때, $7<4+7$ (○)

④ $x=8$일 때, $8<4+7$ (○)

⑤ $x=10$일 때, $10<4+7$ (○)
따라서 x의 값이 될 수 없는 것은 ①이다.

06 가장 긴 변의 길이가 x cm이므로
$x<4+10$ ∴ $x<14$
이때 $x>10$이므로 x의 값이 될 수 있는 자연수는 11, 12, 13의 3개이다.

07 ① $x=2$일 때, $2+1=(2-1)+2$

② $x=3$일 때, $3+1<(3-1)+3$

③ $x=4$일 때, $4+1<(4-1)+4$

④ $x=5$일 때, $5+1<(5-1)+5$

⑤ $x=6$일 때, $6+1<(6-1)+6$
따라서 x의 값이 될 수 없는 것은 ①이다.

08 한 변의 길이와 그 양 끝 각의 크기가 주어진 경우이므로 삼각형의 작도는 다음과 같은 순서로 한다.

(ⅰ) 한 변의 길이 옮기기 → 한 각의 크기 옮기기
→ 다른 한 각의 크기 옮기기 (①, ②)

(ⅱ) 한 각의 크기 옮기기 → 한 변의 길이 옮기기
→ 다른 한 각의 크기 옮기기 (③, ⑤)
따라서 작도하는 순서로 옳지 않은 것은 ④이다.

09 두 변의 길이와 그 끼인각의 크기가 주어진 경우이므로 삼각형의 작도는 다음과 같은 순서로 한다.

(ⅰ) 한 변의 길이 옮기기 → 끼인각의 크기 옮기기
→ 다른 한 변의 길이 옮기기

(ii) 끼인각의 크기 옮기기 → 한 변의 길이 옮기기
→ 다른 한 변의 길이 옮기기
따라서 작도하는 순서 중 가장 마지막인 것은 길이가 주어지지 않은 $\overline{AC}$를 긋는 것이다.

10 ㄱ. 모양이 같고 크기가 다른 삼각형을 무수히 많이 그릴 수 있으므로 △ABC가 하나로 정해지지 않는다.
ㄴ. 한 변의 길이와 그 양 끝 각의 크기가 주어진 경우이므로 △ABC가 하나로 정해진다.
ㄷ. ∠B는 $\overline{AB}$와 $\overline{CA}$의 끼인각이 아니므로 △ABC가 하나로 정해지지 않는다.
ㄹ. 9=4+5이므로 삼각형이 그려지지 않는다.
ㅁ. 두 변의 길이와 그 끼인각의 크기가 주어진 경우이므로 △ABC가 하나로 정해진다.
따라서 △ABC가 하나로 정해지는 것은 ㄴ, ㅁ이다.

11 ① 세 변의 길이가 주어진 경우이고 6<3+4이므로 △ABC가 하나로 정해진다.
② 두 변의 길이와 그 끼인각의 크기가 주어진 경우이므로 △ABC가 하나로 정해진다.
③ ∠A=180°−(60°+45°)=75°
한 변의 길이와 그 양 끝 각의 크기가 주어진 경우와 같으므로 △ABC가 하나로 정해진다.
④ ∠C=180°−100°=80°
두 변의 길이와 그 끼인각의 크기가 주어진 경우와 같으므로 △ABC가 하나로 정해진다.
⑤ ∠A는 $\overline{AB}$와 $\overline{BC}$의 끼인각이 아니므로 △ABC가 하나로 정해지지 않는다.
따라서 △ABC가 하나로 정해지지 않는 것은 ⑤이다.

12 ㄱ. 한 변의 길이와 그 양 끝 각의 크기가 주어진 경우이므로 △ABC가 하나로 정해진다.
ㄴ. ∠A=180°−(∠B+∠C)
한 변의 길이와 그 양 끝 각의 크기가 주어진 경우와 같으므로 △ABC가 하나로 정해진다.
ㄷ. ∠B는 $\overline{AB}$와 $\overline{AC}$의 끼인각이 아니므로 △ABC가 하나로 정해지지 않는다.
ㄹ. 두 변의 길이와 그 끼인각의 크기가 주어진 경우이므로 △ABC가 하나로 정해진다.
따라서 더 필요한 나머지 한 조건이 될 수 있는 것은 ㄱ, ㄴ, ㄹ이다.

13 ㄱ. 8>5+2이므로 삼각형이 그려지지 않는다.
ㄴ. 세 변의 길이가 주어진 경우이고 8<6+5이므로 △ABC가 하나로 정해진다.
ㄷ. 두 변의 길이와 그 끼인각의 크기가 주어진 경우이므로 △ABC가 하나로 정해진다.
ㄹ. ∠B는 $\overline{AB}$와 $\overline{AC}$의 끼인각이 아니므로 △ABC가 하나로 정해지지 않는다.
따라서 더 필요한 나머지 한 조건이 될 수 있는 것은 ㄴ, ㄷ이다.

---

03 삼각형의 합동

01 (1) × (2) ○ (3) × (4) ○
02 (1) ○ (2) × (3) ○ (4) ×
03 (1) 점 A (2) $\overline{DF}$ (3) ∠C
04 (1) 8 cm (2) 5 cm (3) 80° (4) 105°
05 (1) ○ (2) ○ (3) × (4) ○ (5) ○ (6) ×

01 (1) 오른쪽 그림의 두 삼각형은 한 변의 길이는 같지만 서로 합동은 아니다.

(3) 오른쪽 그림의 두 마름모는 한 변의 길이는 같지만 서로 합동은 아니다.

02 (2) 모양과 크기가 모두 같아야 서로 합동이다.
(4) 오른쪽 그림의 두 직사각형은 넓이는 같지만 서로 합동은 아니다.

04 (1) $\overline{CD}=\overline{GH}=8$ cm
(2) $\overline{EH}=\overline{AD}=5$ cm
(3) ∠F=∠B=80°
(4) 사각형 EFGH에서 ∠F=80°이므로
∠E=360°−(80°+85°+90°)=105°

05 (1) SSS 합동
(2) SAS 합동
(3) ∠B와 ∠E는 끼인각이 아니므로 △ABC와 △DEF는 서로 합동이 아니다.
(4) ASA 합동
(5) ∠B=∠E, ∠A=∠D이면 ∠C=∠F이므로 ASA 합동
(6) 모양은 같지만 크기가 다를 수 있으므로 △ABC와 △DEF는 서로 합동이 아니다.

01 ①, ③ **02** ③ **03** 65° **04** 86
05 ③, ⑤ **06** ㄱ, ㄷ, ㄹ
07 △ABC≡△CDA, SSS 합동 **08** ③
09 △ABC≡△CDA, SAS 합동 **10** ③
11 △BOP, ASA 합동 **12** ③

01 ② 오른쪽 그림의 두 직사각형은 둘레의 길이는 같지만 서로 합동은 아니다.

④ 오른쪽 그림의 두 부채꼴은 반지름의 길이는 같지만 서로 합동은 아니다.

⑤ 오른쪽 그림의 두 직사각형은 넓이는 같지만 서로 합동은 아니다.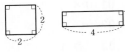

따라서 두 도형이 항상 합동인 것은 ①, ③이다.

02 ③ 정사각형은 한 변의 길이가 같을 때 서로 합동이다.

03 $\triangle ABC \equiv \triangle FED$이므로 $\angle E = \angle B = 60°$
$\therefore \angle D = 180° - (60° + 55°) = 65°$

04 $\overline{AD} = \overline{EH} = 6 \text{ cm}$이므로 $x = 6$
$\angle B = \angle F = 120°$이므로 사각형 $ABCD$에서
$\angle D = 360° - (70° + 120° + 90°) = 80°$ $\therefore y = 80$
$\therefore x + y = 6 + 80 = 86$

05 ① 대응하는 세 변의 길이가 각각 같으므로
$\triangle ABC \equiv \triangle DEF$ (SSS 합동)
② 대응하는 두 변의 길이가 각각 같고, 그 끼인각의 크기가 같으므로 $\triangle ABC \equiv \triangle DEF$ (SAS 합동)
③ $\angle C$와 $\angle F$가 끼인각이 아니므로 $\triangle ABC$와 $\triangle DEF$는 서로 합동이 아니다.
④ 대응하는 한 변의 길이가 같고, 그 양 끝 각의 크기가 각각 같으므로 $\triangle ABC \equiv \triangle DEF$ (ASA 합동)
⑤ 세 각의 크기가 각각 같으므로 모양은 같지만 크기가 다를 수 있다. 즉, $\triangle ABC$와 $\triangle DEF$는 서로 합동이 아니다.
따라서 합동이 될 조건이 아닌 것은 ③, ⑤이다.

06 ㄱ. 대응하는 두 변의 길이가 각각 같고, 그 끼인각의 크기가 같으므로 $\triangle ABC \equiv \triangle DEF$ (SAS 합동)
ㄴ. $\angle A$와 $\angle D$가 끼인각이 아니므로 $\triangle ABC$와 $\triangle DEF$는 서로 합동이 아니다.
ㄷ. 대응하는 한 변의 길이가 같고, 그 양 끝 각의 크기가 각각 같으므로 $\triangle ABC \equiv \triangle DEF$ (ASA 합동)
ㄹ. $\angle C = \angle F$이면 $\angle B = \angle E$
즉, 대응하는 한 변의 길이가 같고, 그 양 끝 각의 크기가 각각 같으므로 $\triangle ABC \equiv \triangle DEF$ (ASA 합동)
따라서 더 필요한 나머지 한 조건이 될 수 있는 것은 ㄱ, ㄷ, ㄹ이다.

07 $\triangle ABC$와 $\triangle CDA$에서
$\overline{AB} = \overline{CD} = 5 \text{ cm}$, $\overline{BC} = \overline{DA} = 7 \text{ cm}$, $\overline{AC}$는 공통
$\therefore \triangle ABC \equiv \triangle CDA$ (SSS 합동)

08 $\triangle ABD$와 $\triangle CBD$에서
$\overline{AB} = \overline{CB}$, $\overline{AD} = \overline{CD}$, $\overline{BD}$는 공통
$\therefore \triangle ABD \equiv \triangle CBD$ (SSS 합동)
③ $\angle ADB = \angle CDB$

09 $\triangle ABC$와 $\triangle CDA$에서
$\overline{BC} = \overline{DA}$, $\angle ACB = \angle CAD$, $\overline{AC}$는 공통
$\therefore \triangle ABC \equiv \triangle CDA$ (SAS 합동)

10 $\triangle AOD$와 $\triangle COB$에서
$\overline{OA} = \overline{OC}$, $\overline{OD} = \overline{OC} + \overline{CD} = \overline{OA} + \overline{AB} = \overline{OB}$, $\angle O$는 공통
$\therefore \triangle AOD \equiv \triangle COB$ (SAS 합동)
③ $\angle OAD = \angle OCB$

11 $\triangle AOP$와 $\triangle BOP$에서
$\angle AOP = \angle BOP$, $\overline{OP}$는 공통
$\angle OAP = \angle OBP = 90°$이므로 $\angle OPA = \angle OPB$
$\therefore \triangle AOP \equiv \triangle BOP$ (ASA 합동)

12 $\triangle ABM$과 $\triangle DCM$에서
$\overline{BM} = \overline{CM}$, $\angle AMB = \angle DMC$ (맞꼭지각)
$\overline{AB} \text{ // } \overline{CD}$이므로 $\angle ABM = \angle DCM$ (엇각)
$\therefore \triangle ABM \equiv \triangle DCM$ (ASA 합동)
③ $\overline{AM} = \overline{DM}$, $\overline{BM} = \overline{CM}$이지만 $\overline{AD} = \overline{BC}$인지는 알 수 없다.

실력 확인하기 ──── 26쪽

01 ②	02 6, 7	03 ②, ④	04 ②, ⑤
05 55°	06 ②		

01 ㄴ. $\angle AQB = \angle PCD$인지는 알 수 없다.
ㄹ. '동위각의 크기가 같으면 두 직선은 평행하다.'를 이용한 것이다.
따라서 옳은 것은 ㄱ, ㄷ이다.

02 가장 긴 변의 길이가 8 cm이므로 $8 < 3 + x$
이때 $x = 5$이면 $8 < 3 + 5$가 되어 부등호가 성립하지 않으므로 x는 5보다 큰 자연수이다.
또한, $x < 8$이므로 x의 값이 될 수 있는 자연수는 6, 7이다.

03 ① $8 = 3 + 5$이므로 삼각형이 그려지지 않는다.
② 두 변의 길이와 그 끼인각의 크기가 주어진 경우이므로 $\triangle ABC$가 하나로 정해진다.
③ $\angle C$는 $\overline{AB}$와 $\overline{BC}$의 끼인각이 아니므로 $\triangle ABC$가 하나로 정해지지 않는다.
④ $\angle C = 180° - (40° + 40°) = 100°$
한 변의 길이와 그 양 끝 각의 크기가 주어진 경우와 같으므로 $\triangle ABC$가 하나로 정해진다.
⑤ $\angle A + \angle C = 85° + 95° = 180°$이므로 삼각형이 그려지지 않는다.
따라서 $\triangle ABC$가 하나로 정해지는 것은 ②, ④이다.

04 ② 두 변의 길이와 그 끼인각의 크기가 주어졌으므로 $\triangle ABC$가 하나로 정해진다.
⑤ 한 변의 길이와 그 양 끝 각의 크기가 주어졌으므로 $\triangle ABC$가 하나로 정해진다.

05 △OAD와 △OBC에서

$\overline{OA}=\overline{OB}$, $\overline{OD}=\overline{OB}+\overline{BD}=\overline{OA}+\overline{AC}=\overline{OC}$, ∠O는 공통

∴ △OAD≡△OBC (SAS 합동)

따라서 ∠OBC=∠OAD=95°이므로

△OBC에서 ∠O=180°−(95°+30°)=55°

06 △ADF, △BED, △CFE에서

$\overline{AD}=\overline{BE}=\overline{CF}$

$\overline{AB}=\overline{BC}=\overline{CA}$이므로 $\overline{AF}=\overline{BD}=\overline{CE}$

∠A=∠B=∠C=60°

∴ △ADF≡△BED≡△CFE (SAS 합동)

즉, ∠ADF=∠BED이고, $\overline{FD}=\overline{DE}=\overline{EF}$이므로 △DEF
는 정삼각형이다.

이때 ∠DEF=∠EFD=∠FDE=60°이므로

∠BED+∠FEC=180°−∠DEF

　　　　　　　=180°−60°=120°

따라서 옳지 않은 것은 ②이다.

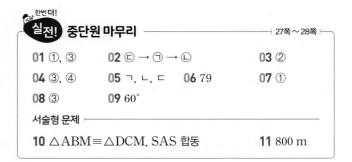

실전! 중단원 마무리 ── |27쪽~28쪽|

01 ①, ③   **02** ㉢ → ㉠ → ㉡   **03** ②

04 ③, ④   **05** ㄱ, ㄴ, ㄷ   **06** 79   **07** ①

08 ③   **09** 60°

서술형 문제

10 △ABM≡△DCM, SAS 합동   **11** 800 m

01 눈금 없는 자는 두 점을 연결하여 선분을 그리거나 주어진
선분을 연장할 때 사용한다.

03 $\overline{AC}$의 대각은 ∠B이므로 ∠B=40°

∠A의 대변은 $\overline{BC}$이므로 $\overline{BC}$=8 cm

04 ① 5=2+3이므로 삼각형을 만들 수 없다.

② 8>3+4이므로 삼각형을 만들 수 없다.

③ 5<3+5이므로 삼각형을 만들 수 있다.

④ 7<7+7이므로 삼각형을 만들 수 있다.

⑤ 14>6+7이므로 삼각형을 만들 수 없다.

따라서 삼각형을 만들 수 있는 것은 ③, ④이다.

05 ㄱ. 한 변의 길이와 그 양 끝 각의 크기가 주어진 경우이므로
　　△ABC가 하나로 정해진다.

ㄴ, ㄷ. ∠C=180°−(50°+55°)=75°

　　한 변의 길이와 그 양 끝 각의 크기가 주어진 경우와 같
　　으므로 △ABC가 하나로 정해진다.

ㄹ. 모양이 같고 크기가 다른 삼각형을 무수히 많이 만들 수
　　있으므로 △ABC가 하나로 정해지지 않는다.

따라서 더 필요한 나머지 한 조건이 될 수 있는 것은 ㄱ, ㄴ, ㄷ
이다.

06 $\overline{DE}=\overline{AB}$=9 cm이므로 x=9

∠F=∠C=80°이므로

∠E=180°−(80°+30°)=70° ∴ y=70

∴ $x+y$=9+70=79

07 ① 나머지 한 각의 크기는 180°−(80°+40°)=60°

한 변의 길이와 그 양 끝 각의 크기가 각각 같으므로 두
삼각형은 ASA 합동이다.

08 ① 대응하는 세 변의 길이가 각각 같으므로

△ABC≡△DEF (SSS 합동)

② 대응하는 두 변의 길이가 각각 같고, 그 끼인각의 크기가
같으므로 △ABC≡△DEF (SAS 합동)

③ ∠B와 ∠E는 끼인각이 아니므로 △ABC와 △DEF는
서로 합동이 아니다.

④ ∠C=180°−(∠A+∠B)

　　=180°−(∠D+∠E)=∠F

대응하는 한 변의 길이가 같고, 그 양 끝 각의 크기가 각
각 같으므로 △ABC≡△DEF (ASA 합동)

⑤ 대응하는 한 변의 길이가 같고, 그 양 끝 각의 크기가 각
각 같으므로 △ABC≡△DEF (ASA 합동)

따라서 △ABC≡△DEF가 될 조건이 아닌 것은 ③이다.

09 △ABE와 △BCF에서

$\overline{AB}=\overline{BC}$, ∠ABE=∠BCF=90°, $\overline{BE}=\overline{CF}$

∴ △ABE≡△BCF (SAS 합동)

따라서 ∠CBF=∠BAE=30°이므로

△BCF에서 ∠BFC=180°−(30°+90°)=60°

> **Self 코칭**
>
> 다음 정사각형의 성질을 이용하여 합동인 삼각형을 찾는다.
> ① 정사각형의 네 변의 길이는 모두 같다.
> ② 정사각형의 네 각의 크기는 모두 90°이다.

10 △ABM과 △DCM에서

점 M은 $\overline{AD}$의 중점이므로 $\overline{AM}=\overline{DM}$

이때 사각형 ABCD가 직사각형이므로

$\overline{AB}=\overline{DC}$, ∠A=∠D=90° ⋯⋯ ❶

∴ △ABM≡△DCM (SAS 합동) ⋯⋯ ❷

채점 기준	배점
❶ 합동인 두 삼각형을 찾아 합동이 되는 조건 나열하기	3점
❷ 합동인 두 삼각형을 합동 기호를 사용하여 나타내고 합동 조건 구하기	2점

11 △OAB와 △OCD에서

$\overline{OA}=\overline{OC}$=300 m, ∠A=∠C=50°,

∠AOB=∠COD (맞꼭지각)

∴ △OAB≡△OCD (ASA 합동) ⋯⋯ ❶

따라서 $\overline{OD}=\overline{OB}$=500 m이고 A 지점과 D 지점 사이의 거
리는 $\overline{AD}$의 길이와 같으므로

$\overline{AD}=\overline{AO}+\overline{OD}$=300+500=800(m) ⋯⋯ ❷

채점 기준	배점
❶ △OAB≡△OCD임을 알기	3점
❷ A 지점과 D 지점 사이의 거리 구하기	3점

1 | 다각형

01 다각형의 대각선의 개수

01 ㄹ, ㅁ

02 (1) × (2) ○ (3) ○ (4) × (5) ×

03 (1) 105°, 140° (2) 63°, 80°

04 (1) ○ (2) × (3) ○ (4) ○ (5) ×

05 (1) 2 (2) 5

06 풀이 참조

01 다각형은 3개 이상의 선분으로 둘러싸인 평면도형이므로 ㄹ, ㅁ 이다.

02 (1) 3개 이상의 선분으로만 둘러싸인 평면도형을 다각형이라 한다.
(4) 한 꼭짓점에서 내각과 외각의 크기의 합은 180°이다.
(5) 다각형을 이루는 선분을 변이라 한다.

03 (1) (∠A의 내각의 크기)=180°−75°=105°
(∠B의 외각의 크기)=180°−40°=140°
(2) (∠A의 내각의 크기)=180°−117°=63°
(∠B의 외각의 크기)=180°−100°=80°

> **Self 코칭**
> 다각형의 한 꼭짓점에서
> (내각의 크기)+(외각의 크기)=180°

04 (2) 모든 변의 길이가 같고 모든 내각의 크기가 같은 다각형을 정다각형이라 한다.
(5) 오른쪽 그림과 같이 정육각형의 대각선 중 그 길이가 같지 않은 것도 있다.

05 (1) 주어진 다각형은 오각형이므로 한 꼭짓점에서 그을 수 있는 대각선의 개수는
5−3=2
(2) 주어진 다각형은 팔각형이므로 한 꼭짓점에서 그을 수 있는 대각선의 개수는
8−3=5

06

다각형	한 꼭짓점에서 그을 수 있는 대각선의 개수	대각선의 개수
사각형	1	2
육각형	3	9
십일각형	8	44
n각형	$n-3$	$\dfrac{n(n-3)}{2}$

01 240° **02** 230° **03** 55° **04** 25

05 77 **06** 54 **07** 11 **08** 정팔각형

01 (∠A의 외각의 크기)=180°−65°
=115°
(∠C의 외각의 크기)=180°−55°
=125°
따라서 ∠A의 외각의 크기와 ∠C의 외각의 크기의 합은
115°+125°=240°

02 ∠x=180°−125°=55°
∠y=180°−80°=100°
∠z=180°−105°=75°
∴ ∠x+∠y+∠z=55°+100°+75°
=230°

03 2∠x+(∠x+15°)=180°
3∠x+15°=180°, 3∠x=165°
∴ ∠x=55°

04 a=15−3=12
b=15−2=13
∴ a+b=12+13=25

05 주어진 다각형을 n각형이라 하면
n−3=11
∴ n=14
따라서 십사각형의 대각선의 개수는
$\dfrac{14×(14-3)}{2}=77$

06 주어진 다각형을 n각형이라 하면
n−2=10
∴ n=12
따라서 십이각형의 대각선의 개수는
$\dfrac{12×(12-3)}{2}=54$

07 주어진 다각형을 n각형이라 하면
$\dfrac{n(n-3)}{2}=44$에서
n(n−3)=88, n(n−3)=11×8
∴ n=11
따라서 십일각형의 변의 개수는 11이다.

08 ㈎를 만족시키는 다각형을 n각형이라 하면
$\dfrac{n(n-3)}{2}=20$에서
n(n−3)=40, n(n−3)=8×5
∴ n=8
㈏를 만족시키는 다각형은 정다각형이므로 구하는 다각형은 정팔각형이다.

02 다각형의 내각과 외각

―31쪽―

한번 더 **개념 확인문제**

01 (1) $45°$ (2) $78°$ **02** (1) $145°$ (2) $47°$

03 풀이 참조 **04** (1) $1080°$ (2) $1440°$

05 (1) 구각형 (2) 십일각형 **06** (1) $100°$ (2) $135°$

07 (1) $70°$ (2) $35°$ **08** 풀이 참조

09 (1) $140°$, $40°$ (2) $156°$, $24°$

10 (1) 정삼각형 (2) 정팔각형

---

01 (1) $\angle x=180°-(35°+100°)=45°$

(2) $\angle x=180°-(27°+75°)=78°$

02 (1) $\angle x=60°+85°=145°$

(2) $\angle x+73°=120°$이므로

$\angle x=120°-73°=47°$

03

다각형	한 꼭짓점에서 대각선을 모두 그었을 때 생기는 삼각형의 개수	내각의 크기의 합
사각형	2	$360°$
오각형	3	$540°$
칠각형	5	$900°$
n각형	$n-2$	$180°\times(n-2)$

04 (1) $180°\times(8-2)=1080°$

(2) $180°\times(10-2)=1440°$

05 (1) 구하는 다각형을 n각형이라 하면

$180°\times(n-2)=1260°$, $n-2=7$

$\therefore n=9$

따라서 구하는 다각형은 구각형이다.

(2) 구하는 다각형을 n각형이라 하면

$180°\times(n-2)=1620°$, $n-2=9$

$\therefore n=11$

따라서 구하는 다각형은 십일각형이다.

06 (1) 육각형의 내각의 크기의 합은

$180°\times(6-2)=720°$이므로

$\angle x=720°-(130°+110°+125°+125°+130°)$

$=720°-620°=100°$

(2) 칠각형의 내각의 크기의 합은

$180°\times(7-2)=900°$이므로

$\angle x=900°-(120°+130°+115°+150°+115°+135°)$

$=900°-765°=135°$

07 (1) 다각형의 외각의 크기의 합은 $360°$이므로

$\angle x=360°-(65°+60°+45°+50°+70°)$

$=360°-290°=70°$

(2) 다각형의 외각의 크기의 합은 $360°$이므로

$\angle x=360°-(35°+50°+45°+50°+40°+35°+70°)$

$=360°-325°=35°$

08

정다각형	한 내각의 크기	한 외각의 크기
정사각형	$90°$	$90°$
정오각형	$108°$	$72°$
정십각형	$144°$	$36°$
정n각형	$\dfrac{180°\times(n-2)}{n}$	$\dfrac{360°}{n}$

09 (1) 정구각형의 한 내각의 크기는

$\dfrac{180°\times(9-2)}{9}=140°$

정구각형의 한 외각의 크기는

$\dfrac{360°}{9}=40°$

(2) 정십오각형의 한 내각의 크기는

$\dfrac{180°\times(15-2)}{15}=156°$

정십오각형의 한 외각의 크기는

$\dfrac{360°}{15}=24°$

10 (1) 구하는 정다각형을 정n각형이라 하면

$\dfrac{360°}{n}=120°$, $120n=360$ $\therefore n=3$

따라서 구하는 정다각형은 정삼각형이다.

(2) 구하는 정다각형을 정n각형이라 하면

$\dfrac{360°}{n}=45°$, $45n=360$ $\therefore n=8$

따라서 구하는 정다각형은 정팔각형이다.

한번더! **개념 완성하기**

―32쪽~34쪽―

01 $40°$ **02** $75°$ **03** $45°$ **04** $20°$

05 ③ **06** $65°$ **07** $73°$ **08** $115°$

09 $130°$ **10** $135°$ **11** $90°$ **12** $32°$

13 $2340°$ **14** 7 **15** 정팔각형 **16** $90°$

17 $80°$ **18** $63°$ **19** $120°$ **20** $144°$

21 $1260°$ **22** 정팔각형 **23** ⑤ **24** 9

---

01 $(2\angle x+10°)+50°+\angle x=180°$

$3\angle x=120°$ $\therefore \angle x=40°$

02 $\angle A+\angle B+\angle C=180°$이므로

$80°+\angle B+3\angle B=180°$

$4\angle B=100°$ $\therefore \angle B=25°$

$\therefore \angle C=3\angle B=3\times25°=75°$

03 $(\angle x+25°)+\angle x=115°$이므로

$2\angle x+25°=115°$, $2\angle x=90°$

$\therefore \angle x=45°$

04 $(\angle x+5°)+(2\angle x+10°)=4\angle x-5°$이므로

$3\angle x+15°=4\angle x-5°$ $\therefore \angle x=20°$

05 오른쪽 그림에서

$\angle x+65°=40°+60°$

$\therefore \angle x=35°$

다른풀이

두 삼각형의 나머지 한 내각은 맞꼭지각이므로 그 크기가 같다.

$180°-(60°+40°)=180°-(65°+\angle x)$

$80°=115°-\angle x$ $\therefore \angle x=35°$

06 오른쪽 그림에서

$\angle x+25°=50°+40°$

$\therefore \angle x=65°$

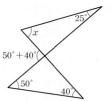

다른풀이

두 삼각형의 나머지 한 내각은 맞꼭지각이므로 그 크기가 같다.

$180°-(\angle x+25°)=180°-(50°+40°)$

$155°-\angle x=90°$ $\therefore \angle x=65°$

07 $\triangle$ABC에서

$30°+64°+\angle$ACB$=180°$

$94°+\angle$ACB$=180°$ $\therefore \angle$ACB$=86°$

$\therefore \angle$ACD$=\dfrac{1}{2}\angle$ACB$=\dfrac{1}{2}\times86°=43°$

따라서 $\triangle$ADC에서 $\angle x=30°+43°=73°$

08 $\triangle$ABD에서

$45°+\angle$ABD$=80°$ $\therefore \angle$ABD$=35°$

$\therefore \angle$DBC$=\angle$ABD$=35°$

따라서 $\triangle$DBC에서 $\angle x=80°+35°=115°$

09 $\triangle$ABC에서

$\angle$DBC$+\angle$DCB$=180°-(60°+25°+45°)$

$\qquad\qquad\qquad\quad =180°-130°=50°$

$\triangle$DBC에서

$\angle x=180°-(\angle$DBC$+\angle$DCB$)$

$\quad =180°-50°=130°$

10 $\triangle$ABC에서

$\angle$ABC$+\angle$ACB$=180°-90°=90°$

$\triangle$DBC에서

$\angle x=180°-(\angle$DBC$+\angle$DCB$)$

$\quad =180°-\dfrac{1}{2}(\angle$ABC$+\angle$ACB$)$

$\quad =180°-\dfrac{1}{2}\times90°=135°$

11 $\triangle$ABD에서

$\angle$DAB$=\angle$DBA$=30°$이므로

$\angle$ADC$=30°+30°=60°$

$\triangle$ADC에서

$\angle$ACD$=\angle$ADC$=60°$

따라서 $\triangle$ABC에서 $\angle x=30°+60°=90°$

12 $\triangle$DBC에서

$\angle$DCB$=\angle$DBC$=\angle x$이므로

$\angle$CDA$=\angle x+\angle x=2\angle x$

$\triangle$CDA에서

$\angle$CAD$=\angle$CDA$=2\angle x$

따라서 $\triangle$ABC에서

$\angle x+2\angle x=96°$, $3\angle x=96°$ $\therefore \angle x=32°$

13 주어진 다각형을 n각형이라 하면

$n-3=12$ $\therefore n=15$

따라서 십오각형의 내각의 크기의 합은

$180°\times(15-2)=2340°$

14 주어진 다각형을 n각형이라 하면

$180°\times(n-2)=900°$, $n-2=5$

$\therefore n=7$

따라서 칠각형의 변의 개수는 7이다.

15 ㈎를 만족시키는 다각형을 n각형이라 하면

$180°\times(n-2)=1080°$, $n-2=6$

$\therefore n=8$

㈏를 만족시키는 다각형은 정다각형이므로 구하는 다각형은 정팔각형이다.

16 육각형의 내각의 크기의 합은 $180°\times(6-2)=720°$이므로

$115°+145°+170°+\angle x+110°+\angle x=720°$

$2\angle x+540°=720°$, $2\angle x=180°$

$\therefore \angle x=90°$

17 $\angle$BCD$=180°-48°=132°$

오각형의 내각의 크기의 합은 $180°\times(5-2)=540°$이므로

$105°+98°+132°+\angle x+125°=540°$

$\angle x+460°=540°$ $\therefore \angle x=80°$

18 다각형의 외각의 크기의 합은 $360°$이므로

$\angle x+78°+60°+(180°-95°)+(180°-106°)=360°$

$\angle x+297°=360°$ $\therefore \angle x=63°$

19 다각형의 외각의 크기의 합은 $360°$이므로

$50°+(180°-\angle x)+70°+85°+(180°-120°)+35°=360°$

$480°-\angle x=360°$ $\therefore \angle x=120°$

20 주어진 정다각형을 정n각형이라 하면

$n-3=7$ $\therefore n=10$

따라서 정십각형의 한 내각의 크기는

$\dfrac{180°\times(10-2)}{10}=144°$

21 주어진 정다각형을 정n각형이라 하면

$\dfrac{360°}{n}=40°$, $40n=360$

$\therefore n=9$

따라서 정구각형의 내각의 크기의 합은

$180°\times(9-2)=1260°$

22 구하는 정다각형을 정n각형이라 하면

$$\frac{180° \times (n-2)}{n} = 135°, \ 180n - 360 = 135n$$

$$45n = 360 \qquad \therefore n = 8$$

따라서 구하는 정다각형은 정팔각형이다.

[다른풀이]

구하는 정다각형을 정n각형이라 하면

한 외각의 크기가 $180° - 135° = 45°$이므로

$$\frac{360°}{n} = 45°, \ 45n = 360 \qquad \therefore n = 8$$

따라서 구하는 정다각형은 정팔각형이다.

23 (한 외각의 크기) $= 180° \times \dfrac{1}{5+1} = 180° \times \dfrac{1}{6} = 30°$

구하는 정다각형을 정n각형이라 하면

$$\frac{360°}{n} = 30°, \ 30n = 360 \qquad \therefore n = 12$$

따라서 구하는 정다각형은 정십이각형이다.

24 (한 외각의 크기) $= 180° \times \dfrac{2}{7+2} = 180° \times \dfrac{2}{9} = 40°$

주어진 정다각형을 정n각형이라 하면

$$\frac{360°}{n} = 40°, \ 40n = 360 \qquad \therefore n = 9$$

따라서 정구각형의 꼭짓점의 개수는 9이다.

실력 확인하기 ─────────────── 35쪽

01 ⑤	**02** 정십사각형	**03** 80°	**04** 70°
05 42°	**06** 104°	**07** 24°	**08** ④

01 구하는 다각형을 n각형이라 하면

$\dfrac{n(n-3)}{2} = 54$에서 $n(n-3) = 108$

$n(n-3) = 12 \times 9 \qquad \therefore n = 12$

따라서 구하는 다각형은 십이각형이다.

02 ㈎, ㈏를 만족시키는 다각형은 정다각형이므로

이 다각형을 정n각형이라 하면

㈐에서

$n - 3 = 11 \qquad \therefore n = 14$

따라서 구하는 다각형은 정십사각형이다.

03 삼각형의 세 내각의 크기의 합은 $180°$이므로

가장 큰 내각의 크기는

$$180° \times \frac{4}{2+3+4} = 180° \times \frac{4}{9} = 80°$$

04 △DBC에서 $\angle DBC + \angle DCB = 180° - 125° = 55°$

△ABC에서

$\angle x = 180° - (\angle ABC + \angle ACB)$

$\quad = 180° - 2(\angle DBC + \angle DCB)$

$\quad = 180° - 2 \times 55° = 70°$

05 △ABC에서 $\angle ACE = 84° + \angle ABC$이므로

$2\angle DCE = 84° + 2\angle DBC$

$\therefore \angle DCE = 42° + \angle DBC$ ⋯⋯ ㉠

△DBC에서 $\angle DCE = \angle x + \angle DBC$ ⋯⋯ ㉡

㉠, ㉡에서 $42° + \angle DBC = \angle x + \angle DBC$

$\therefore \angle x = 42°$

06 △DBC에서

$\angle DCB = \angle DBC = 26°$이므로

$\angle CDA = 26° + 26° = 52°$

△CDA에서

$\angle CAD = \angle CDA = 52°$이므로

$\angle ACE = 26° + 52° = 78°$

△ACE에서

$\angle AEC = \angle ACE = 78°$

따라서 △ABE에서 $\angle x = 26° + 78° = 104°$

07 주어진 정다각형을 정n각형이라 하면

$180° \times (n-2) = 2340°, \ n-2 = 13 \qquad \therefore n = 15$

따라서 정십오각형의 한 외각의 크기는

$$\frac{360°}{15} = 24°$$

08 정다각형의 한 내각의 크기와 한 외각의 크기의 합은 $180°$이므로 이 정다각형의 한 외각의 크기는

$$180° \times \frac{1}{3+1} = 180° \times \frac{1}{4} = 45°$$

주어진 정다각형을 정n각형이라 하면

$$\frac{360°}{n} = 45°, \ 45n = 360 \qquad \therefore n = 8$$

따라서 정팔각형의 꼭짓점의 개수는 8이다.

실전! 중단원 마무리 ─────────────── 36쪽 ~ 37쪽

01 ④	**02** ②	**03** 40°	**04** 155°
05 120°	**06** 120°	**07** ③	**08** 1620°
09 ②	**10** ③, ④	**11** 90	**12** 36°

서술형 문제 ───────────────

13 (1) 8	(2) 135°	**14** 80°

01 ①, ③ 선분과 곡선으로 둘러싸여 있으므로 다각형이 아니다.

② 선분으로 둘러싸여 있지 않으므로 다각형이 아니다.

④ 3개 이상의 선분으로 둘러싸여 있으므로 다각형이다.

⑤ 입체도형이므로 다각형이 아니다.

따라서 다각형인 것은 ④이다.

02 주어진 다각형을 n각형이라 하면

$n - 3 = 7 \qquad \therefore n = 10$

따라서 십각형의 대각선의 개수는

$$\frac{10 \times (10-3)}{2} = 35$$

03 오른쪽 그림에서

$\angle x + 50° = 30° + 60°$

$\therefore \angle x = 40°$

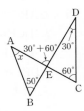

[다른풀이]

두 삼각형의 나머지 한 내각은 맞꼭지각이므로 그 크기가 같다.

$180° - (\angle x + 50°) = 180° - (30° + 60°)$

$130° - \angle x = 90°$ $\therefore \angle x = 40°$

04 △ABD에서

$35° + \angle x = 80°$ $\therefore \angle x = 45°$

△ADC에서

$\angle y = 30° + 80° = 110°$

$\therefore \angle x + \angle y = 45° + 110° = 155°$

[다른풀이]

△ABD에서 $35° + \angle x = 80°$ $\therefore \angle x = 45°$

△ABC에서 $\angle y = (35° + 30°) + 45° = 110°$

$\therefore \angle x + \angle y = 45° + 110° = 155°$

05 오른쪽 그림과 같이 $\overline{BC}$를 그으면

△ABC에서

$\angle DBC + \angle DCB$

$= 180° - (60° + 25° + 35°) = 60°$

따라서 △DBC에서

$\angle x = 180° - (\angle DBC + \angle DCB)$

$= 180° - 60° = 120°$

06 △DBC에서

$\angle DCB = \angle DBC = 40°$이므로

$\angle CDA = 40° + 40° = 80°$

△CDA에서

$\angle CAD = \angle CDA = 80°$

따라서 △ABC에서

$\angle x = 80° + 40° = 120°$

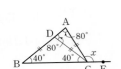

07 오른쪽 그림의 △BCD에서

$\angle CBD + 30° = 100°$

$\therefore \angle CBD = 70°$

따라서 △ABE에서

$\angle x + 42° = 70°$ $\therefore \angle x = 28°$

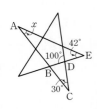

08 주어진 다각형을 n각형이라 하면

$\dfrac{n(n-3)}{2} = 44$에서 $n(n-3) = 88$

$n(n-3) = 11 \times 8$ $\therefore n = 11$

따라서 십일각형의 내각의 크기의 합은

$180° \times (11-2) = 1620°$

09 다각형의 외각의 크기의 합은 360°이므로

$70° + 64° + 85° + (180° - \angle x) + 36° = 360°$

$435° - \angle x = 360°$ $\therefore \angle x = 75°$

10 ① $\dfrac{12 \times (12-3)}{2} = 54$

② $\dfrac{180° \times (12-2)}{12} = 150°$

③ $\dfrac{360°}{12} = 30°$

④ $180° \times (12-2) = 1800°$

⑤ 외각의 크기의 합은 360°이다.

따라서 옳은 것은 ③, ④이다.

11 주어진 정다각형을 정n각형이라 하면

$\dfrac{360°}{n} = 24°$, $24n = 360$ $\therefore n = 15$

따라서 정십오각형의 대각선의 개수는

$\dfrac{15 \times (15-3)}{2} = 90$

12 정오각형의 한 내각의 크기는

$\dfrac{180° \times (5-2)}{5} = 108°$

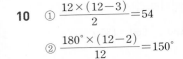

△ABC에서 $\overline{BA} = \overline{BC}$이므로

$\angle BAC = \dfrac{1}{2} \times (180° - 108°) = 36°$

같은 방법으로 △ADE에서 $\angle EAD = 36°$

$\therefore \angle x = 108° - (36° + 36°) = 36°$

13 (1) ㈎, ㈏를 만족시키는 다각형은 정다각형이므로

이 다각형을 정n각형이라 하면

㈐에서

$\dfrac{n(n-3)}{2} = 20$, $n(n-3) = 40$

$n(n-3) = 8 \times 5$ $\therefore n = 8$ ······ ❶

따라서 정팔각형의 변의 개수는 8이다.   ······ ❷

(2) 정팔각형의 한 내각의 크기는

$\dfrac{180° \times (8-2)}{8} = 135°$ ······ ❸

채점 기준	배점
❶ 조건을 만족시키는 정다각형 구하기	2점
❷ 정다각형의 변의 개수 구하기	1점
❸ 정다각형의 한 내각의 크기 구하기	2점

14 △DBC에서

$\angle DCE = 40° + \angle DBC$이므로

$2\angle DCE = 80° + 2\angle DBC$

$\therefore \angle ACE = 80° + \angle ABC$ ······ ㉠   ······ ❶

△ABC에서

$\angle ACE = \angle x + \angle ABC$ ······ ㉡   ······ ❷

㉠, ㉡에서

$80° + \angle ABC = \angle x + \angle ABC$

$\therefore \angle x = 80°$ ······ ❸

채점 기준	배점
❶ △DBC에서 $\angle ACE$의 크기에 대한 식 세우기	3점
❷ △ABC에서 $\angle ACE$의 크기에 대한 식 세우기	2점
❸ $\angle x$의 크기 구하기	1점

2 | 원과 부채꼴

01 원과 부채꼴

01 (1) $\overline{OA}$, $\overline{OB}$, $\overline{OC}$, $\overline{OD}$ (2) $\overline{AD}$, $\overline{BC}$ (3) $\overline{AD}$
　　(4) ∠AOB (5) $\overarc{CD}$ (6) $\overarc{BC}$

02 (1) ○ (2) × (3) × (4) × (5) × (6) ○

03 (1) 3 (2) 4 (3) 2

04 (1) 3 (2) 100 (3) 5 (4) 105
　　(5) 12 (6) 150 (7) 9 (8) 70

01 (3) 길이가 가장 긴 현은 원의 지름으로 $\overline{AD}$이다.

02 (2) 부채꼴은 두 반지름과 호로 이루어진 도형이다.
　　(3) 할선은 원 위의 두 점을 지나는 직선이다.
　　(4) 활꼴은 현과 호로 이루어진 도형이다.
　　(5) 한 원에서 부채꼴과 활꼴은 반원일 때 같아진다.

04 (3) 호의 길이는 중심각의 크기에 정비례하므로
　　　$40° : 80° = x : 10$
　　　$1 : 2 = x : 10$, $2x = 10$　∴ $x = 5$
　　(4) 중심각의 크기는 호의 길이에 정비례하므로
　　　$35° : x° = 4 : 12$
　　　$35 : x = 1 : 3$　∴ $x = 105$
　　(5) 부채꼴의 넓이는 중심각의 크기에 정비례하므로
　　　$30° : 45° = 8 : x$
　　　$2 : 3 = 8 : x$, $2x = 24$　∴ $x = 12$
　　(6) 중심각의 크기는 부채꼴의 넓이에 정비례하므로
　　　$90° : x° = 9 : 15$
　　　$90 : x = 3 : 5$, $3x = 450$　∴ $x = 150$
　　(7) 크기가 같은 중심각에 대한 현의 길이는 같으므로
　　　$x = 9$
　　(8) 길이가 같은 현에 대한 중심각의 크기는 같으므로
　　　$x = 70$

개념 완성하기

01 ③　　**02** ㄴ, ㄷ　　**03** 20 cm　　**04** ③

05 25　　**06** 3　　**07** 90　　**08** 16 cm

09 30　　**10** 40 cm²　　**11** 100°　　**12** 80°

13 26 cm　　**14** 22 cm　　**15** ②, ⑤

01 ③ 할선은 원과 두 점에서 만난다.

02 ㄱ. 원에서 길이가 가장 긴 현은 지름이다.
　　ㄹ. 반원은 부채꼴인 동시에 활꼴이다.
　　따라서 옳은 것은 ㄴ, ㄷ이다.

03 원에서 가장 긴 현은 지름이므로 그 길이는
　　$2 × 10 = 20$(cm)

04 오른쪽 그림과 같이 반지름의 길이와 현의
길이가 같을 때의 두 반지름과 현으로 둘러
싸인 도형은 정삼각형이므로 부채꼴의 중심
각의 크기는 60°이다.

05 $(3x+5)° : (2x-20)° = 16 : 6$이므로
　　$(3x+5) : (2x-20) = 8 : 3$
　　$8(2x-20) = 3(3x+5)$
　　$16x - 160 = 9x + 15$
　　$7x = 175$　∴ $x = 25$

06 $90° : 60° = 4x : (3x-1)$이므로
　　$3 : 2 = 4x : (3x-1)$
　　$8x = 3(3x-1)$
　　$8x = 9x - 3$　∴ $x = 3$

07 $100° : 20° = x : 2$이므로
　　$5 : 1 = x : 2$　∴ $x = 10$
　　$20° : y° = 2 : 8$이므로
　　$20 : y = 1 : 4$　∴ $y = 80$
　　∴ $x + y = 10 + 80 = 90$

08 ∠BOC $= 180° - 60° = 120°$이므로
　　$60° : 120° = 8 : \overarc{BC}$, $1 : 2 = 8 : \overarc{BC}$
　　∴ $\overarc{BC} = 16$(cm)

09 $x° : (x+15)° = 10 : 15$이므로
　　$x : (x+15) = 2 : 3$
　　$2x + 30 = 3x$　∴ $x = 30$

10 ∠AOB : ∠COD $= \overarc{AB} : \overarc{CD} = 4 : 10 = 2 : 5$
　　부채꼴 COD의 넓이를 x cm²라 하면
　　$2 : 5 = 16 : x$이므로
　　$2x = 80$　∴ $x = 40$
　　따라서 부채꼴 COD의 넓이는 40 cm²이다.

11 $5\overarc{AB} = 4\overarc{BC}$에서
　　$\overarc{AB} : \overarc{BC} = 4 : 5$이므로
　　∠AOB : ∠BOC $= 4 : 5$
　　반원의 중심각의 크기는 180°이므로
　　∠BOC $= 180° × \dfrac{5}{4+5}$
　　　　　 $= 180° × \dfrac{5}{9} = 100°$

12 $\overarc{AB} : \overarc{BC} = 2 : 1$이므로
　　∠AOB : ∠BOC $= 2 : 1$
　　이때 ∠AOC $= 120°$이므로
　　∠AOB + ∠BOC $= 360° - 120° = 240°$
　　∴ ∠BOC $= 240° × \dfrac{1}{2+1}$
　　　　　　 $= 240° × \dfrac{1}{3} = 80°$

13 $\overline{AD} /\!/ \overline{OC}$이므로

$\angle OAD = \angle BOC = 25°$ (동위각)

오른쪽 그림과 같이 $\overline{OD}$를 그으면

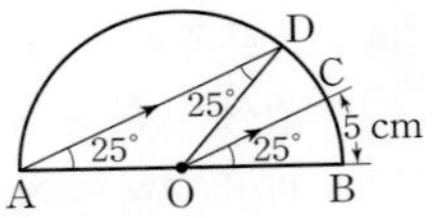

$\triangle OAD$에서 $\overline{OA} = \overline{OD}$이므로

$\angle ODA = \angle OAD = 25°$

$\therefore \angle AOD = 180° - (25° + 25°) = 130°$

따라서 $130° : 25° = \overparen{AD} : 5$이므로

$26 : 5 = \overparen{AD} : 5$ $\therefore \overparen{AD} = 26 (\text{cm})$

14 $\overline{AB} /\!/ \overline{CD}$이므로

$\angle OCD = \angle AOC = 35°$ (엇각)

$\triangle OCD$에서 $\overline{OC} = \overline{OD}$이므로

$\angle ODC = \angle OCD = 35°$

$\therefore \angle COD = 180° - (35° + 35°) = 110°$

따라서 $35° : 110° = 7 : \overparen{CD}$이므로

$7 : 22 = 7 : \overparen{CD}$ $\therefore \overparen{CD} = 22 (\text{cm})$

15 ② 현의 길이는 중심각의 크기에 정비례하지 않으므로

$\overline{AB} \neq 3\overline{CD}$

③ $\triangle OAB$에서 $\overline{OA} = \overline{OB}$이므로

$\angle OAB = \angle OBA$

$= \dfrac{1}{2} \times (180° - 60°) = 60°$

즉, $\triangle OAB$는 정삼각형이므로

$\overline{OA} = \overline{OB} = \overline{AB}$

⑤ 삼각형의 넓이는 중심각의 크기에 정비례하지 않으므로

$\triangle OAB \neq 3 \triangle OCD$

따라서 옳지 않은 것은 ②, ⑤이다.

---

02 부채꼴의 호의 길이와 넓이

한번 더 **개념 확인문제** ────────── 41쪽 ─

01 (1) 둘레의 길이 : 10π cm, 넓이 : 25π cm²

(2) 둘레의 길이 : 18π cm, 넓이 : 81π cm²

02 (1) 둘레의 길이 : 14π cm, 넓이 : 49π cm²

(2) 둘레의 길이 : 16π cm, 넓이 : 64π cm²

03 (1) 둘레의 길이 : $(2\pi+4)$ cm, 넓이 : 2π cm²

(2) 둘레의 길이 : $(5\pi+10)$ cm, 넓이 : $\dfrac{25}{2}\pi$ cm²

04 (1) 호의 길이 : 3π cm, 넓이 : 9π cm²

(2) 호의 길이 : $\dfrac{8}{3}\pi$ cm, 넓이 : $\dfrac{32}{3}\pi$ cm²

05 호의 길이 : 10π cm, 넓이 : 60π cm²

06 (1) 6π cm²   (2) 9π cm²

07 (1) 둘레의 길이 : $(8\pi+12)$ cm, 넓이 : 24π cm²

(2) 둘레의 길이 : 12π cm, 넓이 : 18π cm²

---

01 원의 둘레의 길이를 l, 넓이를 S라 하면

(1) $l = 2\pi \times 5 = 10\pi (\text{cm})$

$S = \pi \times 5^2 = 25\pi (\text{cm}^2)$

(2) $l = 2\pi \times 9 = 18\pi (\text{cm})$

$S = \pi \times 9^2 = 81\pi (\text{cm}^2)$

02 원의 둘레의 길이를 l, 넓이를 S라 하면

(1) 지름의 길이가 14 cm이므로 반지름의 길이는 7 cm이다.

$\therefore l = 2\pi \times 7 = 14\pi (\text{cm})$

$S = \pi \times 7^2 = 49\pi (\text{cm}^2)$

(2) 지름의 길이가 16 cm이므로 반지름의 길이는 8 cm이다.

$\therefore l = 2\pi \times 8 = 16\pi (\text{cm})$

$S = \pi \times 8^2 = 64\pi (\text{cm}^2)$

03 반원의 둘레의 길이를 l, 넓이를 S라 하면

(1) $l = (2\pi \times 2) \times \dfrac{1}{2} + 2 \times 2$

$= 2\pi + 4 (\text{cm})$

$S = (\pi \times 2^2) \times \dfrac{1}{2} = 2\pi (\text{cm}^2)$

(2) 지름의 길이가 10 cm이므로 반지름의 길이는 5 cm이다.

$\therefore l = (2\pi \times 5) \times \dfrac{1}{2} + 10$

$= 5\pi + 10 (\text{cm})$

$S = (\pi \times 5^2) \times \dfrac{1}{2} = \dfrac{25}{2}\pi (\text{cm}^2)$

04 부채꼴의 호의 길이를 l, 넓이를 S라 하면

(1) $l = 2\pi \times 6 \times \dfrac{90}{360} = 3\pi (\text{cm})$

$S = \pi \times 6^2 \times \dfrac{90}{360} = 9\pi (\text{cm}^2)$

(2) $l = 2\pi \times 8 \times \dfrac{60}{360} = \dfrac{8}{3}\pi (\text{cm})$

$S = \pi \times 8^2 \times \dfrac{60}{360} = \dfrac{32}{3}\pi (\text{cm}^2)$

05 부채꼴의 호의 길이를 l, 넓이를 S라 하면

$l = 2\pi \times 12 \times \dfrac{150}{360} = 10\pi (\text{cm})$

$S = \pi \times 12^2 \times \dfrac{150}{360} = 60\pi (\text{cm}^2)$

06 (1) (넓이) $= \dfrac{1}{2} \times 3 \times 4\pi = 6\pi (\text{cm}^2)$

(2) (넓이) $= \dfrac{1}{2} \times 6 \times 3\pi = 9\pi (\text{cm}^2)$

07 색칠한 부분의 둘레의 길이를 l, 넓이를 S라 하면

(1) $l = 2\pi \times 15 \times \dfrac{60}{360} + 2\pi \times 9 \times \dfrac{60}{360} + (15-9) \times 2$

$= 5\pi + 3\pi + 12$

$= 8\pi + 12 (\text{cm})$

$S = \pi \times 15^2 \times \dfrac{60}{360} - \pi \times 9^2 \times \dfrac{60}{360}$

$= \dfrac{75}{2}\pi - \dfrac{27}{2}\pi$

$= 24\pi (\text{cm}^2)$

(2) $l=2\pi\times6\times\dfrac{1}{2}+\left(2\pi\times3\times\dfrac{1}{2}\right)\times2$

$\qquad=6\pi+6\pi=12\pi\,(\text{cm})$

오른쪽 그림과 같이 색칠한 일부분을
빗금 친 부분으로 이동하면 구하는 넓
이는 반지름의 길이가 6 cm인 반원의
넓이와 같으므로

$S=\pi\times6^2\times\dfrac{1}{2}=18\pi\,(\text{cm}^2)$

── 42쪽 ~ 43쪽 ──

개념 완성하기

01 $9\pi\,\text{cm}^2$ **02** $8\pi\,\text{cm}$

03 둘레의 길이 : $(12\pi+8)\,\text{cm}$, 넓이 : $24\pi\,\text{cm}^2$

04 둘레의 길이 : $(7\pi+2)\,\text{cm}$, 넓이 : $\dfrac{7}{2}\pi\,\text{cm}^2$

05 둘레의 길이 : $32\pi\,\text{cm}$, 넓이 : $30\pi\,\text{cm}^2$

06 둘레의 길이 : $8\pi\,\text{cm}$, 넓이 : $4\pi\,\text{cm}^2$

07 $120°$ **08** $240°$ **09** $9\,\text{cm}$ **10** $6\,\text{cm}$

11 $8\pi\,\text{cm}$ **12** $200°$ **13** $(100-25\pi)\,\text{cm}^2$

14 둘레의 길이 : $(6\pi+24)\,\text{cm}$, 넓이 : $(72-18\pi)\,\text{cm}^2$

15 $(8\pi-16)\,\text{cm}^2$

16 둘레의 길이 : $12\pi\,\text{cm}$, 넓이 : $(16\pi-32)\,\text{cm}^2$

01 원의 반지름의 길이를 $r\,\text{cm}$라 하면

$2\pi r=6\pi$ $\qquad\therefore r=3$

따라서 반지름의 길이가 3 cm이므로 원의 넓이는

$\pi\times3^2=9\pi\,(\text{cm}^2)$

02 원의 반지름의 길이를 $r\,\text{cm}$라 하면

$\pi r^2=16\pi$

$r^2=16=4^2$에서 $r=4$

따라서 반지름의 길이가 4 cm이므로 원의 둘레의 길이는

$2\pi\times4=8\pi\,(\text{cm})$

03 색칠한 부분의 둘레의 길이를 l, 넓이를 S라 하면

$l=2\pi\times8\times\dfrac{1}{2}+2\pi\times4\times\dfrac{1}{2}+8$

$\quad=8\pi+4\pi+8=12\pi+8\,(\text{cm})$

$S=\pi\times8^2\times\dfrac{1}{2}-\pi\times4^2\times\dfrac{1}{2}$

$\quad=32\pi-8\pi=24\pi\,(\text{cm}^2)$

04 색칠한 부분의 둘레의 길이를 l, 넓이를 S라 하면

$l=2\pi\times4\times\dfrac{1}{2}+2\pi\times3\times\dfrac{1}{2}+1\times2$

$\quad=4\pi+3\pi+2=7\pi+2\,(\text{cm})$

$S=\pi\times4^2\times\dfrac{1}{2}-\pi\times3^2\times\dfrac{1}{2}$

$\quad=8\pi-\dfrac{9}{2}\pi=\dfrac{7}{2}\pi\,(\text{cm}^2)$

05 색칠한 부분의 둘레의 길이를 l, 넓이를 S라 하면

$l=2\pi\times8+2\pi\times3+2\pi\times5$

$\quad=16\pi+6\pi+10\pi$

$\quad=32\pi\,(\text{cm})$

$S=\pi\times8^2-\pi\times3^2-\pi\times5^2$

$\quad=64\pi-9\pi-25\pi$

$\quad=30\pi\,(\text{cm}^2)$

06 색칠한 부분의 둘레의 길이를 l, 넓이를 S라 하면

$l=2\pi\times4\times\dfrac{1}{2}+2\pi\times1\times\dfrac{1}{2}+2\pi\times3\times\dfrac{1}{2}$

$\quad=4\pi+\pi+3\pi$

$\quad=8\pi\,(\text{cm})$

$S=\pi\times4^2\times\dfrac{1}{2}-\pi\times3^2\times\dfrac{1}{2}+\pi\times1^2\times\dfrac{1}{2}$

$\quad=8\pi-\dfrac{9}{2}\pi+\dfrac{1}{2}\pi$

$\quad=4\pi\,(\text{cm}^2)$

07 부채꼴의 중심각의 크기를 $x°$라 하면

$2\pi\times6\times\dfrac{x}{360}=4\pi$ $\qquad\therefore x=120$

따라서 부채꼴의 중심각의 크기는 $120°$이다.

08 부채꼴의 중심각의 크기를 $x°$라 하면

$\pi\times3^2\times\dfrac{x}{360}=6\pi$ $\qquad\therefore x=240$

따라서 부채꼴의 중심각의 크기는 $240°$이다.

09 부채꼴의 반지름의 길이를 $r\,\text{cm}$라 하면

$2\pi r\times\dfrac{120}{360}=6\pi$ $\qquad\therefore r=9$

따라서 부채꼴의 반지름의 길이는 9 cm이다.

10 부채꼴의 반지름의 길이를 $r\,\text{cm}$라 하면

$\dfrac{1}{2}\times r\times4\pi=12\pi$ $\qquad\therefore r=6$

따라서 부채꼴의 반지름의 길이는 6 cm이다.

11 부채꼴의 호의 길이를 $l\,\text{cm}$라 하면

$\dfrac{1}{2}\times5\times l=20\pi$ $\qquad\therefore l=8\pi$

따라서 부채꼴의 호의 길이는 $8\pi\,\text{cm}$이다.

12 부채꼴의 반지름의 길이를 $r\,\text{cm}$라 하면

$\dfrac{1}{2}\times r\times10\pi=45\pi$ $\qquad\therefore r=9$

반지름의 길이가 9 cm이므로 부채꼴의 중심각의 크기를 $x°$
라 하면

$2\pi\times9\times\dfrac{x}{360}=10\pi$ $\qquad\therefore x=200$

따라서 부채꼴의 중심각의 크기는 $200°$이다.

13 구하는 넓이는 오른쪽 그림의 색칠한
부분의 넓이와 같으므로

$10\times10-\pi\times5^2=100-25\pi\,(\text{cm}^2)$

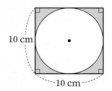

14 색칠한 부분의 둘레의 길이를 l, 넓이를 S라 하면

$$l=\left(2\pi\times 6\times\frac{90}{360}\right)\times 2+6\times 4$$

$$=6\pi+24(\text{cm})$$

$$S=\left(6\times 6-\pi\times 6^2\times\frac{90}{360}\right)\times 2$$

$$=(36-9\pi)\times 2$$

$$=72-18\pi(\text{cm}^2)$$

Self 코칭

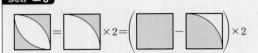

15 구하는 넓이는 오른쪽 그림의 색칠한 부분의 넓이의 8배와 같으므로

$$\left(\pi\times 2^2\times\frac{90}{360}-\frac{1}{2}\times 2\times 2\right)\times 8$$

$$=(\pi-2)\times 8$$

$$=8\pi-16(\text{cm}^2)$$

16 색칠한 부분의 둘레의 길이를 l, 넓이를 S라 하면

$$l=2\pi\times 8\times\frac{90}{360}+\left(2\pi\times 4\times\frac{1}{2}\right)\times 2$$

$$=4\pi+8\pi=12\pi(\text{cm})$$

오른쪽 그림과 같이 색칠한 일부분을 빗금 친 부분으로 이동하면

$$S=\pi\times 8^2\times\frac{90}{360}-\frac{1}{2}\times 8\times 8$$

$$=16\pi-32(\text{cm}^2)$$

한번더!
실력 확인하기 ────────44쪽

01 9 cm   **02** 36π cm² **03** 20 cm   **04** ①, ⑤

05 306   **06** 15π cm

07 둘레의 길이 : $(6\pi+6)$ cm, 넓이 : $\dfrac{9}{2}\pi$ cm²

08 둘레의 길이 : 20π cm, 넓이 : 32π cm²

01   ∠AOB : ∠BOC : ∠COA=4 : 3 : 5이므로

$\widehat{AB}:\widehat{BC}:\widehat{CA}=4:3:5$

$\therefore \widehat{BC}=36\times\dfrac{3}{4+3+5}=36\times\dfrac{1}{4}=9(\text{cm})$

02   ∠COD=$\dfrac{2}{3}$∠AOB에서

∠AOB : ∠COD=3 : 2

부채꼴 AOB의 넓이를 x cm²라 하면

$3:2=x:24\pi$, $2x=72\pi$

$\therefore x=36\pi$

따라서 부채꼴 AOB의 넓이는 36π cm²이다.

03 $\overline{OC}/\!/\overline{AB}$이므로

∠OBA=∠BOC=40°(엇각)

△OAB에서 $\overline{OA}=\overline{OB}$이므로

∠OAB=∠OBA=40°

$\therefore$ ∠AOB=180°−(40°+40°)

$=100°$

따라서 $100°:40°=\widehat{AB}:8$이므로

$5:2=\widehat{AB}:8$, $2\widehat{AB}=40$ $\therefore \widehat{AB}=20(\text{cm})$

04   ② 현의 길이는 중심각의 크기에 정비례하지 않으므로

$\overline{AB}\neq 2\overline{CD}$

③ $\widehat{AD}=\widehat{BC}$인지는 알 수 없다.

④ 삼각형의 넓이는 중심각의 크기에 정비례하지 않으므로

$\triangle COD\neq\dfrac{1}{2}\triangle AOB$

따라서 옳은 것은 ①, ⑤이다.

05 $\dfrac{1}{2}\times r\times 10\pi=30\pi$ $\therefore r=6$

부채꼴의 반지름의 길이가 6 cm이므로

$2\pi\times 6\times\dfrac{x}{360}=10\pi$ $\therefore x=300$

$\therefore r+x=6+300=306$

06 $\overline{AC}=\dfrac{1}{3}\overline{AB}=\dfrac{1}{3}\times 15=5(\text{cm})$

$\overline{AD}=\overline{AB}-\overline{BD}=\overline{AB}-\overline{AC}=15-5=10(\text{cm})$

따라서 색칠한 부분의 둘레의 길이는

$(\widehat{AC}+\widehat{BC})+(\widehat{AD}+\widehat{BD})$

$=(\widehat{AC}+\widehat{BD})+(\widehat{AD}+\widehat{BC})$

$=2\pi\times\dfrac{5}{2}+2\pi\times 5$

$=5\pi+10\pi=15\pi(\text{cm})$

07   색칠한 부분의 둘레의 길이를 l, 넓이를 S라 하면

$$l=\left(2\pi\times 3\times\frac{90}{360}\right)\times 4+6=6\pi+6(\text{cm})$$

오른쪽 그림과 같이 색칠한 일부분을 빗금 친 부분으로 이동하면

$$S=\pi\times 3^2\times\frac{1}{2}=\frac{9}{2}\pi(\text{cm}^2)$$

08   색칠한 부분의 둘레의 길이를 l, 넓이를 S라 하면

$$l=\widehat{AB}+\widehat{AB'}+\widehat{BB'}$$

$$=2\widehat{AB}+\widehat{BB'}$$

$$=\left(2\pi\times 8\times\frac{1}{2}\right)\times 2+2\pi\times 16\times\frac{45}{360}$$

$$=16\pi+4\pi=20\pi(\text{cm})$$

$S=(\text{지름이 }\overline{AB'}\text{인 반원의 넓이})+(\text{부채꼴 }BAB'\text{의 넓이})$
$-(\text{지름이 }\overline{AB}\text{인 반원의 넓이})$

$=(\text{부채꼴 }BAB'\text{의 넓이})$

$$=\pi\times 16^2\times\frac{45}{360}=32\pi(\text{cm}^2)$$

한번더!
실전! 중단원 마무리 ───────────45쪽 ~ 46쪽┤

01 ④	**02** ④	**03** 20 cm²	**04** 1 cm
05 3 cm	**06** ②	**07** 5π cm	**08** 12π cm²
09 (9π+10) cm		**10** 45°	**11** 6 cm²
12 (10π+30) cm			

서술형 문제

13 6 cm	**14** (36−6π) cm²

01 ④ $\overparen{AB}$와 $\overline{AB}$로 이루어진 도형은 활꼴이다.

02 $(x+30)° : (120-x)° = 4:6$이므로
$(x+30):(120-x)=2:3$
$2(120-x)=3(x+30),\ 240-2x=3x+90$
$5x=150$ ∴ $x=30$

03 구하는 부채꼴의 넓이를 x cm²라 하면
$100° : 40° = x:8$이므로
$5:2=x:8,\ 2x=40$ ∴ $x=20$
따라서 구하는 부채꼴의 넓이는 20 cm²이다.

04 △OAB에서 $\overline{OA}=\overline{OB}$이므로
∠OAB=∠OBA
$\qquad =\dfrac{1}{2}\times(180°-120°)=30°$
$\overline{AB}\,/\!/\,\overline{CD}$이므로
∠AOC=∠OAB=30°(엇각)
따라서 $\overparen{AC}:4=30°:120°$이므로
$\overparen{AC}:4=1:4$ ∴ $\overparen{AC}=1$(cm)

05 △COP에서 $\overline{CO}=\overline{CP}$이므로
∠COP=∠CPO=25°
∴ ∠OCD=25°+25°=50°
△OCD에서 $\overline{OC}=\overline{OD}$이므로
∠ODC=∠OCD=50°
△PDO에서 ∠BOD=25°+50°=75°
따라서 $25°:75°=\overparen{AC}:9$이므로
$1:3=\overparen{AC}:9,\ 3\overparen{AC}=9$ ∴ $\overparen{AC}=3$(cm)

06 ② 현의 길이는 중심각의 크기에 정비례하지 않는다.

07 부채꼴의 호의 길이를 l cm라 하면
$\dfrac{1}{2}\times6\times l=15\pi$ ∴ $l=5\pi$
따라서 부채꼴의 호의 길이는 5π cm이다.

다른풀이
부채꼴의 중심각의 크기를 $x°$라 하면
$\pi\times6^2\times\dfrac{x}{360}=15\pi$ ∴ $x=150$
따라서 중심각의 크기는 150°이므로 부채꼴의 호의 길이는
$2\pi\times6\times\dfrac{150}{360}=5\pi$(cm)

08 (색칠한 부분의 넓이)
=($\overline{PB}$를 지름으로 하는 원의 넓이)
$\qquad\qquad$−($\overline{PA}$를 지름으로 하는 원의 넓이)
$=\pi\times4^2-\pi\times2^2$
$=16\pi-4\pi=12\pi\,(\text{cm}^2)$

09 (색칠한 부분의 둘레의 길이)
$=2\pi\times10\times\dfrac{108}{360}+2\pi\times5\times\dfrac{108}{360}+5\times2$
$=6\pi+3\pi+10=9\pi+10\,(\text{cm})$

10 색칠한 두 부분의 넓이가 같으므로 반원 O의 넓이와 부채꼴 ABC의 넓이가 같다.
∠ABC=$x°$라 하면
$\pi\times8^2\times\dfrac{1}{2}=\pi\times16^2\times\dfrac{x}{360},\ 32\pi=\dfrac{32}{45}\pi x$ ∴ $x=45$
∴ ∠ABC=45°

11 (색칠한 부분의 넓이)
=(지름이 $\overline{AB}$인 반원의 넓이)+(지름이 $\overline{AC}$인 반원의 넓이)
$\qquad$+(삼각형 ABC의 넓이)−(지름이 $\overline{BC}$인 반원의 넓이)
$=\pi\times2^2\times\dfrac{1}{2}+\pi\times\left(\dfrac{3}{2}\right)^2\times\dfrac{1}{2}+\dfrac{1}{2}\times4\times3-\pi\times\left(\dfrac{5}{2}\right)^2\times\dfrac{1}{2}$
$=2\pi+\dfrac{9}{8}\pi+6-\dfrac{25}{8}\pi=6\,(\text{cm}^2)$

12 오른쪽 그림에서
(곡선 부분의 끈의 길이)
$=2\pi\times5=10\pi\,(\text{cm})$
(직선 부분의 끈의 길이)
$=10\times3=30\,(\text{cm})$
∴ (필요한 끈의 최소 길이)=10π+30(cm)

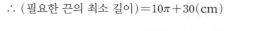

13 $2\angle AOC=\angle BOC$이므로 $\angle AOC:\angle BOC=1:2$
∴ $\overparen{AC}:\overparen{BC}=1:2$ $\qquad\qquad$ ┈┈┈ ❶
이때 $\overparen{BC}=12$ cm이므로
$\overparen{AC}:12=1:2,\ 2\overparen{AC}=12$ ∴ $\overparen{AC}=6$(cm) ┈┈ ❷

채점 기준	배점
❶ $\overparen{AC}:\overparen{BC}$ 구하기	2점
❷ $\overparen{AC}$의 길이 구하기	3점

14 오른쪽 그림에서 △EBC는 정삼각형이므로
∠ABE=∠ECD
$\qquad =90°-60°=30°$ ┈┈┈ ❶
∴ (색칠한 부분의 넓이)
=(정사각형 ABCD의 넓이)−(부채꼴 ABE의 넓이)×2
$=6\times6-\left(\pi\times6^2\times\dfrac{30}{360}\right)\times2=36-6\pi\,(\text{cm}^2)$ ┈┈ ❷

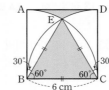

채점 기준	배점
❶ ∠ABE, ∠ECD의 크기를 각각 구하기	3점
❷ 색칠한 부분의 넓이 구하기	3점

1 | 다면체와 회전체

01 다면체

한번 더 개념 확인문제 ──────┤47쪽├

01 (1) ○   (2) ×   (3) ×   (4) ○

02 (1) 오면체   (2) 팔면체

03 (1) ○   (2) ×   (3) ×   (4) ○   (5) ×

04 풀이 참조   **05** (1) ○   (2) ×   (3) ×

06 ㉠ 정삼각형   ㉡ 3   ㉢ 4   ㉣ 12   ㉤ 30   ㉥ 6   ㉦ 20

---

03 (2) 두 밑면은 모양은 같지만 크기가 다르므로 합동이 아니다.

(3) 옆면의 모양은 사다리꼴이다.

(5) 면의 개수가 8이므로 팔면체이고, 밑면의 모양이 육각형인 각뿔대이므로 육각뿔대이다.

04

다면체			
이름	오각기둥	삼각뿔	사각뿔대
밑면의 모양	오각형	삼각형	사각형
옆면의 모양	직사각형	삼각형	사다리꼴
면의 개수	7	4	6
몇 면체인가?	칠면체	사면체	육면체
모서리의 개수	15	6	12
꼭짓점의 개수	10	4	8

05 (2) 각 면의 모양이 정삼각형인 정다면체는 정사면체, 정팔면체, 정이십면체이다.

(3) 정다면체는 모든 면이 합동인 정다각형으로 이루어져 있고 각 꼭짓점에 모인 면의 개수가 같은 다면체이다.

한번 더! 개념 완성하기 ──────┤48쪽~49쪽├

01 ㄴ, ㅁ, ㅇ   **02** ㄱ, ㄷ, ㅁ   **03** ②   **04** 34

05 ③   **06** ㄴ, ㄹ, ㅂ   **07** ㄹ, ㅂ   **08** ㄱ, ㅁ

09 오각뿔대   **10** ④   **11** ①   **12** 정십이면체

13 정팔면체   **14** ⑤   **15** ①, ③   **16** 2

03 주어진 다면체의 면의 개수를 구하면 다음과 같다.

① 4+1=5   ② 6+2=8   ③ 4+2=6

④ 6+1=7   ⑤ 6

따라서 면의 개수가 가장 많은 것은 ②이다.

04 $a=8+1=9$, $b=2×8=16$, $c=8+1=9$

∴ $a+b+c=9+16+9=34$

05 주어진 각뿔대를 n각뿔대라 하면 $3n=12$ ∴ $n=4$

따라서 주어진 각뿔대는 사각뿔대이므로 육면체이다.

06 ㄱ. 삼각기둥 – 직사각형   ㄷ. 삼각뿔대 – 사다리꼴

ㅁ. 오각뿔 – 삼각형

따라서 바르게 짝 지은 것은 ㄴ, ㄹ, ㅂ이다.

07 주어진 그림의 다면체의 옆면의 모양은 삼각형이다.

보기의 각 다면체의 옆면의 모양은 다음과 같다.

ㄱ. 정사각형   ㄴ. 사다리꼴   ㄷ. 직사각형

ㄹ. 삼각형   ㅁ. 사다리꼴   ㅂ. 삼각형

따라서 주어진 다면체와 옆면의 모양이 같은 것은 ㄹ, ㅂ이다.

08 두 밑면이 합동인 다면체는 각기둥인 ㄱ, ㅁ이다.

09 ㈎, ㈏를 만족시키는 입체도형은 각뿔대이다.

각뿔대의 밑면은 2개이므로 ㈐를 만족시키는 밑면의 모양은 오각형이다.

따라서 조건을 만족시키는 입체도형은 오각뿔대이다.

10 ① 정사면체 – 6   ② 정육면체 – 12

③ 정팔면체 – 12   ⑤ 정이십면체 – 30

11 ① 각 면의 모양은 정삼각형, 정사각형, 정오각형 중 하나이다.

② 정이십면체의 각 꼭짓점에 모인 면의 개수는 5로 같다.

④ 정사면체, 정팔면체, 정이십면체의 각 면의 모양은 정삼각형으로 같다.

따라서 옳지 않은 것은 ①이다.

12 한 꼭짓점에 모인 면의 개수가 3인 정다면체는 정사면체, 정육면체, 정십이면체이고, 이 중 각 면이 합동인 정오각형으로 이루어진 정다면체는 정십이면체이다.

13 각 면이 합동인 정삼각형으로 이루어진 정다면체는 정사면체, 정팔면체, 정이십면체이고, 이 중 한 꼭짓점에 모인 면의 개수가 4인 정다면체는 정팔면체이다.

14 ⑤ 오른쪽 그림에서 색칠한 두 면이 겹쳐지므로 정육면체의 전개도가 될 수 없다.

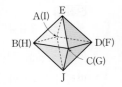

Self 코칭

정육면체의 전개도는 다음과 같이 11가지가 있다.

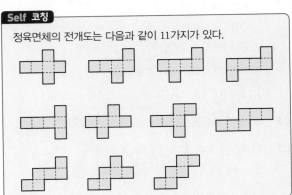

15 주어진 전개도로 정다면체를 만들면 오른쪽 그림과 같다.

② 모서리의 개수는 12이다.

④ 점 C와 겹치는 점은 점 G이다.

⑤ $\overline{AB}$와 겹치는 선분은 $\overline{IH}$이다.

따라서 옳은 것은 ①, ③이다.

16 주어진 전개도로 만들어지는 정다면체는 정십이면체이므로
$a=20$, $b=30$, $c=12$
∴ $a-b+c=20-30+12=2$

02 회전체

┌50쪽┤

한번 더! 개념 확인문제

01 (1) ×   (2) ○   (3) ○   (4) ×   (5) ×   (6) ○
02 (1) ○   (2) ○   (3) ×   (4) ○
03 풀이 참조
04 (1) ×   (2) ○   (3) ○   (4) ×

02 (3) 두 밑면은 모양은 같지만 크기가 다르므로 합동이 아니다.

03

회전체	회전축에 수직인 평면으로 자른 단면의 모양	회전축을 포함하는 평면으로 자른 단면의 모양
원기둥	원	직사각형
원뿔	원	이등변삼각형
원뿔대	원	사다리꼴
구	원	원

04 (1) 원기둥을 회전축에 수직인 평면으로 자른 단면은 원이다.
(4) 구는 전개도를 그릴 수 없다.

한번 더! 개념 완성하기

┤51쪽~52쪽├

01 3   **02** ②   **03** ③   **04** ②
05 ㄱ, ㄴ, ㅁ   **06** ③   **07** 40 cm²   **08** 16π cm²
09 $\overparen{BC}$ **10** ③   **11** ㄴ, ㄷ, ㄹ   **12** ①, ③

01 회전체는 구, 원기둥, 원뿔대의 3개이다.

04 직선 AE를 회전축으로 하여 1회전 시키면 오른쪽 그림과 같이 원뿔 모양이 파인 원기둥 모양의 회전체가 만들어진다.

05 ㄷ. 원기둥 – 직사각형   ㄹ. 반구 – 반원
따라서 바르게 짝 지은 것은 ㄱ, ㄴ, ㅁ이다.

06 회전축에 수직인 평면으로 자를 때 생기는 단면이 항상 합동인 회전체는 원기둥이다.

07 주어진 원뿔을 회전축을 포함하는 평면으로 자를 때 생기는 단면은 오른쪽 그림과 같은 이등변삼각형이므로

(단면의 넓이)$=\dfrac{1}{2}\times10\times8=40(\text{cm}^2)$

08 회전체는 오른쪽 그림과 같은 원기둥이고 이를 회전축에 수직인 평면으로 자를 때 생기는 단면은 원기둥의 밑면과 합동인 원이므로 (단면의 넓이)$=\pi\times4^2=16\pi(\text{cm}^2)$

10 주어진 평면도형을 1회전 시킬 때 생기는 회전체는 원뿔대이므로 원뿔대의 전개도로 알맞은 것은 ③이다.

11 ㄱ. 구의 회전축은 무수히 많다.
ㅁ. 원뿔대의 전개도는 그릴 수 있다.
따라서 옳은 것은 ㄴ, ㄷ, ㄹ이다.

12 ② 회전체를 회전축에 수직인 평면으로 자른 단면은 모두 원이지만 합동은 아니다.
④ 원뿔을 회전축을 포함하는 평면으로 자른 단면은 이등변삼각형이다.
⑤ 원뿔대를 회전축을 포함하는 평면으로 자른 단면은 사다리꼴이다.
따라서 옳은 것은 ①, ③이다.

한번 더! 실력 확인하기

┤53쪽├

01 구각뿔   **02** ④   **03** 12   **04** $\overline{BE}$
05 ⑤   **06** ④   **07** ④

01 (나)를 만족시키는 입체도형은 각뿔이다.
각뿔의 밑면은 1개이므로 (가)를 만족시키는 밑면의 모양은 구각형이다.
따라서 조건을 만족시키는 입체도형은 구각뿔이다.

02 주어진 다면체의 꼭짓점의 개수를 구하면 다음과 같다.
① $2\times3=6$ ② $5+1=6$ ③ $2\times3=6$
④ $2\times4=8$ ⑤ 6
따라서 나머지 넷과 다른 하나는 ④이다.

03 각 면이 서로 합동인 정삼각형으로 이루어진 정다면체는 정사면체, 정팔면체, 정이십면체이고, 이 중 한 꼭짓점에 모인 면의 개수가 5인 정다면체는 정이십면체이다.
따라서 정이십면체의 꼭짓점의 개수는 12이다.

04 주어진 전개도로 만들어지는 정다면체는 오른쪽 그림과 같은 정사면체이다.
따라서 $\overline{AF}$와 꼬인 위치에 있는 모서리는 $\overline{BE}$이다.

06 주어진 그림은 원뿔대의 전개도이고, 원뿔대를 회전축을 포함하는 평면으로 자른 단면은 사다리꼴이다.

07 ④ 한 꼭짓점에 모인 면의 개수는 정사면체가 3, 정육면체가 3, 정팔면체가 4, 정십이면체가 3, 정이십면체가 5이다.
따라서 한 꼭짓점에 모인 면의 개수가 가장 많은 정다면체는 정이십면체이다.

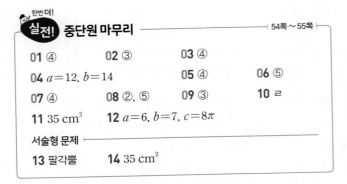

01 ④   **02** ③   **03** ④

04 $a=12$, $b=14$ **05** ④   **06** ⑤

07 ④   **08** ②, ⑤   **09** ③   **10** ㄹ

11 35 cm²   **12** $a=6$, $b=7$, $c=8\pi$

서술형 문제 ───

13 팔각뿔   **14** 35 cm²

---

02 ③ 오각뿔 - 육면체

03 밑면의 모양과 옆면의 모양을 차례로 구하면 다음과 같다.
  ① 삼각형, 직사각형   ② 삼각형, 삼각형
  ③ 삼각형, 사다리꼴   ④ 사각형, 직사각형
  ⑤ 사각형, 삼각형

04 육각뿔의 모서리의 개수는 $2\times6=12$이므로 $a=12$
칠각뿔대의 꼭짓점의 개수는 $2\times7=14$이므로 $b=14$

06 ⑤ 꼭짓점이 20개, 모서리가 30개인 정다면체는 정십이면체이다.

07 주어진 전개도로 만들어지는 정다면체는 정십이면체이다.
  ④ 정십이면체의 모서리의 개수는 30이다.

09 직각삼각형 ABC를 $\overline{AC}$를 회전축으로 하여 1회전 시킬 때 생기는 입체도형은 오른쪽 그림과 같다.

11 주어진 원뿔대를 회전축을 포함하는 평면으로 자른 단면은 오른쪽 그림과 같은 사다리꼴이므로
(단면의 넓이)$=\dfrac{1}{2}\times(6+8)\times5=35(\text{cm}^2)$

12 $2\pi\times b=14\pi$이므로 $b=7$, $c=2\pi\times4=8\pi$

13 ㈎, ㈏를 만족시키는 입체도형은 각뿔이다. ────── ❶
조건을 만족시키는 입체도형을 n각뿔이라 하면
$2n=16$ $\therefore n=8$
따라서 조건을 만족시키는 입체도형은 팔각뿔이다. ────── ❷

채점 기준	배점
❶ ㈎, ㈏를 만족시키는 입체도형이 각뿔임을 알기	2점
❷ ㈎, ㈏, ㈐를 만족시키는 입체도형 구하기	4점

14 직선 l을 회전축으로 하여 1회전 시킬 때 생기는 회전체는 오른쪽 그림과 같다. ────── ❶

따라서 구하는 단면의 넓이는
$\left\{\dfrac{1}{2}\times(3+4)\times5\right\}\times2=35(\text{cm}^2)$ ────── ❷

채점 기준	배점
❶ 1회전 시킬 때 생기는 회전체의 모양 알기	3점
❷ 단면의 넓이 구하기	4점

---

2 | 입체도형의 겉넓이와 부피

01 기둥의 겉넓이와 부피

한번 더 개념 확인문제 ──── 56쪽

01 (1) 24 cm²   (2) 216 cm²   (3) 264 cm²
02 (1) 20 cm²   (2) 180 cm²   (3) 220 cm²
03 (1) 9π cm²   (2) 30π cm²   (3) 48π cm²
04 (1) 14 cm²   (2) 8 cm   (3) 112 cm³
05 (1) 18 cm²   (2) 6 cm   (3) 108 cm³
06 (1) 16π cm²   (2) 10 cm   (3) 160π cm³

01 (1) (밑넓이)$=\dfrac{1}{2}\times8\times6=24(\text{cm}^2)$
(2) (옆넓이)$=(6+8+10)\times9=216(\text{cm}^2)$
(3) (겉넓이)$=24\times2+216=264(\text{cm}^2)$

02 (1) (밑넓이)$=5\times4=20(\text{cm}^2)$
(2) (옆넓이)$=(5+4+5+4)\times10=180(\text{cm}^2)$
(3) (겉넓이)$=20\times2+180=220(\text{cm}^2)$

03 (1) (밑넓이)$=\pi\times3^2=9\pi(\text{cm}^2)$
(2) (옆넓이)$=(2\pi\times3)\times5=30\pi(\text{cm}^2)$
(3) (겉넓이)$=9\pi\times2+30\pi=48\pi(\text{cm}^2)$

04 (1) (밑넓이)$=\dfrac{1}{2}\times4\times7=14(\text{cm}^2)$
(3) (부피)$=14\times8=112(\text{cm}^3)$

05 (1) (밑넓이)$=\dfrac{1}{2}\times(4+8)\times3=18(\text{cm}^2)$
(3) (부피)$=18\times6=108(\text{cm}^3)$

06 (1) (밑넓이)$=\pi\times4^2=16\pi(\text{cm}^2)$
(3) (부피)$=16\pi\times10=160\pi(\text{cm}^3)$

한번 더! 개념 완성하기 ──── 57쪽~58쪽

01 겉넓이 : 360 cm², 부피 : 300 cm³
02 겉넓이 : 2460 cm², 부피 : 7200 cm³   **03** 720 cm³
04 겉넓이 : 130π cm², 부피 : 200π cm³
05 140π cm²   **06** 겉넓이 : 648 cm², 부피 : 600 cm³
07 192π cm³   **08** 8 cm   **09** 5 cm   **10** 7 cm
11 겉넓이 : $(16\pi+24)$ cm², 부피 : 12π cm³
12 10   **13** 겉넓이 : 752 cm², 부피 : 760 cm³
14 $(384-54\pi)$ cm³
15 겉넓이 : 88π cm², 부피 : 112π cm³
16 겉넓이 : 80π cm², 부피 : 64π cm³

01 (밑넓이)$=\dfrac{1}{2}\times5\times12=30(\text{cm}^2)$
(옆넓이)$=(5+12+13)\times10=300(\text{cm}^2)$

$\therefore$ (겉넓이) $=30\times2+300=360(\mathrm{cm}^2)$
  (부피) $=30\times10=300(\mathrm{cm}^3)$

02 (밑넓이) $=\dfrac{1}{2}\times(25+15)\times12=240(\mathrm{cm}^2)$
  (옆넓이) $=(13+15+13+25)\times30=1980(\mathrm{cm}^2)$
  $\therefore$ (겉넓이) $=240\times2+1980=2460(\mathrm{cm}^2)$
  (부피) $=240\times30=7200(\mathrm{cm}^3)$

03 (밑넓이) $=\dfrac{1}{2}\times8\times3+8\times6=60(\mathrm{cm}^2)$
  $\therefore$ (부피) $=60\times12=720(\mathrm{cm}^3)$

04 밑면의 반지름의 길이가 $5\,\mathrm{cm}$이므로
  (밑넓이) $=\pi\times5^2=25\pi(\mathrm{cm}^2)$
  (옆넓이) $=(2\pi\times5)\times8=80\pi(\mathrm{cm}^2)$
  $\therefore$ (겉넓이) $=25\pi\times2+80\pi=130\pi(\mathrm{cm}^2)$
  (부피) $=25\pi\times8=200\pi(\mathrm{cm}^3)$

05 페인트가 칠해지는 부분의 넓이는 원기둥의 전개도에서 옆면인 직사각형의 넓이와 같으므로 구하는 넓이는
  $(2\pi\times5)\times14=140\pi(\mathrm{cm}^2)$

06 (밑넓이) $=\dfrac{1}{2}\times8\times6=24(\mathrm{cm}^2)$
  (옆넓이) $=(6+8+10)\times25=600(\mathrm{cm}^2)$
  $\therefore$ (겉넓이) $=24\times2+600=648(\mathrm{cm}^2)$
  (부피) $=24\times25=600(\mathrm{cm}^3)$

07 밑면의 반지름의 길이를 $r\,\mathrm{cm}$라 하면 $2\pi r=8\pi$ $\therefore r=4$
  따라서 밑면의 반지름의 길이는 $4\,\mathrm{cm}$이므로
  (부피) $=(\pi\times4^2)\times12=192\pi(\mathrm{cm}^3)$

08 정육면체의 한 모서리의 길이를 $a\,\mathrm{cm}$라 하면 $6a^2=384$
  $a^2=64=8^2$에서 $a=8$
  따라서 정육면체의 한 모서리의 길이는 $8\,\mathrm{cm}$이다.

09 사각기둥의 높이를 $h\,\mathrm{cm}$라 하면
  (부피) $=(7\times7)\times h=49h(\mathrm{cm}^3)$
  즉, $49h=245$이므로 $h=5$
  따라서 사각기둥의 높이는 $5\,\mathrm{cm}$이다.

10 밑면의 반지름의 길이가 $5\,\mathrm{cm}$이므로
  원기둥의 높이를 $h\,\mathrm{cm}$라 하면
  (부피) $=(\pi\times5^2)\times h=25\pi h(\mathrm{cm}^3)$
  즉, $25\pi h=175\pi$이므로 $h=7$
  따라서 원기둥의 높이는 $7\,\mathrm{cm}$이다.

11 (밑넓이) $=\pi\times2^2\times\dfrac{1}{2}=2\pi(\mathrm{cm}^2)$
  (옆넓이) $=\left(2\pi\times2\times\dfrac{1}{2}+4\right)\times6=12\pi+24(\mathrm{cm}^2)$
  $\therefore$ (겉넓이) $=2\pi\times2+(12\pi+24)=16\pi+24(\mathrm{cm}^2)$
  (부피) $=2\pi\times6=12\pi(\mathrm{cm}^3)$

12 (부피) $=\left(\pi\times6^2\times\dfrac{60}{360}\right)\times h=6\pi h(\mathrm{cm}^3)$
  즉, $6\pi h=60\pi$이므로 $h=10$

13 (밑넓이) $=10\times10-6\times4=76(\mathrm{cm}^2)$
  (옆넓이) $=(10+10+10+10)\times10+(6+4+6+4)\times10$
  $=400+200=600(\mathrm{cm}^2)$
  $\therefore$ (겉넓이) $=76\times2+600=752(\mathrm{cm}^2)$
  (부피) $=(10\times10)\times10-(6\times4)\times10$
  $=1000-240=760(\mathrm{cm}^3)$
  다른풀이
  밑넓이가 $76\,\mathrm{cm}^2$이므로 (부피) $=76\times10=760(\mathrm{cm}^3)$

14 (부피) $=(8\times8)\times6-(\pi\times3^2)\times6=384-54\pi(\mathrm{cm}^3)$

15 주어진 직사각형을 직선 l을 회전축으로 하여 1회전 시킬 때 생기는 회전체는 오른쪽 그림과 같다.
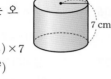
  $\therefore$ (겉넓이) $=(\pi\times4^2)\times2+(2\pi\times4)\times7$
  $=32\pi+56\pi=88\pi(\mathrm{cm}^2)$
  (부피) $=(\pi\times4^2)\times7=112\pi(\mathrm{cm}^3)$

16 주어진 직사각형을 직선 l을 회전축으로 하여 1회전 시킬 때 생기는 회전체는 오른쪽 그림과 같다.

  (밑넓이) $=\pi\times3^2-\pi\times1^2=8\pi(\mathrm{cm}^2)$
  (옆넓이) $=(2\pi\times3)\times8+(2\pi\times1)\times8$
  $=48\pi+16\pi=64\pi(\mathrm{cm}^2)$
  $\therefore$ (겉넓이) $=8\pi\times2+64\pi=80\pi(\mathrm{cm}^2)$
  (부피) $=(\pi\times3^2)\times8-(\pi\times1^2)\times8$
  $=72\pi-8\pi=64\pi(\mathrm{cm}^3)$
  다른풀이
  밑넓이가 $8\pi\,\mathrm{cm}^2$이므로 (부피) $=8\pi\times8=64\pi(\mathrm{cm}^3)$

02 뿔의 겉넓이와 부피

한번 더 개념 확인문제 ─────────59쪽

01 (1) $16\,\mathrm{cm}^2$ (2) $48\,\mathrm{cm}^2$ (3) $64\,\mathrm{cm}^2$
02 (1) $25\pi\,\mathrm{cm}^2$ (2) $60\pi\,\mathrm{cm}^2$ (3) $85\pi\,\mathrm{cm}^2$
03 (1) $20\,\mathrm{cm}^2$ (2) $12\,\mathrm{cm}$ (3) $80\,\mathrm{cm}^3$
04 (1) $36\pi\,\mathrm{cm}^2$ (2) $10\,\mathrm{cm}$ (3) $120\pi\,\mathrm{cm}^3$
05 (1) $73\,\mathrm{cm}^2$ (2) $88\,\mathrm{cm}^2$ (3) $161\,\mathrm{cm}^2$
06 $468\,\mathrm{cm}^3$ **07** (1) $90\pi\,\mathrm{cm}^2$ (2) $84\pi\,\mathrm{cm}^3$

01 (1) (밑넓이) $=4\times4=16(\mathrm{cm}^2)$
  (2) (옆넓이) $=\left(\dfrac{1}{2}\times4\times6\right)\times4=48(\mathrm{cm}^2)$
  (3) (겉넓이) $=16+48=64(\mathrm{cm}^2)$

02 (1) (밑넓이) $=\pi\times5^2=25\pi(\mathrm{cm}^2)$
  (2) (옆넓이) $=\pi\times5\times12=60\pi(\mathrm{cm}^2)$
  (3) (겉넓이) $=25\pi+60\pi=85\pi(\mathrm{cm}^2)$

03 (1) (밑넓이)$=\frac{1}{2}\times5\times8=20(\text{cm}^2)$

(3) (부피)$=\frac{1}{3}\times20\times12=80(\text{cm}^3)$

04 (1) (밑넓이)$=\pi\times6^2=36\pi(\text{cm}^2)$

(3) (부피)$=\frac{1}{3}\times36\pi\times10=120\pi(\text{cm}^3)$

05 (1) (두 밑넓이의 합)$=3\times3+8\times8=9+64=73(\text{cm}^2)$

(2) (옆넓이)$=\left\{\frac{1}{2}\times(3+8)\times4\right\}\times4=88(\text{cm}^2)$

(3) (겉넓이)$=73+88=161(\text{cm}^2)$

06 (부피)$=\frac{1}{3}\times(10\times10)\times15-\frac{1}{3}\times(4\times4)\times6$

$\qquad=500-32=468(\text{cm}^3)$

07 (1) (두 밑넓이의 합)$=\pi\times3^2+\pi\times6^2=9\pi+36\pi=45\pi(\text{cm}^2)$

(옆넓이)$=\pi\times6\times10-\pi\times3\times5=60\pi-15\pi=45\pi(\text{cm}^2)$

$\therefore$ (겉넓이)$=45\pi+45\pi=90\pi(\text{cm}^2)$

(2) (부피)$=\frac{1}{3}\times(\pi\times6^2)\times8-\frac{1}{3}\times(\pi\times3^2)\times4$

$\qquad=96\pi-12\pi=84\pi(\text{cm}^3)$

개념 완성하기 ├60쪽~61쪽┤

01 60 cm³	**02** 95 cm²	**03** 48π cm²	**04** 32π cm³
05 224 cm²	**06** 56π cm²	**07** 93π cm³	**08** 39π cm²
09 225 cm²	**10** 9 cm³	**11** 10	**12** 9 cm
13 겉넓이 : 144π cm², 부피 : 128π cm³			
14 416π cm³	**15** 150 cm³	**16** 7 cm	

01 (부피)$=\frac{1}{3}\times20\times9=60(\text{cm}^3)$

02 (겉넓이)$=5\times5+\left(\frac{1}{2}\times5\times7\right)\times4=25+70=95(\text{cm}^2)$

03 (겉넓이)$=\pi\times4^2+\pi\times4\times8=16\pi+32\pi=48\pi(\text{cm}^2)$

04 밑면의 반지름의 길이가 4 cm이므로

(부피)$=\frac{1}{3}\times(\pi\times4^2)\times6=32\pi(\text{cm}^3)$

05 (겉넓이)$=4\times4+8\times8+\left\{\frac{1}{2}\times(4+8)\times6\right\}\times4$

$\qquad=16+64+144=224(\text{cm}^2)$

06 (겉넓이)$=\pi\times2^2+\pi\times4^2+(\pi\times4\times12-\pi\times2\times6)$

$\qquad=4\pi+16\pi+36\pi=56\pi(\text{cm}^2)$

07 (부피)$=\frac{1}{3}\times(\pi\times7^2)\times7-\frac{1}{3}\times(\pi\times4^2)\times4$

$\qquad=\frac{343}{3}\pi-\frac{64}{3}\pi=93\pi(\text{cm}^3)$

08 (겉넓이)$=\pi\times3^2+\pi\times3\times10=9\pi+30\pi=39\pi(\text{cm}^2)$

09 (겉넓이)$=9\times9+\left(\frac{1}{2}\times9\times8\right)\times4=81+144=225(\text{cm}^2)$

10 주어진 전개도로 만들어지는 입체도형은 오른쪽 그림과 같은 삼각뿔이므로

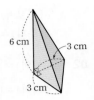

(부피)$=\frac{1}{3}\times\left(\frac{1}{2}\times3\times3\right)\times6$

$\qquad=9(\text{cm}^3)$

11 (겉넓이)$=6\times6+\left(\frac{1}{2}\times6\times x\right)\times4=36+12x(\text{cm}^2)$

즉, $36+12x=156$이므로 $12x=120$ $\quad\therefore x=10$

12 원뿔의 높이를 h cm라 하면

(부피)$=\frac{1}{3}\times(\pi\times5^2)\times h=\frac{25}{3}\pi h(\text{cm}^3)$

즉, $\frac{25}{3}\pi h=75\pi$이므로 $h=9$

따라서 원뿔의 높이는 9 cm이다.

13 주어진 직각삼각형을 직선 l을 회전축으로 하여 1회전 시킬 때 생기는 회전체는 오른쪽 그림과 같다.

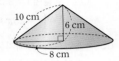

$\therefore$ (겉넓이)$=\pi\times8^2+\pi\times8\times10$

$\qquad=64\pi+80\pi=144\pi(\text{cm}^2)$

(부피)$=\frac{1}{3}\times(\pi\times8^2)\times6=128\pi(\text{cm}^3)$

14 주어진 사다리꼴을 직선 l을 회전축으로 하여 1회전 시킬 때 생기는 회전체는 오른쪽 그림과 같다.

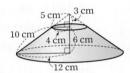

$\therefore$ (부피)$=\frac{1}{3}\times(\pi\times12^2)\times9$

$\qquad-\frac{1}{3}\times(\pi\times4^2)\times3$

$\qquad=432\pi-16\pi=416\pi(\text{cm}^3)$

15 (부피)$=\frac{1}{3}\times\left(\frac{1}{2}\times10\times10\right)\times9=150(\text{cm}^3)$

16 $\overline{DH}=h$ cm라 하면

(부피)$=\frac{1}{3}\times\left(\frac{1}{2}\times9\times8\right)\times h=12h(\text{cm}^3)$

즉, $12h=84$이므로 $h=7$

따라서 $\overline{DH}$의 길이는 7 cm이다.

03 구의 겉넓이와 부피

개념 확인문제 ├62쪽┤

01 (1) 16π cm² (2) 196π cm² (3) 324π cm²

(4) 256π cm²

02 (1) 48π cm² (2) 75π cm²

03 (1) 288π cm³ (2) 36π cm³ (3) $\frac{32}{3}$π cm³

(4) $\frac{256}{3}$π cm³

04 (1) 18π cm³ (2) 486π cm³

01 (1) $(겉넓이)=4\pi\times2^2=16\pi(\text{cm}^2)$
　(2) 구의 반지름의 길이가 7 cm이므로
　　$(겉넓이)=4\pi\times7^2=196\pi(\text{cm}^2)$
　(3) $(겉넓이)=4\pi\times9^2=324\pi(\text{cm}^2)$
　(4) 구의 반지름의 길이가 8 cm이므로
　　$(겉넓이)=4\pi\times8^2=256\pi(\text{cm}^2)$

02 (1) $(겉넓이)=(4\pi\times4^2)\times\frac{1}{2}+\pi\times4^2=32\pi+16\pi=48\pi(\text{cm}^2)$
　(2) $(겉넓이)=(4\pi\times5^2)\times\frac{1}{2}+\pi\times5^2=50\pi+25\pi=75\pi(\text{cm}^2)$

03 (1) $(부피)=\frac{4}{3}\pi\times6^3=288\pi(\text{cm}^3)$
　(2) 구의 반지름의 길이가 3 cm이므로
　　$(부피)=\frac{4}{3}\pi\times3^3=36\pi(\text{cm}^3)$
　(3) $(부피)=\frac{4}{3}\pi\times2^3=\frac{32}{3}\pi(\text{cm}^3)$
　(4) 구의 반지름의 길이가 4 cm이므로
　　$(부피)=\frac{4}{3}\pi\times4^3=\frac{256}{3}\pi(\text{cm}^3)$

04 (1) $(부피)=\left(\frac{4}{3}\pi\times3^3\right)\times\frac{1}{2}=18\pi(\text{cm}^3)$
　(2) $(부피)=\left(\frac{4}{3}\pi\times9^3\right)\times\frac{1}{2}=486\pi(\text{cm}^3)$

 개념 완성하기 ─────63쪽

01 겉넓이 : 36π cm², 부피 : 36π cm³
02 겉넓이 : 100π cm², 부피 : $\frac{500}{3}\pi$ cm³
03 729π cm³　04 겉넓이 : 32π cm², 부피 : $\frac{64}{3}\pi$ cm³
05 288π cm²　06 162π cm³　07 432π cm³　08 36π cm³

01 $(겉넓이)=4\pi\times3^2=36\pi(\text{cm}^2)$
　$(부피)=\frac{4}{3}\pi\times3^3=36\pi(\text{cm}^3)$

02 구의 반지름의 길이가 5 cm이므로
　$(겉넓이)=4\pi\times5^2=100\pi(\text{cm}^2)$
　$(부피)=\frac{4}{3}\pi\times5^3=\frac{500}{3}\pi(\text{cm}^3)$

03 $(부피)=\left(\frac{4}{3}\pi\times9^3\right)\times\frac{3}{4}=729\pi(\text{cm}^3)$

04 $(겉넓이)=(4\pi\times4^2)\times\frac{1}{4}+(\pi\times4^2)\times\frac{1}{2}\times2$
　　　　$=16\pi+16\pi=32\pi(\text{cm}^2)$
　$(부피)=\left(\frac{4}{3}\pi\times4^3\right)\times\frac{1}{4}=\frac{64}{3}\pi(\text{cm}^3)$

05 $(겉넓이)=4\pi\times6^2+(2\pi\times6)\times12$
　　　　$=144\pi+144\pi=288\pi(\text{cm}^2)$

06 $(부피)=\left(\frac{4}{3}\pi\times3^3\right)\times\frac{1}{2}+\left(\frac{4}{3}\pi\times6^3\right)\times\frac{1}{2}$
　　　　$=18\pi+144\pi=162\pi(\text{cm}^3)$

07 구의 반지름의 길이를 r cm라 하면
　$\frac{4}{3}\pi r^3=288\pi$이므로 $r^3=216$
　$\therefore (원기둥의 부피)=\pi r^2\times2r=2\pi r^3$
　　　　　　　　　　$=2\pi\times216=432\pi(\text{cm}^3)$

08 구의 반지름의 길이를 r cm라 하면
　$(원기둥의 부피)=\pi r^2\times4r=4\pi r^3(\text{cm}^3)$
　즉, $4\pi r^3=108\pi$이므로 $r^3=27$
　$\therefore (구 한 개의 부피)=\frac{4}{3}\pi r^3=\frac{4}{3}\pi\times27=36\pi(\text{cm}^3)$

한번더! 실력 확인하기 ─────64쪽

01 500 cm²　　　　　　02 360π cm²
03 겉넓이 : 48π cm², 부피 : 24π cm³　04 425π cm²
05 216개　06 원뿔 : $\frac{2}{3}\pi r^3$, 구 : $\frac{4}{3}\pi r^3$, 원기둥 : $2\pi r^3$
07 54π cm³

01 $(밑넓이)=8\times10-2\times5=80-10=70(\text{cm}^2)$
　$(옆넓이)=(10+8+5+2+5+6)\times10$
　　　　$=36\times10=360(\text{cm}^2)$
　$\therefore (겉넓이)=70\times2+360=500(\text{cm}^2)$

02 $(겉넓이)=(\pi\times10^2)\times2+(2\pi\times10)\times6+(2\pi\times4)\times5$
　　　　$=200\pi+120\pi+40\pi=360\pi(\text{cm}^2)$

03 주어진 직각삼각형을 직선 l을 회전축으
　로 하여 1회전 시킬 때 생기는 입체도형
　은 오른쪽 그림과 같다.

　$\therefore (겉넓이)=\pi\times3^2+(2\pi\times3)\times4$
　　　　　　　　$+\pi\times3\times5$
　　　　$=9\pi+24\pi+15\pi=48\pi(\text{cm}^2)$
　$(부피)=(\pi\times3^2)\times4-\frac{1}{3}\times(\pi\times3^2)\times4$
　　　　$=36\pi-12\pi=24\pi(\text{cm}^3)$

04 $(겉넓이)=(구의 겉넓이)\times\frac{7}{8}+(원의 넓이)\times\frac{3}{4}$
　　　　$=(4\pi\times10^2)\times\frac{7}{8}+(\pi\times10^2)\times\frac{3}{4}$
　　　　$=350\pi+75\pi=425\pi(\text{cm}^2)$

05 반지름의 길이가 6 cm인 쇠구슬의 부피는
　$\frac{4}{3}\pi\times6^3=288\pi(\text{cm}^3)$
　반지름의 길이가 1 cm인 쇠구슬의 부피는
　$\frac{4}{3}\pi\times1^3=\frac{4}{3}\pi(\text{cm}^3)$

따라서 만들 수 있는 쇠구슬은 최대

$$288\pi \div \frac{4}{3}\pi = 288\pi \times \frac{3}{4\pi} = 216(개)$$

06 (원뿔의 부피)$= \frac{1}{3} \times \pi r^2 \times 2r = \frac{2}{3}\pi r^3$

(구의 부피)$= \frac{4}{3}\pi r^3$

(원기둥의 부피)$= \pi r^2 \times 2r = 2\pi r^3$

07 테니스공의 지름의 길이가 6 cm이므로 반지름의 길이는
3 cm이고 원기둥 모양의 통의 높이는 18 cm이다.
따라서 통에서 테니스공을 제외한 부분의 부피는

$$(\pi \times 3^2) \times 18 - \left(\frac{4}{3}\pi \times 3^3\right) \times 3 = 162\pi - 108\pi = 54(\text{cm}^3)$$

![한번더!] **실전! 중단원 마무리** ─────────────── 65쪽 ~ 66쪽

01 90 cm³   02 120π cm²   03 ⑤   04 6 cm

05 (112π+96) cm²   06 400 cm³   07 158 cm²

08 140π cm²   09 ②   10 ④   11 30π cm³

12 20π cm³

서술형 문제 ─────────────

13 16π cm²   14 4

01 (부피)$= \left\{ \frac{1}{2} \times (2+4) \times 3 \right\} \times 10 = 90(\text{cm}^3)$

02 (겉넓이)$= (\pi \times 5^2) \times 2 + (2\pi \times 5) \times 7$
$$= 50\pi + 70\pi = 120(\text{cm}^2)$$

03 주어진 전개도로 만들어지는 입체도형
은 오른쪽 그림과 같다.

$$\therefore (\text{부피}) = \left\{ \frac{1}{2} \times (3+6) \times 4 \right\} \times 5$$
$$= 18 \times 5 = 90(\text{cm}^3)$$

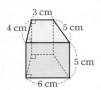

04 원기둥의 높이를 h cm라 하면
(부피)$= (\pi \times 9^2) \times h = 81\pi h(\text{cm}^3)$
즉, $81\pi h = 486\pi$이므로 $h=6$
따라서 원기둥의 높이는 6 cm이다.

05 (밑넓이)$= \pi \times 6^2 \times \frac{240}{360} = 24\pi(\text{cm}^2)$

(옆넓이)$= \left(2\pi \times 6 \times \frac{240}{360} + 6 + 6 \right) \times 8 = 64\pi + 96(\text{cm}^2)$

$\therefore$ (겉넓이)$= 24\pi \times 2 + (64\pi + 96) = 112\pi + 96(\text{cm}^2)$

06 (부피)$= \frac{1}{3} \times (10 \times 10) \times 12 = 400(\text{cm}^3)$

07 (겉넓이)$= 3 \times 3 + 7 \times 7 + \left\{ \frac{1}{2} \times (3+7) \times 5 \right\} \times 4$
$$= 9 + 49 + 100 = 158(\text{cm}^2)$$

08 (겉넓이)$= \pi \times 4^2 + \pi \times 8^2 + (\pi \times 8 \times 10 - \pi \times 4 \times 5)$
$$= 16\pi + 64\pi + 60\pi = 140(\text{cm}^2)$$

09 색칠한 부분을 $\overline{AC}$를 회전축으로 하여
1회전 시킬 때 생기는 입체도형은 오른
쪽 그림과 같다.

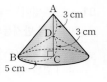

$$\therefore (\text{부피}) = \frac{1}{3} \times (\pi \times 5^2) \times 6$$
$$- \frac{1}{3} \times (\pi \times 5^2) \times 3$$
$$= 50\pi - 25\pi = 25(\text{cm}^3)$$

10 구의 반지름의 길이를 r cm라 하면
$$4\pi r^2 = 100\pi$$
$r^2 = 25 = 5^2$에서 $r=5$
따라서 구의 반지름의 길이는 5 cm이므로
(부피)$= \frac{4}{3}\pi \times 5^3 = \frac{500}{3}\pi(\text{cm}^3)$

11 (부피)$= \frac{1}{3} \times (\pi \times 3^2) \times 4 + \left(\frac{4}{3}\pi \times 3^3 \right) \times \frac{1}{2}$
$$= 12\pi + 18\pi = 30\pi(\text{cm}^3)$$

12 구의 반지름의 길이를 r cm라 하면
(원기둥의 부피)$= \pi r^2 \times 2r = 2\pi r^3(\text{cm}^3)$
즉, $2\pi r^3 = 30\pi$이므로 $r^3 = 15$
$\therefore$ (구의 부피)$= \frac{4}{3}\pi r^3 = \frac{4}{3}\pi \times 15 = 20\pi(\text{cm}^3)$

[다른 풀이]
(구의 부피) : (원기둥의 부피)$= 2 : 3$이므로
구의 부피를 V cm³라 하면
$$V : 30\pi = 2 : 3 \qquad \therefore V = 20\pi$$
따라서 구의 부피는 20π cm³이다.

13 밑면의 반지름의 길이를 r cm라 하면
부채꼴의 호의 길이는 밑면인 원의 둘레의 길이와 같으므로

$$2\pi r = 2\pi \times 6 \times \frac{120}{360}$$
$$2\pi r = 4\pi \qquad \therefore r = 2$$
따라서 밑면의 반지름의 길이가 2 cm이므로 ⋯⋯ ❶
(겉넓이)$= \pi \times 2^2 + \pi \times 2 \times 6$
$$= 4\pi + 12\pi$$
$$= 16\pi(\text{cm}^2) \qquad ⋯⋯ ❷$$

채점 기준	배점
❶ 밑면의 반지름의 길이 구하기	3점
❷ 원뿔의 겉넓이 구하기	3점

14 (원뿔 모양의 그릇의 부피)
$$= \frac{1}{3} \times (\pi \times 6^2) \times 3 = 36\pi(\text{cm}^3) \qquad ⋯⋯ ❶$$

(원기둥 모양의 그릇에 들어 있는 물의 부피)
$$= (\pi \times 3^2) \times x = 9\pi x(\text{cm}^3) \qquad ⋯⋯ ❷$$
즉, $36\pi = 9\pi x$이므로 $x=4$ ⋯⋯ ❸

채점 기준	배점
❶ 원뿔 모양의 그릇의 부피 구하기	2점
❷ 원기둥 모양의 그릇에 들어 있는 물의 부피를 x에 대한 식으로 나타내기	2점
❸ x의 값 구하기	2점

1 | 자료의 정리와 해석

01 대푯값

한번 더 개념 확인문제 ─────── 67쪽

01 (1) 평균 : 4, 중앙값 : 5, 최빈값 : 6

(2) 평균 : 24, 중앙값 : 24, 최빈값 : 24

(3) 평균 : 46, 중앙값 : 52, 최빈값 : 57

(4) 평균 : 4, 중앙값 : 3, 최빈값 : 2, 7

(5) 평균 : 15, 중앙값 : 15, 최빈값 : 18

(6) 평균 : 106, 중앙값 : 105, 최빈값 : 100, 105

(7) 평균 : 14, 중앙값 : 15, 최빈값 : 19

01 (1) (평균)$=\dfrac{1+2+5+6+6}{5}=\dfrac{20}{5}=4$

변량의 개수가 5로 홀수이므로 중앙값은 3번째 변량인 5이다.

또, 6이 2개로 가장 많이 나타나므로 최빈값은 6이다.

(2) (평균)$=\dfrac{22+24+24+24+25+25}{6}=\dfrac{144}{6}=24$

변량의 개수가 6으로 짝수이므로 중앙값은 3번째와 4번째 변량 24와 24의 평균인 $\dfrac{24+24}{2}=24$

또, 24가 3개로 가장 많이 나타나므로 최빈값은 24이다.

(3) (평균)$=\dfrac{1+49+51+52+55+57+57}{7}=\dfrac{322}{7}=46$

변량의 개수가 7로 홀수이므로 중앙값은 4번째 변량인 52이다.

또, 57이 2개로 가장 많이 나타나므로 최빈값은 57이다.

(4) (평균)$=\dfrac{6+1+2+7+3+2+7}{7}=\dfrac{28}{7}=4$

변량을 작은 값부터 크기순으로 나열하면

1, 2, 2, 3, 6, 7, 7

변량의 개수가 7로 홀수이므로 중앙값은 4번째 변량인 3이다.

또, 2와 7이 모두 2개씩 가장 많이 나타나므로 최빈값은 2, 7이다.

(5) (평균)$=\dfrac{11+18+16+13+12+18+14+18}{8}$

$=\dfrac{120}{8}=15$

변량을 작은 값부터 크기순으로 나열하면

11, 12, 13, 14, 16, 18, 18, 18

변량의 개수가 8로 짝수이므로 중앙값은 4번째와 5번째 변량 14와 16의 평균인 $\dfrac{14+16}{2}=15$

또, 18이 3개로 가장 많이 나타나므로 최빈값은 18이다.

(6) (평균)$=\dfrac{100+105+110+100+105+105+100+105+100+130}{10}$

$=\dfrac{1060}{10}=106$

변량을 작은 값부터 크기순으로 나열하면

100, 100, 100, 100, 105, 105, 105, 105, 110, 130

변량의 개수가 10으로 짝수이므로 중앙값은 5번째와 6번째 변량 105와 105의 평균인 $\dfrac{105+105}{2}=105$

또, 100과 105가 모두 4개씩 가장 많이 나타나므로 최빈값은 100, 105이다.

(7) (평균)$=\dfrac{11+5+8+3+24+19+17+19+21+13}{10}$

$=\dfrac{140}{10}=14$

변량을 작은 값부터 크기순으로 나열하면

3, 5, 8, 11, 13, 17, 19, 19, 21, 24

변량의 개수가 10으로 짝수이므로 중앙값은 5번째와 6번째 변량 13과 17의 평균인 $\dfrac{13+17}{2}=15$

또, 19가 2개로 가장 많이 나타나므로 최빈값은 19이다.

개념 완성하기 ─────── 68쪽~69쪽

01 평균 : 8.2점, 중앙값 : 8.5점, 최빈값 : 9점

02 평균 : 3.5개, 중앙값 : 4개, 최빈값 : 5개

03 5일　　**04** $x=57$, 중앙값 : 52 kg　　**05** ③

06 23　　**07** 1.0　　**08** 18　　**09** 16

10 24　　**11** 15　　**12** 8　　**13** 8

14 5

01 (평균)$=\dfrac{6\times1+7\times2+8\times2+9\times4+10\times1}{10}=\dfrac{82}{10}=8.2$(점)

중앙값은 10명의 학생 중 5번째와 6번째 학생의 점수의 평균이므로 $\dfrac{8+9}{2}=8.5$(점)

또, 점수가 9점인 학생이 4명으로 가장 많으므로 최빈값은 9점이다.

02 (평균)$=\dfrac{1\times3+2\times4+3\times1+4\times4+5\times8}{20}=\dfrac{70}{20}=3.5$(개)

중앙값은 20명의 학생 중 10번째와 11번째 학생이 구입한 과자 수의 평균이므로 $\dfrac{4+4}{2}=4$(개)

또, 구입한 과자 수가 5개인 학생이 8명으로 가장 많으므로 최빈값은 5개이다.

03 대구의 미세 먼지가 '주의'인 날수를 x일이라 하면

(평균)$=\dfrac{5+4+x+3+2+6+3}{7}=4$이므로

$23+x=28$　　∴ $x=5$

따라서 대구의 미세 먼지가 '주의'인 날수는 5일이다.

04 $(평균)=\dfrac{49+x+55+47+52}{5}=52$이므로

$203+x=260$ $\quad \therefore x=57$

변량을 작은 값부터 크기순으로 나열하면 47, 49, 52, 55, 57

변량이 5개이므로 중앙값은 3번째 변량인 52 kg이다.

05 변량이 6개이므로 중앙값은 3번째와 4번째 변량인 x와 21의 평균이다. 중앙값이 19이므로

$\dfrac{x+21}{2}=19$, $x+21=38$ $\quad \therefore x=17$

06 변량이 5개이므로 중앙값은 3번째 변량인 22이다.

이때 평균과 중앙값이 같으므로 평균은 22이다.

$\dfrac{18+20+22+x+27}{5}=22$, $87+x=110$ $\quad \therefore x=23$

07 나머지 한 명의 왼쪽 눈의 시력을 a라 하면 8명의 중앙값은 4번째와 5번째 학생의 왼쪽 눈의 시력의 평균이고, 중앙값이 0.9이므로 $0.8<a<1.2$

$\dfrac{0.8+a}{2}=0.9$, $0.8+a=1.8$ $\quad \therefore a=1.0$

08 a를 제외하고 주어진 변량을 작은 값부터 크기순으로 나열하면 8, 12, 20이다.

변량이 4개이므로 중앙값은 2번째와 3번째 변량의 평균이고 중앙값이 15이므로 $12<a<20$

$\dfrac{12+a}{2}=15$, $12+a=30$ $\quad \therefore a=18$

09 x를 제외하고 주어진 변량을 작은 값부터 크기순으로 나열하면 5, 8, 12, 18, 21이다.

변량이 6개이므로 중앙값은 3번째와 4번째 변량의 평균이고 중앙값이 14초이므로 $12<x<18$

$\dfrac{12+x}{2}=14$, $12+x=28$ $\quad \therefore x=16$

10 $a\,^\circ\mathrm{C}$를 제외한 모든 변량이 1개씩 있으므로 최빈값이 $24\,^\circ\mathrm{C}$가 되기 위해서는 $a=24$

11 자료에서 14가 2개, 18이 2개이므로 최빈값이 14가 되기 위해서는 $x=14$

변량을 작은 값부터 크기순으로 나열하면

11, 14, 14, 14, 16, 17, 18, 18

변량이 8개이므로 중앙값은 4번째와 5번째 변량의 평균인

$\dfrac{14+16}{2}=15$

12 주어진 자료에서 8이 3개로 가장 많으므로 최빈값은 8이다.

$(평균)=\dfrac{8+8+a+11+12+4+8+7}{8}=8$이므로

$a+58=64$ $\quad \therefore a=6$

변량을 작은 값부터 크기순으로 나열하면

4, 6, 7, 8, 8, 8, 11, 12

변량이 8개이므로 중앙값은 4번째와 5번째 변량의 평균인

$\dfrac{8+8}{2}=8$

13 $(평균)=\dfrac{1\times1+2\times5+3\times4+4\times3+5\times2}{15}=\dfrac{45}{15}=3(회)$

$\quad \therefore a=3$

변량이 15개이므로 중앙값은 8번째 변량인 3회이다.

$\quad \therefore b=3$

또, 2회가 5명으로 가장 많으므로 최빈값은 2회이다.

$\quad \therefore c=2$

$\quad \therefore a+b+c=3+3+2=8$

14 변량이 20개이므로 중앙값은 10번째와 11번째 변량의 평균인

$\dfrac{2+3}{2}=2.5(회)$ $\quad \therefore a=2.5$

또, 2회가 6명으로 가장 많으므로 최빈값은 2회이다.

$\quad \therefore b=2$

$\quad \therefore ab=2.5\times2=5$

실력 확인하기 ─────────────────────70쪽├

01 $A<B<C$ **02** ④

03 평균 : 2.7회, 중앙값 : 2회, 최빈값 : 1회

04 ① **05** $a=5$, $b=10$ **06** ㄱ, ㄴ

01 $(평균)=\dfrac{9+8+7+7+9+10+8+9+8+9}{10}$

$=\dfrac{84}{10}=8.4(점)$

변량을 작은 값부터 크기순으로 나열하면

7, 7, 8, 8, 8, 9, 9, 9, 9, 10

변량이 10개이므로 중앙값은 5번째와 6번째 변량의 평균인

$\dfrac{8+9}{2}=8.5(점)$

또, 9점이 4회로 가장 많으므로 최빈값은 9점이다.

따라서 $A=8.4$, $B=8.5$, $C=9$이므로 $A<B<C$

02 운동화를 대량 주문하려고 할 때 필요한 대푯값으로는 최빈값이 가장 적절하다.

245 mm가 6켤레로 가장 많으므로 최빈값은 245 mm이다.

03 $(평균)=\dfrac{0\times3+1\times5+2\times3+3\times1+4\times4+5\times1+6\times2+7\times1}{20}$

$=\dfrac{54}{20}=2.7(회)$

변량이 20개이므로 중앙값은 10번째와 11번째 변량의 평균인 $\dfrac{2+2}{2}=2(회)$

또, 관람 횟수가 1회인 학생이 5명으로 가장 많으므로 최빈값은 1회이다.

04 변량이 9개이므로 중앙값은 5번째 변량이다.

x, y를 제외한 변량을 작은 값부터 크기순으로 나열하면

5, 7, 10, 11, 12, 13, 14

이때 $x<y<10$이므로 모든 변량을 작은 값부터 크기순으로 나열할 때 5번째에 오는 값은 10이다.

따라서 중앙값은 10이다.

05 자료에서 5가 2개, 8이 2개이므로 최빈값이 5가 되기 위해서는 $a=5$

평균이 6이므로

$\dfrac{3+4+5+5+5+8+8+b}{8}=6$, $38+b=48$ $\therefore b=10$

06 꺾은선그래프를 표로 나타내면 다음과 같다.

체육복의 크기(호)	85	90	95	100	105	110	합계
1반(명)	1	6	11	7	3	2	30
2반(명)	1	5	9	9	5	1	30

ㄱ, ㄴ. 1반의 전체 학생이 30명이고, 15번째와 16번째 학생의 체육복의 크기가 모두 95호이므로 중앙값도 95호이다.

2반의 전체 학생이 30명이고, 15번째와 16번째 학생의 체육복의 크기가 각각 95호, 100호이므로 중앙값은 그 평균인

$\dfrac{95+100}{2}=97.5$(호)

즉, 1반의 중앙값이 2반의 중앙값보다 작다.

ㄷ. 체육복의 크기가 95호인 학생과 100호인 학생이 각각 9명으로 가장 많으므로 2반의 최빈값은 95호, 100호이다.

ㄹ. 체육복의 크기가 95호인 학생이 11명으로 가장 많으므로 1반의 최빈값은 95호의 1개이다.

따라서 옳은 것은 ㄱ, ㄴ이다.

---

02 줄기와 잎 그림, 도수분포표

한번 더 개념 확인문제 ──────── 71쪽

01 (1) 풀이 참조 (2) 2 (3) 4 (4) 0, 2, 5, 6, 6, 7

02 (1) 12 (2) 3 (3) 4

03 (1) 풀이 참조 (2) 10점 (3) 5

(4) 70점 이상 80점 미만

04 (1) 4 (2) 16, 20 (3) 8

01 (1)

통학 시간 (1 | 0은 10분)

줄기	잎
1	0 2 5 6 6 7
2	0 0 1 4 5 5 7 8
3	0 2 4 5
4	1 3

03 (1)

과학 점수(점)	학생 수(명)
50이상 ~ 60미만	// 2
60 ~ 70	//// 4
70 ~ 80	//// / 6
80 ~ 90	//// 5
90 ~ 100	/// 3
합계	20

04 (3) 3+5=8(명)

한번더!

개념 완성하기 ──────── 72쪽 ~ 73쪽

01 (1) 39초 (2) 3명 (3) 11명

02 (1) 16명 (2) 5명 (3) 5명 (4) 160 cm

03 (1) 4명 (2) 130 cm 이상 140 cm 미만 (3) 3명

04 (1) 3명 (2) 40점 이상 50점 미만

(3) 30점 이상 40점 미만 (4) 8명

05 (1) 12 (2) 14명 (3) 40분 이상 60분 미만

(4) 40분 이상 60분 미만

06 (1) 9 (2) 13명 (3) 15회 이상 20회 미만

(4) 15회 이상 20회 미만

07 (1) 8 (2) 20 %

08 (1) 7 (2) 80 %

09 24 %

01 (3) 4+7=11(명)

02 (1) 3+5+6+2=16(명)

(2) 키가 160 cm 이상 170 cm 미만인 학생 수는 줄기가 16인 잎의 개수와 같으므로 5명이다.

(3) 3+2=5(명)

03 (3) 도수가 가장 작은 계급은 120 cm 이상 130 cm 미만이고, 이 계급의 도수는 3명이다.

04 (4) 도수가 가장 큰 계급은 20점 이상 30점 미만이고, 이 계급의 도수는 8명이다.

05 (1) $A=36-(2+13+6+3)=12$

(2) 2+12=14(명)

(4) 운동 시간이 80분 이상인 학생은 3명

60분 이상인 학생은 3+6=9(명)

40분 이상인 학생은 3+6+13=22(명)

따라서 운동 시간이 긴 쪽에서 20번째인 학생이 속하는 계급은 40분 이상 60분 미만이다.

06 (1) $A=35-(2+7+13+4)=9$

(2) $9+4=13$(명)

(4) 방문 횟수가 10회 미만인 학생은 2명

15회 미만인 학생은 $2+7=9$(명)

20회 미만인 학생은 $2+7+13=22$(명)

따라서 방문 횟수가 적은 쪽에서 10번째인 학생이 속하는

계급은 15회 이상 20회 미만이다.

> **Self 코칭**
>
> (4) 방문 횟수가 적은 계급부터 도수를 차례로 더하여 그 합이
> 처음으로 10명 이상이 되는 계급을 찾는다.

07 (1) $A=40-(3+6+7+11+5)=8$

(2) 봉사 활동 시간이 20시간 이상 25시간 미만인 학생은 8명

이므로

$\dfrac{8}{40}\times100=20(\%)$

> **Self 코칭**
>
> (2) (특정 계급의 백분율)$=\dfrac{(해당\ 계급의\ 도수)}{(도수의\ 총합)}\times100(\%)$

08 (1) $A=25-(4+9+2+3)=7$

(2) 턱걸이 횟수가 6회 미만인 학생은

$4+9+7=20$(명)

$\therefore \dfrac{20}{25}\times100=80(\%)$

09 기록이 30초 이상인 학생은

$25-(8+5+6)=6$(명)

$\therefore \dfrac{6}{25}\times100=24(\%)$

---

03 히스토그램과 도수분포다각형

> **한번 더 개념 확인문제** ──────────74쪽

01 그래프는 풀이 참조

(1) 2회　　(2) 4회 이상 6회 미만

(3) 8명　　(4) 60

02 (1) 10　　(2) 36　　(3) 40, 50　　(4) 360

03 그래프는 풀이 참조

(1) 1시간　　(2) 4　　(3) 6시간 이상 7시간 미만

(4) 12명　　(5) 25

04 (1) 5　　(2) 30　　(3) 10, 15　　(4) 150

01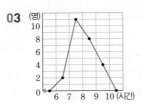

(3) $3+5=8$(명)

(4) (직사각형의 넓이의 합)

$=$(계급의 크기)$\times$(도수의 총합)

$=2\times30=60$

02 (2) $2+3+5+12+9+5=36$(명)

(4) (직사각형의 넓이의 합)

$=$(계급의 크기)$\times$(도수의 총합)

$=10\times36=360$

03

(4) $8+4=12$(명)

(5) (도수분포다각형과 가로축으로 둘러싸인 부분의 넓이)

$=$(계급의 크기)$\times$(도수의 총합)

$=1\times25=25$

04 (2) $4+12+6+5+3=30$(명)

(4) (도수분포다각형과 가로축으로 둘러싸인 부분의 넓이)

$=$(계급의 크기)$\times$(도수의 총합)

$=5\times30=150$

> **개념 완성하기** ──────────75쪽~76쪽
>
>
>
> **01** ③　　**02** 20 %　　**03** ⑤　　**04** ㄷ
>
> **05** 10분 이상 15분 미만　　**06** 10명　　**07** 8명
>
> **08** 9개　　**09** 7명　　**10** ㄱ, ㄴ　　**11** ②

01 ② $2+8+12+9+6+3=40$(명)

③ 가장 가벼운 학생의 정확한 몸무게는 알 수 없다.

④ (직사각형의 넓이의 합)

$=$(계급의 크기)$\times$(도수의 총합)

$=5\times40=200$

⑤ 몸무게가 60 kg 이상인 학생은 3명

55 kg 이상인 학생은 $3+6=9$(명)

즉, 몸무게가 5번째로 무거운 학생이 속하는 계급은

55 kg 이상 60 kg 미만이다.

따라서 옳지 않은 것은 ③이다.

02 전체 학생은 $3+10+7+4+4+2=30$(명)

공 던지기 기록이 30 m 이상인 학생은 $4+2=6$(명)

$\therefore \dfrac{6}{30}\times 100=20(\%)$

03 ② $6+10+12+4+2=34$(명)

③ 읽은 책이 10권인 학생이 속하는 계급은 8권 이상 12권 미만이고, 이 계급의 도수는 10명이다.

④ $12+4+2=18$(명)

⑤ (도수분포다각형과 가로축으로 둘러싸인 부분의 넓이)

$=$(계급의 크기)$\times$(도수의 총합)

$=4\times 34=136$

따라서 옳지 않은 것은 ⑤이다.

04 ㄱ. 도수가 6명인 계급은 150 cm 이상 155 cm 미만이다.

ㄴ. 색칠한 두 삼각형의 밑변의 길이와 높이가 각각 같으므로 $S_1=S_2$이다.

ㄷ. 키가 150 cm 이상인 학생은 $6+2=8$(명)

따라서 옳지 않은 것은 ㄷ이다.

05 집안일을 도운 시간이 10분 미만인 학생은 2명

15분 미만인 학생은 $2+4=6$(명)

따라서 집안일을 도운 시간이 5번째로 적은 학생이 속하는 계급은 10분 이상 15분 미만이다.

06 수학 점수가 70점 이상 80점 미만인 학생은

$40-(4+6+12+6+2)=10$(명)

07 필기구가 12개 이상 15개 미만인 학생은 4명이므로 전체 학생을 x명이라 하면

$x\times \dfrac{20}{100}=4$에서 $\dfrac{1}{5}x=4$ $\therefore x=20$

따라서 필기구가 9개 이상 12개 미만인 학생은

$20-(2+5+4+1)=8$(명)

08 회원이 15명 이상 20명 미만인 동아리는

$25-(3+7+4+2)=9$(개)

09 발 길이가 245 mm 이상 250 mm 미만인 학생은 3명이므로 전체 학생을 x명이라 하면

$x\times \dfrac{10}{100}=3$에서 $\dfrac{1}{10}x=3$ $\therefore x=30$

따라서 발 길이가 240 mm 이상 245 mm 미만인 학생은

$30-(4+5+11+3)=7$(명)

10 ㄱ. 남학생은 $9+13+15+14+12+10+5+2=80$(명)

여학생은 $3+8+11+15+14+12+11+6=80$(명)

이므로 남학생 수와 여학생 수는 같다.

ㄴ. 기록이 가장 좋은 학생이 여학생인지 알 수 없다.

ㄷ. 여학생의 그래프가 남학생의 그래프보다 전체적으로 오른쪽으로 치우쳐 있으므로 여학생이 남학생보다 기록이 더 좋은 편이다.

ㄹ. 남학생 수와 여학생 수가 같으므로 각각의 그래프와 가로축으로 둘러싸인 부분의 넓이는 서로 같다.

따라서 옳지 않은 것은 ㄱ, ㄴ이다.

11 ㄱ. 남학생은 $1+3+7+9+3+2=25$(명)

여학생은 $1+2+5+8+6+3=25$(명)

이므로 남학생 수와 여학생 수는 같다.

ㄴ. 남학생의 그래프가 여학생의 그래프보다 전체적으로 왼쪽으로 치우쳐 있으므로 남학생이 여학생보다 TV 시청 시간이 더 짧은 편이다.

ㄷ. 남학생 수와 여학생 수가 같으므로 각각의 그래프와 가로축으로 둘러싸인 부분의 넓이는 서로 같다.

따라서 옳은 것은 ㄱ, ㄹ이다.

실력 **확인하기** ─────────── 77쪽

01 11명   **02** 45회   **03** 6번째   **04** ②, ⑤

05 10 %   **06** 5명   **07** 40명   **08** 30 %

01 왕복 달리기 횟수가 30회 미만인 남학생은 $2+3=5$(명),

왕복 달리기 횟수가 30회 미만인 여학생은 $3+3=6$(명)이므로 $5+6=11$(명)

02 남학생의 최고 기록은 58회, 최저 기록은 13회이므로 구하는 기록의 차는 $58-13=45$(회)

03 예진이의 기록은 42회이므로 전체 학생 중 예진이보다 좋은 기록은 58회, 56회, 53회, 45회, 43회이다.

따라서 예진이는 전체 학생 중 6번째로 기록이 좋다.

04 ② $A=80-(8+21+16+7)=28$

③ 몸무게가 55 kg 이상인 학생은 $16+7=23$(명)

⑤ 몸무게가 60 kg인 학생이 속하는 계급은 60 kg 이상 65 kg 미만이고, 이 계급의 도수는 7명이다.

따라서 옳지 않은 것은 ②, ⑤이다.

05 전체 학생은 $3+5+11+8+2+1=30$(명)

인터넷 사용 시간이 5시간 이상인 학생은 $2+1=3$(명)

$\therefore \dfrac{3}{30}\times 100=10(\%)$

06 인터넷 사용 시간이 2시간 미만인 학생은 3명

3시간 미만인 학생은 $3+5=8$(명)

따라서 인터넷 사용 시간이 적은 쪽에서 8번째인 학생이 속하는 계급은 2시간 이상 3시간 미만이고, 이 계급의 도수는 5명이다.

07 기록이 16초 미만인 학생은 $2+4=6$(명)이므로

전체 학생을 x명이라 하면

$x\times \dfrac{15}{100}=6$에서 $\dfrac{3}{20}x=6$ $\therefore x=40$

따라서 전체 학생은 40명이다.

08 기록이 17초 이상 18초 미만인 학생은
$$40-(2+4+7+9+5+1)=12(명)$$
$$\therefore \frac{12}{40}\times100=30(\%)$$

---

04 상대도수

78쪽

한번 더! 개념 확인문제

01 (1) 풀이 참조　　(2) 40분 이상 50분 미만　　(3) 10 %

02 (1) 풀이 참조　　(2) 20 m 이상 24 m 미만　　(3) 44 %

03 그래프는 풀이 참조
　　(1) 0.26　　(2) 50분 이상 70분 미만　　(3) 10명

04 (1) 12, 14　　(2) 28　　(3) 4

01 (1)

여가 시간(분)	도수(명)	상대도수
30이상 ~ 40미만	2	0.1
40　~50	8	0.4
50　~60	5	0.25
60　~70	4	0.2
70　~80	1	0.05
합계	20	1

(3) $0.1\times100=10(\%)$

02 (1)

공 던지기 기록(m)	도수(명)	상대도수
20이상 ~ 24미만	2	0.08
24　~28	4	0.16
28　~32	11	0.44
32　~36	5	0.2
36　~40	3	0.12
합계	25	1

(3) $0.44\times100=44(\%)$

03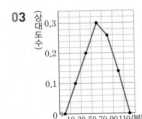

(2) 도수는 상대도수에 정비례하므로 도수가 가장 큰 계급은 상대도수가 가장 큰 계급으로 50분 이상 70분 미만이다.

(3) $50\times0.2=10(명)$

04 (1) 도수는 상대도수에 정비례하므로 도수가 가장 작은 계급은 상대도수가 가장 작은 계급으로 12편 이상 14편 미만이다.

(2) $0.28\times100=28(\%)$

(3) $25\times(0.12+0.04)=25\times0.16=4(명)$

79쪽 ~ 80쪽

한번 더! 개념 완성하기

01 0.28　　**02** 0.26　　**03** 0.2

04 (1) $A=0.24$, $B=8$, $C=0.2$, $D=2$, $E=1$　　(2) 40 %
　　(3) 0.2

05 30개 이상 40개 미만　　**06** 60명

07 (1) 0.3　　(2) 6명　　**08** 180명　　**09** 45 %

10 1학년　　**11** ㄱ, ㄷ

01 사과 1개의 무게가 210 g 이상 220 g 미만인 계급의 도수는
$$50-(3+10+18+5)=14(개)$$
따라서 구하는 상대도수는
$$\frac{14}{50}=0.28$$

02 전체 학생은
$$2+7+12+13+10+6=50(명)$$
도수가 가장 큰 계급은 70점 이상 80점 미만이고, 이 계급의 도수는 13명이므로 구하는 상대도수는
$$\frac{13}{50}=0.26$$

03 전체 학생은
$$3+2+10+4+1=20(명)$$
줄넘기 기록이 87회인 미진이가 속하는 계급은 80회 이상 100회 미만이고, 이 계급의 도수는 4명이므로 구하는 상대도수는
$$\frac{4}{20}=0.2$$

04 (1) $A=\dfrac{6}{25}=0.24$

　　$B=25\times0.32=8$

　　$C=\dfrac{5}{25}=0.2$

　　$D=25\times0.08=2$

　　상대도수의 총합은 항상 1이므로 $E=1$

(2) $(0.16+0.24)\times100=0.4\times100=40(\%)$

(3) 강의 시청 시간이 7시간 이상인 학생은 2명
　　6시간 이상인 학생은 $2+5=7(명)$
　　따라서 강의 시청 시간이 5번째로 긴 학생이 속하는 계급은 6시간 이상 7시간 미만이고, 이 계급의 상대도수는 0.2이다.

05 문자 메시지가 40개 이상 50개 미만인 학생은
$$25\times0.08=2(명)$$
문자 메시지가 30개 이상 40개 미만인 학생은
$$25\times0.12=3(명)$$
따라서 문자 메시지를 5번째로 많이 보낸 학생이 속하는 계급은 30개 이상 40개 미만이다.

06 (도수의 총합)$=\dfrac{(그\ 계급의\ 도수)}{(어떤\ 계급의\ 상대도수)}$

　　$=\dfrac{3}{0.05}=60(명)$

07 (1) 도수는 상대도수에 정비례하므로 도수가 가장 큰 계급은 상대도수가 가장 큰 계급으로 40회 이상 50회 미만이고, 이 계급의 상대도수는 0.3이다.

(2) 영주가 속하는 계급은 20회 이상 30회 미만이고, 이 계급의 상대도수는 0.15이므로 구하는 계급의 도수는

$40 \times 0.15 = 6$(명)

08 키가 170 cm 이상 175 cm 미만인 계급의 도수가 27명이고, 상대도수가 0.15이므로 전체 학생은

$\dfrac{27}{0.15} = 180$(명)

09 운동 시간이 6시간 이상 8시간 미만인 계급의 상대도수는

$1 - (0.05 + 0.25 + 0.15 + 0.1) = 0.45$

$\therefore 0.45 \times 100 = 45$(%)

10 영어 점수가 70점 미만인 1학년 학생은

$300 \times (0.2 + 0.15) = 300 \times 0.35 = 105$(명)

영어 점수가 70점 미만인 2학년 학생은

$200 \times (0.1 + 0.3) = 200 \times 0.4 = 80$(명)

따라서 영어 점수가 70점 미만인 학생 수가 더 많은 학년은 1학년이다.

11 ㄱ. B 중학교의 그래프가 A 중학교의 그래프보다 전체적으로 오른쪽으로 치우쳐 있으므로 B 중학교 학생들이 A 중학교 학생들보다 봉사 활동을 더 많이 한 편이다.

ㄴ. 봉사 활동 시간이 가장 긴 학생은 어느 중학교 학생인지 알 수 없다.

ㄷ. 봉사 활동 시간이 20시간 이상인 A 중학교 학생은

$700 \times (0.25 + 0.05) = 700 \times 0.3 = 210$(명)

봉사 활동 시간이 20시간 이상인 B 중학교 학생은

$500 \times (0.35 + 0.15) = 500 \times 0.5 = 250$(명)

따라서 봉사 활동 시간이 20시간 이상인 학생 수는 B 중학교가 A 중학교보다 더 많다.

ㄹ. 상대도수의 분포를 나타낸 그래프에서 그래프와 가로축으로 둘러싸인 부분의 넓이는 계급의 크기와 같으므로 A, B 두 중학교의 그래프와 가로축으로 둘러싸인 부분의 넓이는 서로 같다.

따라서 옳은 것은 ㄱ, ㄷ이다.

실력 확인하기 ┤81쪽├

01 25명　　**02** ④　　**03** 2명　　**04** 4명

05 480　　**06** A 지역 : 70 %, B 지역 : 80 %

01 (도수의 총합) $= \dfrac{(\text{그 계급의 도수})}{(\text{어떤 계급의 상대도수})}$

$= \dfrac{9}{0.36} = 25$(명)

02 $E = \dfrac{2}{0.05} = 40$

$A = 40 \times 0.1 = 4$

$B = \dfrac{8}{40} = 0.2$

$C = 40 \times 0.3 = 12$

$D = \dfrac{4}{40} = 0.1$

03 학습 시간이 4시간 이상 5시간 미만인 계급의 도수가 5명이고, 상대도수가 0.25이므로 전체 학생은

$\dfrac{5}{0.25} = 20$(명)

따라서 학습 시간이 1시간 이상 2시간 미만인 학생은

$20 \times 0.1 = 2$(명)

04 통학 시간이 40분 이상 50분 미만인 계급의 상대도수는

$1 - (0.12 + 0.28 + 0.4 + 0.04) = 0.16$

따라서 통학 시간이 40분 이상 50분 미만인 학생은

$25 \times 0.16 = 4$(명)

05 공연장을 4곳 이상 6곳 미만 방문한 A 지역의 중학생은

$1200 \times 0.2 = 240$(명)

$\therefore a = 240$

공연장을 6곳 이상 8곳 미만 방문한 B 지역의 중학생은

$800 \times 0.3 = 240$(명)

$\therefore b = 240$

$\therefore a + b = 240 + 240 = 480$

06 공연장을 6곳 이상 방문한 A 지역의 중학생의 비율은

$(0.4 + 0.25 + 0.05) \times 100 = 0.7 \times 100 = 70$(%)

공연장을 6곳 이상 방문한 B 지역의 중학생의 비율은

$(0.3 + 0.35 + 0.15) \times 100 = 0.8 \times 100 = 80$(%)

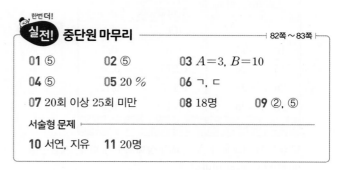

실전! 중단원 마무리 ┤82쪽 ~ 83쪽├

01 ⑤　　**02** ⑤　　**03** $A = 3$, $B = 10$

04 ⑤　　**05** 20 %　　**06** ㄱ, ㄷ

07 20회 이상 25회 미만　　**08** 18명　　**09** ②, ⑤

서술형 문제

10 서연, 지유　　**11** 20명

01 변량을 작은 값부터 크기순으로 나열하면

38, 43, 48, 51, 53, 59, 60, 70

변량이 8개이므로 중앙값은 4번째와 5번째 변량의 평균인

$\dfrac{51 + 53}{2} = 52$(kg)

02 ③ $2+4+6+8=20$(명)

⑤ 키가 140 cm 이상 155 cm 이하인 학생은 $4+3=7$(명)

따라서 옳지 않은 것은 ⑤이다.

03 봉사 활동 시간이 5시간 미만인 학생이 전체의 10 %이므로

$\dfrac{A}{30}\times100=10$에서 $100A=300$ $\therefore A=3$

$\therefore B=30-(3+6+7+4)=10$

04 ① $10-5=15-10=\cdots=30-25=5$(분)

③ $3+11+9+8+5=36$(명)

⑤ 통학 시간이 25분 이상인 학생은 5명

20분 이상인 학생은 $5+8=13$(명)

즉, 통학 시간이 10번째로 긴 학생이 속하는 계급은 20분 이상 25분 미만이고, 이 계급의 도수는 8명이다.

따라서 옳지 않은 것은 ⑤이다.

05 전체 학생은 $3+6+7+8+5+1=30$(명)

맥박 수가 90회 이상인 학생은 $5+1=6$(명)

$\therefore \dfrac{6}{30}\times100=20$(%)

06 ㄱ. 2반 학생들 중 달리기 기록이 빠른 쪽에서 6번째인 학생이 속하는 계급은 15초 이상 16초 미만이고, 이 계급의 도수는 3명이다.

ㄴ. 1반의 그래프가 2반의 그래프보다 전체적으로 왼쪽으로 치우쳐 있으므로 1반 학생들이 2반 학생들보다 기록이 더 좋은 편이다.

ㄷ. 1반 전체 학생은 $2+3+6+5+2+1=19$(명)

2반 전체 학생은 $1+2+3+8+3+2=19$(명)

계급의 크기와 1반과 2반의 전체 학생 수가 같으므로 각각의 그래프와 가로축으로 둘러싸인 부분의 넓이는 서로 같다.

따라서 옳은 것은 ㄱ, ㄷ이다.

07 각 계급의 상대도수를 구하여 상대도수의 분포표를 만들면 다음과 같다.

관람 횟수(회)	상대도수	
	A 학교	B 학교
5 이상 ~ 10 미만	0.1	0.1
10 ~15	0.3	0.3
15 ~20	0.375	0.38
20 ~25	0.125	0.12
25 ~30	0.1	0.1
합계	1	1

따라서 B 학교보다 A 학교의 상대도수가 더 큰 계급은 20회 이상 25회 미만이다.

08 인터넷 사용 시간이 120분 미만인 계급의 상대도수의 합은

$0.2+0.25=0.45$

따라서 인터넷 사용 시간이 120분 미만인 학생은

$40\times0.45=18$(명)

09 ① 계급의 개수는 6이다.

② 도수는 상대도수에 정비례하므로 도수가 가장 큰 계급은 상대도수가 가장 큰 계급으로 50 kg 이상 55 kg 미만이다.

③ 상대도수가 가장 작은 계급의 상대도수는 0.04이고, 이 계급의 도수는

$25\times0.04=1$(명)

④ 40 kg 이상 45 kg 미만인 계급의 상대도수는 0.16이다.

⑤ $(0.12+0.04)\times100=0.16\times100=16$(%)

따라서 옳은 것은 ②, ⑤이다.

10 자료 A : (평균)$=\dfrac{2+4+3+3+3+2+4}{7}=\dfrac{21}{7}=3$

변량을 작은 값부터 크기순으로 나열하면

2, 2, 3, 3, 3, 4, 4

변량이 7개이므로 중앙값은 4번째 변량인 3이다.

또, 3이 3개로 가장 많으므로 최빈값은 3이다.

자료 B : (평균)$=\dfrac{4+6+2+1+5+4+6}{7}=\dfrac{28}{7}=4$

변량을 작은 값부터 크기순으로 나열하면

1, 2, 4, 4, 5, 6, 6

변량이 7개이므로 중앙값은 4번째 변량인 4이다.

또, 4와 6이 모두 2개씩 가장 많으므로 최빈값은 4, 6이다.

자료 C : (평균)$=\dfrac{2+3+6+5+3+7+100}{7}=\dfrac{126}{7}=18$

변량을 작은 값부터 크기순으로 나열하면

2, 3, 3, 5, 6, 7, 100

변량이 7개이므로 중앙값은 4번째 변량인 5이다.

또, 3이 2개로 가장 많으므로 최빈값은 3이다.

서연 : 자료 A의 중앙값과 최빈값은 3으로 서로 같다. (○)
　　　　　　　　　　　　　　　　　　　　　　…… ❶

혜민 : 자료 B의 최빈값은 4와 6의 2개이다. (×) …… ❷

유찬 : 자료 C는 극단적인 변량 100이 포함되어 있으므로 평균은 대푯값으로 적절하지 않다. (×) …… ❸

지유 : 자료 A, B, C의 중앙값은 각각 3, 4, 5이므로 자료 C의 중앙값이 가장 크다. (○) …… ❹

따라서 바르게 설명한 사람은 서연, 지유이다. …… ❺

채점 기준	배점
❶ 서연이의 설명이 바른지 판단하기	1점
❷ 혜민이의 설명이 바른지 판단하기	1점
❸ 유찬이의 설명이 바른지 판단하기	1점
❹ 지유의 설명이 바른지 판단하기	1점
❺ 바르게 설명한 사람 모두 고르기	1점

11 방문 횟수가 4회 이상 6회 미만인 계급의 상대도수는

$1-(0.14+0.28+0.1+0.08)=0.4$ …… ❶

따라서 방문 횟수가 4회 이상 6회 미만인 학생은

$50\times0.4=20$(명) …… ❷

채점 기준	배점
❶ 방문 횟수가 4회 이상 6회 미만인 계급의 상대도수 구하기	3점
❷ 방문 횟수가 4회 이상 6회 미만인 학생 수 구하기	3점

01 8

02 (1) 풀이 참조　(2) 풀이 참조

03 38°

04 45°

05 (1) 학, 교, 땡, 땡, 어, 서, 선, 생, 우, 리, 기

　　(2) 종, 이, 땡, 모, 이, 자, 님, 이, 를, 다, 리, 신, 다

06 55°　**07** $l /\!/ n$　**08** 풀이 참조

09 풀이 참조

10 (1) ❶ → ❺ → ❷ → ❻ → ❸ → ❼ → ❽ → ❹ → ❾

　　(2) 동위각의 크기가 같은 두 직선은 평행하다.

11 6개　**12** 풀이 참조　**13** 30°

14 ㄹ　**15** △CDE, △EFA, 정삼각형

16 5 km　**17** 35

18 (1) 6번　(2) 9번　(3) 15번

19 주혁 : ㄴ, 세연 : ㅁ, 민정 : ㄹ　**20** 645°

21 325°　**22** 12

23 (1) 45°　(2) 360°　**24** 36°

25 46250 km　**26** 40°　**27** 풀이 참조

28 120π cm　**29** (1) 20π cm　(2) 60π cm

30 42π cm²　**31** 65π cm²

32 ㄱ과 ㅂ, ㄴ과 ㅁ, ㄷ과 ㄹ　**33** ㄷ, ㅂ

34 ㅁ, ㅂ　**35** 풀이 참조　**36** 27π cm²

37 5 cm　**38** 18 cm

39 (1) 15750π cm³　(2) 47 L　**40** 165 cm³

41 9408π cm³

42 (1) 미세 먼지 : 100π μm², 초미세 먼지 : 4π μm²

　　(2) 미세 먼지 : $\dfrac{500}{3}π$ μm³, 초미세 먼지 : $\dfrac{4}{3}π$ μm³

　　(3) 초미세 먼지

43 겉넓이 : 6400π m², 부피 : $\dfrac{256000}{3}π$ m³

44 풀이 참조　**45** (최빈값)<(평균)<(중앙값)

46 (1) 13회　(2) 2학년, 이유는 풀이 참조

47 40 %

48 (1) 30명　(2) 180 cm 이상 185 cm 미만　(3) 20 %

49 ㉢　**50** 9.5초　**51** 10개

52 (1) 1학기 : 30명, 2학기 : 30명

　　(2) 향상되었다고 볼 수 있다.. 이유는 풀이 참조

53 (1) 세로축의 눈금 한 칸의 크기가 다르다.

　　(2) B, 풀이 참조

54 (1) 25명　(2) 9명

55 (1) $A=0.14$, $B=0.26$, $C=8$, $D=50$, $E=1$

　　(2) 52 %

56 ㄱ

---

01 두 점을 지나는 서로 다른 직선은

$\overleftrightarrow{AB}$(또는 $\overleftrightarrow{AC}$ 또는 $\overleftrightarrow{BC}$), $\overleftrightarrow{AD}$, $\overleftrightarrow{AE}$, $\overleftrightarrow{BD}$, $\overleftrightarrow{BE}$, $\overleftrightarrow{CD}$, $\overleftrightarrow{CE}$, $\overleftrightarrow{DE}$의 8개이다.

> **Self 코칭**
> 점 A에서부터 그을 수 있는 서로 다른 직선을 차례로 나열해 본다.

02 (1)

　　(2) 중학교 정문과 동전 노래방을 이은 선분의 길이가 200 m 를 넘지 않으므로 동전 노래방을 낼 수 없다.

> **Self 코칭**
> (2) 지도에 표시된 거리 200 m를 나타내는 선분의 길이와 (1) 에서 그은 선분의 길이를 재어서 그 길이를 비교한다.

03 ∠AOB=180°−(90°+52°)
　　　　　=38°

04 ∠AOE=3∠EOD이므로
　　∠AOE : ∠EOD=3 : 1
　　∠AOD=180°이므로
　　∠EOD=180°×$\dfrac{1}{3+1}$=45°
　　∴ ∠BOC=∠EOF (맞꼭지각)
　　　　　　=∠FOD−∠EOD
　　　　　　=90°−45°
　　　　　　=45°

> **Self 코칭**
> ∠AOE와 ∠EOD의 크기의 비를 구하고, 평각과 직각을 이용한다.

06 두 직선이 평행하면 엇각의 크기가 같으므로

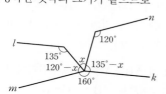

∠x+(120°−∠x)+160°+(135°−∠x)=360°
415°−∠x=360°
∴ ∠x=55°

07 평각의 크기는 180°이고 동위각 또 는 엇각의 크기가 같은 두 직선은 서 로 평행하므로 오른쪽 그림에서 동 위각의 크기가 같은 직선 l과 직선 n이 서로 평행하다. 이것을 기호로 나타내면 $l /\!/ n$이다.

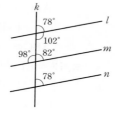

08 오른쪽 그림과 같이 $\overline{CD}$의 연장선이
$\overline{AB}$와 만나는 점을 O라 하자.

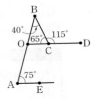

삼각형 BOC에서
$\angle BOC=180°-(40°+65°)=75°$
$\therefore \angle BAE=\angle BOC$
따라서 동위각의 크기가 같으므로 $\overrightarrow{AE} /\!/ \overrightarrow{CD}$이다.

> **Self 코칭**
> $\overline{CD}$의 연장선을 그어 삼각형을 만든 후 각의 크기를 구한다.

09 점 A를 중심으로 하고 반지름의 길이가 600 m인 원, 점 B를 중심으로 하고 반지름의 길이가 800 m인 원, 점 C를 중심으로 하고 반지름의 길이가 1000 m인 원을 각각 그리면 다음과 같다.

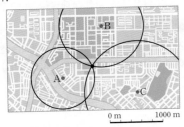

따라서 휴대 전화의 위치는 위의 그림에서 세 원의 교점이다.

11 주어진 조건에서 각 변의 길이가 모두 5 cm 이상이므로 변의 길이가 가장 짧을 때는 5 cm이다.
삼각형을 만들려면 가장 긴 변의 길이가 나머지 두 변의 길이의 합보다 작아야 하므로 변의 길이가 가장 길 때는 10 cm이다.
따라서 한 변으로 가능한 길이는
5 cm, 6 cm, 7 cm, 8 cm, 9 cm, 10 cm이다.
이 중 세 변의 길이의 합이 22 cm가 되는 것은
(5 cm, 7 cm, 10 cm), (5 cm, 8 cm, 9 cm),
(6 cm, 6 cm, 10 cm), (6 cm, 7 cm, 9 cm),
(6 cm, 8 cm, 8 cm), (7 cm, 7 cm, 8 cm)
이므로 만들 수 있는 삼각형은 모두 6개이다.

12 삼각형의 세 각의 크기의 합은 180°이다.
그런데 주어진 두 각의 크기의 합이 180°보다 크므로 삼각형을 작도할 수 없다.

13 △ABC가 $\overline{AB}=\overline{AC}$인 이등변삼각형이고
$\angle C=75°$이므로 $\angle B=\angle C=75°$
$\therefore \angle A=180°-(75°+75°)=30°$
이때 △ABC≡△DEF이므로 $\angle D=\angle A=30°$

14 ㄱ. △ABC≡△DEF (SAS 합동)
ㄴ. △ABC≡△DEF (ASA 합동)
ㄷ. $\angle C=\angle F$이면 $\angle B=\angle E$이므로
　△ABC≡△DEF (ASA 합동)
ㄹ. $\overline{BC}=\overline{EF}$이면 $\angle A$와 $\angle D$가 대응하는 두 변의 끼인각이 아니므로 두 삼각형이 서로 합동이라고 할 수 없다.
따라서 추가로 필요한 나머지 한 조건이 아닌 것은 ㄹ이다.

15 △ABC, △CDE, △EFA에서
$\overline{AB}=\overline{CD}=\overline{EF}$, $\overline{BC}=\overline{DE}=\overline{FA}$, $\angle B=\angle D=\angle F$
이므로 △ABC≡△CDE≡△EFA (SAS 합동)
즉, △ABC와 합동인 삼각형은 △CDE, △EFA이다.
따라서 $\overline{AC}=\overline{CE}=\overline{EA}$이므로 △ACE는 정삼각형이다.

16 △OAD와 △OBC에서
$\angle OAD=\angle OBC$, $\overline{OA}=\overline{OB}$,
$\angle AOD=\angle BOC$ (맞꼭지각)
이므로 △OAD≡△OBC (ASA 합동)
$\therefore \overline{AD}=\overline{BC}=5$ km

> **Self 코칭**
> 대응하는 한 변의 길이가 같고, 그 양 끝 각의 크기가 각각 같은 두 삼각형은 서로 합동임을 이용한다.

17 조건을 만족시키는 다각형을 n각형이라 하면
㉮의 개수는 $n-3$, ㉯의 개수는 $n-2$
㉮, ㉯의 개수의 합이 15이므로
$(n-3)+(n-2)=15$, $2n=20$
$\therefore n=10$
따라서 십각형의 대각선의 개수는
$$\frac{10 \times (10-3)}{2}=35$$

18 (1) 이웃한 사람끼리만 서로 한 번씩 악수를 할 때의 악수하는 횟수는 육각형의 변의 개수와 같으므로 6번이다.
(2) 서로 한 번씩 악수를 하되 이웃한 사람끼리는 악수를 하지 않을 때의 악수하는 횟수는 육각형의 대각선의 개수와 같으므로
$$\frac{6 \times (6-3)}{2}=9(번)$$
(3) 모두 서로 한 번씩 악수를 할 때의 악수하는 횟수는 육각형의 변의 개수와 대각선의 개수의 합과 같으므로
$6+9=15(번)$

> **Self 코칭**
> 6명을 육각형의 꼭짓점으로 생각해 본다.

19 주혁 : 삼각형이 7개 만들어지고, 내부의 한 점에 모인 각의 크기의 합이 360°이므로 $180° \times 7-360°$ (ㄴ)
세연 : 삼각형이 5개 만들어지므로 $180° \times 5$ (ㅁ)
민정 : 삼각형이 6개 만들어지고, 변 위의 한 점에 모인 각의 크기의 합이 180°이므로 $180° \times 6-180°$ (ㄹ)

> **Self 코칭**
> 칠각형이 몇 개의 삼각형으로 나누어지는지 살펴본다.

20 오른쪽 그림과 같이 보조선을 그으면
$\angle g+\angle h=\angle i$
$=45°+30°=75°$
육각형의 내각의 크기의 합은
$180° \times (6-2)=720°$이므로

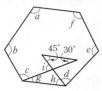

$\angle a+\angle b+(\angle c+\angle g)+(\angle h+\angle d)+\angle e+\angle f=720°$
에서

$\angle a+\angle b+\angle c+75°+\angle d+\angle e+\angle f=720°$

$\therefore \angle a+\angle b+\angle c+\angle d+\angle e+\angle f$
$\quad=720°-75°=645°$

21 오른쪽 그림과 같이 $\overline{AD}$와 $\overline{BE}$,
$\overline{FE}$의 교점을 각각 H, G라 하자.

$\triangle AFG$에서
$\angle AGE=\angle A+35°$

$\triangle HGE$에서
$\angle BHD=\angle E+\angle AGE$
$\qquad =\angle E+\angle A+35°$

사각형 HBCD의 내각의 크기의 합은 360°이므로
$\angle B+\angle C+\angle D+\angle BHD=360°$
$\angle B+\angle C+\angle D+(\angle E+\angle A+35°)=360°$
$\therefore \angle A+\angle B+\angle C+\angle D+\angle E=360°-35°=325°$

22 $\triangle BAC$에서
$\overline{BA}=\overline{BC}$이므로
$\angle BCA=\angle BAC=15°$
$\therefore \angle ABC=180°-(15°+15°)=150°$
따라서 정n각형의 한 내각의 크기가 150°이므로
$\dfrac{180°\times(n-2)}{n}=150°$, $180n-360=150n$

$30n=360$　　$\therefore n=12$

23 (1) 정팔각형의 한 내각의 크기는
$\dfrac{180°\times(8-2)}{8}=135°$

따라서 한 외각의 크기는 $180°-135°=45°$이고, 청소차가 모퉁이에서 회전하는 각의 크기는 정팔각형의 한 외각의 크기와 같으므로 45°이다.

(2) 청소차가 한 바퀴 돌아 제자리로 돌아오면 회전한 각의 크기의 합은 $45°\times 8=360°$가 된다.

24 정오각형의 한 외각의 크기는 $\dfrac{360°}{5}=72°$이므로

$\triangle EDF$에서
$\angle FDE=\angle FED=72°$
$\therefore \angle x=180°-(72°+72°)=36°$

25 평행선에서 엇각의 크기는 같으므로
$\angle AOB=7.2°$

지구의 둘레의 길이를 x km라 하면
$\widehat{AB}=925$ km이므로

$925:x=7.2:360°$

$925:x=1:50$　　$\therefore x=46250$

따라서 지구의 둘레의 길이는 46250 km이다.

26 $\widehat{AB}:\widehat{BC}=13:6$이고, $\widehat{BC}:\widehat{CD}=3:1=6:2$이므로
$\widehat{AB}:\widehat{BC}:\widehat{CD}=13:6:2$

$\therefore \angle BOC=140°\times\dfrac{6}{13+6+2}$
$\qquad =140°\times\dfrac{2}{7}=40°$

27 $\angle AOC=\angle AOB+\angle BOC=2\angle AOB$이지만
$\triangle ABC$에서 $\overline{AC}<\overline{AB}+\overline{BC}=2\overline{AB}$이므로
현의 길이는 중심각의 크기에 정비례하지 않는다.

28 바퀴가 한 바퀴 회전하였을 때 곡선의 길이는 바퀴의 둘레의 길이와 같으므로 A 지점에서 B 지점까지의 곡선의 길이는

$2\times(2\pi\times 24)+\dfrac{1}{2}\times(2\pi\times 24)=96\pi+24\pi=120\pi$ (cm)

29 (1) $\triangle ABC$는 $\overline{AB}=60$ cm인 정삼각형이므로

$\widehat{AB}=2\pi\times 60\times\dfrac{60}{360}=20\pi$ (cm)

(2) 바퀴가 한 바퀴 회전했을 때 굴러간 거리는
$3\widehat{AB}=3\times 20\pi=60\pi$ (cm)

30 정삼각형의 한 외각의 크기는 120°이므로 실 전체가 지나간 부분은 오른쪽 그림과 같이 반지름의 길이가 각각

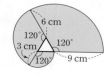

9 cm, 6 cm, 3 cm이고 중심각의 크기가 120°인 부채꼴 모양이다.

반지름의 길이가 9 cm이고 중심각의 크기가 120°인 부채꼴의 넓이는 $\pi\times 9^2\times\dfrac{120}{360}=27\pi$ (cm^2)

반지름의 길이가 6 cm이고 중심각의 크기가 120°인 부채꼴의 넓이는 $\pi\times 6^2\times\dfrac{120}{360}=12\pi$ (cm^2)

반지름의 길이가 3 cm이고 중심각의 크기가 120°인 부채꼴의 넓이는 $\pi\times 3^2\times\dfrac{120}{360}=3\pi$ (cm^2)

$\therefore$ (실 전체가 지나간 부분의 넓이)
$\quad=27\pi+12\pi+3\pi=42\pi$ (cm^2)

31 정오각형의 한 변의 길이를 $r\,\mathrm{cm}$라 하면 부채꼴 P의 반지름의 길이는 $r\,\mathrm{cm}$이고,

정오각형의 한 외각의 크기는 $\dfrac{360°}{5}=72°$이므로

$2\pi r \times \dfrac{72}{360}=2\pi$, $2\pi r \times \dfrac{1}{5}=2\pi$ $\quad \therefore r=5$

부채꼴 Q의 반지름의 길이는

$2r=2\times 5=10\,(\mathrm{cm})$

부채꼴 R의 반지름의 길이는

$3r=3\times 5=15\,(\mathrm{cm})$

따라서 두 부채꼴 Q, R의 넓이의 합은

$\pi \times 10^2 \times \dfrac{72}{360}+\pi \times 15^2 \times \dfrac{72}{360}=20\pi+45\pi=65\pi\,(\mathrm{cm}^2)$

32 색칠한 부분의 넓이는 다음과 같다.

ㄱ. $8\times 8-\pi\times 4^2=64-16\pi\,(\mathrm{cm}^2)$

ㄴ. 오른쪽 그림과 같이 이동하면

$\pi \times 4^2 \times \dfrac{1}{2}=8\pi\,(\mathrm{cm}^2)$

ㄷ. 오른쪽 그림과 같이 이동하면

$\dfrac{1}{2}\times 8\times 8=32\,(\mathrm{cm}^2)$

ㄹ. 오른쪽 그림과 같이 이동하면

$8\times 4=32\,(\mathrm{cm}^2)$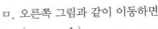

ㅁ. 오른쪽 그림과 같이 이동하면

$\left(\pi \times 4^2 \times \dfrac{1}{4}\right)\times 2=8\pi\,(\mathrm{cm}^2)$

ㅂ. $\left\{4\times 4-\left(\pi \times 4^2 \times \dfrac{1}{4}\right)\right\}\times 4=64-16\pi\,(\mathrm{cm}^2)$

따라서 색칠한 부분의 넓이가 같은 것끼리 짝 지으면 ㄱ과 ㅂ, ㄴ과 ㅁ, ㄷ과 ㄹ이다.

33 ㄱ. ⑺, ⒟는 육면체이지만, ⒣는 칠면체이다.

ㄴ. ⒣는 육각뿔이다.

ㄷ, ㄹ. ⒟는 사각뿔대이므로 두 밑면은 서로 평행하지만 합동은 아니다.

ㅁ. ⒟는 밑면이 사각형인 사각뿔대이므로 사각뿔을 밑면에 평행한 평면으로 잘라서 생긴 입체도형이다.

ㅂ. ⑺, ⒟의 꼭짓점의 개수는 8로 같다.

따라서 옳은 것은 ㄷ, ㅂ이다.

34 정육면체를 한 평면으로 자를 때 생기는 단면의 모양은 다음과 같다.

삼각형　　사각형　　오각형　　육각형

따라서 단면의 모양이 될 수 없는 것은 ㅁ, ㅂ이다.

35

정다면체	(1)	(2)	(3)	(4)
정사면체	3	4	4	6
정육면체	3	6	8	12
정팔면체	4	8	6	12
정십이면체	3	12	20	30
정이십면체	5	20	12	30

36 회전축에 수직인 평면으로 자른 단면은 오른쪽 그림과 같으므로 구하는 넓이는

$\pi \times 6^2-\pi \times 3^2=36\pi-9\pi$
$=27\pi\,(\mathrm{cm}^2)$

37 ⒣에 담긴 음료수의 높이를 $h\,\mathrm{cm}$라 하면

$\pi \times 4^2 \times 20=\pi \times 8^2 \times h$ $\quad \therefore h=5$

따라서 ⒣에 담긴 음료수의 높이는 $5\,\mathrm{cm}$이다.

38 왼쪽 칸에 들어 있는 물의 부피는

$20\times 15\times 9=2700\,(\mathrm{cm}^3)$

오른쪽 칸에 들어 있는 물의 부피는

$30\times 15\times 24=10800\,(\mathrm{cm}^3)$

즉, 어항에 들어 있는 물의 전체 부피는

$2700+10800=13500\,(\mathrm{cm}^3)$

칸막이를 뺀 후의 물의 높이를 $h\,\mathrm{cm}$라 하면

$(20+30)\times 15\times h=13500$

$750h=13500$ $\quad \therefore h=18$

따라서 칸막이를 뺀 후의 물의 높이는 $18\,\mathrm{cm}$이다.

39 ⑴ 큐 드럼은 가운데가 뚫린 원기둥 모양이므로 구하는 부피는 큰 원기둥의 부피에서 작은 원기둥의 부피를 뺀 것과 같다.

(큰 원기둥의 부피)$=\pi \times 25^2 \times 30$
$\qquad\qquad\qquad\quad=18750\pi\,(\mathrm{cm}^3)$

(작은 원기둥의 부피)$=\pi \times 10^2 \times 30$
$\qquad\qquad\qquad\qquad=3000\pi\,(\mathrm{cm}^3)$

$\therefore$ (큐 드럼의 부피)
　$=$(큰 원기둥의 부피)$-$(작은 원기둥의 부피)
　$=18750\pi-3000\pi=15750\pi\,(\mathrm{cm}^3)$

⑵ 큐 드럼의 부피는

$15750\pi=15750\times 3=47250\,(\mathrm{cm}^3)=47.25\,(\mathrm{L})$

따라서 약 $47\,\mathrm{L}$의 물을 나를 수 있다.

40 (그릇의 부피)$=6\times11\times3=198(\text{cm}^3)$

(남아 있는 물의 부피)$=\dfrac{1}{3}\times\left(\dfrac{1}{2}\times6\times11\right)\times3=33(\text{cm}^3)$

이때 흘려보낸 물의 양은 그릇의 부피에서 남아 있는 물의 부피를 뺀 것과 같으므로 구하는 물의 양은

$198-33=165(\text{cm}^3)$

41 (큰 원뿔의 부피)$=\dfrac{1}{3}\times\pi\times30^2\times(16+24)$

$\qquad\qquad\qquad\quad=12000\pi(\text{cm}^3)$

(작은 원뿔의 부피)$=\dfrac{1}{3}\times\pi\times18^2\times24$

$\qquad\qquad\qquad\qquad=2592\pi(\text{cm}^3)$

∴ (항아리 냉장고에서 구하는 부피)

$\quad=$(큰 원뿔의 부피)$-$(작은 원뿔의 부피)

$\quad=12000\pi-2592\pi=9408\pi(\text{cm}^3)$

42 미세 먼지의 지름의 길이가 $10\ \mu\text{m}$, 초미세 먼지의 지름의 길이가 $2\ \mu\text{m}$이므로 반지름의 길이는 각각 $5\ \mu\text{m}$, $1\ \mu\text{m}$이다.

(1) (미세 먼지 1개의 겉넓이)$=4\pi\times5^2=100\pi(\mu\text{m}^2)$

(초미세 먼지 1개의 겉넓이)$=4\pi\times1^2=4\pi(\mu\text{m}^2)$

(2) (미세 먼지 1개의 부피)$=\dfrac{4}{3}\pi\times5^3=\dfrac{500}{3}\pi(\mu\text{m}^3)$

(초미세 먼지 1개의 부피)$=\dfrac{4}{3}\pi\times1^3=\dfrac{4}{3}\pi(\mu\text{m}^3)$

(3) 미세 먼지 3개의 부피와 초미세 먼지 375개의 부피는 $500\pi\ \mu\text{m}^3$로 같고, 이때 미세 먼지의 겉넓이의 합은

$100\pi\times3=300\pi(\mu\text{m}^2)$

초미세 먼지의 겉넓이의 합은

$4\pi\times375=1500\pi(\mu\text{m}^2)$

따라서 같은 부피일 때 초미세 먼지의 표면에 유해한 물질이 더 많이 붙을 수 있다.

43 여섯째 별의 반지름의 길이는 $4\times10=40(\text{m})$이므로 여섯째 별의 겉넓이는

$4\pi\times40^2=6400\pi(\text{m}^2)$

여섯째 별의 부피는

$\dfrac{4}{3}\pi\times40^3=\dfrac{256000}{3}\pi(\text{m}^3)$

44 반지름의 길이가 r인 큰 구의 부피는 $\dfrac{4}{3}\pi r^3$

반지름의 길이가 $\dfrac{r}{2}$인 작은 구의 부피는 $\dfrac{4}{3}\pi\times\left(\dfrac{r}{2}\right)^3=\dfrac{1}{6}\pi r^3$

이므로 작은 구 8개의 부피의 합은

$\dfrac{1}{6}\pi r^3\times8=\dfrac{4}{3}\pi r^3$

따라서 큰 구의 부피와 작은 구 8개의 부피의 합은 같다.

반지름의 길이가 r인 큰 구의 겉넓이는 $4\pi r^2$

반지름의 길이가 $\dfrac{r}{2}$인 작은 구의 겉넓이는 $4\pi\times\left(\dfrac{r}{2}\right)^2=\pi r^2$

이므로 작은 구 8개의 겉넓이의 합은

$\pi r^2\times8=8\pi r^2$

따라서 큰 구의 겉넓이보다 작은 구 8개의 겉넓이의 합이 더 크다.

45 (평균)$=\dfrac{1\times2+2\times5+3\times3+4\times4+5\times1}{15}$

$\qquad\quad=\dfrac{42}{15}=2.8(\text{회})$

학생이 15명이므로 중앙값은 8번째 값인 3회이다.

턱걸이 횟수가 2회인 학생이 5명으로 가장 많으므로 최빈값은 2회이다.

∴ (최빈값)$<$(평균)$<$(중앙값)

46 (1) 1학년과 2학년 우승 반의 기록은 각각 26회, 39회이므로 구하는 차는 $39-26=13(\text{회})$

(2) 1학년은 줄기 1에 잎이 많고, 2학년은 줄기 2와 3에 잎이 많으므로 2학년이 1학년보다 단체 줄넘기를 더 잘하였다고 할 수 있다.

47 전체 별자리는 35개이고, 크기가 $100\ \text{msr}$ 미만인 별자리는 $6+8=14(\text{개})$

∴ $\dfrac{14}{35}\times100=40(\%)$

48 (1) 농구단의 현재 선수는

$2+4+8+10+4+1=29(\text{명})$

따라서 현정이가 입단한다면 전체 선수는 30명이 된다.

(2) 현정이의 키가 $180\ \text{cm}$이므로 $180\ \text{cm}$ 이상 $185\ \text{cm}$ 미만인 계급에 속한다.

(3) 키가 $180\ \text{cm}$ 이상인 선수는 $5+1=6(\text{명})$이므로 현정이는 상위 $\dfrac{6}{30}\times100=20(\%)$에 속한다.

Self 코칭

현정이가 입단하면 농구단의 전체 선수 수는 현재 히스토그램의 도수의 총합에 1명을 더한 것이다.

49 ㉢ 음식을 가장 많이 남긴 학급이 속하는 계급은 $40\ \text{kg}$ 이상 $50\ \text{kg}$ 미만이지만 정확히 몇 kg을 남겼는지는 알 수 없다.

㉣ 남긴 음식의 양이 $0\ \text{kg}$ 이상 $10\ \text{kg}$ 미만인 학급이 4학급이므로 5번째로 적게 남긴 학급은 $10\ \text{kg}$ 이상 $20\ \text{kg}$ 미만인 계급에 속한다.

즉, 최소 $10\ \text{kg}$ 이상의 음식을 남겼다.

㉤ 전체 학급은 32학급이고, $20\ \text{kg}$ 이상의 음식을 남긴 학급은 $9+6+5=20(\text{학급})$이므로 반 이상의 학급에서 $20\ \text{kg}$ 이상의 음식을 남겼다.

따라서 옳지 않은 것은 ㉢이다.

50 전체 학생은 $3+7+9+11+6+4=40(\text{명})$이므로 달리기 기록이 상위 $25\ \%$ 이내인 학생은

$40\times\dfrac{25}{100}=10(\text{명})$

달리기 기록이 9.5초 미만인 학생은 $3+7=10(\text{명})$이므로 달리기 기록이 상위 $25\ \%$ 이내인 학생은 최소 9.5초 미만으로 달렸다.

51 8 Brix 이상 11 Brix 미만인 감귤이 전체의 60 %이므로 감귤은 $35 \times \dfrac{60}{100} = 21$(개)

따라서 11 Brix 이상 12 Brix 미만인 감귤은
$35 - (21 + 4) = 10$(개)

52 (1) 1학기의 학생은 $5 + 12 + 9 + 3 + 1 = 30$(명)
2학기의 학생은 $3 + 5 + 11 + 6 + 3 + 2 = 30$(명)

(2) 2학기의 그래프가 1학기의 그래프보다 전체적으로 오른쪽으로 치우쳐 있으므로 윗몸 일으키기 실력이 대체로 향상되었다고 볼 수 있다.

> **Self 코칭**
> (2) 어떤 그래프가 전체적으로 오른쪽으로 치우쳐 있는지 살펴본다.

53 (2) B 그래프를 보는 사람들은 자동차 판매 대수가 급격하게 늘어나고 있어 이 기업이 급격히 성장하고 있다는 생각이 들 것이다.

따라서 B 그래프가 사용될 것이다.

이때 소비자는 그래프가 자료의 분포 상태를 제대로 나타내는지, 정보가 왜곡되지는 않았는지 주의해야 한다.

54 (1) 7점 미만인 계급의 상대도수는 0.36,
7점 이상 9점 미만인 계급의 상대도수는 0.4이므로
9점 미만인 계급의 상대도수는 $0.36 + 0.4 = 0.76$
즉, 9점 이상인 계급의 상대도수는 $1 - 0.76 = 0.24$
이때 수학 수행 평가 점수가 9점 이상인 학생이 6명이므로 전체 학생은 $\dfrac{6}{0.24} = 25$(명)

(2) 수학 수행 평가 점수가 7점 미만인 학생은
$25 \times 0.36 = 9$(명)

> **Self 코칭**
> 승우와 혜원이의 대화에서 9점 미만인 계급의 상대도수를 먼저 구한다.

55 (1) $D = \dfrac{17}{0.34} = 50$

$A = \dfrac{7}{50} = 0.14$

$B = \dfrac{13}{50} = 0.26$

$C = 50 \times 0.16 = 8$

상대도수의 총합은 항상 1이므로 $E = 1$

(2) 50 mg 이상인 계급의 상대도수는
$B + 0.16 + 0.1 = 0.26 + 0.16 + 0.1 = 0.52$
따라서 나트륨 함량이 50 mg 이상인 과자는 전체의
$0.52 \times 100 = 52$(%)

56 ㄱ. 2학년의 그래프가 1학년의 그래프보다 전체적으로 오른쪽으로 치우쳐 있으므로 2학년의 등교 시간이 더 긴 편이라 할 수 있다.

ㄴ. 1학년에서 15분 이상 25분 미만인 계급의 상대도수는
$0.26 + 0.18 = 0.44$
2학년에서 15분 이상 25분 미만인 계급의 상대도수는
$0.22 + 0.28 = 0.5$
즉, 등교 시간이 15분 이상 25분 미만인 학생의 비율은 2학년이 더 높다.

ㄷ. 등교 시간이 30분 이상인 학생의 비율은 2학년이 더 높지만 1학년 전체 학생 수와 2학년 전체 학생 수를 알지 못하므로 2학년 학생 수가 더 많은지 알 수 없다.

따라서 옳은 것은 ㄱ이다.

수매씽 MATHING 개념

중학 수학
1·2

내신과 등업을 위한 강력한 한 권!

개념 연산서	**수매씽 개념연산**
	중등 : 1~3학년 1·2학기

개념 기본서	**수매씽 개념**
	중등 : 1~3학년 1·2학기
	고등 (22개정) : 공통수학1, 공통수학2

유형 기본서	**수매씽**
	중등 : 1~3학년 1·2학기
	고등 (15개정) : 수학(상), 수학(하), 수학Ⅰ, 수학Ⅱ, 확률과 통계, 미적분
	고등 (22개정) : 공통수학1, 공통수학2

53410

9 788900 477221
ISBN 978-89-00-47722-1
정가 18,000원

⚠ 주의
책 모서리에
다칠 수 있으니
주의하시기
바랍니다.

KC마크는 이 제품이 공통안전기준에 적합하였음을 의미합니다.

동아출판

📞 **Telephone** 1644-0600
🏠 **Homepage** www.bookdonga.com
✉ **Address** 서울시 영등포구 은행로 30 (우 07242)

• 정답 및 풀이는 동아출판 홈페이지 내 학습자료실에서 내려받을 수 있습니다.
• 교재에서 발견된 오류는 동아출판 홈페이지 내 정오표에서 확인 가능하며, 잘못 만들어진 책은 구입처에서 교환해 드립니다.
• 학습 상담, 제안 사항, 오류 신고 등 어떠한 이야기라도 들려주세요.